# Studien zur theoretischen und empirischen Forschung in der Mathematikdidaktik

Reihe herausgegeben von

Gilbert Greefrath, Münster, Deutschland

Stanislaw Schukajlow, Münster, Deutschland

Hans-Stefan Siller, Würzburg, Deutschland

In der Reihe werden theoretische und empirische Arbeiten zu aktuellen didaktischen Ansätzen zum Lehren und Lernen von Mathematik – von der vorschulischen Bildung bis zur Hochschule – publiziert. Dabei kann eine Vernetzung innerhalb der Mathematikdidaktik sowie mit den Bezugsdisziplinen einschließlich der Bildungsforschung durch eine integrative Forschungsmethodik zum Ausdruck gebracht werden. Die Reihe leistet so einen Beitrag zur theoretischen, strukturellen und empirischen Fundierung der Mathematikdidaktik im Zusammenhang mit der Qualifizierung von wissenschaftlichem Nachwuchs.

Weitere Bände in der Reihe http://www.springer.com/series/15969

Elena de Vries

# Feedback in digitalen Lernumgebungen

Eine Interventionsstudie zu dem Lernpfad „Quadratische Funktionen erkunden"

 Springer Spektrum

Elena de Vries
Institut für Didaktik der Mathematik und
der Informatik
Westfälische Wilhelms-Universität
Münster, Deutschland

Dissertation Westfälische Wilhelms-Universität Münster, 2021
Tag der mündlichen Prüfung: 17.02.2021
Erstgutachter: Prof. Dr. Gilbert Greefrath
Zweitgutachterin: Prof. Dr. Bärbel Barzel

ISSN 2523-8604                    ISSN 2523-8612  (electronic)
Studien zur theoretischen und empirischen Forschung in der Mathematikdidaktik
ISBN 978-3-658-35837-2        ISBN 978-3-658-35838-9  (eBook)
https://doi.org/10.1007/978-3-658-35838-9

Die Deutsche Nationalbibliothek verzeichnet diese Publikation in der Deutschen Nationalbibliografie; detaillierte bibliografische Daten sind im Internet über http://dnb.d-nb.de abrufbar.

Planung/Lektorat: Marija Kojic
Springer Spektrum ist ein Imprint der eingetragenen Gesellschaft Springer Fachmedien Wiesbaden GmbH und ist ein Teil von Springer Nature.
Die Anschrift der Gesellschaft ist: Abraham-Lincoln-Str. 46, 65189 Wiesbaden, Germany

# Geleitwort

Die Strategie der Kultusministerkonferenz zur Bildung in der digitalen Welt sieht vor, dass Kompetenzen für eine aktive, selbstbestimmte Teilhabe in einer digitalen Welt integrativer Teil der Fachcurricula aller Fächer sind. Bei der Gestaltung von Lehr- und Lernprozessen werden dazu digitale Lernumgebungen eingesetzt sowie die Übernahme von Eigenverantwortung betont. Lernende sollten also in der Lage sein, selbstständig mit digitalen Medien im Fach Mathematik zu arbeiten. Die Arbeit von Elena Jedtke ist ein wichtiger Beitrag zu neuen Erkenntnissen in diesem Feld.

Sie geht von aktuellen Veränderungen durch digitale Medien aus und zeigt das Zusammenspiel von Feedback und digitalen Medien. Dazu wird Feedback im Kontext von Lehr- und Lernprozessen betrachtet. Elena Jedtke geht auf die Charakteristika externen Feedbacks ein, stellt ein integratives Modell für dessen interne Verarbeitung vor und erläutert Faktoren für eine effektive Feedbackpraxis. Neben zentralen theoretischen Modellen zu digitalen Medien, die speziell in Bezug auf Lernumgebungen betrachtet werden, erfolgt auch eine Darstellung der bildungspolitischen Rahmenbedingungen, die für das Verständnis der Ergebnisse der Studie von Bedeutung sind. Dabei wird digitale Kompetenz auch im Kontext des Medienkompetenzrahmens NRW gesehen.

In der Arbeit werden die beiden zentralen Aspekte Feedback und digitale Lernumgebungen im Mathematikunterricht miteinander verknüpft. Eine Vielzahl von Studien wird hier verarbeitet und am Schluss des Kapitels zu einer Liste zusammengefasst, die sehr gut aufzeigt, welche zentralen Erkenntnisse sich aus dem aktuellen Forschungsstand ergeben.

Besonders hervorzuheben ist, dass Elene Jedtke zur Untersuchung ihrer Forschungsfragen im Rahmen des Projekts QF digital einen digitaler Lernpfad zu quadratischen Funktionen in zwei Feedback-Varianten entwickelt hat. Die Studie ist im Prä-Post-Test Design konzipiert. Die Stichprobe umfasst über 300 Schülerinnen und Schüler. Die Auswertung der Leistungstests wird sehr anspruchsvoll mit Hilfe des dichotomen Rasch-Modells durchgeführt.

Auf der Basis der Ergebnisse wird ein interessantes Modell gewählt und sehr gut begründet. Die Auswirkungen des Feedbacks auf die Mathematikleistung werden eingehend untersucht. Es konnten höchst signifikante Unterschiede mit kleinem Effekt zwischen den beiden Messzeitpunkten nachgewiesen werden. Erhebungsmethode und Auswertungsmethoden werden sehr ausführlich und an vielen Stellen konkret auf die Studie bezogen diskutiert. Im Zusammenhang mit den Auswertungsmethoden werden auch grundlegende Bedrohungen der Auswertungsgüte überprüft.

Die Diskussion der Ergebnisse erfolgt nach den Forschungsfragen strukturiert und die Skalierung des Tests wird ausführlich diskutiert. Das Ergebnis wird überzeugend dargelegt. Ein sehr wichtiger Teil der Diskussion bezieht sich auf die Veränderungsmessung. Dabei konnte klar eine hoch signifikante Zunahme der Fähigkeiten mit niedriger Effektstärke nachgewiesen werden. Sehr detailliert werden die potenziellen Unterschiede der beiden Gruppen diskutiert. Dabei werden die drei Dimensionen im Einzelnen betrachtet. Gruppenunterschiede bezüglich des Feedbacks können zwar nicht nachgewiesen werden, aber es können Schulart, Konzentration und Motivation als Variablen für die Varianzaufklärung in den Blick genommen werden. Darüber hinaus können auch Schlussfolgerungen für die Unterrichtspraxis dargestellt werden.

Die Arbeit zeigt insgesamt eine sehr gut geplante und durchgeführte eigenständige Studie, die einen wichtigen Beitrag für die mathematikdidaktische Forschung in diesem sehr relevanten und aktuellen Forschungsbereich darstellt.

Münster                                                          Gilbert Greefrath
im Februar 2021

# Danksagung

Diese Dissertation ist das Ergebnis von spannenden Jahren am Institut für Didaktik der Mathematik und der Informatik (IDMI) der WWU Münster. In der Arbeitsgruppe von Prof. Dr. Gilbert Greefrath war es mir ab Oktober 2015 möglich, ein Projekt zu planen, darüber innerhalb der Arbeitsgruppe sowie auf verschiedenen Tagungen zu diskutieren, es neben der universitären auch mit schulischer Unterstützung durchzuführen und schlussendlich diese Arbeit zu verfassen. Für die letzten Jahre möchte ich meinen Dank aussprechen.

Zunächst ein herzliches Dankeschön an meinen Doktorvater Prof. Dr. Gilbert Greefrath für sein offenes Ohr für all meine Ideen ebenso wie für aufkommende Zweifel, für seine Ratschläge und die stetige Unterstützung meiner Vorhaben. Ebenso möchte ich für die Möglichkeit danken, auf nationale wie internationale Tagungen fahren zu können, allen voran zu der PME 2019 in Pretoria.

Prof. Dr. Bärbel Barzel danke ich für die Übernahme des Zweitgutachtens. Ich erinnere mich noch genau an meinen ersten englischsprachigen Vortrag auf der ICTMT 2017 in Lyon, bei dem sie mir in der Diskussion zur Seite gestanden hat. Mein Dank gilt auch für das stetige Interesse an meinem Projekt und die konstruktiven Anmerkungen insbesondere auf den Jahrestagungen der GDM.

Des Weiteren gilt mein Dank meinen Kolleginnen und Kollegen am IDMI. Gerne denke ich an die positive und gemeinschaftliche Stimmung insbesondere der AGs Greefrath und Schukajlow mit gemütlichen Burger- oder Pizza-Abenden, Erkundungen der Tagungsorte, aber auch an den ein oder anderen Kaffee (oder Tee), bei dem viele hilfreiche Diskussionen zu alltäglichen Problemen während der Promotion geführt wurden oder gemeinsame Lehre geplant wurde. Viele von euch sind mir über die Jahre zu guten Freunden geworden. Aufgrund der aktuellen Lage konnte ich mich nicht wie erhofft verabschieden und war umso gerührter, dass ihr mir so eine schöne Abschieds-Videobotschaft habt zukommen lassen.

Danke! Ganz besonderer Dank gilt zudem meiner „Büro-Mitbewohnerin" Katharina für ihre stetige Unterstützung vom ersten Tag der Promotion an. Ich denke, wir werden auch in den nächsten Jahren noch das ein oder andere Mal gemeinsam schaukeln gehen, (Harry Potter-)Quizze lösen oder uns beim Yoga entspannen.

Ein herzliches Dankeschön richtet sich zudem an meine Familie, allen voran an meine Eltern Iris und Klaus-Dieter Jedtke, meinen Bruder Simon Jedtke, meine Oma Magdalene Hüskes sowie „die Kölner". Die Tatsache, dass ihr immer an mich glaubt, hat mir vor allem in stressigen Zeiten einen starken Rückhalt gegeben. Ich kann jederzeit zu euch kommen, um gemeinsam abzuschalten und auf andere Gedanken zu kommen bei gemeinsamen Frühstücken, Feiern oder Ausflügen. Auch danke ich für die Zeit, die ihr in das Korrekturlesen dieser Arbeit investiert habt und eure hilfreichen Kommentare, die alles aus einer neuen Perspektive beleuchten konnten. Außerdem dürfen an dieser Stelle Maike Böhmer und Laura-Kristin Gustenberg nicht unerwähnt bleiben, die für mich inzwischen beide schon fast zur Familie gehören. Unsere Treffen und Kurzurlaube haben mir immer viel Kraft gegeben, um auch in den anstrengensten Zeiten durchzuhalten und „das große Ganze" im Blick zu behalten.

Mein größter Dank geht an meinen Ehemann Wilke de Vries. Nicht zuletzt danke ich für das Korrekturlesen der gesamten Arbeit (und das in der stressigen Endphase des Referendariats). Ich weiß, dass es nicht immer leicht war, mir Kritik zu übermitteln – und war sie noch so konstruktiv und richtig. Deine Geduld war wirklich einmalig. In den Jahren während meiner Promotion konnte ich jederzeit auf dich Zählen. Ich bin froh, jemanden an meiner Seite zu haben, der mir immer mit Rat und Tat behilflich ist, der jede Phase des Selbstzweifels durch seinen Glauben an mich hat vergehen lassen und mich unterstützt, wo es nur geht.

**Ein ganz herzliches Dankeschön euch allen!**

# Zusammenfassung

Die Digitalisierung von Lehr- und Lernprozessen wird schon seit Jahrzehnten diskutiert. Durch die sich vervielfältigenden technischen Möglichkeiten werden immer wieder neue Ansätze und Ideen aufgezeigt. In den letzten zwei Jahrzehnten und bedingt durch die immer flächendeckendere Verfügbarkeit des Internets werden vermehrt freie Bildungsinhalte – so genannte *Open Educational Resources* (OER) – verbreitet. Mit der 2016 von Bund und Ländern gestarteten „Bildungsoffensive für die digitale Wissensgesellschaft" (BMBF, 2016; KMK 2017) und der aktuellen Implementierung von Medienkompetenzrahmen für die schulische Bildung in die Kerncurricula (Medienberatung NRW, 2019; MSB NRW, 2019) zeigt sich die fortwährende Aktualität und Brisanz der Thematik. Spätestens seit diesem Zeitpunkt werden OER von der breiten Masse wahrgenommen und als potenziell gewinnbringende Konzepte ausgewiesen. Es wird betont, dass jederzeit ein Primat des Pädagogischen, teils spezieller ein Primat des Fachdidaktischen, herrschen solle (BMBF 2016; GDM 2017; KMK 2017). Somit gilt es, digitale Lehr- und Lernkonzepte zu erarbeiten, die auf (fach)didaktischen Überlegungen und Erkenntnissen beruhen und diese in der Praxis zu testen. Feedback wird als einer der wichtigsten Bestandteile von (digitalen) Lehr- und Lernprozessen verstanden (Hattie, 2009, 2015; Drijvers et al., 2016). Entsprechend wurden in diesem Bereich schon weitreichende Studien durchgeführt. Über die Wirkung und den Vergleich verschiedener Feedbackvarianten in offenen, digitalen Lernumgebungen zu mathematischen Inhalten ist bis dato allerdings wenig bekannt. In dieser Forschungslücke setzt die vorliegende Arbeit an.

Das Dissertationsvorhaben war Teil des Projektes „*QF digital*: Feedback in digitalen Lernumgebungen", welches im Zeitraum von 2015 bis 2020 an der Westfälischen Wilhelms-Universität Münster am Institut für Didaktik der Mathematik und der Informatik in der Arbeitsgruppe um Prof. Greefrath durchgeführt wurde. Im Rahmen des Projektes wurde eine offene, digitale Lernumgebung – ein Lernpfad – zum Einstieg in das Themenfeld quadratische Funktionen konzipiert. Es wurden zwei Versionen der Lernumgebung umgesetzt, die sich einzig durch das implementierte Feedback unterschieden. In der Version „Quadratische Funktionen erforschen" (Jedtke, 2018b) wurde ausschließlich die korrekte Lösung zurückgemeldet (*knowledge of the correct response* (KCR)). In dem Lernpfad „Quadratische Funktionen erkunden" (Jedtke, 2018c) wurde elaboriertes Feedback in Form von Hilfen und Erklärungen integriert.

Die beiden Lernpfadversionen wurden in einem quasi-experimentellen Forschungsdesign mit Prä- und Posttest eingesetzt, an dem elf Klassen aus Nordrhein-Westfalen mit 303 Schülerinnen und Schülern teilnahmen. Die Lernenden wurden in zwei Gruppen eingeteilt, sodass der Frage nachgegangen werden konnte, ob ein Lernpfad zu quadratischen Funktionen mit elaboriertem Feedback einen positiveren Einfluss auf die Mathematikleistung von Schülerinnen und Schülern hat als der gleiche Lernpfad mit KCR Feedback. Um diese Frage zu beantworten, wurden die folgenden vier Teilschritte umgesetzt: (1) Die aufbereiteten Daten wurden skaliert. (2) Die geschätzten Personenfähigkeitsparameter wurden mittels t-Tests auf Veränderungen zwischen den beiden Messzeitpunkten untersucht. (3) Daraufhin wurden multiple Regressionsanalysen durchgeführt, um die beiden Feedbackvarianten hinsichtlich ihres Einflusses auf die Leistung der Schülerinnen und Schüler beurteilen zu können. (4) In einem letzten Schritt wurden den Analysen weitere Variablen zur Erhöhung der Varianzaufklärung hinzugefügt.

Es stellte sich heraus, dass die Fähigkeiten der Schülerinnen und Schüler am adäquatesten durch eine dreidimensionale Raschskalierung beschrieben werden konnten. Sie differenzierten sich demzufolge in Fähigkeiten in den Bereichen (A) innermathematische Aufgaben zu linearen Funktionen, (B) Aufgaben zu Funktionen in einem situativen Kontext sowie (C) innermathematische Aufgaben zu quadratischen Funktionen. In allen drei Dimensionen konnten zwischen Prä- und Posttest höchst signifikante, positive Veränderungen aufgezeigt werden. Dies galt jeweils für beide Interventionsgruppen und je mit einer kleinen Effektstärke. Entgegen den Erwartungen erwies sich die Art des Feedbacks in den weiteren Analysen jedoch als kein starker Prädiktor für die Leistung im Posttest. Lediglich in der Fähigkeitsdimension zu innermathematischen Aufgaben im Bereich linearer Funktionen konnte ein marginal signifikanter Effekt nachgewiesen werden, jedoch mit verschwindender Effektstärke. Als wichtiger Einflussfaktor wurde das Vorwissen der Lernenden identifiziert. Außerdem hatte die Schulform – Gymnasium oder Gesamtschule – Auswirkungen auf die Posttestleistungen und teilweise die Konzentration oder die Motivation der Schülerinnen und Schüler.

Die Ergebnisse dieser Arbeit zeigen also nicht, dass elaboriertes Feedback in digitalen Lernumgebungen grundsätzlich KCR Feedback vorzuziehen sei. Der Umkehrschluss, dass KCR Feedback im Allgemeinen genauso hilfreich sei wie elaboriertes Feedback und letzteres daher unnötigen Designaufwand darstellt, wäre allerdings verfrüht. Vielmehr bedarf es weiterer Forschung, die teils qualitative, teils quantitative Aspekte von Feedback in digitalen Lernumgebungen beleuchtet.

# Inhaltsverzeichnis

# Abbildungsverzeichnis

# Tabellenverzeichnis

# Einleitung 1

> „New Technologies usually complement older ones: the book does not replace the spoken word, nor the telephone the letter, nor the television the radio, nor the computer the paper"
>
> (Rainer Grießhammer)

Rainer Grießhammer sagte passend: Neue Technologien wie der Computer wirken meist additiv (nach Heintz, 2000, S. 31). Es geht nicht darum analoge Medien vollständig zu ersetzen bzw. zu verdrängen. Vielmehr wird überlegt, welcher didaktische Mehrwert durch den Einsatz neuer Technologien in der Schule entstehen kann. Dies wird in der Bildungsoffensive von Bund und Ländern hervorgehoben und ist spätestens seit deren Veröffentlichung ein allseits prominentes Thema (BMBF, 2016; KMK, 2017). Der Lehrkraft wird in diesen Szenarien eine bedeutende Rolle zugeschrieben, ihre Funktion durchläuft allerdings einen Wandel. Sie wird fortan vermehrt als Lernbegleiter und Berater gesehen denn als Instrukteur (Fernholz & Prediger, 2007). Dies hängt auch damit zusammen, dass auf Seiten der Schülerinnen und Schüler dem selbstregulierten, eigenverantwortlichen Lernen eine immer bedeutendere Rolle beigemessen wird. Im Sinne eines konstruktiven Wissenserwerbs werden Lernenden als aktiver Part angesehen, der Wissen nicht einfach nur aufsaugt, sondern es aktiv in seinen kognitiven Strukturen verankert (Narciss, 2018).

Der Digitalisierung um der digitalen Möglichkeiten willen wird ein Primat des (Fach-)didaktischen entgegengesetzt (BMBF, 2016; KMK, 2017; GDM, 2017). Es gilt Themenbereiche zu identifizieren, in denen die mathematischen Inhalte

© Der/die Autor(en), exklusiv lizenziert durch Springer Fachmedien Wiesbaden GmbH, ein Teil von Springer Nature 2021
E. de Vries, *Feedback in digitalen Lernumgebungen*, Studien zur theoretischen und empirischen Forschung in der Mathematikdidaktik,
https://doi.org/10.1007/978-3-658-35838-9_1

durch den Einsatz digitaler Technologien anschaulicher dargestellt werden können oder leichter zugänglich werden. Ein Beispiel: Ein zentrales Thema des
Mathematikunterrichts der Sekundarstufe I, welches allgemein als anspruchsvoll
eingestuft wird, ist, einen verständigen Umgang mit (quadratischen) Funktionen
zu fördern (Clark-Wilson & Oldknow, 2009; Doorman, Drijvers, Gravemeijer, Boon & Reed, 2012). Es besteht ein fachdidaktischer Konsens, dass diese
Inhalte von dem Gebrauch dynamischer Geometriesoftware in Form von Funk-
tionenmanipulationen mittels Schiebereglern oder ähnlichem profitieren können
(Barzel & Hußmann, 2006; Elschenbroich, 2003; Pinkernell & Vogel, 2016).
Ein Ziel der vorliegenden Arbeit ist es, unter Berücksichtigung fachdidaktischer
theoretischer und empirischer Erkenntnisse, eine Lernumgebung zu gestalten, die
digitale Möglichkeiten mit analogen Fertigkeiten kombiniert und den Lernenden einen selbstregulierten Einstieg in das Themengebiet quadratische Funktionen
ermöglicht.

Während die Gestaltung der Lernumgebung einen wichtigen ersten Schritt im
Rahmen des Dissertationsprojektes kennzeichnet, dient diese im Anschluss vor
allem als Instrumentarium für die Untersuchung des Aspektes Feedback in digitalen Lernumgebungen. Wie begründet sich diese Erweiterung in ein so universelles
Themengebiet, dessen Zuordnung zur Mathematikdidaktik fraglich erscheinen
kann? Hätte eine Evaluation der konzipierten Lernumgebung für den Mathematikunterricht nicht völlig ausgereicht? Der Entwurf einer solchen Lernumgebung
geht mit zahlreichen zu bedenkenden Aspekten einher. Einer davon ist gerade:
Wie kann eigentlich konkretes Feedback in digitalen Lernumgebungen zu einem
Thema aus der Mathematik gestaltet werden? Welche Komplexität ist angemessen? Fördern längere Erklärungen und strategische Hilfen das Verständnis oder
werden sie unreflektiert übernommen oder gar ignoriert? Besteht die Möglichkeit, dass an dieser Stelle weniger mehr ist und kürzere Rückmeldungen die
individuelle Auseinandersetzung mit den Inhalten anregen? Diese Fragen stellen
bruchstückhaft dar, welche Gedanken allein durch die geplante Implementierung
von Feedback in einer digitalen Lernumgebung aufgeworfen werden können.
Somit ist das vermeintlich allgemeinere Thema eigentlich eine Spezifikation auf
eine einzelne komplexe Komponente digitaler Lernumgebungen, die sowohl all-
gemeindidaktisch als auch fachdidaktisch eine essenzielle Rolle einnimmt (Hattie
2009, 2015; Hattie & Clarke, 2019; Hügel, Pellander & Rezat, 2017). Das Bestre-
ben dieser Arbeit liegt in der empirischen Identifikation möglichst lernwirksamer
Designentscheidungen hinsichtlich dieses Bausteins.

Die Arbeit folgt dabei einem quasi-experimentellen Forschungsdesign. Es
wurde eine quantitative Interventionsstudie mit Prä- und Posttest durchgeführt,
an der insgesamt elf Klassen teilnahmen. Zur Erhöhung der externen Validität

und somit der Aussagekraft der Studie fand die Untersuchung in der natürlichen Umgebung der Schülerinnen und Schüler statt. Während des Treatments, bei dem die Lernenden selbstständig mit einer digitalen Lernumgebung arbeiteten, erhielt eine Gruppe elaboriertes Feedback in Form von Hilfestellungen und Erklärungen und eine zweite Gruppe ausschließlich Rückmeldungen über die korrekte Lösung einer Aufgabe. Es zeigte sich, dass das Treatment zwar durchweg einen positiven Einfluss auf die Leistungsentwicklung der Lernenden verzeichnen konnte, dieses jedoch weitestgehend unabhängig von der Art des Feedbacks geschah. Es konnte lediglich an einer Stelle ein marginal signifikanter Effekt zugunsten des elaborierten Feedbacks identifiziert werden.

Im Rahmen der Arbeit werden zwei große theoretische Säulen kombiniert: Feedback im Kontext von Lehr- und Lernprozessen sowie digitale Lernumgebungen im Mathematikunterricht (Kapitel 2). In einem ersten Schritt wird sich jeweils an die zentralen Begrifflichkeiten der Theoriebausteine angenähert. Anschließend werden zentrale Modelle und Theorien skizziert, die eine Grundlage für Feedback in der Unterrichtspraxis respektive für die Digitalisierung von Mathematikunterricht darstellen. Im Bereich der Digitalisierung wird zudem auf die bildungspolitische Situation in Deutschland und speziell in Nordrhein-Westfalen eingegangen. Abgeschlossen wird der theoretische Rahmen mit den aktuellen Forschungsständen in den einzelnen Säulen sowie in deren Schnittpunkten. Die theoretischen Ausführungen leiten direkt über zu den Forschungsfragen und Hypothesen, welche der Arbeit zugrunde liegen (Kapitel 3). Bevor näher auf die empirische Untersuchung eingegangen wird, wird in Kapitel 4 das Projekt *QF digital* vorgestellt, in welches sich das Dissertationsprojekt eingliederte. Hierbei wird das ZUM-Wiki als genutzte Plattform porträtiert und die Gestaltung der digitalen Lernumgebung zu quadratischen Funktionen erörtert.

Neben dem theoretischen Rahmen bedurfte die empirische Untersuchung einer literaturbasierten Auseinandersetzung mit methodischen Entscheidungen. Kapitel 5 stellt das Design der Studie, die Erhebungs- und die Auswertungsmethoden dar. Es konnte dankbarerweise auf einen existierenden Leistungstest zurückgegriffen werden. Der CODI-Test wurde von Nitsch (2015) entwickelt und für diese Arbeit adaptiert. Die Datenauswertung geschah mehrschrittig. Nach der Aufbereitung der Daten wurden diese unter Rückgriff auf die probabilistische Testtheorie skaliert, genauer auf eine mehrdimensionale Rasch-Modellierung. Erst danach wurden Veränderungen und Gruppenunterschiede mittels deskriptiver und inferenzstatistischer Methoden analysiert. Die Ergebnisse dieser Analysen werden in Kapitel 6 dargestellt. Basierend auf Erkenntnisse aus dem theoretischen Rahmen wurden neben dem Feedback weitere Faktoren wie das Vorwissen, die Schulart und die Motivation der Lernenden in die Berechnungen einbezogen.

Auf die Ergebnisdarstellung folgt in Kapitel 7 eine kritische Auseinandersetzung mit den methodischen Entscheidungen und insbesondere mit deren Einfluss auf die Interpretation der Ergebnisse. Ferner werden die Forschungsfragen beantwortet. In einigen abschließenden Ausführungen wird sodann ein Fazit gezogen, Implikationen für die Unterrichtspraxis werden aufgezeigt und Ansatzpunkte für weiterführende Forschung gegeben (Kapitel 8).

# Theoretischer Rahmen

**2**

Die vorliegende Arbeit basiert auf zwei wesentlichen theoretischen Säulen. Im Fokus stehen Feedback im Rahmen von Lehr- und Lernprozessen sowie der Einsatz digitaler Lernumgebungen im Mathematikunterricht. Feedback gilt als einer der zentralen Einflussfaktoren für die schulische Leistung. Entsprechend wird es über alle Schulstufen hinweg, von der Primarstufe bis hin zur Lehre an Hochschulen und Universitäten, mannigfach diskutiert. Aufgrund seiner Komplexität zeigt sich jedoch ein breit gefächertes und uneindeutiges Bild. Viele Fragen, insbesondere zu der Lernwirksamkeit von Feedback in digitalen Lernumgebungen, sind bis dato offen. Die bisherige Feedbackforschung bezieht sich zudem in großen Teilen auf Test- statt auf Lernsituationen.

Um den theoretischen Rahmen dieser Arbeit zu schaffen, werden zunächst fundamentale Informationen zu instruktionalem Feedback gegeben (Abschnitt 2.1). Neben grundsätzlichen theoretischen Perspektiven wird die Wechselbeziehung zwischen „Feedback geben" und „Feedback annehmen" erörtert. Überdies wird den Fragen nachgegangen, wie Feedback für den Unterricht gestaltet werden sollte und wie eine praktische Umsetzung gelingen kann. Hier werden eigenverantwortliches und selbstreguliertes Lernen sowie formatives Assessment als explizite Unterrichtssituationen hervorgehoben. Abgeschlossen wird die erste theoretische Säule durch eine Darstellung des aktuellen Forschungsstands zur Lernwirksamkeit von instruktionalem Feedback.

In einem zweiten Kapitel wird porträtiert, was digitale Lernumgebungen sind und welche Rolle sie im Mathematikunterricht einnehmen können (Abschnitt 2.2). Um die Zustände an den Schulen besser einordnen zu können, werden in diesem Kapitel zudem die bildungspolitischen Rahmenbedingungen in Deutschland und speziell in Nordrhein-Westfalen (NRW) mit Blick auf die

© Der/die Autor(en), exklusiv lizenziert durch Springer Fachmedien Wiesbaden GmbH, ein Teil von Springer Nature 2021
E. de Vries, *Feedback in digitalen Lernumgebungen*, Studien zur theoretischen und empirischen Forschung in der Mathematikdidaktik,
https://doi.org/10.1007/978-3-658-35838-9_2

Digitalisierung skizziert. Des Weiteren werden zentrale Aspekte des mathematischen Themenschwerpunktes (quadratische) Funktionen berichtet. Der Fokus liegt hier auf universellen Grundvorstellungen, Darstellungsformen und -wechseln sowie auf bekannten kognitiven Hürden. Es wird darauf eingegangen, welches Potential digitale Lernumgebungen in diesen Zusammenhängen haben. Wie schon die erste theoretische Säule, endet das Kapitel mit der Darstellung des aktuellen Forschungsstands. In diesem Fall im Hinblick auf die Digitalisierung an den Schulen und auf die digitalen Kompetenzen von Schülerinnen und Schülern. Außerdem werden Metaanalysen zur Lernwirksamkeit verschiedenartiger digitaler Lernumgebungen geschildert.

Der theoretische Rahmen wird durch eine Zusammenführung beider Säulen abgeschlossen (Abschnitt 2.3). Hierzu wird ein integrativer Blick auf die aktuelle empirische Befundlage zu Feedback in digitalen Lernumgebungen geworfen.

## 2.1    Feedback im Kontext von Lehr- und Lernprozessen

Feedback stellt eine wichtige Komponente in Lehr- und Lernprozessen dar. Es handelt sich um ein komplexes Konstrukt, welches aus diversen Perspektiven und mit den unterschiedlichsten Intentionen betrachtet werden kann. Zudem kann es in vielen Erscheinungsformen auftreten und verschiedene Akteure und Rezipienten berücksichtigen (Hattie & Gan, 2011; Narciss, 2018). Feedback kann bewusst gegeben werden oder als beiläufige Komponente im Rahmen von Interaktionsprozessen mit der Umgebung auftreten (Bangert-Drowns, Kulik, Kulik & Morgan, 1991). Als grundlegende theoretische Säule dieser Arbeit wird der Fokus auf instruktionales Feedback gelegt, das heißt auf Feedback in Lehr- und Lernprozessen. Um eine fundierte Ausgangslage für eine mathematikdidaktische Perspektive auf Feedback im Kontext von Lehr- und Lernprozessen zu schaffen, ist es sinnvoll zunächst eine allgemeine Grundlage zu schaffen. An einigen Stellen ist es schon hier möglich auf mathematikdidaktische Quellen zurückzugreifen, im Wesentlich handelt es sich bei dieser ersten theoretischen Säule allerdings um ein allgemeines Konstrukt für unterrichtliche Prozesse. Nach einer ersten Begriffsklärung (Abschnitt 2.1.1) werden verschiedene theoretische Perspektiven auf das Konstrukt Feedback vorgestellt (Abschnitt 2.1.2). Diese unterscheiden sich insbesondere durch ihren Blickwinkel auf (dasselbe) Feedback (Narciss, 2018). Es kann mit unterschiedlichen Forschungsinteressen auf instruktionales Feedback geblickt werden, ohne dass ein anderes Grundverständnis von Feedback vorliegt, was die Komplexität des Konstruktes noch einmal unterstreicht. Gleichzeitig kann das Wissen über diese unterschiedlichen Perspektiven gewinnbringend genutzt werden, um eine differenziertere Grundlage für die weiteren Ausführungen in dieser Arbeit zu schaffen. Basierend auf den theoretischen Perspektiven, werden verschiedene instruktionale Feedbackformen sowie ein Modell für dessen interne Verarbeitung vorgestellt (Abschnitt 2.1.3) und es wird erörtert, welche Faktoren eine effektive Feedbackpraxis unterstützen können (Abschnitt 2.1.4). Abgeschlossen wird die theoretische Einführung mit einer Darstellung des aktuellen Forschungsstands, vor allem in Hinblick auf extern zur Verfügung gestelltes instruktionales Feedback (Abschnitt 2.1.5).

## 2.1.1 Begriffsklärung

Der Duden gibt für den Begriff Feedback zwei Definitionen an (Bibliographisches Institut GmbH, 2019). Feedback kann im Sinne der wissenschaftlichen Forschungsrichtung Kybernetik[1] verstanden werden als

> „zielgerichtete Steuerung eines technischen, biologischen oder sozialen Systems durch Rückmeldung der Ergebnisse, wobei die Eingangsgröße durch Änderung der Ausgangsgröße beeinflusst werden kann".

Die alternative Begriffserklärung lautet:

> „Reaktion, die jemandem anzeigt, dass ein bestimmtes Verhalten, eine Äußerung o. Ä. vom Kommunikationspartner verstanden wird [und zu einer bestimmten Verhaltensweise oder -änderung geführt hat]".

Durch diese beiden Definitionen werden einige wichtige Aspekte deutlich, welche auch in pädagogischen Zusammenhängen als zentrale Charakteristika von Feedback dargestellt werden. In dem kybernetischen Begriffsverständnis wird betont, dass Feedback an einem bestimmten *Ziel* ausgerichtet werden sollte. Feedback *beeinflusst* dabei das betreffende System auf direkte Weise. Diese Aspekte werden in theoretischen Grundverständnissen zu Feedback in pädagogischen Kontexten auf unterschiedliche Weise widergespiegelt (vgl. Adams, 1968; Boud & Molloy, 2013; Ramaprasad, 1983). Bevor darauf in Abschnitt 2.1.2 näher eingegangen wird, jedoch noch einige Anmerkungen zu der zweiten Formulierung im Duden. Dort wird eine zwischenmenschliche Ebene eingenommen und Feedback im Rahmen von Kommunikationsprozessen definiert. Neben verbalen

---

[1] Für nähere Informationen zu dieser Forschungsrichtung kann zum Beispiel die Schrift von Wiener (2000) herangezogen werden.

können demnach auch nonverbale Signale eine Reaktion hervorrufen. Vor allem der in Klammern gesetzte Zusatz ist für pädagogische Kontexte interessant, da dort nicht nur das erkennbare *Verstehen* von Feedback, sondern insbesondere eine dadurch hervorgerufene *aktive Reaktion* betont wird, zum Beispiel in Form einer Verhaltensänderung.

Ausgehend von den beiden Definitionen kann Feedback entweder indirekt oder direkt auftreten (Müller & Ditton, 2014). Unter indirektem Feedback wird eine implizit vermittelte Botschaft verstanden, der keine bewusste Intention zugrunde liegt. Es kann sowohl durch verbale, aber auch durch non- oder paraverbale Signale vermittelt werden. Bangert-Drowns et al. (1991) sehen indirektes Feedback als eine zufällige Konsequenz aus natürlichen Interaktionen im sozialen Umfeld (*informal feedback*, S. 215). Diese Art von Feedback kann ausschließlich der zweiten im Duden formulierten Definition zugeordnet werden, da auch unbewusst übermittelte Rückmeldungen eine Reaktion hervorrufen können. Beispielsweise können ein Lächeln oder ein vermeintlich ermutigender Blick die Rückmeldung implizieren, dass wie gehabt mit einer Handlung oder einer Aufgabe fortgefahren werden könne, man also auf einem guten Weg sei. Es kann darüber diskutiert werden, ob unbewusstes Feedback im engeren Sinne als *echtes* Feedback verstanden werden kann, da es weder zielgerichtet ist noch bewusst eine Beeinflussung vorgenommen werden soll (Müller & Ditton, 2014).

Dem gegenüber steht das direkte, explizit gegebene Feedback, welches in der Regel verbal oder via eines Mediators (zum Beispiel ein Text oder computerbasiert) übermittelt wird (Bangert-Drowns et al., 1991; Müller & Ditton, 2014). Diese Form des Feedbacks möchte immer eine Reaktion hervorrufen. Handlungen sollen bewusst beeinflusst werden. Direktes Feedback kann mit beiden im Duden formulierten Definitionen in Verbindung gebracht werden. Die Zielgerichtetheit im Rahmen der Kybernetik sowie der Hinweis auf eine Verhaltensweise oder -änderung im Rahmen der interpersonellen Definition können als Anhaltspunkte genommen werden. Wird Feedback in Bildungskontexten thematisiert, so ist damit in aller Regel diese intentionale Variante gemeint. Häufig wird von *instruktionalem Feedback* gesprochen (Bangert-Drowns et al., 1991; Hattie & Gan, 2011). Dieser Begriff betont einen informierenden sowie handlungsweisenden Charakter, der jeder theoretischen Perspektive auf das Feedbackkonzept im Rahmen von Lehr- und Lernprozessen zu eigen ist. In dem folgenden Abschnitt werden diesbezüglich verschiedene Grundverständnisse sowie ihnen eigene zentrale Forschungsinteressen erörtert.

## 2.1.2 Grundlegende theoretische Perspektiven

Feedback hat sich im Laufe der letzten einhundert Jahre als eines der zentralen Themen in pädagogischen Kontexten etabliert. Während es vor allem in den ersten Jahrzehnten üblich war eine behavioristische Perspektive auf Lernprozesse einzunehmen, nach denen Feedback eine einseitige Weitergabe von Informationen von einer Lehrkraft an Lernende ist („*one-way transmission*") (Boud & Molloy, 2013, S. 701), existiert heutzutage eine Bandbreite theoretischer Feedbackmodelle, die je mit einem spezifischen Forschungsinteresse verknüpft werden können (Narciss, 2018). Einer der Vorreiter für einen Wandel des Blickwinkels hin zu konstruktivistischer orientierten Formen war Ramaprasad (1983) mit seiner Definition: „*Feedback is information about the gap between the actual level and the reference level of a system parameter which is used to alter the gap in some way*" (S. 4). Laut dieser Definition existiert ein zu erreichendes Ziel und das Feedback besteht aus Informationen über die Diskrepanz zwischen dem aktuellen Lernstand und diesem Ziel. Insbesondere im ersten Teil der Definition wird somit der informative Charakter von Feedback herausgestellt, der auch in dem behavioristischen Verständnis zu finden ist. Der zweite Teil der Definition betont zusätzlich eine proaktive Funktion, welche die Feedbackempfänger – die Lernenden – betrifft. Dieser Zusatz setzt den Fokus auf den *Effekt* von Feedback und stellt somit eine Erweiterung zu der behavioristischen Perspektive dar. Feedback ist nach Ramaprasad (1983) erst dann als solches zu verstehen, wenn es aktiv dazu genutzt wird, die aufgezeigte Lücke zu schließen. Ohne diese reagierende, aktive Handlung der Lernenden sei Feedback lediglich „*dangling data*" (Sadler, 1989, S. 121). Das heißt es handelt sich lediglich um eine Information, welche anschaulich gesprochen zwischen Lehrkraft und Schülerin oder Schüler „in der Luft schwebt". Boud und Molloy (2013) betonen, dass die reine Intention, den Schülerinnen und Schülern instruktionales Feedback zu geben nicht ausreichen könne, um deren Wissens- bzw. Fähigkeitserwerb zu beeinflussen. Es müsse vielmehr überprüft werden, ob das bereitgestellte Feedback ankommt und inwiefern es verarbeitet wird (Bangert-Drowns et al., 1991; Boud & Molloy, 2013; Hattie & Gan, 2011).

Ein Rückblick auf die allgemeinen Begriffsbestimmungen zu Feedback, die im Duden zu finden sind, zeigt, dass sich beide gerade beschriebenen Sichtweisen in der Definition aus der Kybernetik wiederfinden lassen (Abschnitt 2.1.1). Feedback ist explizit, zielgerichtet und soll eine Änderung hervorrufen. Im behavioristischen Verständnis wird diese mögliche Veränderung auf die Intention des Feedbackgebers und dessen Vermittlungskünsten zurückgeführt. Die Rezipienten werden nicht näher betrachtet. Anders bei der konstruktivistischen Perspektive:

Hier werden ebenfalls die Zielgerichtetheit und intendierte Beeinflussung betont, es kann aber auch auf die zweite Definition des Duden zurückgegriffen werden, bei der eine *Reaktion* auf Seiten des Rezipienten mit in die Begriffsbestimmung einbezogen wird.

Es können weitere theoretische Perspektiven mit je einem speziellen Forschungsinteresse differenziert werden (Hattie & Gan, 2011; Narciss, 2018). Den von Narciss (2018) zitierten Autoren kann zunächst größtenteils ein konstruktivistisches Grundverständnis von Feedback übergeordnet werden (vgl. Bangert-Drowns et al., 1991; Butler & Winne, 1995; Hattie, 2015; Kluger & DeNisi, 1996; Kulhavy & Stock, 1989). Bei näherer Betrachtung lassen sich jedoch auf einer weiteren Ebene vier unterschiedliche Ziele von Feedbackforschung differenzieren: (1) Untersuchungen mit einem behavioristischen Grundverständnis fokussieren demnach vor allem formale oder technische Bedingungen von Feedback. Da der Schwerpunkt einzig auf der Person oder dem Medium liegt, welche das Feedback gibt, werden insbesondere äußere Bedingungen und Variationen betrachtet (Adams, 1968). (2) Konstruktivistische Forschungsrichtungen mit psychologischem Blickwinkel heben die korrigierende Funktion von Feedback hervor und haben Interesse daran in Wechselwirkung mit den individuellen, kognitiven Voraussetzungen von Lernenden effektive Feedbackinhalte zu identifizieren (Bangert-Drowns et al., 1991; Kulhavy & Stock, 1989). (3) Ein ähnliches Interesse haben Autoren, die Feedback im Zusammenhang mit selbstreguliertem Lernen bzw. allgemeiner in sozial-konstruktivistischen Kontexten untersuchen. Es steht erneut ein aktiver Wissensaufbau im Mittelpunkt. Statt möglichst effektive Inhalte zu suchen, interessieren in diesen Kontexten auf der einen Seite Bedingungen und auf der anderen Seite Wirkungen von Feedback (Butler & Winne, 1995; Nicol & Macfarlane-Dick, 2006). Es werden äußere Begebenheiten und innere Konstitutionen betrachtet, die Einfluss auf die Suche, Annahme und Verarbeitung von Feedback haben könnten und Wirkungen auf verschiedene Aspekte untersucht, zum Beispiel auf die Performanz. (4) Schließlich existieren so genannte integrative Rahmenmodelle, welche auf den beschriebenen theoretischen Perspektiven aufbauen, diese zum Teil kombinieren und so versuchen Feedback in seiner gesamten Komplexität und auf multiplen Ebenen zu beschreiben (Hattie & Timperley, 2007; Hattie, 2009, 2015; Narciss, 2006, 2018). In den folgenden Abschnitten werden ausgewählte Aspekte dieser grundlegenden Theorien weiter erörtert. Die theoretischen Perspektiven dienen dabei als Rahmen, welchem sich die erläuterten Aspekten unterordnen. Konkret werden auf die Charakteristika externen Feedbacks eingegangen, ein integratives Modell für die interne Verarbeitung von Feedback vorgestellt und Faktoren für eine effektive Feedbackpraxis erläutert.

## 2.1.3 Externes Feedback und dessen interne Verarbeitung

Seitdem konstruktivistisch orientierte Theorien über das Lernen und die Verarbeitung von Feedback in den Blickpunkt von theoretischen Überlegungen und empirischer Forschung gerückt sind, das heißt in etwa seit den 1980er Jahren, werden die beiden Bereiche *extern* und *intern* unterschieden. Auf der externen Ebene werden vor allem verschiedene Quellen sowie inhaltliche Komponenten von Feedback betrachtet (Nicol & Macfarlane-Dick, 2006). Die interne Ebene betrifft individuelle Verarbeitungsmechanismen von Feedback oder auch Effekte des externen Feedbacks auf kognitiver, metakognitiver oder motivationaler Ebene des Individuums (Butler & Winne, 1995; Kluger & DeNisi, 1996; Narciss, 2018). In der vorliegenden Arbeit liegt der Fokus weniger auf der individuellen Verarbeitung von Feedback, sondern mehr auf den Möglichkeiten der externen Bereitstellung und dessen Effekten auf kognitiver Ebene. Da es nicht möglich ist das externe Feedback und dessen Wirkung komplett losgelöst von der individuellen Verarbeitung zu betrachten, sondern beide in Wechselwirkung zueinanderstehen, wird an späterer Stelle exemplarisch ein aktuelles, integratives Modell zur internen Verarbeitung von Feedback vorgestellt.

**Charakteristika externen Feedbacks**
Instruktionales Feedback kann laut Kulhavy und Stock (1989) grundsätzlich aus zwei Komponenten bestehen: Verifikation und Elaboration. Die Komponente Verifikation ist dabei eine notwendige Bedingung für instruktionales Feedback und steht für die einfachste rückmeldende Information „richtig" oder „falsch". Zur Unterstützung der verifizierenden Funktion können optional weiterführende Informationen hinzugefügt werden. Alle Informationen, die über die reine Verifikation hinausgehen, werden von Kulhavy und Stock (1989) in diesem Verständnis als elaboratives Feedback klassifiziert. Sie unterscheiden für letzteres drei Charakteristika mit den Variablen Informationsgehalt (*load*), Feedbacktyp (*type*) und Art der Darbietung (*form*) (Kulhavy & Stock, 1989, S. 287; vgl. Abbildung 2.1).[2]
 Wie in Abbildung 2.1 zu sehen ist, werden bezüglich des Feedbacktyps aufgabenspezifisches, unterrichtsspezifisches und weiterführendes Feedback differenziert. Aufgabenspezifisches Feedback betrifft explizit die gestellte Aufgabe. Hierunter fällt nach Kulhavy und Stock (1989) etwa die Information über die korrekte Lösung einer Aufgabe (*knowledge of the correct response* (KCR)).

---

[2] Kulhavy und Stock (1989) erwähnen im Zusammenhang mit der dem elaborierten Feedback untergeordneten Variablen Informationsgehalt erneut das verifizierende „richtig/falsch"-Feedback als dessen minimale Ausprägung, sodass es in Abbildung 2.1 zweifach auftaucht.

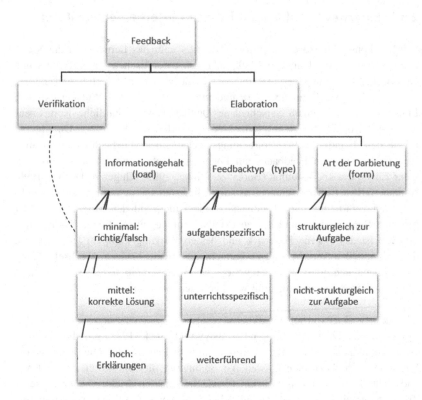

**Abbildung 2.1**   Instruktionales Feedback nach Kulhavy & Stock (1989). [*Eigene Darstellung*]

Unterrichtsspezifisches Feedback greift auf bereits Erlerntes zurück, das für die Lösung der besagten Aufgabe reaktiviert werden sollte. Weiterführendes Feedback beinhaltet Informationen, die über die Aufgabe und über bereits Gelerntes hinausgehen, was etwa in Form von Beispielen oder Analogien umgesetzt werden kann. Eine weitere Charakteristik von elaboriertem Feedback teilt dessen Darstellung in strukturgleich zu der gestellten Aufgabe visualisiertes Feedback oder Feedback mit einer von der Aufgabe abweichenden Art der Darbietung auf. Beispielsweise kann im Rahmen von KCR Feedback bei einer *multiple choice*-Aufgabe die korrekte Lösung markiert werden (strukturgleich) oder ein Antwortsatz ergänzt werden (abweichende Struktur). Das Hauptinteresse der empirischen Feedbackforschung betrifft in der Regel den Informationsgehalt von

Feedback. Die Feedbackart mit dem geringsten Informationsgehalt ist die reine Verifikation, gefolgt von KCR Feedback bis hin zu ergänzenden Erklärungen. In den Jahrzehnten nach der wegweisenden Kategorisierung von Kulhavy und Stock (1989) beschäftigten sich zahlreiche Forscher mit der Klassifizierung und Erforschung von externem Feedback (z. B. Bangert-Drowns et al., 1991; Dempsey, Driscoll & Swindell, 1993; Hattie, 2009, 2015; Narciss, 2006; Shute, 2008). Neben den zuvor beschriebenen drei Charakteristika wurden im Laufe der Zeit weitere Aspekte hinzugefügt, in denen externes Feedback variieren kann. Feedback kann zum Beispiel aus verschiedenen Quellen stammen. Häufig werden Lehrkräfte, Peers[3] und Computer als die Überbringer und Vermittler von externem Feedback genannt (Butler & Winne, 1995; Hattie, 2015; Narciss, 2018). Bangert-Drowns et al. (1991) sprechen von der Darreichungsform von Feedback und unterscheiden Quellen mit direkter interpersoneller Übermittlung von Feedback (Lehrkräfte, Peers) sowie Mediatoren (Computer, Texte).

Ein weiterer ergänzender Aspekt ist der Zeitpunkt, zu dem Feedback gegeben wird (Bimba, Idris, Al-Hunaiyyan, Mahmud & Shuib, 2017; Kopp & Mandl, 2014). In den meisten Fällen wird zwischen direktem und zeitversetztem Feedback differenziert (Mory, 2004; Shute, 2008). Direktes Feedback reicht von Feedback, welches dauerhaft und insbesondere schon vor Vollendung einer Aufgabe zur Verfügung steht, bis hin zu summativem Feedback, welches erst nach Vollendung einer ganzen Reihe von Aufgaben gegeben wird. Die Definition von zeitversetztem Feedback hängt in konkreten Fällen von dem jeweils vorherrschenden Verständnis von direktem Feedback ab. Sie wird jeweils in Relation zu diesem formuliert. Es handelt sich bei zeitversetztem Feedback jedoch immer um Feedback, das erst nach Ablauf einer gewissen Zeitspanne gegeben bzw. zur Verfügung gestellt wird (Mory, 2004; Müller & Ditton, 2014). Der Zeitaspekt spielt in Verbindung mit Untersuchungen zu summativem und formativem Assessment eine zentrale Rolle. Auf beide Begriffe wird im nächsten Kapitel näher eingegangen.

Neben der Ausrichtung von Feedback wurde auf inhaltlicher Ebene zudem die *Komplexität* weiter ausdifferenziert. Entsprechend den Charakterisierung nach Kulhavy und Stock (1989) ist damit der Informationsgehalt von Feedback gemeint. Der Begriff des elaborierten Feedbacks wird inzwischen häufig auf Feedbackarten eingeschränkt, die über die korrekte Lösung hinausgehende Erklärungen liefern (Dempsey et al., 1993; Narciss, 2006; Shute, 2008). In Tabelle 2.1

---

[3] Der Begriff *Peers* setzt sich im Deutschen immer weiter durch. Er kann sowohl für Mitschülerinnen und Mitschüler als auch allgemein für Altersgenossen stehen und wird in der Arbeit zur einfacheren Lesbarkeit aufgrund seiner Neutralität verwendet.

sind in Anlehnung an Shute (2008, S. 160) verschiedene Arten von externem Feedback nach ihrem inhaltlichen Komplexitätsgrad sortiert.

**Tabelle 2.1** Klassifikation verschiedener Feedbackarten (in Anlehnung an Shute, 2008, S. 160)

| Feedbackart | Beschreibung |
|---|---|
| kein Feedback | Keinerlei Rückmeldung an die Lernenden |
| *Knowledge of results* (KR) | Richtig-Falsch-Feedback oder summative Rückmeldung zu der bisherigen Leistung |
| *Knowledge of correct results* (KCR) | Information über die korrekte Lösung zu einer Aufgabe |
| *Try again* | Information darüber, dass eine Aufgabe inkorrekt gelöst wurde und die Möglichkeit für Lernende es erneut zu versuchen |
| *Error flagging* | Hervorhebung von Fehlern in einer Lösung, ohne die korrekte Antwort vorwegzunehmen |
| *Attribute isolation* | Informationen über zentrale Merkmale für die Erreichung eines Ziels oder das Erlernen einer Fertigkeit |
| *Topic contingent* | Informationen zu den Inhalten einer Aufgabe oder den damit verbundenen inhaltlichen Zielen; ggf. Bereitstellung von Material zur Wiederholung |
| *Response contingent* | Direkter Bezug zu der Antwort der Lernenden mit der Begründung, warum eine Antwort falsch ist bzw. wieso die korrekte Antwort korrekt ist; keine formale Fehleranalyse |
| *Hints/ Cues/ Prompts* | Bereitstellung von (strategischen) Hilfen oder Beispielen, die den Lernenden auf dem Weg zu einer Lösung helfen; Vermeidung der gleichzeitigen Mitteilung über die korrekte Lösung |
| *Bugs / Misconceptions* | Direkter Bezug zu der Antwort der Lernenden mit Informationen über vorhandene Missverständnisse oder spezifische Fehler; formale Fehleranalyse als Grundlage |
| *Informative tutoring* | Kombination aus Verifikation, *error flagging* und strategischen Hilfen zum weiteren Vorgehen; i.d.R. ohne Angabe der korrekten Lösung |

Elaboriertes Feedback

Komplexität steigt

Es werden fünf Arten nicht-elaborierten Feedbacks differenziert, angefangen mit keinem Feedback und der weiter vorne als Verifikation beschriebenen Rückmeldung in Form von wahr/falsch-Aussagen. Anders als bei Kulhavy & Stock (1989) zählen in neueren Klassifizierungen auch KCR Feedback sowie die Hervorhebung von Fehlern oder die Aufforderung einen zweiten oder dritten Versuch zu wagen zu weniger komplexen, nicht-elaborierten Feedbackarten (Shute, 2008; vgl. Narciss, 2006). Genauere Kategorisierungen elaborierten Feedbacks können leicht variieren. Im Grunde werden verschiedene denkbare Varianten für Erklärungen und Hinweise zur Aufgabe darunter gefasst. Shute (2008) teilt elaboriertes Feedback in sechs Stufen ein (Tabelle 2.1). Die erste Form beinhaltet Zusatzinformationen zu Merkmalen, die für die Erreichung eines vorgegebenen Ziels zentral sind. Des Weiteren können sich die Informationen auf die hinter der Aufgabe liegende Thematik beziehen oder auf die individuelle Antwort der Lernenden reagieren. Bei letzterem kann zudem auf individuelle Vorstellungen und Fehler der Lernenden eingegangen werden (vgl. Narciss, 2006). Ebenso zählen die Bereitstellung von strategischen oder inhaltlichen Hilfen zu elaboriertem Feedback. Narciss (2006) fügt in diesem Zusammenhang noch Hinweise oder Leitfragen zu metakognitiven Strategien als Kategorie hinzu. Die komplexeste Form elaborierten Feedbacks kombiniert nach Shute (2008) mehrere dieser Charakteristika. Im Rahmen von *informative tutoring* werden neben der Verifikation Fehler markiert und gleichzeitig konkrete strategische Hilfen für das weitere Vorgehen gegeben, in der Regel, ohne die korrekte Lösung vorwegzunehmen.

**Feedbackmodell von Narciss (2006, 2018)**
Narciss (2006) entwarf in ihrer Habilitationsschrift ein Feedbackmodell, welches sie 2018 in einer aktualisierten Version erneut veröffentlichte (Narciss, 2018; vgl. Abbildung 2.2). Es handelt sich dabei um ein integratives Modell, welches „Erkenntnisse aus der Forschung zu Feedback, formativem Assessment, und zum Selbstregulierten Lernen mit zentralen Annahmen der Systemtheorie[4] verbindet" (Narciss, 2018, S. 9). Es diente seit seiner Entstehung schon in verschiedenen Kontexten als Grundlage für die Entwicklung sowie für die Bewertung von Feedback (Narciss et al., 2014; Peters, Körndle & Narciss, 2018). An dieser Stelle wird das so genannte *interactive two feedback-loops*-Modell skizziert .

Den Begriff *feedback-loop* findet man schon in frühen Veröffentlichungen zu Feedback im Kontext von Bildung (Bandura, 1991; Kluger & DeNisi, 1996; Kulhavy & Stock, 1989; Niegemann et al., 2008; Ramaprasad, 1983; Sadler,

---

[4] Die Systemtheorie kann als Oberbegriff der Kybernetik aufgefasst werden, aus der die im Duden abgebildete Begriffsbestimmung stammt (vgl. Abschnitt 2.1.1).

1989). Er steht dort insbesondere für eine Abwendung von einem behavioristischen Blickwinkel zu einer Sichtweise, in der die kognitive Verarbeitung von Feedback mitberücksichtigt wird und daher keine lineare, unilaterale Perspektive mehr ausreichte. In der Regel wird in Feedbackmodellen ein einzelner *feedback-loop* auf Seiten der Lernenden beschrieben. Narciss (2006) erweitert dies um einen zweiten *feedback-loop*, sodass fortan auch auf Seiten der externen Feedbackquelle ein solcher betrachtet wird (vgl. Abbildung 2.2). In Anlehnung an die Systemtheorie werden die beiden *feedback-loops* in diesem Modell als „Regelkreise" (Narciss, 2018, S. 11) bezeichnet. Da Wechselwirkungen zwischen beiden Kreisen beschrieben werden, ist des Weiteren von einem interaktiven Modell die Rede.

Der erste Regelkreis um die lernende Person geht von ihren individuellen Voraussetzungen aus. Darunter fallen intern gesetzte Lernziele sowie kognitive, metakognitive, motivationale und volitionale Voraussetzungen. Diese Voraussetzungen haben einen Einfluss darauf, wie die lernende Person Standards, Anforderungen und Ähnliches wahrnimmt. Dies beeinflusst wiederum, welche

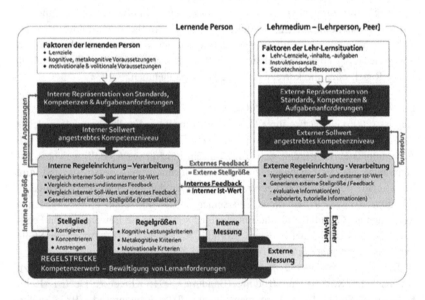

**Abbildung 2.2** Integratives Feedbackmodell: *Interactive two feedback-loops Model* (Narciss, 2018, S. 10)

Ziele (*interner Sollwert*) sie anstrebt. Zu den in Abbildung 2.2 aufgezählten individuellen Voraussetzungen werden an anderen Stellen auch das Selbstkonzept bzw. die Selbstwirksamkeitserwartung einer Person gezählt (Black & Wiliam, 1998; Butler & Winne, 1995). Beispielsweise können gezeigte Leistungen unter anderem davon abhängen, welche Leistung eine Person von sich selbst erwartet und welches Vertrauen sie in ihre eigenen Leistungen hat. Dies spielt insbesondere in selbstregulierten Lernprozessen eine herausragende Rolle, wie an späterer Stelle noch erläutert wird (vgl. Abschnitt 2.1.4). Das intern gesetzte Ziel wird in einem komplexen, mehrere „Minikreisläufe" beinhaltenden Verarbeitungsprozess fortwährend anhand interner und externer Kriterien abgeglichen. Dies kann dazu führen, dass das Verständnis von Standards, Kompetenzen und Aufgabenanforderungen sowie der interne Sollwert angepasst werden. Im untersten Abschnitt der Grafik in Abbildung 2.2 ist der individuelle Weg einer lernenden Person zur Erreichung eines Ziels bzw. zum Erlangen einer Kompetenz aufgezeigt (*Regelstrecke*). Dieser Weg wird beeinflusst durch verschiedene *Stellglieder*, die eine „korrigierende Instanz" (Narciss, 2018, S. 12) bilden und abhängig von dem Verarbeitungsprozess sind. Durch inhaltliche Korrekturen, vermehrte Anstrengung und Konzentration können die individuellen Voraussetzungen beeinflusst werden (*Regelgrößen*). Kognitive, metakognitive und motivationale Kriterien können im Laufe des Kompetenzerwerbs Veränderungen (sowohl in positive als auch in negative Richtung) unterliegen (vgl. Butler & Winne, 1995; Kluger & DeNisi, 1996). Im Rahmen von self-monitoring (*interne Messung*) wird internes Feedback gebildet, welches den Verarbeitungsprozess erneut aktivieren kann. Es ist außerdem möglich, die lateralen Regelgrößen zu operationalisieren und somit extern messbar zu machen, womit ein Übergang zu dem zweiten externen *feedback-loop* geschaffen wird.

Der zweite *feedback-loop* geht von verschiedenen Faktoren der jeweiligen Lehr-Lernsituation aus. Zum Beispiel von den spezifischen Inhalten, die für die Situation relevant sind oder dem zugrunde liegenden instruktionalen Ansatz. Standards, Kompetenzen und Aufgabenanforderungen werden definiert und führen zu einem extern angestrebten Ziel, dem *externen Sollwert*. Externes Feedback wird hier dadurch charakterisiert, dass es Soll- und Ist-Werte miteinander vergleicht und Informationen zu Diskrepanzen zwischen beiden gibt. Diese Informationen können sowohl einen evaluativen als auch einen elaborierten, tutoriellen Stellenwert haben. Idealerweise werden Informationen zu möglichen Anpassungen und Vorgehen gegeben, die die lernende Person umsetzen kann (Narciss, 2018). An dieser Stelle des Kreislaufs spiegeln sich die bisher in Abschnitt 2.1 dargelegten Definitionen von externem, instruktionalem und elaboriertem Feedback wider. Das Feedback dient dazu den internen Verarbeitungsprozess der lernenden

Person positiv zu beeinflussen und kann gleichzeitig durch die Berücksichtigung von externen Messungen des Kompetenzerwerbs bzw. der internen Regelgrößen der lernenden Person angepasst werden. Dies kann unter Umständen zur Folge haben, dass auch das extern gesetzte Ziel abgewandelt wird.

Faktoren des hier vorgestellten Modells sollten soweit möglich bei Diskussionen über Feedback berücksichtigt werden. Es reicht nicht, lediglich eine Ebene – zum Beispiel die kognitiven Leistungskriterien – zu betrachten, sondern wo möglich sollten alle drei messbaren Ebenen in irgendeiner Form berücksichtigt werden. Nur so kann das komplexe System in Diskussionen über effektives Feedback ansatzweise erschlossen werden.

## 2.1.4 Feedback in der Unterrichtspraxis

An dieser Stelle wird erläutert, was aus theoretischer Perspektive eine gute und effektive Feedbackpraxis ausmacht. Im Anschluss wird ein kurzer Einblick in Erkenntnisse zu dieser Thematik gegeben, welche die Sichtweise von Lehrenden und Lernenden berücksichtigen. Nach der Auseinandersetzung mit konkreten Gestaltungskriterien für externes Feedback wird abschließend noch besonderes Augenmerk auf die Rolle von Feedback beim eigenverantwortlichen, selbstregulierten Lernen sowie im Kontext formativen Assessments gelegt.

**Umsetzung**
Damit instruktionales Feedback von Lernenden effektiv verarbeitet werden kann, müssen in der Praxis mehrere Voraussetzungen erfüllt werden: Den Lernenden muss a) bewusst sein, welches Ziel es zu erreichen gilt, sie müssen b) dazu in der Lage sein ihren aktuellen (Lern-)Stand mit dem Zielzustand zu vergleichen und c) aktiv darauf hinarbeiten, die Lücke zwischen beidem zu schließen (Sadler, 1989). Es kann nicht davon ausgegangen werden, dass diese drei Schritte automatisch beherrscht werden. Vielmehr gilt es, Schülerinnen und Schüler darauf vorzubereiten, mit ihnen zu trainieren, diesen Dreischritt zu verinnerlichen (Boud & Molloy, 2013). Insbesondere der erste Schritt wird auch bei anderen Autoren besonders hervorgehoben (Hattie & Timperley, 2007; Hattie & Gan, 2011; Nicol & Macfarlane-Dick, 2006). Die Punkte lassen sich außerdem direkt aus der konstruktivistisch orientierten Definition von Feedback nach Ramaprasad (1983) ablesen (vgl. Abschnitt 2.1.2). Hattie und Timperley (2007) formulieren in diesem Zusammenhang drei Fragen, von denen je mindestens eine adressiert werden sollte, damit Feedback effektiv sein kann: Was sind die Ziele? Welchen Fortschritt in Richtung des Zieles wurde erreicht? Wie geht es (optimiert) weiter?

Ein Vergleich dieser Fragen mit den Voraussetzungen nach Sadler (1989) zeigt gewisse Parallelen. Einzig die Formulierung als Kriterium bzw. als Frage und damit die Herangehensweise variiert.

Weitere Autoren wie Nicol und Macfarlane-Dick (2006) oder Hattie und Gan (2011) beschäftigen sich ebenfalls mit Prinzipien für eine gute Feedbackpraxis. Sie benennen Prinzipien, die sich nicht auf die von den Schülerinnen und Schülern geforderten (Eigen-)Aktivitäten beschränken, sondern zudem konkrete Eigenschaften vorgeben, die dem externen Feedback und dessen Umsetzung zugrunde liegen sollten. In ihrem ersten Aspekt gleichen ihre Prinzipien den gerade aufgestellten Voraussetzungen. Den Lernenden sollte vor Beginn einer Aufgabe[5] vermittelt werden, was eine „gute" Leistung ausmacht, welche Ziele zu erreichen sind und welche Standards erwartet werden (Nicol & Macfarlane-Dick, 2006). Des Weiteren soll die Feedbackpraxis die Lernenden dabei unterstützen ihr Lernen zu reflektieren und hochwertige Informationen zu ihrem Lernprozess liefern. An dieser Stelle kann eine Querverbindung zu den Fragen von Hattie und Timperley (2007) gezogen werden. Darüber hinaus wird in Bezug auf die Weitergabe von Informationen angemerkt, dass Lehrkräfte den geforderten qualitativen Grad eher erreichen können als Peers oder die Lernenden selbst (Nicol & Macfarlane-Dick, 2006). In diesem Zusammenhang werden außerdem sechs Voraussetzungen formuliert, die Lehrerfeedback erfüllen muss, um als qualitativ hochwertig eingestuft werden zu können:

> „(i) making sure that feedback is provided in relation to pre-defined criteria but paying particular attention to the number of criteria; (ii) providing timely feedback—this means before it is too late for students to change their work (i.e. before submission) rather than just, as the research literature often suggests, soon after submission; (iii) providing corrective advice, not just information on strengths/weaknesses; (iv) limiting the amount of feedback so that it is actually used; (v) prioritising areas for improvement; (vi) providing online tests so that feedback can be accessed anytime, any place and as many times as students wish." (Nicol & Macfarlane-Dick, 2006, S. 209 f.)

Eine gute Feedbackpraxis kann positive Auswirkungen auf die Kommunikation über das Lernen zwischen Peers oder zwischen Lernenden und Lehrkraft haben und motivationale Beliefs sowie das Selbstwertgefühl der Schülerinnen und Schüler stärken (Nicol & Macfarlane-Dick, 2006, Hattie & Gan, 2011). Peerfeedback

---

[5] Um den Text sprachlich möglichst einfach zu halten, wird an dieser Stelle von „Aufgabe" gesprochen. Damit muss jedoch nicht zwingend eine einzelne Aufgabe gemeint sein, sondern vielmehr wird der Begriff auf einer allgemeineren Ebene betrachtet. Somit kann auch eine zu erwerbende Kompetenz (z. B. mithilfe einer Ansammlung von Aufgaben und Anforderungen) die „Aufgabe" darstellen.

kann Schülerinnen und Schüler außerdem dazu animieren, Verantwortung für ihr eigenes Lernen zu übernehmen (Hattie & Gan, 2011). In einem weiteren Prinzip für eine gute Feedbackpraxis nach Nicol und Macfarlane-Dick (2006) spiegelt sich erneut ein Aspekt wider, der auch bei Ramaprasad (1983), Sadler (1989) sowie Hattie und Timperley (2007) thematisiert wird: Feedback soll Möglichkeiten offenbaren, mithilfe derer die Lücke zwischen Ist- und Sollzustand geschlossen werden kann. Externes Feedback wird als gut gekennzeichnet, wenn es den Lernenden hilft ihre Probleme selbstständig zu lösen und ihre Fehler zu korrigieren, wenn es also genau dazu beiträgt die Diskrepanz zwischen Ist- und Sollzustand zu minimieren. Hiermit wird ein zentraler Punkt aus dem Feedbackmodell von Narciss (2018) angesprochen. Er ist maßgeblich für die Interaktion zwischen externem und internem *feedback-loop* (vgl. Abschnitt 2.1.3, Abbildung 2.2). Eine gute Feedbackpraxis zeichnet sich des Weiteren dadurch aus, dass sie den Lehrkräften Informationen liefert, die diese nutzen können, um ihre Lehre zu optimieren (Hattie & Gan, 2011; Nicol & Macfarlane-Dick, 2006). An dieser Stelle lässt sich erneut eine Querverbindung zu dem Feedbackmodell von Narciss (2018) ziehen, indem eine externe Messung des Kompetenzerwerbs der lernenden Person Einfluss auf den externen Sollwert haben kann und damit auch die folgende Feedbackpraxis beeinflusst. Hattie und Gan (2011) nennen noch drei weitere Aspekte für die Feedbackpraxis: Feedback sollte immer auf dem Lernstand der Lernenden oder tendenziell leicht darüber gegeben werden. Es sollte für das Individuum also weder zu triviale noch zu komplexe Ausmaße annehmen. Gleichzeitig sei es wichtig, dass eine Lernumgebung vorliegt, die offen für Fehler ist und diese nicht bestraft. Außerdem sei Feedback dann einflussreich, wenn es auf die Aufgaben oder auf mit den Aufgaben verbundene Strategien (zur Aufgabenbewältigung oder zur Selbstregulation) bezogen wird und nicht auf die Person selbst, die das Feedback erhält (Besser et al., 2010; Hattie & Gan, 2011; Kluger & DeNisi, 1996).

Um die Feedbackpraxis konkret zu unterstützen und anzuleiten stellen Hattie und Gan (2011, S. 262) einen *graphic organizer* vor, welcher verschiedene Leitfragen beinhaltet. Er rekurriert auf die drei zentralen Fragen für effektives Feedback von Hattie und Timperley (2007) sowie auf die drei Level Aufgabenbezug, Prozessbezug und Selbstregulation (vgl. Abschnitt 2.1.3). Es handelt sich um eine Art Baumdiagramm, welches verschiedene Pfade für Feedback in Lehr-Lernprozessen vorschlägt und dabei die Feedbacklevel sukzessive durchläuft. In den Leitfragen zeichnen sich einige Aspekte externen Feedbacks ab, insbesondere im Hinblick auf den Informationsgehalt von Feedback. Wird der *graphic organizer* von oben nach unten durchlaufen, so beginnen die Leitfragen mit einer

Verifikation und gehen anschließend in mannigfaltige Formen elaborierten Feedbacks über, die an unterschiedlichen Stellen und auf verschiedenen Ebenen enden können. Exemplarisch kann eine falsche Antwort als Rückmeldung auf dem Aufgabenlevel die korrekte Lösung nach sich ziehen, was nach diesem Schema in einer Erklärung auf der Prozessebene abschließt. Entsprechend der Einteilung von Shute (2008) stellt dieses Beispiel eine der weniger komplexen Formen von elaboriertem Feedback dar (vgl. Tabelle 2.1).

**Feedbackpraxis aus der Sicht von Lehrenden und Lernenden**
Hattie und Yates (2014) führten eine Befragung von Lehrkräften zum Thema Feedback in unterrichtlichen Kontexten durch. Sie fassen zehn Elemente zusammen, aus welchen den Lehrkräften zufolge Feedback bestehen solle (Hattie & Yates, 2014, S. 64):

- „comments, and more instructions about how to proceed
- clarification
- critism
- confirmation
- content development
- constructive reflection
- correction (focus on pros and cons)
- cons and pros of the work
- commentary (especially on an overall evaluation)
- criterion relative to a standard."

Neben den genannten Elementen wie beispielsweise Feedback in Form von Kommentaren zum weiteren Vorankommen zu geben oder Bestärkungen auszusprechen, heben Hattie und Yates (2014) hervor, dass die Lehrkräfte häufig der Meinung seien, ein Vorankommen insbesondere durch negatives Feedback fördern zu können. Bei der Übermittlung von Feedback passiert es daher leicht, dass die Anzahl der negativen Kommentare die der positiven Anmerkungen deutlich überwiegt (Hattie & Yates, 2014). Schülerinnen und Schüler können dies jedoch als ungerechte Behandlung empfinden und sich persönlich angegriffen fühlen. Außerdem werden Aufgaben durch zu viel negatives Feedback schnell kontraproduktiv als unzumutbar eingestuft. Lernende seien im Hinblick auf Feedback insgesamt eher zukunftsorientiert als rückblickend (Hattie & Yates, 2014; vgl. Achilles, 2011): In ihren Augen sollte Feedback Optimierungshinweise geben, statt zu betonen, was in der Vergangenheit bei der Bearbeitung der Aufgaben falsch gemacht wurde. Kritik an bereits fertiggestellten Aufgaben wird häufig als irrelevant für zukünftige Aufgaben angesehen und ignoriert. Ziel sollte demnach eine ausgewogene Feedbackpraxis sein, in der sowohl positives als auch negatives Feedback gegeben werden. Um auch Kritik gewinnbringend übermitteln zu können, wird in diesem Zusammenhang ein positives Lernklima als notwendig angesehen (Hattie & Yates, 2014). Lernenden ist im Allgemeinen klar, dass

Feedback eine wichtige Komponente zur Verbesserung der eigenen Leistung darstellen kann (Rowe & Wood, 2008). Gleichzeitig oder gerade aus diesem Grund wünschen sie sich eine aktive Einführung in Strategien zur sinnvollen Nutzung von Feedback (Poulos & Mahony, 2008). Wie und in welcher Form sich Lernende Feedback wünschen, hängt von äußeren Begebenheiten ab und unterliegt starken Schwankungen, weshalb ein ausgewogener Ansatz, der vielen Lernenden entgegenkommt, zu bevorzugen ist (Rowe & Wood, 2008). Beispielsweise wünschen sich viele Lernende verbal vermitteltes Feedback, wenn es um die Bewertung von Gruppen geht, im Rahmen individueller Rückmeldungen variiert der Wunsch nach verbalem oder textbasiertem Feedback hingegen. Poulos und Mahony (2008) halten fest, dass spezifisches, an eine Person gerichtetes Feedback insgesamt vor einem allgemein gehaltenem Feedback an eine gesamte Gruppe oder Klasse priorisiert werden würde. Lernende präferieren ihnen zufolge zudem eher zeitnahes Feedback, klare Kriterien und eine konsistente und transparente (Feedback-)Praxis.

**Gestaltungskriterien**
Die konkrete Gestaltung von externem Feedback hat einen wesentlichen Einfluss darauf, wie es von den Lernenden rezipiert werden kann. Aus diesem Grund stellen Kopp und Mandl (2014) kriteriengeleitete Regeln zum Verfassen von Feedback auf. Als Orientierungspunkte werden die vier Aspekte Bezugsnormorientierung, Bezugsebene, Form der Feedbackgabe und Verständlichkeit diskutiert.

Das zu erreichende Ziel oder der zu erfüllende Standard entspricht dem Bezugspunkt. Dessen Erreichung kann auf Basis verschiedener Bezugsnormen bewertet werden. Für externes Feedback gelten die sachliche sowie die individuelle Bezugsnorm als die effektivsten Anlehnungspunkte. Erstere insbesondere als Rückmeldung zur Leistungsentwicklung, letztere vor allem in Hinblick auf positive motivationale Effekte. Die sachliche Bezugsnorm fokussiert die gestellte Aufgabe und stellt eine objektive, kriteriengeleitete Norm dar. Die individuelle Bezugsnorm hingegen orientiert sich an der Leistung und Entwicklung des Einzelnen und kann so Entwicklungstendenzen honorieren, die objektiv im Sinne der sachlichen Bezugsnorm eher als klein eingestuft würden, für das Subjekt aber durchaus nennenswert sein können. Abgeraten wird im Hinblick auf Feedback von der dritten, der sozialen Bezugsnorm. Ein Vergleich mit anderen kann schnell zu Demotivation und Resignation führen, insbesondere bei leistungsschwächeren Schülerinnen und Schülern (Kopp & Mandl, 2014).

Die damit eng zusammenhängenden Bezugsebenen entsprechen den individuellen Konstitutionen der Lernenden, die durch das Feedback adressiert werden können. Häufig werden die drei Ebenen kognitiv, metakognitiv und motivational unterschieden (Kluger & DeNisi, 1996; Narciss, 2018). Alternativ schlagen Hattie und Timperley (2007) die Ebenen Aufgabenbezug, Prozessbezug, Selbstregulation und das Selbst vor, wobei die ersten drei vergleichbar zu den Ebenen der anderen Autoren verstanden werden können. Die vierte Ebene, das Selbst, betrifft meist aufgabenunabhängiges persönliches Feedback, wie: „das ist eine kluge Antwort" oder „du bist einfach gut in Mathe". Es wird empfohlen durch Feedback nicht die vierte Ebene anzusprechen, da derlei Äußerungen wenig konkrete und zielgerichtete Informationen liefern. Stattdessen raten Hattie und Timperley (2007) dazu, mittels Feedback eine der anderen drei Ebenen zu adressieren.

Hinsichtlich der Form, in der Feedback gegeben wird, stellen Kopp und Mandl (2014) vier Aspekte einander gegenüber, die zum Teil im Rahmen der Kategorisierungen weiter vorne in diesem Abschnitt benannt wurden. Sie differenzieren dabei anders als Kulhavy und Stock (1989) nicht ausschließlich strukturgleiches oder abweichend strukturiertes Feedback, sondern integrieren auch weitere Kategorien. Insgesamt kann die Form als das „Wie und Wann" des Feedbacks verstanden werden. Es kann mündlich oder schriftlich, zeitnah oder zeitversetzt gegeben werden. Die Inhalte können einfach oder elaboriert sein, bestätigend oder kritische Formulierung beinhalten sowie eine informierende oder eine kontrollierende Funktion einnehmen. Bei vielen dieser Aspekte hängt es von äußeren und inneren Faktoren ab, welche der einander gegenübergestellten Punkte das effektivere Feedback darstellen. Einzig kontrollierendes Feedback wird im Vergleich zu informierendem Feedback als kontraproduktiv eingestuft, da es negativen Druck erzeugen kann. Feedback sollte eher beschreibend als wertend sein und den Lernenden nicht aufgezwungen werden. Schriftliches Feedback ist schwieriger zu interpretieren als mündliches Feedback, welches immer von non- und paraverbalen Hinweisen begleitet wird (Krause, 2007). Daher sollte der Formulierung schriftlicher Rückmeldungen besondere Aufmerksamkeit gewidmet werden.

Hiermit einher geht die letzte Kategorie, die Kopp und Mandl (2014) erörtern, die Verständlichkeit. Feedback kann dann als verständlich formuliert eingestuft werden, wenn es sprachlich möglichst einfach gehalten ist, sich ein roter Faden, eine klare Gliederung erkennen lässt, es kurz und prägnant verfasst ist und anregende Zusätze enthält (vgl. Krause, 2007). Damit ist gemeint, dass der Text abwechslungsreich und interessant sein sollte. Die dargestellten Gestaltungskriterien interagieren mit personalen Faktoren der Feedbacksender und -empfänger, weshalb es unerlässlich ist, sich ergänzend mit dem Prozess der Verarbeitung von Feedback auseinanderzusetzen (Kopp & Mandl, 2014).

**Eigenverantwortliches, selbstreguliertes Lernen**

In Zusammenhang mit einer effektiven Feedbackpraxis wird der Besitz von selbstregulativen Fähigkeiten als individuelle Grundvoraussetzung für die Annahme und Verarbeitung von Feedback genannt. Es gilt überdies als eine der Hauptaufgaben von Schule und Unterricht Lernende zu eigenverantwortlichen und selbstregulierten Lernenden auszubilden (Landmann, Perels, Otto, Schnick-Vollmer & Schmitz, 2015). Sie sollen an eine selbstständige Strukturierung und Reflexion ihres Lernprozesses herangeführt werden. Um dies zu erreichen, ist es notwendig die drei zentralen Komponenten kognitiv, motivational sowie meta-kognitiv (implizit) anzusprechen. Im Rahmen der kognitiven Komponente sollen Mechanismen der Informationsverarbeitung sowie konzeptionelles und strategi-sches Wissen vermittelt werden. Auf motivationaler Ebene werden insbesondere Möglichkeiten zur volitionalen Aufrechterhaltung der (intrinsischen) Motivation adressiert. Von herausragender Wichtigkeit um selbstreguliertes Lernen zu ermög-lichen, sind des Weiteren metakognitive Fähigkeiten der Planung, Beobachtung und Reflexion des eigenen Lernens (Landmann et al., 2015).

Ebendiese drei Ebenen wurden vorab schon im Kontext von Feedback beschrieben (vgl. Abschnitt 2.1.3). Es zeigen sich entsprechend Parallelen zwischen Modellen des selbstregulierten Lernens und konstruktivistischen Feed-backmodellen (z. B. Butler & Winne, 1995; Landmann et al., 2015; Narciss, 2018). Beispielsweise wird in iterativen Modellen zum selbstregulierten Lernen laut Landmann et al. (2015) ebenso wie bei Narciss (2018) auf die Systemtheo-rie zurückgegriffen und in Form von Regelkreisen der Zusammenhang eines Ist-und eines Sollzustandes unter Zuhilfenahme einer Feedbackschleife beschrie-ben. Butler und Winne (1995) sehen selbstreguliertes Lernen als eine Art des Lernens, die sich durch das Setzen eigener Ziele, die Wahl zeitökonomischer, sinnvoller Strategien sowie einer beständigen Überwachung des eigenen Lernpro-zesses (*Monitoring*) charakterisieren lässt. Sie betonen außerdem, dass Feedback ein fester Bestandteil des selbstregulierten Lernens sei: Zum einen in Form internen Feedbacks im Rahmen des *Monitorings*, zum anderen durch externes, unterstützendes Feedback.

Selbstreguliert Lernende gelten als die effektivsten Lerner, insbesondere dann, wenn sie sich auch externes Feedback zur Optimierung ihres Lernprozesses und zum Erreichen ihrer Ziele suchen (Butler & Winne, 1995). Nur wenn sie sich aktiv mit dem Feedback auseinandersetzen, kann es das selbstregulierte Ler-nen unterstützen (Bangert-Drowns et al., 1991; Kulhavy & Stock, 1989). Das Feedback sollte dafür sowohl auf den Aufbau von Wissen und die Kontrolle von Ergebnissen bezogen werden als auch prozessbezogene Anmerkungen zu Lernstrategien liefern (Butler & Winne, 1995; Landmann et al., 2015). Andere

Autoren stufen insbesondere Hinweise als hilfreich ein, die sich auf metakognitive Aspekte der Planung, Überwachung und Reflexion beziehen (Veenman, Kok & Blöte, 2005). Bandura (1991) sieht die Kombination von Zielsetzung und prozessbezogenem Feedback als substanzielle Komponente für die Aufrechterhaltung bzw. positive Beeinflussung der Motivation an.

Fernholz und Prediger (2007) betonen, dass die Lehrperson die Schülerinnen und Schüler auf dem Weg zum eigenverantwortlichen Lernen nicht allein lassen dürfe. Sie müsse als Berater zur Verfügung stehen und sollte eine klare Unterrichtsstruktur sowie einen transparenten Rahmen und ein klar definiertes Ziel schaffen. Die Lehrkraft nimmt im Unterricht allgemein eine Vorbildfunktion ein. Formuliert sie zu Beginn einer Stunde ein klares Lernziel und baut regelmäßig Reflexions- und Evaluationsphasen in ihren Unterricht ein, so kann dies den Schülerinnen und Schülern dabei helfen, diese Elemente im Rahmen von eigenverantwortlichen Arbeitsphasen selbstständig zu integrieren (Landmann et al., 2015). Auf unterrichtsmethodischer Ebene gelten Projekt- und Wochenplanarbeit oder das Führen eines Lerntagebuchs als günstige Lernbedingungen zur Förderung des selbstregulierten Lernens (Landmann et al., 2015; Perels, 2007). Checklisten, Selbstdiagnosetests und konkrete Arbeitspläne könnten dies weiter positiv unterstützen, indem sie Transparenz schaffen sowie ein Bewusstsein dafür geben, was erwartet wird und des Weiteren eine gewisse Steuerungsfunktion beinhalten (Achilles, 2011; Barzel, Prediger, Leuders & Hußmann, 2011; Prediger, 2007).

**Feedback als Schlüsselelement von formativem Assessment**
Einer der am meisten diskutierten Punkte bezogen auf Rückmeldungen und Feedback bezieht sich auf dessen Zeitpunkt. In diesen Zusammenhang lassen sich unter anderem die beiden Begriffe summatives und formatives Assessment einordnen. Während Feedback im Rahmen von summativem Assessment erst nach Abschluss von beispielsweise einer Unterrichtsreihe gegeben wird, setzt formatives Assessment schon frühzeitig im Lernprozess an (Havnes, Smith, Dysthe & Ludvigsen, 2012; Sadler, 1989). Feedback wird in diesem Verständnis also nicht erst nach Abschluss einer Lern- oder Leistungssituation gegeben (summativ), sondern prozessbegleitend, um gezielte Unterstützung zu liefern. Klassenarbeiten und Vergleichsarbeiten gelten beispielsweise als summatives Assessment, kontinuierliche Leistungsbewertungen im Rahmen des Unterrichts als formatives Assessment (Besser et al., 2011; vgl. Abbildung 2.3).

In einer groß angelegten Metastudie fassen Black und Wiliam (1998) jegliche informierenden Aktivitäten von Lehrkräften oder Lernenden im Rahmen

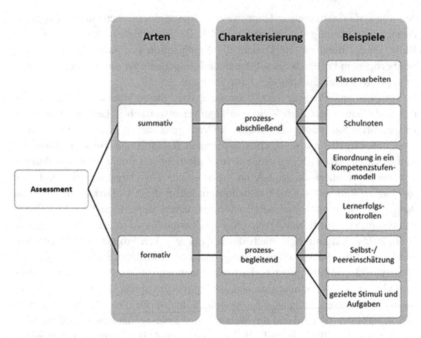

**Abbildung 2.3**  Assessment – Arten, Charakterisierung und Beispiele. [*Eigene Darstellung*]

eines Lernprozesses, welche als Feedback genutzt werden können, als formatives Assessment auf. Sie betonen gleichzeitig, dass es erst dann möglich ist, von Assessment zu sprechen, wenn das Feedback von den Lernenden aktiv genutzt wird (vgl. Thiele, Ahmed, Wagner & Hoppenbrock, 2013). Anders bei Sadler (1998), der formatives Assessment als *„assessment that is specifically intended to provide feedback on performance to improve and accelerate learning"* (S. 77) definiert und damit den Schwerpunkt ausschließlich auf die Intention legt. Anhand dieser Definitionen wird deutlich, welche herausragende Rolle Feedback im Rahmen von formativem Assessment einnimmt. Shute (2008) schlägt eine konkrete Definition für formatives Feedback vor: „[*it is*] *information communicated to the learner that is intended to modify his or her thinking or behavior for the purpose of improving learning"* (S. 154).

   Als Rezipienten dieses Feedbacks werden in erster Linie die Lernenden gesehen. Durch formatives Assessment können Schülerinnen und Schüler selbstregulative Fähigkeiten aufbauen (Davis & McGowen, 2007; Hattie & Clarke,

2019; Nicol, 2009; Taras, 2003). Die sieben in Abschnitt 2.1.4 beschriebenen Prinzipien für eine gute Feedbackpraxis nach Nicol und Macfarlane-Dick (2006) setzten genau an diesem Punkt an, indem sie versuchen Praxistipps für die Auswirkungen von formativem Assessment auf selbstreguliertes Lernen zu erarbeiten.

Um formatives Assessment zu begünstigen, setzen Black und Wiliam (1998) auf Selbst- und Peereinschätzungen der Lernenden, was insgesamt zu einer Aktivierung der Schülerinnen und Schüler führen könne (vgl. Hattie & Clarke, 2019). Sie sehen zwei Umsetzungsmöglichkeiten für formatives Assessment im Rahmen des Schulunterrichts. Eine Variante besteht darin, die Lernenden dazu zu befähigen Wissenslücken selbstständig zu identifizieren und ihnen die Verantwortung für ihr Lernen zu überlassen (vgl. vorheriger Abschnitt zum selbstregulierten Lernen). Die andere Variante sieht die Lehrkraft in der Verantwortung für das Lernen der Schülerinnen und Schüler. In diesem Fall soll sie Stimuli liefern sowie Aufgaben anleiten, die dabei helfen können, die erkannten Wissenslücken zu schließen. Insbesondere der erste Weg wird im Rahmen der Metaanalyse als lernförderlich und aktivierend eingestuft. Es wird angemerkt, was an anderer Stelle bereits mehrfach betont wurde: Die Schülerinnen und Schüler müssen erst lernen, wie sie ihre Wissenslücken identifizieren und schließen können. In diesem Zusammenhang können Peers eine wichtige Bezugsquelle sein (Black & Wiliam, 1998). Ein solches Peerfeedback muss nicht zwingend angeleitet werden, sondern entwickelt sich oft automatisch aus einer Situation heraus (Havnes et al., 2012). Taras (2003) hat die Erfahrung gemacht, dass ein explizites Ansprechen des Umgangs mit Feedback im Rahmen von formativem Assessment im Allgemeinen nicht zwingend notwendig ist, sondern auch eine implizite Thematisierung ausreichend oder sogar produktiver sein kann. Im Laufe der Zeit sollte sich eine feste Feedbackkultur entwickeln, die von Schulfach zu Schulfach unterschiedlich aussehen kann. Lernende sollten jedoch in jedem Fall aktiv mit in die Feedbackpraxis einbezogen werden (Havnes et al., 2012).

In Laborexperimenten zu prozess- und aufgabenbezogenem Feedback im Kontext von kompetenzorientierten Aufgaben im Mathematikunterricht ergab sich tendenziell eine positivere Entwicklung der Leistung und der Bearbeitungsqualität von Lernenden im Vergleich zu summativem Feedback in Form einer Schulnote bzw. der Verortung auf einer Kompetenzstufe eines Kompetenzstufenmodells (vgl. PISA) (Besser et al., 2010). Als wichtig erachtet wurde dabei die Länge der schriftlichen Rückmeldung. Ab einem gewissen Ausmaß kann demzufolge schon das reine Vorhandensein des Feedbacks Schülerinnen und Schüler daran hindern die Informationen sinnvoll zu verarbeiten (vgl. Glover & Brown, 2006; Kopp &

Mandl, 2014). Außerdem wurde im Sinne einer zeitökonomischen und gleichzeitig individuell angelegten Rückmeldung vorab auf typische Schwierigkeiten
bei den eingesetzten Aufgaben referiert und in diesem Sinne standardisierte Hilfen generiert, die den Lernenden bei Bedarf bereitgestellt wurden. Diese Art der
Standardisierung schränkte das prozess- und aufgabenbezogene Feedback ein,
insbesondere wenn Schülerinnen und Schüler eigene Wege bei der Aufgaben-
bearbeitung einschlugen, die nicht vorab erwartet wurden. Desto passender das
Feedback die Schwierigkeiten der Lernenden abbildete, desto hilfreicher schien es
zu sein. Generell resümieren Besser et al. (2010) jedoch in Summe eine positive
Entwicklung in Bezug auf die Bearbeitungsqualität, egal welcher Art die Rückmeldungen waren. Sie schränken jedoch ein, dass diese positive Entwicklung nur
in Kombination mit einer aktiven Verarbeitung des Feedbacks auftrete. Thiele
et al. (2013) schlagen auf methodischer Ebene regelmäßige Lernerfolgskontrol-
len sowie jederzeit verfügbare, webbasierte Übungen als umsetzbare Praxis des
formativen Assessments vor.

## 2.1.5 Aktueller Forschungsstand zur Effektivität instruktionalem Feedbacks

Entsprechend der herausgestellten Relevanz von instruktionalem Feedback für
das Lernen, gibt es zahlreiche empirische Studien, Literaturreviews, Metaanalysen und Meta-Metaanalysen zu verschiedenen Aspekten externen Feedbacks.
Einige daraus abgeleitete Empfehlungen, beispielsweise im Zusammenhang mit
der Umsetzung oder Gestaltung instruktionalen Feedbacks in der Unterrichtspraxis, fanden sich schon in den bisherigen Erörterungen, insbesondere in
Abschnitt 2.1.4. Im Rahmen dieser Arbeit werden nun einige der meist zitierten und weitreichendsten Reviews und Analysen vorgestellt. Außerdem werden
drei einzelne quantitative, empirische Studien vorgestellt. Diese stehen exemplarisch für typische Studien im Bereich der Effektivität von instruktionalem
Feedback, wie sie auch in den Metaanalysen berücksichtigt wurden. Sie fokussieren die Lernwirksamkeit von verschiedenen Feedbackarten auf die Performanz
von Lernenden. Aus Gründen der Übersichtlichkeit werden ausschließlich zentrale Kennwerte und Ergebnisse der Studien berichtet. Für nähere Informationen
wird auf die jeweils zitierten Quellen verwiesen. Außerdem werden in diesem
Kapitel überwiegend allgemeine Ergebnisse zu der Wirkung von instruktionalem
Feedback vorgestellt, während es in Abschnitt 2.3 weitere Ergebnisse mit dem
Schwerpunkt „Feedback in digitalen Lernumgebungen" geben wird. Diese Aufteilung ist erforderlich, da vor der Erläuterung erst herausgestellt werden sollte,

was digitale Lernumgebungen (im Mathematikunterricht) charakterisiert und welche Möglichkeiten und Grenzen dort heutzutage zur Integration von Feedback existieren.

**Literaturreviews und Metaanalysen**

Die wohl bekannteste und größte Analyse führte Hattie (2009, 2015) durch. Weitere bekannte Analysen stammen von Bangert-Drowns et al. (1991), Kluger und DeNisi (1996) und Shute (2008). Häufig wird ein Fokus auf Feedbackeffekte hinsichtlich der erbrachten Leistung gelegt. Über alle Analysen hinweg zeigte sich in diesem Zusammenhang eine inkonsistente, teils widersprüchliche und hochvariable Ergebnislage. Zu großen Teilen kann dies auf die zahlreichen Variabilitätsmöglichkeiten und auf die Komplexität des Konstruktes „Feedback" zurückgeführt werden. Es lassen sich nur schwer verallgemeinerbare Aussagen über beispielsweise die Effektivität der verschiedenen Formen von externem Feedback treffen. Einige Tendenzen lassen sich jedoch wiedergeben und sollen an dieser Stelle in chronologischer Reihenfolge berichtet werden. Bei den in den Metaanalysen dokumentierten Effekten ist nicht immer klar, auf welches Effektstärkemaß zurückgegriffen wird, weshalb einheitlich die übliche Abkürzung $ES$ genutzt wird, statt das jeweilige Maß näher zu klassifizieren. Das stellt insofern kein Problem dar, als in der Regel *Glass* $\Delta$, *Hedges* $g$ oder *Cohens* $d$ berechnet werden. Alle drei können auf dieselbe Weise interpretiert werden (Döring & Bortz, 2016).[6]

Bangert-Drowns et al. (1991) berücksichtigten in ihrer Metaanalyse 40 Quellen aus den Jahren 1935 bis 1988 mit insgesamt 58 Effektstärken. Die Stichproben der einzelnen Untersuchungen lagen zu großen Teilen bei unter 100 Probanden, nur fünf berücksichtigten Stichproben von über 150 Personen. Es wurden sowohl Studien mit einem *posttest-only*-Design als auch Studien mit einem *pretest-posttest*-Design berücksichtigt. Auffällig war, dass letztere signifikant niedrigere Effektstärken für Feedback ergaben, was möglicherweise auf Testeffekte durch die zweimalige Messung zurückgeführt werden kann. Im Durchschnitt zeigte Feedback einen signifikant positiven Effekt auf die Leistung mit einer kleinen Effektstärke ($ES = 0.26.$. Vier Studien ergaben jedoch auch signifikant negative Feedbackeffekte. Wird der Informationsgehalt von Feedback verglichen, so zeigt sich für verifizierendes Feedback kein Effekt auf die erbrachte Leistung

---

[6] Als Effektstärkemaß wird häufig *Cohens d* berichtet. Ein Effekt wird als klein eingestuft, wenn *Cohens d* einen Wert von 0.2 annimmt. Bei Werten um 0.5 wird von einem mittleren Effekt gesprochen und ab 0.8 von einem großen Effekt (Cohen, 1988; Döring & Bortz, 2016, S. 821). Grundsätzlich können Werte zwischen $-\infty$ und $+\infty$ liegen.

($ES = -0.08$). Feedback mit mehr Informationen ergibt im Vergleich positivere Effekte (für verschiedene Varianten bis hin zu $ES = 0.53$). Es konnte jedoch auch identifiziert werden, dass Lernende die Antworten kopieren, ohne sich näher damit zu beschäftigen, wenn sie die Möglichkeit dazu haben. Dies mindert nachvollziehbarerweise die Effektstärke von Feedback und führte zu den teils negativen Feedbackeffekten, wobei die Variable *pre-search availability* nur konfundiert vorlag und somit keine eindeutige Effektzuweisung möglich ist.

Kluger und DeNisi (1996) berücksichtigten in ihrer Metaanalyse dreimal so viele Studien mit 607 Effektstärken. Die Studien stammten aus den Jahren 1927 bis 1992. Die Personenzahl lag im Durchschnitt bei 39 Probanden pro Effektstärke. Es wurden Studien mit kleinen Stichproben ab zehn Personen berücksichtigt. In dieser Metaanalyse zeigte Feedback im Durchschnitt einen kleinen bis mittleren positiven Effekt ($ES = 0.41$), wobei ein Drittel der Effekte negativ waren. Anders als zuvor konnten diese negativen Effekte auf den Fokus des Feedbacks zurückgeführt werden. Sie betrafen allesamt Feedback, welches in Richtung des Selbst gerichtet war und nicht in Richtung der Aufgabe. Feedback, welches neben der Verifikation die korrekte Antwort beinhaltete, zeigte durchweg kleine, signifikant positive Effekte auf die Leistung von Lernenden. Effekte zu elaborierteren Formen werden nicht berichtet.

Shute (2008) führte ein Literaturreview mehrerer Metaanalysen durch und subsummierte diverse Aspekte. Sie griff auf Literatur aus den Jahren 1986 bis 2007 zurück. Einerseits wird Feedback als starker positiver Moderator für die Leistung zitiert. Andererseits konnte des Öfteren ein negativer oder kein Effekt aufgezeigt werden. Es gibt vereinzelt Untersuchungen, die besagen, dass komplexeres instruktionales Feedback einen geringeren Einfluss auf die Leistung habe als simple Verifikation. Häufiger wird jedoch berichtet, dass elaboriertes Feedback effektiver sei als verifizierendes und auch als KCR Feedback. Diese Inkonsistenz spiegelt sich in noch größerem Ausmaß hinsichtlich des idealen Zeitpunktes von Feedback wider. Shute (2008) erkannte jedoch eine Auffälligkeit, nach der in Laborstudien tendenziell zu zeitversetztem und in Feldstudien zu direktem Feedback tendiert werden würde. Sie schlussfolgert außerdem, dass für komplexere Aufgaben eher zeitnahes Feedback optimal sei. Bei leichteren Aufgaben sollte hingegen tendenziell auf zeitversetztes Feedback zurückgegriffen werden. Des Weiteren differenziert sie zwischen leistungsstärkeren und leistungsschwächeren Schülerinnen und Schülern. Für erstere reiche in der Regel zeitversetztes, verifizierendes Feedback, während letztere von direktem, elaboriertem Feedback mit Hilfen und Erklärungen profitieren würden.

Hattie (2009, 2015) führte die bis heute umfassendste und einflussreichste Meta-Metaanalyse mit Untersuchungen aus den Jahren 1977 bis 2008 durch. In

Zusammenhang mit Feedback wurden in dieser Analyse 23 Metaanalysen mit 1287 Studien berücksichtigt.[7] Feedback wurde als einer der einflussreichsten Faktoren auf die schulische Leistung identifiziert mit einer mittleren Effektstärke von $ES = 0.73$.. Es werden ebenso wie in früheren Analysen beträchtliche Unterschiede in den berichteten Effektstärken aufgedeckt. Neben den schon berichteten Ergebnissen, weist Hattie (2009, 2015) die effektivsten sowie die am wenigsten effektiven Feedbackarten aus. Als effektivste Formen gelten laut dieser Analyse Hinweise oder Bestärkungen für die Lernenden. Ebenso Feedback, welches die Lernziele betrifft. Zudem gilt video-, audio- oder computergestütztes Feedback im Unterricht als sinnvollste Art der Rückmeldung. Lehrerfeedback wird hingegen nicht zwingend als relevant für den Einzelnen erkannt und nicht gut aufgenommen und genutzt (Hattie & Gan, 2011). Als am wenigsten effektive Feedbackformen werden programmierter Unterricht[8], extrinsische Belohnung, Lob und Bestrafung herausgestellt.

**Studien zu der Effektivität verschiedener instruktionaler Feedbackformen**
Clariana und Koul (2006) untersuchten in einer Studie mit 82 Schülerinnen und Schülern, die in fünf Gruppen (drei Experimental- und zwei Kontrollgruppen) aufgeteilt wurden, den Einfluss von weniger komplexen Feedbackarten und dem Zeitpunkt der Feedbackgabe auf die Leistung. Die Lernenden erhielten entweder direktes KCR Feedback, zeitversetztes KCR Feedback oder eine *try again*-Version. In den beiden Kontrollgruppen wurde kein Feedback bereitgestellt. Es wurde ein *posttest-only*-Design gewählt. Die Lernenden erhielten einen Text sowie Fragen zu den Inhalten des Textes, zu denen sie je nach Gruppenzugehörigkeit eine Rückmeldung bekamen. Fünf Tage später wurde ein unangekündigter Test mit zum Teil denselben Fragen wie in der Intervention und zum Teil paraphrasierten oder umgekehrten[9] Fragen geschrieben. Es ergaben sich keine Unterschiede in Bezug auf die Leistung der Lernenden in den drei Experimentalgruppen. Im Vergleich zu den Kontrollgruppen zeigten sie jedoch allesamt einen starken positiven Effekt.

---

[7] Es wird häufig diskutiert, inwiefern die Ergebnisse überhaupt auf Deutschland und das deutsche Schulsystem übertragen werden können (Terhart, 2014). Die Ergebnisse zum Thema Feedback gelten in dieser Hinsicht jedoch allgemeinhin als unproblematisch (erweiterte deutsche Fassung von Hattie (2015)).

[8] Auf diese Form des Unterrichts wird an späterer Stelle im Kontext von digitalen Lernumgebungen erneut eingegangen (Abschnitt 2.2.2).

[9] Bei dieser Art Fragen wurde die in der Intervention als Antwort erwartete Äußerung zu einer Frage umformuliert und demzufolge das als Antwort gefordert, was in der Intervention der Fragestellung entsprach.

Butler, Godbole und Marsh (2013) stellten die Hypothese auf, dass elaboratives Feedback zu einem tieferen Verständnis von Inhalten und damit zu einer besseren Transferleistung führen würde als die Bereitstellung von KCR Feedback. In einem ersten Test wurden 60 Studierende randomisiert auf drei Gruppen mit entweder keinem Feedback, KCR Feedback oder elaboriertem Feedback in Form von ergänzenden Erklärungen aufgeteilt. Bei der Testbearbeitung wurde ihnen zum ersten Messzeitpunkt nach jeder Aufgabe das entsprechende Feedback angezeigt. Zwei Tage später wurde ein Test mit einem Teil der Aufgaben aus dem Prätest sowie ergänzten Transferaufgaben vorgelegt, welcher ohne Feedback bearbeitet werden musste. Die Hypothese konnte bestätigt werden und zeigte große, signifikante Effekte für elaboriertes Feedback bei Transferaufgaben. Dies konnte in einer abgewandelten Replikationsstudie mit 24 Studierenden bestätigt werden. Zwischen der Gruppe ohne Feedback und der Gruppe mit KCR Feedback zeigte sich kein signifikanter Unterschied hinsichtlich ihrer Posttestleistung. Anders sah es bei den wiederholten Aufgaben aus. Dort zeigten sowohl KCR als auch elaboriertes Feedback einen signifikant positiven Effekt im Vergleich zu keinem Feedback. Die ergänzten Erklärungen führten hier also zu keinem Mehrwert im Vergleich zu der korrekten Lösung. Die Autoren führten dies auf die Erinnerungsleistung der Lernenden und damit auf eine nicht benötigte Elaboration zurück.

Rakoczy, Harks, Klieme, Blum und Hochweber (2013) führten mit 146 Lernenden eine 100-minütige Testung im Mathematikunterricht von 9. Klassen verschiedener Real- und Gesamtschulen in Deutschland durch. Sie verglichen in diesem Rahmen prozessbezogenes und sozialvergleichendes Feedback. Unter anderem wurde die Hypothese aufgestellt, dass Lernende, die inhaltliche Rückmeldungen und strategische Hinweise bekamen (prozessbezogenes Feedback), ein größeres Interesse an den Inhalten zeigten als Lernende, denen eine Note inklusive Notenverteilung und -durchschnitt gegeben wurde (sozialvergleichendes Feedback). Ebenso wurde ein positiver Einfluss auf die Leistung erwartet. Nach einer Kombination aus Fragebogen und Mathematiktest hatten die Schülerinnen und Schüler eine kurze Pause, welche zur Korrektur und Erstellung von kriteriengeleitetem individuellen Feedback genutzt wurde. Anschließend erhielten die Lernenden das Feedback und bearbeiteten dann erneut einen Fragebogen sowie einen Mathematiktest. Es zeigten sich im Vergleich der beiden Feedbackformen kein direkter Einfluss auf die erbrachte Leistung. Jedoch wurde das prozessbezogene Feedback als sinnvoller erachtet, sodass ein signifikanter indirekter Einfluss auf die Leistung und das Interesse gezeigt werden konnte. Außerdem empfanden die Lernenden mit prozessbezogenem Feedback dieses als lernförderlich.

Hier konnte jedoch ausschließlich ein signifikanter indirekter Einfluss auf das Interesse, nicht auf die Leistung identifiziert werden.

*Welche zentralen Erkenntnisse lassen sich aus dem aktuellen Forschungsstand ziehen?*

- Grundsätzlich scheint Feedback mit kleinen bis mittleren positiven Effekten lernwirksam auf die Leistung sein zu können.
- Tendenziell ist Feedback umso effizienter, desto mehr Informationen es bietet.
- Es gibt Hinweise, dass *pre-search availability* von Feedback potenziell unvorteilhaft ist.
- Viele Faktoren können die Effektivität einzelner Feedbackarten beeinflussen, insbesondere die Komplexität der Inhalte, die Aufgabenart, die Leistungsstärke der Schülerinnen und Schüler sowie der Zeitpunkt, zu dem Feedback gegeben wird.
- Schülerinnen und Schüler scheinen prozessbezogenes Feedback als adäquater zu erachten, um ihr Lernen zu fördern, unabhängig davon, ob tatsächlich Effekte auf die Leistung gemessen werden können.

## 2.2 Digitale Lernumgebungen im Mathematikunterricht

Die Digitalisierung von Gesellschaft und Schule ist seit vielen Jahrzehnten ein Thema in der pädagogischen, psychologischen und fachdidaktischen Forschung. Für diese Arbeit interessieren vor allem Erkenntnisse zu digitalen Lernumgebungen im Mathematikunterricht. Um adäquat über diesen relativ kleinen Teilbereich der Digitalisierung zu berichten und eine dafür notwendige Einordnung in einen größeren Rahmen zu ermöglichen, gliedert sich das Kapitel in fünf Unterkapitel. Wie schon in bei der ersten theoretischen Säule in Abschnitt 2.1, wird in diesem Kapitel eine allgemeine Grundlage geschaffen. Zu Beginn werden zentrale Begriffe dieses Themenbereichs geklärt und voneinander abgegrenzt (Abschnitt 2.2.1). Daraufhin werden bedeutende Modelle und Theorien vorgestellt, die im Rahmen der Digitalisierung Beachtung finden sollten (Abschnitt 2.2.2). Daran anschließend wird ein Fokus auf die bildungspolitischen Rahmenbedingungen und Entwicklungen in Deutschland und in speziell in Nordrhein-Westfalen (NRW) gerichtet (Abschnitt 2.2.3), bevor explizit auf den Mathematikunterricht eingegangen wird (Abschnitt 2.2.4). Anders als bei der ersten theoretischen Säule, gibt es zu digitalen Lernumgebungen speziell im Mathematikunterricht eine breitere theoretische Basis, sodass diese zweite Säule fokussierter auf mathematikdidaktische Erkenntnisse zurückgreifen kann als es in Abschnitt 2.1 der Fall war. In Abschnitt 2.2.4 werden unter anderem Potentiale und Grenzen digitaler Mediennutzung diskutiert und es wird erläutert, inwiefern gerade das Thema (quadratische) Funktionen davon profitieren kann. Ein abschließendes Unterkapitel betrifft den aktuellen Forschungsstand zur Digitalisierung und zu den digitalen Kompetenzen von Schülerinnen und Schülern sowie zur Lernwirksamkeit digitaler Lernumgebungen (Abschnitt 2.2.5).

## 2.2.1 Begriffsklärung

Im Rahmen der Digitalisierung tauchen einige Begriffe immer wieder auf und werden teils synonym verwendet, allen voran die Begriffe „Neue Medien", „Neue Technologien", „digitale Werkzeuge", „digitale Medien" sowie „digitale Lernumgebungen". Um direkten Bezug zum Mathematikunterricht herzustellen bzw. um zu betonen, wenn technische Hilfsmittel originär für diesen Unterricht entworfen wurden, wird zudem häufig präziser von digitalen Mathematikwerkzeugen etc. gesprochen. Die genannten Begriffe sollen systematisiert werden, so wie sie in der vorliegenden Arbeit verstanden werden. Dafür werden digitale Medien, Werkzeuge und Lernumgebungen in Beziehung zueinander gesetzt und gleichzeitig voneinander abgegrenzt. Im Anschluss wird auf Lernpfade als eine spezielle Form digitaler Lernumgebungen eingegangen.

Es gibt auf der einen Seite sehr weit gefasste Begriffsverständnisse von *Medien*, die zum Teil den Menschen selbst als Medium ansehen. Auf der anderen Seite gibt es auch Ansätze, denen zufolge lediglich technische Geräte und damit einhergehende digitale Materialien als Medien angesehen werden (Meschenmoser in Krauthausen, 2012). In der vorliegenden Arbeit werden sowohl analoge als auch digitale Materialien als Medien verstanden (vgl. Elschenbroich, 2004; Stein, 2015). Diese können mathematikspezifischer oder allgemeiner Natur sein. In letzterem Fall macht ihr spezieller Einsatz sie dann zu Medien im Mathematikunterricht. Als Beispiel für analoge Medien kann in diesem Sinne auf Stift und Papier, auf Bild- und Druckmedien wie dem Schulbuch oder mathematikspezifisch auf Zirkel, Lineal und Geodreieck verwiesen werden (Elschenbroich, 2004; Stein, 2015). Letztere sind nach Greefrath und Siller (2018) allerdings eher als (bedingt universell einsetzbare) *Lernwerkzeuge* einzustufen.

Als digitales Medium wird in erster Linie der Computer benannt, in neueren Veröffentlichungen ergänzt um Tablets oder Smartphones (Barzel, Hußmann & Leuders, 2005; Greefrath & Siller, 2018; Hillmayr, Reinhold, Ziernwald & Reiss, 2017; Krauthausen, 2012; Weigand & Weth, 2002). Rieß (2018) schlägt vor, statt des Begriffs *Computer* allgemeiner von *technischen Hilfsmitteln* zu sprechen, da viele Anwendungen, die früher nur auf einem Computer abgespielt werden konnten, inzwischen auch auf anderen Medien wie den oben genannten Tablets oder Smartphones verwendet werden können. Nebenbei könnten so Taschenrechner[10], die ebenfalls als digitale Medien eingestuft werden, mit abgedeckt werden (Elschenbroich, 2004; Hischer, 2016). Da in der Studie, die in dieser Arbeit vorgestellt wird, Computer und Laptops verwendet wurden, wird hier an entsprechenden Stellen auf diesen Begriff zurückgegriffen. Er soll dann nicht im Sinne eines (veralteten, kastenförmigen) Computers der 1990er und 2000er Jahre verstanden werden, sondern im Sinne eines technischen Hilfsmittels, eines modernen Computers sowie gleichermaßen auch Laptops, wie sie heute (meist) in Schulen eingesetzt werden. Viele benannte Aspekte könnten zudem auf Tablets oder Smartphones übertragen werden (vgl. Eickelmann, Bos et al., 2019).

Digitale Medien können überdies nicht gegenständlich sein. Dazu zählen digitale Materialien, (mathematische) Software oder digitale Lernpfade (Meschenmoser in Krauthausen, 2012; Elschenbroich, 2004; Greefrath & Siller, 2018). Heintz et al. (2017) charakterisieren digitale Medien allgemein als Informationsträger und -übermittler, wodurch alle Beispiele der eben genannten Autoren mit abgedeckt sind. Diese letztgenannte Charakterisierung passt gut zu dem Verständnis von digitalen Medien als Oberbegriff für verschiedene Anwendungen und Funktionen (vgl. Barzel et al., 2005; Hischer, 2016; Stein, 2015). Elegant erscheint die Strukturierung von Barzel et al. (2005). Sie fassen digitale Medien als Oberbegriff auf, der sich in die beiden Bereiche *Digitales Medium als Werkzeug* und *Digitales Medium als Lernumgebung* aufteilen lässt. Somit ist die Hardware oder Software, die eingesetzt wird, immer zunächst ein digitales Medium, welches sodann verschiedene Funktionen im Lernprozess einnehmen kann. Subsummiert gilt für die vorliegende Arbeit die folgende Begriffsklärung:

> Digitale Medien „dienen der Informationsvermittlung zwischen Lehrkraft und Lernenden und unterstützen als Werkzeug in Schülerhand die mathematischen Handlungen der Schüler." (Heintz et al. 2017, S. 13)

Die Art der Nutzung kann aus digitalen Medien *Werkzeuge* für den Mathematikunterricht werden lassen. Digitale Medien können somit sowohl als *Lernwerkzeug*

---

[10] Hier sind wissenschaftliche Taschenrechner bis hin zu Handhelds mit Computer-Algebra-Systemen einbegriffen.

eingesetzt werden (Steinmetz, 2000). Sie können aber auch selbst den *Lerngegenstand* darstellen (Barzel & Greefrath, 2015; Greefrath & Siller, 2018). Dies ist zum Beispiel der Fall, wenn untersucht werden soll, wie ein Taschenrechner funktioniert. Außerdem können digitale Medien eine *Lehrfunktion* einnehmen (Barzel, Drijvers, Maschietto & Trouche, 2006; Greefrath & Siller, 2018; Steinmetz, 2000), beispielsweise dann, wenn Feedback in digitale Lernumgebungen eingebunden wird, welches die Schülerinnen und Schüler zu jeder Zeit selbstständig nutzen können (Greefrath & Siller, 2018). An dieser Stelle wird im Hinblick auf digitale Werkzeuge deutlich, was wie folgt zusammengefasst werden kann:

„Als digitale Werkzeuge verstehen wir vor allem digitale Medien wie Computer, Tablet, Smartphone oder Handheld, die im Mathematikunterricht zum Bearbeiten von Aufgabenstellungen in spezifischer Weise genutzt werden."
(Greefrath & Siller, 2018, S. 7)

Sowohl in der Charakterisierung digitaler Medien als auch digitaler Werkzeuge wird der jeweils andere Begriff mit erwähnt, was die enge Verzahnung von Medien und Werkzeugen verdeutlicht. Digitale Medien und Werkzeuge werden analog als „Neue Medien" und „Neue Werkzeuge" bezeichnet oder unter den Begriffen „Digitale Technologien" bzw. „Neue Technologien" zusammengefasst (Barzel et al., 2005; Hischer, 2016; Weigand, 2013).

Roth (2015, 2019) differenziert drei Ansätze zum Einsatz digitaler Werkzeuge:

* „Nutzung von digitalen Werkzeugen ohne Vorstrukturierung,
* Arbeiten mit vorgefertigten Konfigurationen (Applets bzw. interaktive Arbeitsblätter),
* Arbeiten im Rahmen von digitalen Lernumgebungen." (Roth, 2019, S. 238)

Nach Barzel et al. (2005) sind digitale Werkzeuge wie zuvor schon anklang „(in Grenzen) universell einsetzbare Hilfsmittel zur Bearbeitung einer breiten Klasse von Problemen" (S. 30; vgl. Heintz et al., 2017). Sie beinhalten in der Regel eine Vielzahl an Funktionen, aus denen jeweils angemessen gewählt werden muss (Barzel et al., 2005). Gängige Beispiele sind die dynamische Geometriesoftware (DGS) sowie Tabellenkalkulationen, Computer-Algebra-Systeme (CAS) oder allgemeine Bild- und Textverarbeitungsprogramme (Barzel et al., 2005; Roth, 2019; Heintz et al. 2014, 2017). In Anbetracht der Differenzierung von Roth (2015, 2019) wird beim Einsatz digitaler Medien als Werkzeuge nach Barzel et al. (2005)

somit insbesondere der erste Ansatz verfolgt und digitale Werkzeuge ohne Vorstrukturierung in den Unterricht eingebaut. Der zweite und dritte Ansatz von Roth
(2015, 2019) wird bei Barzel et al. (2005) hingegen in der Funktion digitaler
Medien als *Lernumgebungen* zusammengefasst. In diesen Lernumgebungen können digitale Werkzeuge auf unterschiedlichste Art mit einbezogen werden (Barzel
et al., 2005; Greefrath & Siller, 2018; Roth, 2019). Es zeigt sich, dass auch dieser Begriff (digitale Lernumgebungen) nicht unabhängig von den anderen beiden
Begriffen (digitale Medien bzw. Werkzeuge) betrachtet werden kann:

> Weit gefasst sind Lernumgebungen „im Prinzip alles, was den Lernenden
> von außen instruiert" (Barzel et al., 2005, S. 30). Bei digitalen Lernumge-
> bungen handelt es sich den Autoren zufolge entsprechend um den medial
> unterstützten Teil der gesamten, didaktisch aufbereiteten Lernumgebung.

Diese Charakterisierung kann zu vielfältigen konkreten Ausprägungsformen digitaler Lernumgebungen führen. Entgegen den (in Grenzen) universell einsetzbaren
digitalen Werkzeugen, sind Lernumgebungen dabei jedoch meist spezifisch auf
bestimmte Inhalte ausgerichtet (Greefrath & Siller, 2018; Roth, 2015; Ruchniewicz & Göbel, 2019). Im einfachsten Fall kann dies den zweiten Ansatz von Roth
(2015, 2019) aufgreifen und digitale Arbeitsblätter können als relativ geschlossene Form einer digitalen Lernumgebung eingestuft werden (Barzel et al., 2005;
vgl. Pallack, 2018). Beispiele für derartige Materialien finden sich bei Elschenbroich und Seebach (2011-2014) oder auf den Seiten von realmath.de (Meier,
2009) und GeoGebra.[11] Digitale Lernumgebungen können aber auch bedeutend
komplexer und offener gestaltet sein. Dies kann auf verschiedenen Wegen erreicht
werden: Über die Aufgabenstellungen, die Navigation der Lernenden, die übergeordnete Struktur oder über die Bereitstellung (verschiedener) digitaler Werkzeuge
innerhalb einer Lernumgebung (Barzel et al., 2005).
  Für diese Arbeit ist die Funktion digitaler Medien als Lernumgebungen bzw.
der Spezialfall digitaler *Lernpfade* von besonderem Interesse. Digitale Lernpfade sind ein Beispiel für internetbasierte Lernumgebungen. Sie haben einige
Ähnlichkeiten zu Lernwerkstätten, von denen unter anderem Hußmann und Richter (2005) und Barzel (2006) berichten. Überdies können sie als eine Form
des Stationenlernens verstanden werden (Kirst, o. D.). Da es sich bei digitalen Lernpfaden speziell um webbasierte Lernumgebungen handelt, wird analog
der Terminus Lernplattformen verwendet (Ruppert & Wörler, 2013). Embacher

---

[11] http://realmath.de/Mathematik/newmath.htm ; https://www.geogebra.org/materials

(2004) beschreibt Lernpfade als „Lernhilfen, die von Lehrenden für Lernende gestaltet werden. Lernpfade dienen dazu, einzelne (ansonsten isolierte) Lernhilfen zu einem Ganzen zu integrieren und Lernprozesse zu organisieren" (S. 29). Sie können des Weiteren durch didaktisch aufbereitete und klar vorstrukturierte Inhalte charakterisiert werden, die es Lernenden ermöglichen eigenverantwortlich und individualisiert zu lernen (Stepancik, 2008). Individualisiert soll dabei jedoch nicht verwechselt werden mit isoliert und jederzeit nur für sich. Vielmehr geht es um die aktive Auseinandersetzung mit Inhalten, die Berücksichtigung verschiedener Lerntempos, die Möglichkeit (bedingt) eigene Wege zu beschreiten und dies alles sowohl in Einzel- als auch in Partner- oder Gruppenarbeitsphasen (Roth, 2015; Stepancik, 2008). Roth (2015) formuliert ausgehend von einer ausführlichen Literaturanalyse und Materialsichtung eine erste detaillierte Definition für Lernpfade. Diese geht mit den geschilderten Beschreibungen und Ansichten einher und wird in dieser Arbeit zugrunde gelegt:

> „Ein Lernpfad ist eine internetbasierte Lernumgebung, die mit einer Sequenz von aufeinander abgestimmten Arbeitsaufträgen strukturierte Pfade durch interaktive Materialien (z. B. Applets) anbietet, auf denen Lernende handlungsorientiert, selbsttätig und eigenverantwortlich auf ein Ziel hin arbeiten. Da die Arbeitsaufträge eine Bausteinstruktur aufweisen, können die Lernenden jeweils für ihren Leistungsstand geeignete auswählen. Durch individuell abrufbare Hilfen und Ergebniskontrollen sowie die regelmäßigen Aufforderungen zum Formulieren von Vermutungen, Experimentieren, Argumentieren sowie Reflektieren und Protokollieren der Ergebnisse in den Arbeitsaufträgen wird die eigenverantwortliche Auseinandersetzung mit dem Lernpfad explizit gefördert." (Roth, 2015, S. 8)

Es können im Wesentlichen html- und wiki-Lernpfade unterschieden werden. In erster Linie unterscheiden sich diese nicht durch ihre didaktische Aufbereitung, sondern vielmehr im Rahmen ihrer Entwicklungs- und Bearbeitungsbedingungen. Prominente Beispiele aus dem Bereich der html-Lernpfade stellen die österreichische Lernplattform Mathe online (Embacher, 2004) sowie das Projekt MathePrisma der Universität Wuppertal (Krivsky, 2003) dar.[12] Für die im Folgenden geschilderte Studie wird allerdings ausschließlich auf wiki-Lernpfade

---

[12] https://www.mathe-online.at/lernpfade/ ; http://www.matheprisma.uni-wuppertal.de/

zurückgegriffen.[13] Sie bieten im Vergleich zu html-Lernpfaden einige Vorteile. Allen voran sind wiki-Lernpfade leicht bearbeitbar, können ohne Probleme kollaborativ erstellt werden und es wird ein Versionsverlauf gespeichert, der die Möglichkeit bietet, jederzeit auf alle vorherigen Versionen zurückzugreifen. Wiki-Lernpfade basieren zudem auf der so genannten Mediawiki-Software, für deren Handhabung keine html-Kenntnisse notwendig sind (Eirich & Schellmann, 2013; Roth, 2015; Schuster, 2010). Nach kurzer Einarbeitungszeit kann jeder wiki-Lernpfade erstellen, bestehende Inhalte bearbeiten oder individuell auf seine eigenen Bedürfnisse (bzw. auf die der Klasse) anpassen.[14] Bekanntestes Beispiel für wiki-Lernpfade sind die Materialien auf den Seiten der Zentrale für Unterrichtsmedien im Internet e.V. (ZUM) (z. B. Greefrath & Siller, 2018; Pallack, 2018; Roth, 2015; Vollrath & Roth, 2012). Auf diese wird an späterer Stelle detaillierter eingegangen, wenn der eigens für diese Studie konzipierte Lernpfad beschrieben wird (Abschnitt 4.2).

Abschließend können die charakterisierten Begriffe in Abbildung 2.4 noch einmal entsprechend dem in dieser Arbeit vorliegenden Verständnis in Beziehung zueinander gesetzt werden:

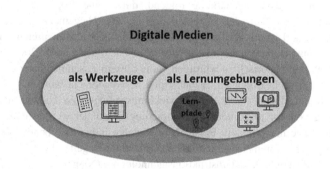

**Abbildung 2.4** Digitale Medien können im Lernprozess als Werkzeug oder als Lernumgebung fungieren. Lernpfade stellen eine Teilmenge digitaler Lernumgebungen dar. [*Eigene Darstellung*]

---

[13] Zur Unterstützung der Lesbarkeit wird im Text auf Vorsilben wie *digital* oder *wiki* weitestgehend verzichtet. Eine Ausnahme stellt der hiesige Abschnitt zur Begriffsbestimmung dar. Wenn der Begriff *Lernpfad* genutzt wird, werden folglich digitale wiki-Lernpfade impliziert.
[14] Es gibt Beispiele, in denen schon Grundschulkinder gemeinsam ein Wiki im Unterricht erstellt haben (Anskeit, 2012). Gleiches gilt für die Sekundarstufe (Schellmann, Eirich & Weigand, 2015).

## 2.2.2 Zentrale Modelle und Theorien zur Digitalisierung von Unterricht

Seit den 1960er Jahren gibt es Bestrebungen Technologien in den (Mathematik-) Unterricht zu integrieren. Vorreiter auf diesem Gebiet waren Burrhus F. Skinner und James G. Holland, die das weithin bekannte *programmierte Lernen* entwarfen (Skinner, 1938; vgl. Niegemann et al., 2008). Dieser Vorstellung vom Lehren und Lernen oblag ein behavioristisches Grundverständnis (Stein & Wittmers, 2015). Skinner und Holland gingen davon aus, dass sich aus der Lerntheorie der operanten Konditionierung[15] direkt auf eine Lehrtheorie folgern ließe und entwickelten technologiebasierte lineare Lehrprogramme (Skinner, 1938; vgl. Niegemann et al., 2008). Knapp zusammengefasst boten diese Instruktionstechnologien den Lehrstoff dar – oft in Form von Lückentexten oder Textausschnitten mit zugehörigen Fragen –, die Lernenden konnten ihre Antworten eingeben und bekamen als Feedback die korrekte Lösung zum Abgleich mit der eigenen Antwort mitgeteilt (vgl. KCR Feedback, Abschnitt 2.1.3; Niegemann et al., 2008; Stein & Wittmers, 2015). Dabei kennzeichneten sich die Lücken bzw. zu beantwortenden Fragen, der Theorie der operanten Konditionierung und der damit verbundenen positiven Verstärkung folgend, durch eine möglichst hohe Auftretenswahrscheinlichkeit der korrekten Lösung aus (Niegemann et al., 2008). Programmiertes Lernen hat sich inzwischen vielfach als unzureichende und unzweckmäßige Herangehensweise erwiesen, ist Niegemann et al. (2008) zufolge jedoch weiterhin historisch zu würdigen, da in diesem Zusammenhang die ersten lernpsychologisch begründeten Technologien hervorgebracht wurden (vgl. Balacheff & Kaput, 1996). Viele der Entwicklungsbedingungen können außerdem unabhängig von der operanten Konditionierung begründet werden und sind so auch heutzutage noch aktuell. Beispielsweise sollte individuell benötigten Lernzeiten entgegengekommen werden und Rückmeldungen gelten heute wie damals als zentrale Bestandteile der Instruktionstechnologien (Niegemann et al., 2008).

Mit Ende der Bewegung um das programmierte Lernen folgten Jahrzehnte, in denen technologie-gestütztem Lernen im Unterricht keine große Bedeutung beigemessen wurde bzw. es wenig neue Entwicklungen gab. Seit Mitte der 1990er Jahre kam es dann zu einem erneuten Aufschwung, wobei der Begriff

---

[15] Bei der operanten Konditionierung handelt es sich um eine Erweiterung von Pawlows klassischer Konditionierung. Lernen wird hierbei als Reiz-Reaktion-Verbindung aufgefasst. Erst als Reaktion auf eine bestimmte Aktion wird ein bestimmter Reiz präsentiert. Bekanntestes Konzept ist das der positiven Verstärkung, bei der eine Aktion durch eine angenehme Konsequenz belohnt wird. Für nähere Informationen sei auf Gudjons (2011) verwiesen.

*E-Learning*[16] an Bedeutung gewann und inzwischen als fest etabliert angesehen wird (Arnold, Kilian, Thillosen & Zimmer, 2018; Niegemann et al., 2008). *E-Learning* bzw. digitales Lehren und Lernen basiert auf verschiedenen Theorien, von denen hier ausgewählte skizziert werden sollen. Grund dafür ist, dass es auf qualitativer Ebene hinreichender didaktischer Konzepte für das digitale Lernen bedarf. Nicht ausschließlich, aber auch aus dem Grund, dass sich schon seit Beginn der Forschung in diesem Bereich zeigt, wie wichtig die Fähigkeit zur Regulation des eigenen Lernens ist. Die Notwendigkeit von (tutorieller) Unterstützung zeigt sich beispielsweise dadurch, dass Lernende nicht von sich aus auf Hilfen zurückgreifen. Mit ausreichender Unterstützung kann entdeckendes Lernen in einer digitalen Lernumgebung, wie es durch Lernpfade ermöglicht werden kann, eine Bereicherung für den Unterricht darstellen. Es gilt jedoch keinesfalls als Allheilmittel, da es häufig mit einem hohen Zeitaufwand (Lernzeit) verbunden ist (Niegemann et al., 2008).

Zunächst wird explizit auf Theorien zu digitalem Lernen eingegangen. Das didaktische Tetraeder bietet einen exzellenten Ausgangspunkt zur Systematisierung von Einflussfaktoren im Kontext digitalen Lernens in der Schule. Es ergibt sich insbesondere unter Rückgriff auf die Theorie der instrumentellen Genese, sodass beide gemeinsam vorgestellt werden. Anschließend kann das SAMR-Modell dazu herangezogen werden, den Einsatz digitaler Technologien im Unterricht zu klassifizieren. Zum Abschluss wird näher auf die konkrete, didaktische Gestaltung (digitaler) Lernumgebungen geschaut. Es werden zwei weithin verbreitete Theorien erörtert, die sich aus evolutions- und kognitionspsychologischer Sicht mit dem Lernen beschäftigen und praktische Implikationen liefern. Es handelt sich dabei um die *cognitive load*-Theorie sowie die Theorie des multimedialen Lernens.

**Von der instrumentellen Genese zum didaktischen Tetraeder**
Die instrumentelle Genese kann zurückgeführt werden auf den Psychologen Lev S. Vygotsky und wurde seitdem von zahlreichen Autoren aufgegriffen und erweitert (Artigue, 2000, 2002; Guin & Trouche, 1999; Hoyles, Noss & Kent, 2004; Rezat & Sträßer, 2012; Vygotskij, 1997). Einfach dargestellt besagt die instrumentelle Genese, dass jedes Artefakt erst durch die Art und Weise wie es genutzt wird zu einem Instrument für das Lernen wird. Artefakte können physische Werkzeuge wie ein Schulbuch, ein Computer oder ein Taschenrechner sein. Ebenso

---

[16] Für nähere Informationen zu den Begriffen E-Learning bzw. digitales Lernen sei auf die oben genannten Quellen sowie auf Jedtke (2018a) verwiesen. Wichtig ist an dieser Stelle, dass unter diesen Begriffen das Lernen mit digitalen Technologien und in digitalen Lernumgebungen gemeint ist und nicht das Lernen selbst als digital aufgefasst wird.

können digitale Werkzeuge als allgemeinere Variante eines Artefakts gesehen werden. Der Begriff des Artefakts geht jedoch weiter als der einfache Werkzeugbegriff und so können auch nicht-physische Werkzeuge wie Sprache oder Diagramme als Artefakte aufgefasst werden (Rabardel, 2002; Rezat & Sträßer, 2012). Eine Interaktion von Individuum und Artefakt beeinflusst nachweislich die Art zu lernen (Artigue, 2002; Olive & Makar, 2010). Artefakte wie digitale Werkzeuge können unterschiedliche Aufgaben im Lernprozess übernehmen. Sie können einige Arbeitsschritte abnehmen oder erleichtern, andere werden erst durch ein Artefakt ermöglicht. Inwiefern sie dies können hängt jedoch davon ab, wie Lernende (und Lehrende) mit den Artefakten umgehen (können). Ohne Wissen über die Handhabung von Artefakten, sind diese zunächst nutzlos oder können das Lernen gar behindern. Rezat und Sträßer (2012) konkludieren: *„The problematic of instrumental genesis indicates that artifacts are not passive resources that teachers and students draw on but 'actively' shape activities"* (S. 644; vgl. Guin & Trouche, 1999; Trouche, 2005).

Um die Rolle von Artefakten im Allgemeinen und von digitalen Technologien im Speziellen im Unterricht hinreichend zu berücksichtigen, besteht ein Ansatz darin das klassische didaktische Dreieck „Schüler – Lehrer – Mathematik" [17] zu einem didaktischen Tetraeder „Schüler – Lehrer – Mathematik – Artefakt" zu erweitern (Maschietto & Trouche, 2010; Olive & Makar, 2010; Rezat, 2009; Ruthven, 2012; Tall, 1986). Rezat und Sträßer (2012) wählen einen etwas anderen Ansatz, der jedoch zu demselben Ergebnis führt. Sie folgern aus ihrer Annahme, dass Artefakte im Rahmen der instrumentellen Genese aktiv in unterrichtliche Interaktionsprozesse einbezogen werden sollten, ein Dreieck „Schüler – Artefakt – Mathematik". Dieses wird in einem zweiten Schritt durch die Lehrkraft ergänzt und in einem dritten Schritt zu einem Tetraeder „Schüler – Lehrer – Artefakt – Mathematik" erweitert (Abbildung 2.5).

Das Dreieck „Schüler – Artefakt – Mathematik" in Abbildung 2.5 soll betonen, dass Lernende, die sich mit Mathematik beschäftigen, dies immer mithilfe von Artefakten tun. An dieser Stelle werden auch Aufgaben und Problemstellung als Artefakte zur Erlangung mathematischer Fähigkeiten angesehen (Rezat & Sträßer, 2012). Eine Besonderheit von Unterricht stellt die Rolle der Lehrkraft dar (Olive & Makar, 2010). Die erste Erweiterung in Abbildung 2.5 soll veranschaulichen, dass es häufig die Lehrkraft ist, die Artefakte für Schülerinnen und Schüler auswählt und nicht die Lernenden selbst (Rezat, 2009). Zudem ist es

---

[17] In Zusammenhang mit den didaktischen Modellen in diesem Abschnitt wird in den Modellbezeichnungen der Übersichtlichkeit halber ausschließlich auf die männliche Form der Begriffe „Schüler" und „Lehrer" zurückgegriffen. Gemeint sind immer alle Geschlechter in gleichen Maßen.

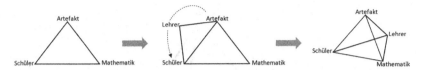

**Abbildung 2.5** Herleitung des didaktischen Tetraeders in Anlehnung an Rezat und Sträßer (2012). [*Eigene Darstellung*]

vielfach die Lehrkraft, die den Schülerinnen und Schülern vorgibt, wie und wann die Artefakte zum Lernen genutzt werden sollten. Sie fördert somit die instrumentelle Genese der Lernenden. Die Lehrkraft selbst muss vorab ebenfalls eine instrumentelle Genese mit den Artefakten durchlaufen haben. Dies wird durch die Verbindungslinie „Lehrer – Artefakt" verdeutlicht. Die Lehrkraft steht zudem in direkter Verbindung mit den zu vermittelnden mathematischen Inhalten und kann die Art und Weise sowie in Grenzen auch die Inhalte der Vermittlung beeinflussen. Entsprechend wird in einem weiteren Schritt eine letzte Linie in dem mittleren Gebilde von Abbildung 2.5 ergänzt wodurch sich das didaktische Tetraeder ergibt.

An späterer Stelle gehen Rezat und Sträßer (2012) noch einen Schritt weiter und expandieren das didaktische Tetraeder zu einem sozio-didaktischen Tetraeder, in dem verschiedene äußere Einflussfaktoren aufgenommen werden (Abbildung 2.6). Schon bei Tall (1986) wird eine solche Erweiterung für das Artefakt Computer angedeutet. Er setzt das didaktische Tetraeder dazu in Gänze in einen zirkulär dargestellten (unterrichtlichen) Kontext. Rezat und Sträßer (2012) fassen zusammen, dass das so erhaltene Tetraeder die didaktische Situation im Mathematikunterricht insoweit erfasst, als dass zum einen verschiedene Perspektiven auf Unterricht ermöglicht werden und zum anderen Zusammenhänge zwischen den Akteuren und Elementen im Unterricht dargestellt werden. Durch die Ergänzung von kulturellem und sozialen Kontext wie er in Abbildung 2.6) zu sehen ist, wird das Beziehungsnetz erweitert und berücksichtigt des Weiteren Einstellungen der Lernenden und Lehrenden, ihrer Familien, Bekannten und Peers, institutionelle Vorgaben und Beschaffenheiten und die Rolle und das Bild von Mathematik, welches in der Gesellschaft verankert ist. Durch dieses ausführlichere Modell wird veranschaulicht, wie komplex das Konzept „Unterricht" ist und wie viele Faktoren dabei miteinander interagieren. Gleichzeitig wird für das Modell keine Vollständigkeit beansprucht (Rezat & Sträßer, 2012).

Schon das didaktische Tetraedermodell kann als heuristisches Modell von Unterricht verstanden werden, welches nach Ruthven (2012) in Bezug auf digitale

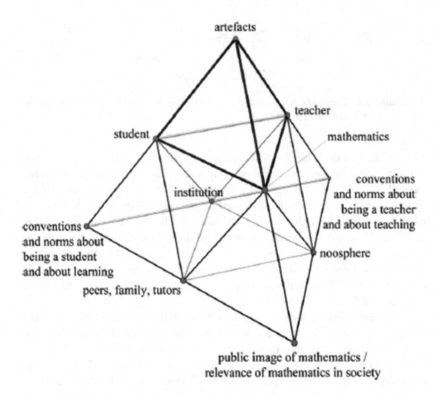

**Abbildung 2.6**  Sozio-didaktisches Tetraeder (Rezat & Sträßer, 2012, S. 648)

Technologien drei verschiedene Ebenen der Erkenntnisgewinnung eröffnet: Durch das Modell wird die Notwendigkeit hervorgehoben, zu untersuchen, inwiefern die originalen Bestandteile des didaktischen Dreiecks durch die vierte Komponente beeinflusst werden. Außerdem wird nahegelegt, zu ergründen, warum sich die zunehmende Digitalisierung der Gesellschaft bis dato nicht im Unterricht widerspiegelt. Als dritte Ebene benennt Ruthven (2012) das Unterrichten. Es stellt sich die Frage, welchen Einfluss digitale Technologien (als Artefakte) auf die wechselseitigen Beziehungen zwischen Lernenden, Lehrenden und Mathematik haben können und inwiefern sich diese Beziehungen verändern.

**Das SAMR-Prinzip zur Nutzung von digitalen Technologien im Unterricht**

Aufbauend auf das didaktische Tetraeder und damit auf eine Argumentation, warum digitale Technologien für den Unterricht näher betrachtet werden sollten, liegt es nahe zu überlegen, *wie* Lernumgebungen bzw. Aufgaben konkret von der Digitalisierung beeinflusst werden können. Ein Modell zur Klassifizierung der Technologienutzung ist das SAMR-Modell von Puentedura (2006). Es setzt sich aus den Stufen *Substitution, Augmentation, Modification* und *Redefinition* zusammen, die jede für eine Nutzungsweise digitaler Technologien im Unterricht stehen (Abbildung 2.7). Puentedura und Bebell (2020) wählen als Metapher eine Leiter, die es im Laufe des Unterrichts zu erklimmen gilt. Dabei wird bei einer reinen Erweiterung[18] der eingesetzten Unterrichtsmedien bzw. Werkzeuge gestartet und schrittweise eine Transformation von Unterricht angestrebt. Die unteren beiden Stufen des Modells werden demnach eher als Erweiterungen, die oberen beiden Stufen als Transformationen des Unterrichtsgeschehens angesehen. Insbesondere letztere erfordern höhere Lernfähigkeiten wie das Analysieren, Evaluieren oder Kreieren von Materialien oder Inhalten.[19] Unabhängig davon, werden Lernende aber in jeder Ebene als aktiver, digitale Technologien nutzender Part gesehen.

Als eingängiges Einführungsbeispiel wird auf das Verfassen eines Textes zurückgegriffen (Puentedura, 2006). Prinzipiell lässt sich das SAMR-Modell jedoch auf eine Vielzahl an Fächern und Inhalten übertragen (Puentedura, 2012b; Puentedura & Bebell, 2020). Auf der *Substitution*-Stufe bleibt die zu bearbeitende Aufgabe mit digitalen Technologien genau dieselbe wie zuvor mit analogen Werkzeugen. Die Lernenden müssen genau die gleiche Leistung erbringen. Im Beispiel würde weiterhin ein Text verfasst werden, nur dass dafür ein digitales Textverarbeitungsprogramm eingesetzt werden würde. Auf der *Augmentation*-Stufe bleibt die Aufgabe ebenfalls im Kern dieselbe. Es werden jedoch erweiterte Aktivitäten eingefordert, die erst durch den Einsatz digitaler Technologien möglich

---

[18] Puentedura (2006) spricht im Original von „Enhancement" was mit „Erweiterung", mit „Verbesserung" oder mit „Bereicherung" übersetzt werden kann und somit entweder neutral oder positiv konnotiert wird. Unter Berücksichtigung der Beschreibungen zu den einzelnen Ebenen trifft auf die unterste Ebene am ehesten eine reine Erweiterung zu. Auf der zweiten Ebene kann über eine Verbesserung bzw. Bereicherung von Unterricht mittels digitaler Technologien diskutiert werden. Um die unterste Ebene als Ausgangspunkt zu kennzeichnen, wird im Text der Begriff „Erweiterung" genutzt.

[19] Hier bezieht sich Puentedura auf eine überarbeitete Form von Blooms Taxonomie des Lernens, Lehrens und Beurteilens, in der sechs verschiedene Aktivitäten pyramidenförmig angeordnet werden, wobei die unteren drei Ebenen *lower order* und die oberen drei *higher order thinking skills* darstellen sollen. Die im Text genannten Lernfähigkeiten entsprechen den drei oberen Aktivitäten (vgl. Anderson & Krathwohl, 2000; Puentedura, 2012a).

**Abbildung 2.7**  SAMR-Modell nach Puentedura (2006). [*z. T. übersetzt; eigene Darstellung*]

werden. Im Beispiel könnten dies automatische Grammatik- und Rechtschreibprüfungen sein oder auch Textformatierungen. Noch eine Stufe weiter oben wird mit *Modification* die Sprosse zur Transformation überschritten. Die Aufgabe wird entsprechend neuer Möglichkeiten mit digitalen Technologien angepasst, bleibt aber vom Grundsatz her vergleichbar. Ein Text könnte mittels *Google-Docs* oder ähnlichem kollaborativ verfasst werden. So würde unter anderem Echtzeitfeedback bei der Erstellung des Dokumentes ermöglicht. Eine weitere Aufgabenmodifikation bestünde darin, einen Text mit Grafiken oder Bildern anreichern zu lassen. Auf der obersten Stufe, *Redefinition*, werden schließlich Aufgaben gestellt, die ohne digitale Technologien so nicht möglich wären. Statt eines Textes kann beispielsweise gefordert werden, ein Video zu erstellen (Puentedura, 2006).

Im Kontext Mathematik werden Multiplikationsmethoden als Beispiel angeführt (Puentedura & Bebell, 2020). Analog können Rechnungen wie 11 11 mittels Quadraten und Rechtecken aus „10er"- und „1er"-Holzklötzchen ausgelegt werden (Abbildung 2.8). Gerechnet wird in dem Fall

$$11 \cdot 11 = 10 \cdot 10 + 10 \cdot 1 + 1 \cdot 10 + 1 \cdot 1 = 100 + 10 + 10 + 1 = 121.$$

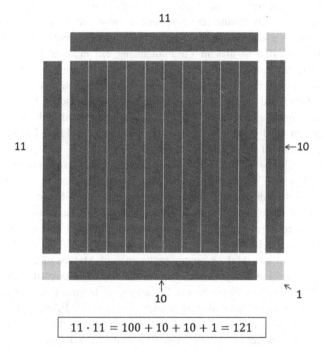

**Abbildung 2.8** Mathematikbeispiel für das SAMR-Modell nach Puentedura und Bebell (2020, S. 32). [*Eigene Darstellung*]

Eine reine *Substitution* durch digitale Technologien wäre beispielsweise ein Foto der ausgelegten Holzklötzchen zu machen, welches entsprechend der Rechnung beschriftet werden könnte. Analog wären die Holzklötzchen sowie die Rechnung wahrscheinlich abgemalt und dann ebenfalls beschriftet worden. Mithilfe digitaler Werkzeuge wie dynamischer Geometriesoftware könnte die Rechnung nicht nur an einem Beispiel visualisiert werden, sondern es können durch die Arbeit mit Schiebereglern oder Ähnlichem leicht weitere Multiplikationen betrachtet werden, die eine Einsicht in die dahinterliegende Regel fördern können. In dem Fall wird die Stufe *Augmentation* erreicht. Die Aufgabe könnte durch das Anlegen eines digitalen Nachschlagewerks erweitert werden, welches die dynamische Geometriesoftwaredatei, das Foto sowie später auch weitere Multiplikationsmethoden enthält. Es könnten auf der Stufe *Modification* außerdem Entstehungsvideos zu den Veranschaulichungen aus den ersten beiden Stufen erstellt werden. Um die Stufe *Redefinition* zu erreichen kann überlegt werden, welche neuen Inhalte und (in weitem Sinne) Anwendungen der Multiplikationsmethode digitale Technologien ermöglichen können. Puentedura und Bebell (2020) greifen in diesem Zusammenhang auf einen Zeitungsartikel zu einem historischen Sonnentempel in Colorado zurück, dessen spezielle Geometrie großes Interesse bei Wissenschaftlern hervorgerufen hat. Über verschiedene Zwischenschritte und durch den erneuten Einsatz dynamischer Geometriesoftware – wobei unter anderem auf die eben beschriebene Multiplikationsmethode zurückgegriffen wird – kann schließlich die Thematik „goldene Rechtecke" im Mathematikunterricht behandelt werden.

Puentedura (2006) begründet die Notwendigkeit eines transformierten Unterrichts mit digitalen Technologien über die Ergebnisse der PISA-Studie von 2003, in der selbst die Länder in der Spitzengruppe zwei Standardabweichungen unter dem Leistungsoptimum blieben. Ihm zufolge kann der Einsatz von Computern einen signifikanten Beitrag zur Verbesserung der Performanz in allen Leistungskategorien führen, je nachdem auf welcher Stufe die konkrete Nutzung einzuordnen sei, Mal in einem größeren und Mal in einem geringeren Ausmaß. Um diese Aussage zu belegen, ordnet Puentedura (2014, 2020) verschiedene Einzelstudien aus mehreren Metaanalysen je einem der SAMR-Level zu und vergleicht dann die in den Metastudien berichteten Effektstärken miteinander. Dieses Vorgehen nimmt er als Anlass, um zu zeigen, dass bei einer reinen *Substitution* ein geringer Effekt durch den Einsatz digitaler Technologien zu beobachten ist, die Effektstärke bis hin zur *Redefinition* dann jedoch stark zunimmt. Im Bereich *Substitution* ist häufig kein Effekt, manchmal aber auch ein negativer Effekt zu sehen. Starke Effekte zeigen sich vorrangig in der obersten Stufe des SAMR-Modells. Dieses Vorgehen sollte Hamilton, Rosenberg und Akcaoglu

(2016) zufolge insgesamt zumindest kritisch hinterfragt werden, da unter anderem Informationen selektiert wurden, ohne dass ersichtlich wird anhand welcher Kriterien dies geschah.

Hamilton et al. (2016) schreiben dem SAMR-Modell zwar eine ansteigende Popularität bei Praktikern zu, weisen jedoch darauf hin, dass es bis dato keine theoriebasierte Veröffentlichung zu dem Modell gibt. In Summe sehen sie zwar Potential in diesem Modell, benennen jedoch auch drei Herausforderungen, denen sich das SAMR-Modell stellen müsse, um neben anderen, fundierten Modellen Bestand haben zu können. Zunächst bemängeln sie die fehlende Berücksichtigung von Kontext in dem Sinne, wie er im vorangegangenen Abschnitt in Zusammenhang mit dem didaktischen Tetraedermodell erläutert wurde. Des Weiteren sollte ihrer Meinung nach die lineare, an eine Leiter erinnernde Struktur des SAMR-Modells aufgebrochen werden, da Lehren ein dynamischer Prozess sei und es nicht angemessen erscheint die höchste Stufe zwingend als Ziel von Medieneinsatz im Unterricht anzusehen. Als letzte Herausforderung wird eine starke Fokussierung auf die Produkte von Lernprozessen im SAMR-Modell genannt. Durch die Konzentration auf die Art des Medieneinsatzes besteht nach Hamilton et al. (2016) die Gefahr die Lehr- und Lernprozesse zu vernachlässigen. Schlussfolgernd wird betont, dass sich Lehrende zuvorderst daran orientieren sollten, den Schülerinnen und Schülern sinnvolles technologiebasiertes Lernen zu ermöglichen statt ein „Erklimmen der Leiter" überzubetonen. Das SAMR-Modell erscheint jedoch einen sinnvollen Beitrag zur Betrachtung von Unterricht mit digitalen Medien und Werkzeugen leisten zu können, sofern es in Kombination mit dem Modell des didaktischen Tetraeders als Versuch der Beschreibung von allgemeinen Zusammenhängen und Interaktionen im Unterricht sowie mit ergänzenden Theorien, die vornehmlich das Lernen (mit digitalen Medien und Werkzeugen) betonen, gesehen wird. Auf letztere wird in den folgenden zwei Abschnitten eingegangen.

**Cognitive load-Theorie**

Die *cognitive load*-Theorie (CL-Theorie) geht zurück auf John Sweller und Kollegen (Chandler & Sweller, 1991; Sweller & Chandler, 1991; vgl. Niegemann et al., 2008). Grundlage für diese Theorie sind evolutionsbiologische Überlegungen sowie Annahmen über die kognitive Architektur des Menschen (Paas & Sweller, 2014). Wissen lässt sich demzufolge in zwei Kategorien aufteilen: In primäres und in sekundäres Wissen. Primäres Wissen bedarf keiner gezielten Instruktion, sondern entwickelte sich über viele Generationen hinweg als allgemeiner Wissensgrundstock. Dazu zählen die Fähigkeit zu hören, zu sehen oder das Erlernen der Muttersprache. Sekundäres Wissen hingegen ist Wissen, welches kulturell bedingt erwartet wird und explizit vermittelt werden muss. Exemplarisch zählen dazu die Fähigkeiten zu lesen, zu schreiben oder zu rechnen. Häufig bedingen sich primäres und sekundäres Wissen bzw. es ist eine Kombination aus beidem erforderlich. Wie sekundäres Wissen aufgenommen, verarbeitet und gespeichert wird, hängt wiederum mit der kognitiven Architektur des Menschen zusammen (Sweller, 2005). Paas und Sweller (2014) geben ausführliche Erläuterungen zu ihrem Verständnis, wie Menschen lernen, immer in Analogie zu evolutionsbiologischen Erkenntnissen. Im Fokus steht eine Wechselbeziehung zwischen Arbeitsgedächtnis und Langzeitgedächtnis. Ziel ist es, neues Wissen in das Langzeitgedächtnis zu überführen, es also in die individuelle kognitive Architektur einzubinden, um jederzeit darauf zurückgreifen zu können. Wie flexibel das Wissen abgerufen werden kann hängt unter anderem davon ab, wie vernetzt das Wissen gespeichert ist. Eine zentrale Grundlage für die CL-Theorie ist des Weiteren die Erkenntnis, dass das menschliche Arbeitsgedächtnis nur eine bestimmte Anzahl an Informationen gleichzeitig verarbeiten kann (Paas & Sweller, 2014; Sweller, 2005). Das Lernen neuer Inhalte, Fähigkeiten oder Fertigkeiten im Sinne des Aufbaus sekundären Wissens geht folglich immer mit einer kognitiven Belastung (*cognitive load*) einher.

Nach Sweller, Ayres und Kalyuga (2011) lässt sich der CL in zwei additive Kategorien einteilen: *intrinsic* CL und *extraneous* CL. Erstere ergibt sich aus der Natur einer Aufgabe und gilt als weitestgehend unveränderbar, sofern nicht die ganze Aufgabe angepasst wird. Beeinflusst wird *intrinsic* CL allerdings von dem Vorwissen einer Person, sodass er individuell variieren kann. *Extraneous* CL hingegen hängt mit der Präsentation der Aufgabe bzw. der Informationen zusammen und kann durch eine Vielzahl so genannter CL-Effekte beeinflusst werden. Häufig wird als dritte Kategorie *germane* CL angeführt (Niegemann et al., 2008; Paas & Sweller, 2014). Dabei handelt es sich um eng mit *intrinsic* CL verbundene individuelle kognitive Ressourcen, welche die für das Lernmaterial benötigten Kapazitäten des Arbeitsgedächtnisses beschreiben. Angemessener erscheint daher von *germane resources* zu sprechen (Sweller et al., 2011). Als Gegenpart zu den benötigten *germane resources* wird von *extraneous resources* gesprochen, welche die von dem Instruktionsdesign belegten Kapazitäten des Arbeitsgedächtnisses beschreiben (Sweller et al., 2011; vgl. Abbildung 2.9).

*Intrinsic* und *extraneous* CL ergeben addiert den gesamten CL des Lernmaterials. Da *intrinsic* CL individuell variabel, ansonsten aber schwer bis nicht zu beeinflussen ist, hat die CL-Theorie Möglichkeiten zur Minimierung des *extraneous* CL als Ziel (Chandler & Sweller, 1991; Paas & Sweller, 2014; Sweller, 2005; Sweller et al., 2011). In zahlreichen Studien konnten bis dato zwölf CL-Effekte abgeleitet werden, aus denen Handlungsempfehlungen zur Gestaltung von

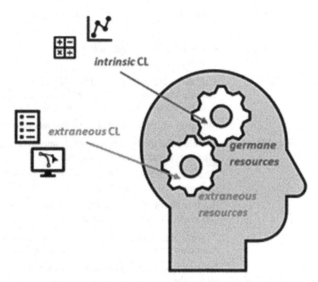

**Cognitive load (CL) = intrinsic CL + extraneous CL**

**Abbildung 2.9** Veranschaulichungen der *Cognitive load*-Kategorien und der kognitiven Ressourcen nach Sweller et al. (2011). [*Eigene Darstellung*]

Lernmaterial generiert werden können (Chandler & Sweller, 1991; Sweller & Chandler, 1991; Sweller et al., 2011). In Tabelle 2.2 sind diese zusammenfassend dargestellt.

Ohne an dieser Stelle auf alle zwölf CL-Effekte im Detail eingehen zu können, sollen drei essenzielle Effekte und Handlungsempfehlungen anschaulich anhand von Beispielen beschrieben werden. Die Effekte interagieren zum Teil stark miteinander und können daher nur bedingt trennscharf dargestellt werden. Die Elementinteraktivität (*Element Interactivity Effect*) ist eng mit dem *intrinsic* CL verknüpft, da sie sich auf die Natur der Aufgabe bezieht. Vokabellernen im Fremdsprachenunterricht besitzt eine geringe Elementinteraktivität. Einzelne Vokabeln können unabhängig voneinander gelernt werden. Sollen grammatikalisch korrekte Sätze in dieser Fremdsprache gebildet werden, sind hingegen deutlich höhere Anforderungen an die Lernenden gestellt und es besteht eine höhere Elementinteraktivität (Paas & Sweller, 2014). Eine geringe Elementinteraktivität darf jedoch nicht mit einer geringen Schwierigkeit oder niedrigen Anforderung an die Lernenden gleichgesetzt werden. Um in dem Beispiel von

**Tabelle 2.2**  Zwölf Effekte, die nachweislich den *extraneous* CL beeinflussen können (nach Sweller et al., 2011)

| CL-Effekt | Kurzdarstellung abgeleiteter Handlungsempfehlungen |
|---|---|
| *Element Interactivity* | Aufgaben können unterschiedlich komplexe Anforderungen an die Lernenden stellen, je nachdem wie viele kognitive Ressourcen sie benötigen. |
| *Goal-Free* | Aufgaben sollten möglichst offen formuliert werden. |
| *Worked Example and Problem Completion* | Es sollten Beispielaufgaben oder -lösungen (ggf. als eine Art Lückentext) bereitgestellt werden. |
| *Split-Attention* | Zusammengehörige Informationen sollten möglichst gemeinsam, das heißt integrativ, präsentiert werden. |
| *Modality* | Die Inhalte sollten wenn möglich multimedial (auditiv und visuell) dargestellt werden. |
| *Redundancy* | Es sollte abgewogen werden, welche Informationen redundant sind und entfernt werden können. |
| *Expertise Reversal* | Informationen können für Lernende redundant sein, die über mehr Vorwissen verfügen, für solche mit geringerem Vorwissen jedoch bedeutsam. |
| *Guidance Fading* | (Strategische) Hilfen und Steuerungselemente sollten mit zunehmender Expertise der Lernenden minimiert werden. |
| *Imagination* | Lernende zu einer mentalen Reproduktion eines Vorgehens oder eines Konzeptes anregen, zum Beispiel basierend auf einem früheren *worked example*. |
| *Self-Explanation* | Lernende dazu veranlassen, Zusammenhänge zwischen Informationen herzustellen, beispielsweise indem Informationen aus einem *worked example* mit bestehendem Wissen abgeglichen werden. |
| *Transient Information* | Flüchtig gegebene Informationen, zum Beispiel rein verbale Informationen, die nicht wiederholt abgerufen werden können, sollten vermieden werden bzw. nicht die einzigen Quellen wesentlicher Informationen sein. |
| *Collective Working Memory* | Kollaboratives Arbeiten kann einen positiven Einfluss auf das Lernen haben. |

eben zu bleiben, kann Vokabellernen durchaus eine Herausforderung darstellen, da zur Beherrschung einer Sprache sehr viele Vokabeln erlernt werden müssen. Außerdem sollte festgehalten werden, dass beim Auswendiglernen von Informationen ein deutlich geringerer *intrinsic* CL hervorgerufen wird als bei verständnis-orientiertem Lernen. Dementsprechend kann es durchaus sinnvoll sein, einen höheren *intrinsic* CL in Kauf zu nehmen, um das Lernen insgesamt zu optimieren (Sweller et al., 2011).

Auch der *extraneous* CL kann die Elementinteraktivität beeinflussen. Ein Beispiel hierfür stellen Informationen dar, die in einem spezifischen Kontext vernachlässigbar sind und die kognitiven Ressourcen der Lernenden unnötig beanspruchen. In diesem Zusammenhang wird häufig von dem *Redundancy Effect* gesprochen (Chandler & Sweller, 1991; Sweller & Chandler, 1991; Sweller et al., 2011). Redundante Informationen müssen jedoch nicht zwingend negativ sein. Zusammenfassungen liefern beispielsweise keine neuen Inhalte, sie können jedoch die Erinnerungsleistung begünstigen. Dazu wird allerdings empfohlen sie separat (zeitlich und örtlich) von den einzelnen Informationen darzustellen (Chandler & Sweller, 1991).

Der *Split-Attention Effect* beruht auf Experimenten, die zeigten, dass voneinander abhängige Informationen häufig besser verarbeitet werden können, wenn sie gemeinsam dargestellt werden. Als Beispiel kann eine vollständige geometrische Zeichnung genannt werden unterhalb derer die zugehörige Konstruktionsanweisung dargestellt ist. Um beides zu verstehen, muss die Aufmerksamkeit beständig zwischen beiden Darstellungen wechseln. Eine schrittweise, gemeinsame Darstellung von Text und Zeichnung kann hilfreich sein, um den damit einhergehenden *extraneous* CL zu verringern (Ayres & Sweller, 2005).

**Multimediales Lernen**
Die kognitive Theorie des multimedialen Lernens wurde von Richard E. Meyer aufgestellt (Mayer, 2005; vgl. Niegemann et al., 2008). Sie basiert auf einem konstruktivistischen Grundverständnis von Lehren und Lernen, greift Aspekte der CL-Theorie auf und bezieht sich zudem auf die Theorie der dualen Kodierung (Mayer & Moreno, 2002). Letztgenannte Theorie besagt, dass Lernen auf zwei verschiedenen kognitiven Kanälen geschieht: Einem visuellen und einem auditivem bzw. verbalen Kanal (Mayer, 2014). Beide Kanäle können nur ein begrenztes Maß an Informationen übermitteln, ähnlich dem CL im vorangegangenen Abschnitt. Außerdem wird eine aktive Auseinandersetzung mit den Informationen sowie deren aktive Verarbeitung als wichtige Voraussetzung für multimediales Lernen angesehen. Die Theorie des multimedialen Lernens kann sowohl auf analoges als auch auf digitales Lernen bezogen werden. Gerade digitale Lernumgebungen werden als „*potentially powerful venue for improving students understanding*" (Mayer & Moreno, 2002, S. 108) angesehen.

Um ein nachhaltiges Lernen zu ermöglichen, sollte Lernen immer auf beiden kognitiven Kanälen geschehen, also Bild und Text miteinander kombiniert werden (Mayer, 2014). Die Begriffe Bild und Text können dabei weit gefasst werden. So zählen Illustrationen, Fotos, Skizzen, Animationen und Videos als „Bild" oder gesprochener sowie geschriebener Text als „Text". Als vermittelndes Medium können Papier, Computer oder auch *face-to-face*-Kommunikation eingesetzt werden. Wichtig ist, dass Lernen mit einer Kombination aus Bild und Text nicht zwingend erfolgreicheres Lernen ermöglicht als das Lernen mit entweder Bild oder Text. Hinzu kommt die Notwendigkeit, zu berücksichtigen wie das menschliche Gehirn arbeitet, um effektive Designgrundlagen für Lernumgebungen formulieren zu können. Inhalte und dargereichte Informationen werden zunächst eindeutig auf dem visuellen oder dem auditiv/verbalen Kanal verarbeitet. Der Mensch ist allerdings dazu befähigt zwischen beiden Kanälen zu wechseln. Geschriebener Text wird zum Beispiel dem visuellen Kanal zugeschrieben, da er zunächst mit den Augen aufgenommen werden muss. Besteht Erfahrung im Lesen, kann der Text jedoch mental in Sprache konvertiert werden und wird sodann dem verbalen Kanal zugeordnet (Mayer, 2009, 2014).

Abbildung 2.10 stellt die während der Verarbeitung von multimedialen Informationen ablaufenden kognitiven Prozesse anschaulich dar. Nachdem Bild und Text sensomotorisch aufgenommen worden sind, müssen relevante Informationen selektiert und in das Arbeitsgedächtnis übertragen werden. Dort müssen die ausgewählten Inhalte in eine kohärente kognitive Struktur gebracht werden, um schließlich in Abhängigkeit von dem individuellen Vorwissen ein integriertes und vernetztes Gesamtbild ergeben zu können (Mayer, 2009, 2014).

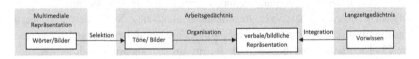

**Abbildung 2.10** Kognitive Theorie des multimedialen Lernens übersetzt und vereinfacht nach Meyer (2014, S. 52). [*Eigene Darstellung*]

Lernmaterial sollte so designt sein, dass geeignete kognitive Prozesse angeregt werden, ohne die Kapazitäten des Arbeitsgedächtnisses zu überlasten. Mayer (2014) formuliert hierzu drei Anforderungen an die individuellen kognitiven Kapazitäten während des multimedialen Lernens: *extraneous, essential* und *generative processing*. Anders als in dem Abschnitt zur CL-Theorie, beschreibt *extraneous processing* hier kognitive Prozesse, die nicht zielführend sind und vermieden werden sollten, beispielsweise die Fokussierung auf irrelevante Bilder.

*Essential processing* hängt eng mit der Selektion relevanter Inhalte zusammen. Es geht darum, wie die dargereichten Informationen mental repräsentiert werden. Die dritte Form, das *generative processing* betrifft schließlich die kognitiven Abläufe, die dazu benötigt werden, um das Material sinnstiftend zu verarbeiten. Hierunter fallen die Organisation und Integration von Wissen. Exemplarisch kann eine Wiedergabe der neuen Informationen in eigenen Worten zu dieser Art Anforderung gezählt werden. Bei der Gestaltung multimedialer Lernumgebungen muss folglich darauf geachtet werden *extraneous processing* zu minimieren. *Essential processing* sollte in einem angemessenen und gut verarbeitbaren Rahmen und Schwierigkeitsgrad initiiert werden, damit ausreichend freie kognitive Kapazitäten für *generative processing* erhalten bleiben. Schließlich sollen Unterstützungsangebote zur Organisation und Integration von neuen Inhalten zur Verfügung gestellt werden (Mayer, 2014).

Mayer (2009) stellt insgesamt zwölf Kriterien auf, die er in drei Kategorien entsprechend der drei Anforderungsbereiche *extraneous, essential* und *generative processing* einteilt. Diese Prinzipien können als konkrete Designempfehlungen für multimediales Material verstanden werden und gleichen zum Teil den Prinzipien, die sich aus der CL-Theorie ableiten ließen (vgl. Tabelle 2.2 zur CL-Theorie). Die Bezeichnung der Prinzipien variiert in den Veröffentlichungen teils stark, weshalb sie hier weitgehend umschrieben werden.

Die erste Kategorie enthält fünf Prinzipien zur Reduzierung des *extraneous processing*. Irrelevante Inhalte sollen möglichst vermieden werden. Zusammengehörige Wörter und Bilder sollen nah beieinander angeordnet werden und zeitgleich betrachtet werden können. Dann wird auch noch empfohlen, Hilfen in das Material zu integrieren, beispielsweise in Form von Hervorhebungen (*Signaling Principle*). Außerdem wird in diesem Zusammenhang die Rolle der Lehrkraft betont. Sie kann den Lernenden wichtige Hinweise zur Orientierung und Organisation ihres Lernens geben (Moreno & Mayer, 2007). Mayer und Johnson (2008) revidieren das Redundanzprinzip teilweise, welches in Anlehnung an die CL-Theorie ursprünglich besagte, dass Lernende besser anhand von Grafiken und gesprochenem Text lernen würden, als wenn den Grafiken zusätzlich zum gesprochenen Text auch geschriebener Text hinzugefügt würde. Mehrfach vorhandene Informationen konnten in verschiedenen Untersuchungen positive Effekte hervorrufen, zumindest in Hinblick auf die Reproduktion von Informationen (Mayer & Johnson, 2008). Bei Transferleistungen zeigten redundante Informationen weder einen positiven noch einen negativen Einfluss. Dieser vermeintliche Widerspruch im Vergleich zu den Empfehlungen der CL-Theorie und auch zu früheren Veröffentlichungen von Mayer und Kollegen (z. B. Mayer & Moreno, 2002) kann damit begründet werden, dass Informationen, die hier als redundant betitelt werden, im Kontext der CL-Theorie den *Split-Attention Effect* minimieren könnten. Eine Erklärung im Kontext der Theorie des multimedialen Lernens könnte mit dem *Signaling Principle* zusammenhängen. Die geschriebenen Worte können als Hervorhebung zentraler Informationen verstanden werden und die Informationsverarbeitung erleichtern. Es wird betont, dass redundante Informationen nur dann sinnvoll sein können, wenn sie das *extraneous processing* minimieren und *essential processing* unterstützen (Mayer & Johnson, 2008).

Die zweite Kategorie zum Umgang mit *essential processing* beinhaltet drei weitere Designempfehlungen. Es konnte mehrfach gezeigt werden, dass eine Kombination aus Audiomaterial und visuellem Material besonders lernförderlich sein kann, da sowohl der visuelle als auch der auditiv/verbale Kanal in Anspruch genommen werden (Mayer, 2009; Moreno & Mayer, 1999, 2007). Die Materialien sollten zudem möglichst segmentiert statt ganzheitlich dargeboten werden (Moreno & Mayer, 2007). Ergänzend wird dazu geraten, die Lernenden auf die Arbeit mit multimedialen Lernumgebungen vorzubereiten. Dies kann beispielsweise durch eine vorherige Benennung der wesentlichen Inhalte und Ziele der Lernumgebung geschehen (Mayer, 2009).

Im Rahmen der letzten Kategorie werden vier Möglichkeiten zur Unterstützung von *generative processing* benannt. Als erstes wird das Multimedia-Prinzip benannt, welches aufgreift, was erneut an verschiedenen Stellen erwähnt wurde: Lernen durch Wort und Bild kann dem Lernen nur mit Wörtern überlegen sein, zunächst einmal unabhängig davon, ob es sich um gesprochenen oder geschriebenen Text handelt (Mayer & Moreno, 2002; Mayer, 2009). Durch eine geeignete Kombination von Wort und Bild können ihm zufolge also die kognitiven Abläufe zur sinnstiftenden Verarbeitung des Materials unterstützt werden. Die drei weiteren Prinzipien in dieser Kategorie fokussieren vor allem auf eine Vermittlung via Audio, die in dieser Arbeit von eher untergeordneter Relevanz ist. Kurz zusammengefasst beziehen sie sich auf die Art der Stimme (besser menschlich und freundlich als maschinell), darauf, ob eine Bildübertragung des Vermittlers hilfreich ist (nicht zwingend) und welcher Art die Sprache gehalten werden sollte (eher auf einer zwischenmenschlichen Basis als zu formal) (Mayer, 2009).

Abschließend sei noch auf zwei weitere Designprinzipien verwiesen, die Moreno und Mayer (2007) ergänzen und die den Schwerpunkt dieser Arbeit betreffen. Zunächst wird betont, wie wichtig Reflexionsprozesse für *essential* und *generative processing* sind. Lernende sollten entweder innerhalb einer multimedialen Lernumgebung oder durch die Lehrkraft beständig dazu aufgefordert werden, sich mit korrekten Ergebnissen auseinanderzusetzen, um Verständnis zu generieren. Als weiterer Punkt wird angemerkt, dass Schülerinnen und Schüler besser lernen könnten, wenn ihnen zusätzlich zu rein korrektivem Feedback Erklärungen angeboten würden. Diese können es ihnen ermöglichen, eigene Missverständnisse aufzuklären. Beide Aspekte wurden in anderen Zusammenhängen ausführlich erläutert (vgl. Abschnitt 2.1 und Abschnitt 2.2.1).

### 2.2.3 Bildungspolitische Rahmenbedingungen in Deutschland und in Nordrhein-Westfalen

Das Modell des sozio-didaktischen Tetraeders zeigt auf, dass Schule und Unterricht immer in einem Kontext betrachtet werden sollten, um die Komplexität der Situation möglichst angemessen darstellen zu können (Abschnitt 2.2.2). Da die Studie, die dieser Arbeit zugrunde liegt, in Deutschland durchgeführt wurde und die Zuständigkeit für Bildung im Rahmen des föderalen Systems auf Länderebene liegt, wird vor der konkreten Betrachtung von Digitalisierung im Mathematikunterricht auf die bildungspolitischen Rahmenbedingungen zur Digitalisierung von Schule in Deutschland und speziell in Nordrhein-Westfalen geblickt. Hierbei können insbesondere Gestaltungskriterien und Richtlinien für digitale Medien als Ergänzung zu den Ausführungen in Abschnitt 2.2.2 abgeleitet werden.

**Digitalisierung in der Schule**
Schon 1979 beschloss die Kultusministerkonferenz (KMK) eine erste Empfehlung auf dem Gebiet der Medienpädagogik. Diese und weitere in den folgenden Jahrzehnten verfassten Beschlüsse wurden 2012 abgelöst von dem Beschluss „Medienbildung in der Schule", der bis heute gültige Empfehlungen der KMK enthält (KMK, 2012). Sie wurden 2016 konkretisiert und erweitert zu einer KMK-Strategie für die „Bildung in der digitalen Welt" (KMK, 2017). Neben der KMK sorgte der kurz zuvor verfasste systematische Handlungsrahmen des Bundesministeriums für Bildung und Forschung (BMBF) für eine starke mediale Aufmerksamkeit (BMBF, 2016). Ziel des Bundes war unter anderem die Planung eines gemeinsamen digitalen Infrastrukturplans mit den Ländern. Da die Zuständigkeit für Bildung in Deutschland auf Länderebene liegt, erforderte dieses Vorhaben eine Änderung des Grundgesetzes. Vorab war es dem Bund nicht gestattet, den Ländern finanzielle Mittel zur Stärkung der digitalen Infrastruktur zur Verfügung zu stellen. In der Mitte des Jahres 2019 konnte der „DigitalPakt Schule" dann erfolgreich beschlossen werden (Bundesrepublik Deutschland und die Länder, 2019). Er ermöglicht, dass der Bund die Länder über einen Zeitraum von fünf Jahren bei verschiedenen Investitionen unterstützt, beispielsweise

im Rahmen des Aufbaus einer verbesserten Infrastruktur an Schulen oder der Beschaffung von digitalen Arbeitsgeräten. Das Land NRW war maßgeblich an der Strategie der KMK (2017) beteiligt und verabschiedete schon vorab ein eigenständiges Leitbild bezüglich des Lernens im digitalen Wandel, NRW 4.0 (Landesregierung NRW, 2016). Außerdem wurde in NRW unter Rückgriff auf ein von der KMK (2017) aufgestelltes Kompetenzmodell ein landesspezifischer Medienkompetenzrahmen neu verfasst. Dieser soll unter anderem als Leitlinie zur Überarbeitung der (Kern-)Curricula aller Fächer in NRW dienen (Medienberatung NRW, 2019).

Wodurch begründet sich der fortschreitende Fokus auf die Digitalisierung an Schulen vor allem in den letzten Jahren? Neben den gängigen Kulturtechniken Lesen, Schreiben und Rechnen wird die Beherrschung von Informations- und Kommunikationstechnologien als neue Kulturtechnik gehandhabt (BMBF, 2016; KMK, 2017). Die heutige Zeit wird als digitales Zeitalter bezeichnet und unsere Gesellschaft als digitale Wissensgesellschaft klassifiziert, das heißt als eine Gesellschaft, in der die zunehmende Digitalisierung großen Einfluss auf die Lebens- und Arbeitswelt eines jeden Menschen hat. Somit wird der digitalen Bildung als Ergänzung zu analogen Lernformen und klassischen Bildungsinhalten eine immer größere Rolle zugesprochen. Digitale Endgeräte sollen in Aus- und Weiterbildung gezielt eingesetzt werden, auch um eine „digitale Spaltung" (BMBF, 2016, S. 4) der Gesellschaft zu vermeiden. Zum einen geht es um digitale Bildung als Lehr- und Lerninhalt. Schülerinnen und Schüler sollen dazu befähigt werden, fachkundig und verantwortungsvoll mit digitalen Medien umzugehen. Zum anderen kann die digitale Bildung auch als Instrument gesehen werden, indem digitale Medien zum Lernen eingesetzt werden können, mit dem Ziel, den Lernerfolg zu steigern. Dabei wird jedoch ein „Primat des Pädagogischen" (KMK, 2017, S. 9) bzw. ein „Primat der Pädagogik" (BMBF, 2016, S. 5) zugrunde gelegt. Im Grunde bedeutet dies, dass die Inhalte und pädagogischen Ziele die Nutzung digitaler Werkzeuge bestimmen sollten und nicht andersherum.

Insbesondere in dem Bereich der digitalen Bildung als Instrument zum Lernen sieht das BMBF (2016) die Notwendigkeit und viel Potential für die Forschung. Ebenso fordert das Land NRW explizit alle Lehrkräfte dazu auf, neue digitale Projekte zu initiieren und auszuprobieren (Landesregierung NRW, 2016). Digitale Medien können die Chance zur Individualisierung und gleichzeitig zur Förderung von kooperativen Lehr- und Lernformen bieten. Es können zeit- und ortsunabhängig Materialien bereitgestellt werden, Inhalte können häufig leicht angepasst werden und den Lernenden kann direktes Feedback geboten werden (BMBF, 2016). Kreativität und kritische Reflexion können vielfach an die Stelle von reiner Reproduktion treten, da digitale Medien von Kalkülen entlasten können. Durch die Möglichkeit selbstständig Hilfen heranzuziehen, in Kombination mit sofortigen Rückmeldungen, können Lernende ihr eigenes Lernen (mit-) gestalten. Dem eigenverantwortlichen und selbstregulierten Lernen kommt somit eine wesentliche Rolle zu. Es wird betont, dass die Rolle der Lehrkräfte nicht nebensächlich oder gar vernachlässigbar wird, sondern sie vielmehr einen Wandel durchläuft hin zu einer wichtigen *Lernbegleitung* für die Schülerinnen und Schüler (KMK, 2017). Dies hängt unter anderem mit einem generellen Wandel im Bereich der schulischen Bildung zusammen. Statt einer rein behavioristischen Perspektive auf Unterricht, nach der dieser einzig zur Wissens*vermittlung* dient, wird eine konstruktivistische Perspektive eingenommen, bei der die Befähigung zum selbstständigen Lernen als eine Schlüsselkompetenz angesehen wird (BMBF, 2016; Landmann et al., 2015). Dieser Perspektivwechsel konnte schon im Bereich des Feedbacks beobachtet werden (Abschnitt 2.1.2). Lernenden wird dadurch Verantwortung für ihr eigenes Lernen übertragen.

**Digitale Kompetenz und der Medienkompetenzrahmen NRW**
Zur *Beherrschung* von Informations- und Kommunikationstechnologien zählen nicht nur die Kenntnis und Handhabung von Hard- und Software. Digitale Kompetenz umfasst laut BMBF (2016) die beiden Kernbereiche Medienkompetenz sowie technisches Grundverständnis (Abbildung 2.11). Zu beiden Bereichen zählen jeweils mehrere Teilkompetenzen, die auf das Suchen, Bewerten und Verbreiten von Informationen ausgelegt sind. Beispielsweise zählen die Bewertung von digitalen Formaten und Inhalten im Bereich der Medienkompetenz oder Wissen über IT-Sicherheit und Datenschutz im Bereich technisches Grundverständnis zu den erwünschten Kompetenzen.

Die KMK (2017) hat einen Kompetenzrahmen erstellt, in Anlehnung an verschiedene bereits bestehende, teils internationale Kompetenzmodelle, wie das der *International Computer and Information Literacy Study* (ICILS)[20]. Dieser stellt die Teilkompetenzen von digitaler Kompetenz detaillierter dar als aus den Erläuterungen des BMBF (2016) geschlossen werden kann, wenn auch ohne übergeordnete Einteilung in Medienkompetenz und technisches Grundverständnis. Es lassen sich jedoch Aspekte zu beiden Kategorien in den sechs Kompetenzbereichen wiederfinden, wie schon an den Bezeichnungen der Bereiche erkennbar wird (KMK, 2017, S. 16–19)[21]:

---

[20] Auf die Studie wird an späterer Stelle detaillierter eingegangen (Abschnitt 2.2.5).

[21] Für eine detailliertere Beschreibung sei auf die zitierten Seiten der KMK-Strategie verwiesen. In der vorliegenden Arbeit wird der Fokus insbesondere auf das Bundesland NRW gelegt.

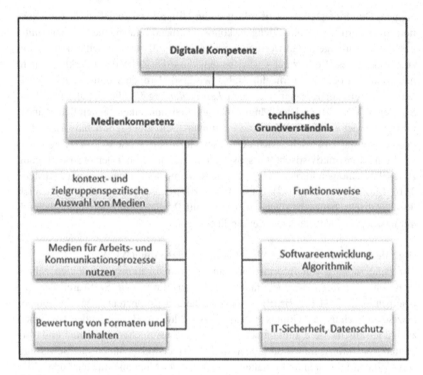

**Abbildung 2.11**  Digitale Kompetenz in Anlehnung an BMBF (2016). [*Eigene Darstellung*]

1. Suchen, Verarbeiten und Aufbewahren
2. Kommunizieren und Kooperieren
3. Produzieren und Präsentieren
4. Schützen und sicher Agieren
5. Problemlösen und Handeln
6. Analysieren und Reflektieren

Der Kompetenzrahmen ist dabei keine statische Vorgabe, sondern soll den Bundesländern als Grundlage für eigene Kompetenzrahmen dienen. Jedes Land wird dazu angehalten einen solchen auszuarbeiten und in den eigenen Kerncurricula zu berücksichtigen. Statt digitale Kompetenzen ganzheitlich in einem isolierten Fach zu vermitteln, gilt eine fachspezifische Vermittlung in jedem Fach als erforderlich, wobei nicht jedes Fach alle Kompetenz abdecken muss (KMK, 2017). Das Land NRW verfügte schon vor diesen neu formulierten Rahmenbedingungen über einen Medienkompetenzrahmen, der als Reaktion auf die KMK-Veröffentlichung jedoch überarbeitet wurde (Medienberatung NRW, 2019). Es finden sich ebenso wie bei der KMK (2017) sechs Kompetenzbereiche wieder (Medienberatung NRW, 2019, S. 7):

„**1. Bedienen und Anwenden** beschreibt die technische Fähigkeit, Medien sinnvoll einzusetzen und ist die Voraussetzung jeder aktiven und passiven Mediennutzung.

**2. Informieren und Recherchieren** umfasst die sinnvolle und zielgerichtete Auswahl von Quellen sowie die kritische Bewertung und Nutzung von Informationen.

**3. Kommunizieren und Kooperieren** heißt, Regeln für eine sichere und zielgerichtete Kommunikation zu beherrschen und Medien verantwortlich zur Zusammenarbeit zu nutzen.

**4. Produzieren und Präsentieren** bedeutet, mediale Gestaltungsmöglichkeiten zu kennen und diese kreativ bei der Planung und Realisierung eines Medienproduktes einzusetzen.

**5. Analysieren und Reflektieren** ist doppelt zu verstehen: Einerseits umfasst diese Kompetenz das Wissen um die Vielfalt der Medien, andererseits die kritische Auseinandersetzung mit Medienangeboten und dem eigenen Medienverhalten. Ziel der Reflexion ist es, zu einer selbstbestimmten und selbstregulierten Mediennutzung zu gelangen.

**6. Problemlösen und Modellieren** verankert eine informatische Grundbildung als elementaren Bestandteil im Bildungssystem. Neben Strategien zur Problemlösung werden Grundfertigkeiten im Programmieren vermittelt sowie die Einflüsse von Algorithmen und die Auswirkung der Automatisierung von Prozessen in der digitalen Welt reflektiert."

Die Struktur und vor allem die inhaltliche Aufteilung variiert jedoch. In dem Medienkompetenzrahmen NRW werden Aspekte zur selbstständigen und (eigen-) verantwortlichen Nutzung digitaler Medien und Werkzeuge integriert. Die Stichworte „suchen – bewerten –verbreiten" (BMBF, 2016, S. 10), welche die digitale Kompetenz im Sinne des BMBF charakterisieren, finden sich auch hier wieder. Im Rahmen des ersten Kompetenzbereichs „Bedienen und Anwenden" wird beispielsweise nicht nur die zielgerichtete, kreative und reflektierte Handhabung von Hardware und von digitalen Werkzeugen beschrieben, sondern auch ein verantwortungsvoller Umgang mit fremden und persönlichen Daten, Wissen über Privatsphäre sowie die Organisation von Informationen und Daten zählen dazu. Im Rahmen des zweiten Kompetenzbereichs „Informieren und Recherchieren" sollen Quellen selbstständig gesucht und ihre Aussagekraft und Seriosität bewertet werden. Darüber hinaus werden in den anderen drei Kompetenzbereichen kreative Fertigkeiten zur Präsentation von Medienprodukten sowie ein substanzielles Wissen über rechtliche und algorithmische Aspekte herausgestellt. Lernende sollen in Summe dazu befähigt werden, strukturiert und rechtssicher eigene Inhalte erstellen und präsentieren zu können, aber auch die Inhalte anderer zu bewerten und so unter anderem die eigene Meinungs- und Identitätsbildung bewusst zu beeinflussen (Medienberatung NRW, 2019).

**Digitale Bildungsmedien – Möglichkeiten und Arbeitsbereiche**
Neben dem Ausbau der Infrastruktur und der Ausstattung der Schulen, neben curricularen Entwicklungen und erweiterten Bildungsplänen, werden in der KMK-Strategie für Bildung in der digitalen Welt *Bildungsmedien* als Handlungsfeld thematisiert (KMK, 2017). Als Bildungsmedien gelten (digitale) Schulbücher, Arbeitsblätter, Software, technische Geräte und vieles mehr, das explizit für Unterrichtszwecke aufbereitet wurde bzw. werden kann (vgl. Abschnitt 2.2.1). Im Zusammenhang mit digitalen Medien wird die Rolle von *Open Educational Resources* (OER) hervorgehoben (BMBF, 2016; KMK, 2017; Landesregierung NRW, 2016). OER lassen sich allgemein als jederzeit verfügbare, freie Bildungsinhalte definieren (Butcher, Kanwar & Uvalić-Trumbić, 2015) und wiki-basierte Lernpfade stellen ein Beispiel für OER dar (vgl. Abschnitt 2.2.1). Laut KMK (2017) besteht im Kontext von Bildungsmedien in den drei Bereichen Qualität, Technik und Recht Arbeitsbedarf.

Es gibt inzwischen immer mehr digitale Bildungsmedien, die ohne Programmierkenntnisse erstellt oder angepasst werden können (sowohl von Lehrenden als auch von Lernenden; vgl. Abschnitt 2.2.1). Ergänzend zu den originären Nutzungsweisen analoger Bildungsmedien weisen sie zusätzliches Potential durch Multimedialität, Interaktivität, Vernetzungs- und Feedbackmöglichkeiten sowie eine individuelle Verfügbarkeit auf. Dieses Potential gilt es in Abhängigkeit von didaktischen Überlegungen hinsichtlich der spezifischen Lerninhalte auszunutzen, ohne digitale Medien zum Selbstzweck einzusetzen. Digitale Bildungsmedien sollen inhaltlich korrekt und lehrplankonform gestaltet werden sowie einen kompetenzorientierten Erwerb von Wissen, Fähigkeiten und Fertigkeiten ermöglichen. Des Weiteren sollen sie einfach zu handhaben und leicht aufzufinden sein. Verschiedene Medien und Werkzeuge können (in Lernumgebungen) direkt miteinander verknüpft werden. Außerdem können Inhalte und Medien individuell und modular zusammengestellt werden. Dadurch können fachliche Inhalte für verschiedene Lerntypen und Lernwege geöffnet werden sowie individuelle Lerntempos berücksichtigt werden (KMK, 2017). Es ergeben sich jedoch auch einige Risiken. So kann es zu einer Informationsflut kommen, welche Lernende überfordert (vgl. CL-Theorie, Abschnitt 2.2.2). Bei selbstständigen Recherchen ist zudem nicht immer klar, ob eine Quelle vertrauenswürdig ist und das Risiko einer intransparenten Nutzung persönlicher Daten durch Dritte besteht (BMBF, 2016).

Auf technischer Ebene werden die stete Verfügbarkeit und Auffindbarkeit digitaler Medien unabhängig von genutzten Plattformen oder Endgeräten als Arbeitsbereich benannt. Es werden technische Schnittstellen benötigt sowie eine „länderübergreifende, bundesweite Bildungsmedieninfrastruktur" (KMK, 2017, S. 34). Dabei sollen sowohl kostenpflichtige und -freie Medien als auch OER berücksichtigt werden. Es ist nicht das Ziel, analoge Bildungsmedien aus dem Unterricht zu verdrängen. Digitale und analoge Medien sollen stattdessen hybrid oder parallel zum Einsatz kommen.

Rechtlich gilt es insbesondere den Datenschutz sicherzustellen und das Urheberrecht weiterzuentwickeln. Ersteres insbesondere im Dialog der Bundesländer und in Zusammenhang mit den technischen Aspekten zur bundesweiten, digitalen Infrastruktur. Letzteres betrifft insbesondere Lizenzsysteme, die eine rechtssichere Nutzung digitaler Inhalte ermöglichen. Lehrende (und Lernende) müssen sich mit urheberrechtlichen Grundlagen auseinandersetzen, um sich sicher in der digitalen Welt zu bewegen.

Die Gesellschaften für Fachdidaktik (GFD) sowie für Didaktik der Mathematik (GDM) reagierten jeweils mit einem Positionspapier auf die Strategien von BMBF und KMK, in denen sie Mitsprache- und Gestaltungsrechte für den Digitalisierungsprozess einfordern (GDM, 2017; Gesellschaft für Fachdidaktik, 2018). Grundsätzlich stimmen sie den Strategien ausdrücklich zu. Sie erachten jedoch einen näheren Fokus auf fachliche Dimensionen des Lehrens und Lernens bzw. im Falle der GDM auf mathematikdidaktische Konkretisierungen als notwendig. Die GFD (2018) schlägt vier Ansatzpunkte vor. Zunächst sollten Möglichkeiten und Gelingensbedingungen für den Einsatz digitaler Medien zum fachlichen Kompetenzerwerb erforscht werden. Für sie steht es außer Frage, dass digitale Medien als feste neue Option neben den bisherigen Medien im Unterricht eingeplant werden sollten. Dafür gilt es Anwendungsoptionen aus fachdidaktischer Sicht aufzuzeigen. Die GDM (2017) formuliert passend zu diesem Aspekt einen den Primat des Pädagogischen ergänzenden „Primat des Fachdidaktischen" (S. 41). Ein zweiter Ansatzpunkt zielt auf den von der KMK (2017) vorgeschlagenen Kompetenzrahmen ab. Die allgemein- und medienpädagogischen Schwerpunkte, die in diesem Rahmen gesetzt werden, sollten in Beziehung zu den fachlichen

Kompetenzen eines jeden Faches gesetzt werden und diese als „Gegenstand, an dem sie sich beweisen bzw. fruchtbar werden können" (GFD, 2018, S. 2) verstanden werden (vgl. GDM, 2017). Gleichzeitig verändert sich das fachliche Lehren und Lernen im Zuge der Digitalisierung (vgl. Abschnitt 2.2.2). An welchen Stellen und inwiefern sich diese Änderungen zeigen, bedarf theoretischer Überlegungen, empirischer Erforschung und Vermittlung. Daraus folgernd können sich neue digitale, fachliche Kompetenzanforderungen in den Fächern ergeben, die über den vorgeschlagenen Kompetenzrahmen und über die fachlichen Kompetenzen hinausgehen. Der letzte Ansatzpunkt, den die GFD (2018) formuliert betrifft Aspekte des Datenschutzes, der Medienethik und vergleichbarer Grundlagen. Sie betonen die Bedeutung der digitalen personalen Bildung im Fachunterricht. Dieser Aspekt wird neben anderen auch von der GDM (2017) hervorgehoben. Außerdem wird die Unverzichtbarkeit (mathematik-)didaktischer Expertise exemplarisch anhand einer zentralen Maßnahme der Bildungsoffensive erläutert. Es wird angemerkt, dass Qualitätskriterien für OER nicht ausschließlich eine Ergänzung bestehender Kriterienkataloge um eine digitale Komponente abdecken sollten. Qualitätskriterien seien stattdessen immer auch abhängig von Fachspezifika. Aus diesem Grund sollten OER hinsichtlich ihrer Potentiale und Grenzen für ein fachspezifisches Lehren und Lernen sowie hinsichtlich eines fachadäquaten Wissensaufbaus analysiert werden. Als Beispiel können die Kriterien *Bereitstellung von Feedback* und *Multimedialität* aufgegriffen werden (KMK, 2017). Um ein effektives Lernen zu ermöglichen, sollte das Feedback in digitalen Bildungsmedien gezielt eine Bandbreite möglicher Irr- und Lernwege berücksichtigen können, was nur mit fachdidaktischem Wissen möglich ist. Multimedialität kann einen verständigen Zugang zu verschiedenen Fachinhalten ermöglichen. Die Repräsentationen der fachlichen bzw. fachdidaktischen Inhalte sind jedoch nicht ohne Weiteres selbsterklärend. Insbesondere dann nicht, wenn Verstehen erst durch eine Verknüpfung unterschiedlicher Repräsentationsformen gewährleistet werden kann. Dies birgt jedoch gleichzeitig immer auch die Gefahr eines „Zuviels" (vgl. CL-Theorie, Abschnitt 2.2.2). Es besteht dementsprechend Potential durch die Bereitstellung von Feedback und durch multimediale digitale Materialien, dieses könne jedoch erst in Auseinandersetzung mit fachdidaktischen Überlegungen voll ausgeschöpft werden (GDM, 2017).

## 2.2.4 Digitalisierung im Mathematikunterricht

Nach allgemeinen Theorien und Überlegungen zur Gestaltung von Lernumgebungen im Unterricht sowie der Darstellung der bildungspolitischen Rahmenbedingungen in Deutschland, folgt nun ein Kapitel, welches explizit die Digitalisierung des Mathematikunterrichts ins Auge fasst. Zunächst wird auch hier auf curriculare Rahmenbedingungen eingegangen. Während in Abschnitt 2.2.3 ein fächerübergreifender Rahmen geschildert wurde, wird nun jedoch ein direkter Bezug zum Mathematikunterricht hergestellt. Im Anschluss daran werden Potentiale und Grenzen für digitale Medien im Mathematikunterricht geschildert. In Abschnitt 2.2.3 wurde durch das „Primat des Fachdidaktischen" deutlich, dass bei der Gestaltung von (digitalen) Lernumgebungen für den Mathematikunterricht immer auch themenspezifische Aspekte berücksichtigt werden sollten. Dementsprechend folgt als Drittes ein Abschnitt, in dem (quadratische) Funktionen fachdidaktisch beleuchtet werden.

**Digitale Bildung in den Bildungsstandards und im Kernlehrplan NRW**
Der Fokus der vorliegenden Arbeit liegt auf der Sekundarstufe I an Gymnasien und Gesamtschulen in NRW, sodass an dieser Stelle nach diesen Kriterien gefilterte Ausschnitte der Bildungsstandards und Kerncurricula betrachtet werden. In den heute gültigen, bundesweiten Bildungsstandards im Fach Mathematik für den Mittleren Schulabschluss von 2003 werden digitale Werkzeuge nur an einer einzigen Stelle benannt. Im Rahmen der fünften allgemeinen Kompetenz „Mit symbolischen, formalen und technischen Elementen der Mathematik umgehen" sollen Schülerinnen und Schüler lernen, sinnvoll und verständig mit Taschenrechnern und Software umzugehen (Kultusministerkonferenz [KMK], 2003).

Der noch gültige Kernlehrplan für die Sekundarstufe I des Gymnasiums in NRW (G8) von 2007 sowie der Kernlehrplan für die Gesamtschule basieren auf den Bildungsstandards, sind aber naturgemäß detaillierter formuliert (MSW NRW, 2007; MSJK NRW, 2004). Insbesondere in Hinsicht auf die Berücksichtigung digitaler Medien und Werkzeuge sind die Kernlehrpläne deutlich weiter. So sollen in Zusammenhang mit der prozessbezogenen Kompetenz „Werkzeuge" neben klassischen mathematischen Werkzeugen explizit auch digitale Werkzeuge und Medien eingesetzt werden (MSJK NRW, 2004; MSW NRW, 2007). Neben dem Internet als Medium zur Informationsbeschaffung betrifft dies in beiden Kernlehrplänen bis zum Ende von Klasse 8 vor allem Erkundungen mittels Taschenrechner, Geometriesoftware und Tabellenkalkulation, am Gymnasium ergänzt durch den Einsatz von Funktionenplottern und um das Lösen mathematischer Probleme mittels dieser Werkzeuge. Zum Ende der Sekundarstufe I – am Gymnasium nach dem neunten, an den Gesamtschulen nach dem zehnten Schuljahr – sollen des Weiteren digitale Werkzeuge eigenständig ausgewählt und genutzt werden. In dem Gesamtschulcurriculum werden bis dahin ebenfalls das Lösen von Problemen mittels der oben genannten Werkzeuge ergänzt.

Im Jahr 2019 wurde in Anbetracht der Rückkehr zu dem Abitur nach neun Jahren eine überarbeitete Version des Kerncurriculums für die Sekundarstufe I an Gymnasien in NRW (G9) verabschiedet (MSB NRW, 2019). In diesem wurde erstmalig der Medienkompetenzrahmen NRW aktiv berücksichtigt (vgl. Abschnitt 2.2.3). Der vermehrte *Einsatz* digitaler Medien und Werkzeuge spiegelt sich in dem neuen Kerncurriculum in besonderem Maße wider. In den Inhaltsfeldern, das heißt im Rahmen der fachlichen Kompetenzen, wird anders als zuvor an verschiedenen Stellen auf digitale Technologien hingewiesen. Dabei werden neben den schon in früheren Kerncurricula genannten digitalen Werkzeugen und neben digitaler Software auch CAS und Multirepräsentationssysteme ergänzt. Bis zum Ende der Erprobungsstufe wird der digitale Werkzeugeinsatz insbesondere im Kontext der Geometrie, etwa beim Zeichnen ebener Figuren, und in der Stochastik, in Form von Häufigkeitsdarstellungen, forciert. In beiden Bereichen werden bis zum Ende der Sekundarstufe I außerdem explizit das Erkunden geometrischer Zusammenhänge bzw. die Erfassung und Auswertung statistische Datenerhebungen mit digitalen Werkzeugen und Software gefordert. Bis zum Ende der Sekundarstufe I werden digitale Werkzeuge und Medien zudem im Kontext Arithmetik/Algebra eingefordert. Der Bereich Funktionen greift sogar verstärkt auf digitale Technologien zurück. In diesem Inhaltsfeld sollen innermathematische und außermathematische Problemstellungen mithilfe digitaler Technologien gelöst werden. Explizit erwähnt werden sie außerdem bei der Zinsrechnung sowie im Kontext der Bestimmung funktionaler Zusammenhänge aus Messreihen. Des Weiteren sollen die Parameter von Funktionen mithilfe DGS erkundet und systematisiert werden. Letzteres ist für diese Arbeit besonders interessant, da es Aspekte benennt, die in dem Lernpfad zur vorliegenden Arbeit berücksichtigt wurden. Die Studie wurde allerdings im Jahr 2018 durchgeführt und somit bevor es das neue Curriculum für das Gymnasium gab. Dass es inzwischen allgemein gefordert wird, in den gewählten Zusammenhängen mit digitalen Medien und Werkzeugen zu arbeiten, untermauert jedoch die Relevanz der Untersuchung. Da Erkundungen mittels digitaler Werkzeuge schon in den vorherigen Curricula eine Rolle spielten, war die Passung zum Kerncurriculum damals ebenfalls gegeben. Die Benennung von Kompetenzen, deren Erlangung mittels digitaler Werkzeuge und Medien unterstützt werden kann, sollte jedoch nicht verschleiern, dass es auch in anderen Bereichen sinn-voll sein kann, aufgrund didaktischer Überlegungen auf derartige Technologien zurückzugreifen. Prominentes Beispiel hierfür ist die Bruchrechnung in Klasse 6 (Afshartous & Preston, 2011; Hoch, Reinhold, Werner, Reiss & Richter-Gebert, 2018; Pallack, 2018). Die in den Strategien des BMBF (2016), der KMK (2017) und von der Medienberatung NRW (2019) betonten Kompetenzbereiche, die ein kritisches Hinterfragen, Bewerten und Reflektieren ansprechen, finden keine bzw. ausschließlich im Rahmen des Beurteilungsbereiches „Sonstige Leistungen im Unterricht" (MSB NRW, 2019, 37 f.) ansatzweise Erwähnung. Dort steht, dass die Nutzung digitaler Werkzeuge sachgerecht und reflektiert geschehen soll.

**Potentiale und Grenzen des Medieneinsatzes**

In Abschnitt 2.2.3 wurden fünf von der KMK formulierte überfachliche Potentiale digitaler Medien angeführt. Sie zeichnen sich demzufolge durch ihre Multime-dialität, Interaktivität, Vernetzungsmöglichkeiten, Feedbackmöglichkeiten sowie eine individuelle Verfügbarkeit aus. Des Weiteren wurde darauf hingewiesen, dass es durch die Einbeziehung digitaler Medien in den Unterricht ermöglicht wird, verschiedene Lerntypen und Lernwege sowie individuelle Lerntempos zu berücksichtigen. Bezogen auf den Mathematikunterricht kommen weitere, teils sehr spezifische Potentiale und neue Möglichkeiten durch digitale Medien hinzu. Gleichzeitig sollte aber immer bedacht werden, wo ihre Grenzen liegen und was sie nicht leisten können. Sowohl in Anbetracht der Potentiale als auch der Grenzen ist es nicht möglich an dieser Stelle eine in sich abgeschlossene und vollständige Aufzählung zu berichten. Wesentliche Aspekte, insbesondere solche, die für die Arbeit relevant sind, werden jedoch nach Möglichkeit bedacht.

Ein zwar nicht fachspezifischer, aber doch stark hervorzuhebender Aspekt, der nicht nur die Art der Aufgaben, sondern insbesondere die Form von Unter-richt betrifft, ist der der Individualisierung. Dieser klingt bei der KMK schon an, wenn diese von verschiedenen Lerntypen, Lernwegen und Lerntempos schrei-ben. Er wurde außerdem im Rahmen der Begriffsbestimmung und dort speziell für Lernpfade aufgegriffen (Abschnitt 2.2.1). Wenn es Schülerinnen und Schü-lern ermöglicht wird, selbstständig aus verschiedenen Medien und Werkzeugen zu wählen, kann dies den reflektierten Umgang damit positiv beeinflussen (Bar-zel & Greefrath, 2015). Die Individualisierung von (Mathematik-)Unterricht ist aber mehr als die Entscheidung für bestimmte digitale Technologien. Sie hängt eng mit der aktiven Übernahme von Verantwortung für das eigene Lernen zusammen (Ulm, 2005). Lernen wird als ein konstruktiver und selbstgesteuerter Prozess gesehen, für den die Lehrkraft eine geeignete Umgebung – beispielsweise durch die Arbeit mit digitalen Lernumgebungen – schaffen sollte. Es kann zu einem „didaktischen Dilemma" zwischen Instruktion und Konstruktion kommen (Hefendehl-Hebeker, 2004, S. 10; Petko, 2010; Reinmann & Mandl, 2006). Einerseits gibt es feste Rahmenbedingungen für den Mathematikunterricht und schon durch die Strukturierung des Schulsystems ist es notwendig einer ganzen Klasse bis zu einem gewissen Punkt dieselben (Lern-)Ziele vorzugeben. Auf der anderen Seite möchte man die Lernenden im Rahmen eines konstruktiven Wissensaufbaus bestimmte Entscheidungen selbst treffen lassen. Hefendehl-Hebeker (2004) schlussfolgert aus diesem Dilemma, dass Lehrkräfte sowohl Orientierung geben als auch Freiräume lassen sollten, um ein möglichst individualisiertes Lernen zu ermöglichen. Auch wenn es im ersten Moment vielleicht Paradox erscheinen mag, gehen offenere Lehr- und Lernformen damit einher, dass Lernenden „ein gutes didaktisches Gerüst in Form von einleitenden Inputs, strukturierten Lernaufgaben und regelmäßigem Coaching [angeboten wird], um nicht auf Holzwegen zu landen" (Petko, 2017, S. 47; vgl. Pierce & Stacey, 2010). Je offener die Lernumgebung, desto höher die Anforderung an die Schülerinnen und Schüler, ihr Lernen selbstständig zu steuern (Barzel et al., 2005).

Eng mit dem letztgenannten Aspekt zusammen hängt die These, dass durch den Einsatz digitaler Medien im Mathematikunterricht vermehrt auf Methoden zum selbstständigen Entdecken, Explorieren und Untersuchen mathematischer Zusammenhänge gesetzt werden kann (Barzel & Greefrath, 2015; Greefrath & Rieß, 2016; Weigand et al., 2018). Dieser Punkt wird auch im vorherigen Abschnitt zu den Kernlehrplänen in NRW betont. Vor allem im Bereich Geometrie, aber auch im Rahmen des Inhaltsbereichs Funktionen. Außerdem werden diese Aspekte mit den prozessbezogenen Kompetenzen Modellieren und Problemlösen in Verbindung gebracht (Barzel, 2006; Barzel & Greefrath, 2015; Laborde & Sträßer, 2010). Laborde und Sträßer (2010) fertigten eine Übersicht der ICMI-Aktivitäten in den Jahren 1998 bis 2008 zu *„new technology in the teaching of mathematics"* an. Sie sehen einen Zusammenhang zwischen technologiegestütztem Lernen und einem tieferen Verständnis der Materie. Digitale Medien können dabei einen experimentelleren Zugang zu mathematischen Inhalten ermöglichen, indem Lernende beispielsweise verschiedene Bedingungen und Voraussetzungen bei einer Problemstellung (dynamisch) variieren können. Ebenso können bei Modellierungsaufgaben verschiedene Beispiele und Modelle interaktiv erkundet werden. Dabei können die Potentiale der Multimedialität und Interaktivität (KMK, 2017) ausgenutzt werden und unterstützend wirken (Barzel & Greefrath, 2015; Baum, Beck & Weigand, 2018).

Beim mathematischen Modellieren, aber auch darüber hinaus, werden zudem Simulations- und Visualisierungsmöglichkeiten als Chance für den Mathematikunterricht mit digitalen Medien diskutiert. Diese können sowohl zur Veranschaulichung von realen Situationen als auch von mathematischen Phänomenen genutzt werden (Greefrath & Weigand, 2012; Hankeln, 2018; Heintz, Pinkernell & Schacht, 2016; Hußmann & Richter, 2005; Lichti, 2019). Für die Mathematik ist überdies die Arbeit mit und der Wechsel zwischen verschiedenen Repräsentationsformen bzw. Darstellungsarten charakteristisch. Dies gilt insbesondere für das Inhaltsfeld Funktionen. Barzel et al. (2005, S. 39) fassen zusammen:

„Die statischen und dynamischen Visualisierungsmöglichkeiten bieten eine Vielfalt zusätzlicher Veranschaulichungsmöglichkeiten. Der Lernende kann zudem Darstellungsformen wählen und Wechselbeziehungen zwischen ihnen erleben."

Lichti (2019) konnte zeigen, dass die Arbeit mit dynamischen Visualisierungen im Bereich des funktionalen Denkens der Arbeit mit gegenständlichen Materialien signifikant überlegen sein kann. Sie empfiehlt in Abwägung ihrer qualitativen und quantitativen Analysen insgesamt eine ineinandergreifende und verzahnte Verwendung digitaler und gegenständlicher Medien, um speziell den Zuwachs des funktionalen Denkens möglichst zu maximieren. Durch die Möglichkeit zum Wechseln der Darstellungsform können nach Barzel (2006) bei den Lernenden differentere Lösungsstrategien beobachtet werden. Als digitales Werkzeug wird in diesem Zusammenhang auf den Einsatz eines grafikfähigen Taschenrechners im Mathematikunterricht eingegangen.

Ein weiteres Potential digitaler Medien liegt in der Reduktion schematischer Abläufe. Es besteht die Möglichkeit den Rechenaufwand zu verringern und den Mathematikunterricht somit ein Stück weit von Kalkül und Algorithmen zu entlasten (Barzel et al., 2005; Barzel, 2006; Barzel & Greefrath, 2015; Pierce & Stacey, 2010). Diese Entlastung bietet eine Chance für mehr echte Anwendungsbezüge und für den Aufbau von und den Fokus auf ein konzeptuelles Verständnis von Mathematik (Barzel, 2016; Klinger & Thurm, 2016; Pierce &

Stacey, 2010).[22] Letzteres ist bei Schülerinnen und Schülern häufig nur oberfläch-
lich vorhanden (Davis & McGowen, 2004, 2007). Statt adäquater Vorstellungen
zu den mathematischen Inhalten und eines flexiblen Umgangs mit beispielsweise
den verschiedenen Repräsentationsformen, sind häufig nur Abfolgen prozeduraler Schemata zu beobachten (Davis & McGowen, 2004, 2007; Klinger & Thurm,
2016). Der Aufbau konzeptuellen Wissens hängt eng mit dem Abbau kognitiver Hürden zusammen, oft aufgrund der mathematischen Inhalte, teils aber auch
bedingt durch den Einsatz digitaler Hilfsmittel. Im Kontext der Funktionenlehre
kann eine kognitive Hürde zum Beispiel durch die automatische Skalierung der
Achsen eines Koordinatensystems ausgelöst werden (Klinger & Thurm, 2016).
Die Kenntnis dieser potenziellen Schwierigkeit kann von der Lehrkraft als Chance
genutzt werden, mithilfe digitaler Medien neben prozeduralem Wissen auch
konzeptuelles Wissen zu vermitteln und zu fördern.

Durch weniger Routinen wird Zeit geschaffen für mathematische Diskussionen (Pierce & Stacey, 2010). Das Sprechen über Mathematik, die Hinterfragung
von Ergebnissen oder Argumentationen im Zusammenhang mit Problemlösetätig-
keiten oder mit dem Entdecken von Mathematik können auf inhaltlicher Ebene
insgesamt zu einem tieferen Lernen (*„deep learning“*) führen und höhere Denkle-
vel anspornen (*„higher level thinking“*) (vgl. SAMR-Modell in Abschnitt 2.2.2;
Drijvers et al., 2016; Pierce & Stacey, 2010). Die genannten Potentiale greifen
größtenteils Aspekte des Mathematikunterrichts auf, die auch unabhängig von der
Digitalisierung diskutiert werden (z. B. Greefrath, 2018; Prediger, 2007; Winter,
2016). Es sollte jedoch deutlich geworden sein, dass digitale Medien die Schwerpunkte im Mathematikunterricht verstärkt in Richtung einer Individualisierung
und Verständnisorientierung verschieben können und sie vielfältige neue Zugänge
zu teils komplexen Inhalten erlauben. Bei aller Individualisierung und eigenverantwortlicher, selbstständiger Entdeckung und Beschäftigung mit der Mathematik,
werden kooperative Lernformen als gewinnbringend angesehen, wie schon seit
Abschnitt 2.2.1 anklingt (Green & Green, 2009). Gerade für digitale Lernsettings
wird dies vielfach betont (z. B. Drijvers et al., 2016; Roth, Süss-Stepancik &
Wiesner, 2015; Rummel & Braun, 2009).

---

[22] Allgemein lassen sich konzeptuelles und prozedurales Wissen differenzieren. Es bestehen auch verschiedene andere Einteilungen. Insbesondere diejenige in prozedurales und
deklaratives Wissen ist verbreitet. Deklaratives Wissen und konzeptuelles Wissen sind eng
miteinander verwandt, jedoch nicht deckungsgleich. Deklaratives Wissen lässt sich vereinfacht als „Wissen, was“ beschreiben, während bei konzeptuellem Wissen ein größerer Fokus
auf Wissensvernetzungen und kognitive Strukturen gelegt wird (Anderson, 2007; Krawitz,
2020).

Neben all der Potentiale gehen mit dem Einsatz digitaler Technologien jedoch immer Risiken einher. So führt das Vorhandensein technischer Möglichkeiten nicht per se zu einem verbesserten Unterricht, sondern kann ebenso eine Überforderung darstellen (Barzel et al., 2005). Dies wird auch in den Betonungen des Primats des Pädagogischen bzw. des Primats des Fachdidaktischen im Rahmen der Bildungsoffensive von Bund und Ländern sowie in der Stellungnahme der GDM deutlich (vgl. Abschnitt 2.2.3).

Konkret sind die Grenzen und Gefahren des Medieneinsatzes häufig eng mit den Potentialen verknüpft. Teils klang dies gerade schon an, teils wurde es im Kapitel über die zentralen Modelle und Theorien zur Digitalisierung ausgeführt (vgl. insbesondere die CL-Theorie, Abschnitt 2.2.2). Ergänzend sollen hier die Stichworte genannt werden, die Barzel et al. (2005, S. 38–40) anführen:

– Weniger Verständnis für die Funktionsweise bestimmter Algorithmen und damit zusammen ggf. ein Verlust der händischen Fertigkeiten
– Beschleunigung und sich daraus ergebender mangelnder Raum und Zeit für die kognitive Verarbeitung neuer Erkenntnisse in Kombination mit unverstandenen *try-and-error*-Strategien
– Bilderflut, beispielsweise in Zusammenhang mit einem CL der Lernenden
– Unübersichtlichkeit durch einfachen Zugang zu einer großen Anzahl von Beispielen
– Überforderung durch komplexe digitale Lernumgebungen, welche nicht nach dem Primat des Didaktischen konzipiert wurden

Bei der didaktischen Aufbereitung eines inhaltlichen Themenfeldes im Rahmen einer digitalen Lernumgebung, sollten neben den vorab geschilderten Theorien zum (digitalen) Lernen die Potentiale und Risiken des Medieneinsatzes bedacht werden. Sie können zudem Anhaltspunkte für die Diskussion empirischer Ergebnisse und vorhandener Lernumgebungen geben. Wie am Beispiel des dynamischen Koordinatensystems bei der Arbeit mit Funktionen gezeigt werden konnte (Klinger & Thurm, 2016), müssen zudem spezifische Herausforderungen der inhaltlichen Schwerpunkte berücksichtigt werden, die sich größtenteils nicht pauschal darstellen lassen. Gleiches gilt unter Umständen für die eingesetzten digitalen Werkzeuge (für GTR und CAS siehe z. B. Barzel, 2006).

**(Quadratische) Funktionen mit digitalen Lernumgebungen erkunden**
Funktionen im Allgemeinen und speziell quadratische Funktionen werden zu den zentralen Inhalten des Mathematikunterrichts der Sekundarstufe I gezählt, aber auch zu den anspruchsvollsten (Clark-Wilson & Oldknow, 2009; Doorman et al.,

2012). Vor der Thematisierung von Funktionen zeichnet sich die Schulmathematik überwiegend durch Operationen und Prozeduren mit Zahlen aus. Mit der Einführung von Variablen und der Untersuchung von funktionalen Zusammenhängen muss diese Sichtweise erweitert werden. Es wird ab diesem Zeitpunkt eine strukturellere Perspektive eingenommen (Doorman et al., 2012; Leinhardt, Zaslavsky & Stein, 1990). Dabei ist es unabdingbar auf den Aufbau konzeptuellen Wissens zu setzen und den Aufbau von Verständnis für die Inhalte einer reinen Kalkülorientierung vorzuziehen (Duval, 2006; Göbel & Barzel, 2016; Leuders & Prediger, 2005). Um einen konzeptuellen Wissensaufbau zu verwirklichen, bedarf es des Aufbaus von Grundvorstellungen sowie eines kompetenten Umgangs mit den verschiedenen Repräsentationen von Funktionen.

Bereits den vorherigen Abschnitten konnte entnommen werden, dass digitale Medien im Themengebiet Funktionen gewinnbringend eingesetzt werden können. Dies gilt insbesondere für die Untersuchung von Parametereffekten. Außerdem können viele der zuvor beschriebenen Potentiale auf die digitale Mediennutzung im Bereich Funktionen übertragen werden. Werden digitale Technologien konkret im Kontext (quadratischer) Funktionen diskutiert, so werden häufig der Aufbau von Grundvorstellungen, Darstellungswechsel oder die Überwindung kognitiver Hürden thematisiert (z. B. Elschenbroich, 2005; Hußmann & Richter, 2005; Pinkernell & Vogel, 2016; Ruchniewicz & Barzel, 2019). Aus diesem Grund werden zunächst diese drei Aspekte in komprimierter Form erörtert.

Zu vielen zentralen Inhalten der Mathematik können normativ Grundvorstellungen auf Basis stoffdidaktischer Überlegungen formuliert werden (vom Hofe, 1992, 1996b; vom Hofe & Blum, 2016). Sie dienen dazu, die Beziehung zwischen den mathematischen Inhalten und der individuellen Begriffsbildung zu beschreiben und sollen nach vom Hofe (1992, S. 347) drei Schwerpunkte kombinieren:

– *„Sinnkonstituierung eines Begriffs* durch Anknüpfung an bekannte Sach- oder Handlungszusammenhänge bzw. Handlungsvorstellungen [...],
– *Aufbau entsprechender (visueller) Repräsentationen* bzw. „Verinnerlichungen", die operatives Handeln auf der Vorstellungsebene (im Sinne Piagets) ermöglichen,
– *Fähigkeit zur Anwendung eines Begriffs* auf die Wirklichkeit durch Erkennen der entsprechenden Struktur in Sachzusammenhängen oder durch Modellieren des Sachproblems mit Hilfe der mathematischen Struktur."

Greefrath et al. (2016, S. 17) definieren in Kürze: „Eine *Grundvorstellung* zu einem mathematischen Begriff ist eine inhaltliche Deutung des Begriffs, die diesem Sinn gibt".

Es können normativ drei Grundvorstellungen von Funktionen unterschieden werden (Greefrath et al., 2016; Malle, 2000; Vollrath, 1989, 2014; vom Hofe, 1996a). Die Zuordnungsvorstellung greift auf die Tatsache zurück, dass eine Funktion dadurch charakterisiert werden kann, dass jedem x-Wert einer Ausgangsmenge genau ein y-Wert der Zielmenge zugeordnet wird. Sie gibt diesem fachlichen Aspekt eine inhaltliche Deutung. Beispielsweise kann einem bestimmten Zeitpunkt eine Temperatur zugeordnet werden oder einem Kilogramm Äpfel ein Preis. Die Kovariationsvorstellung erweiterte die punktuelle Sicht auf eine Funktion, indem Veränderungen in den Blick genommen werden. Es wird die Frage verfolgt, inwiefern sich die abhängigen y-Werte ändern, wenn die unabhängigen x-Werte variiert werden. In den Beispielen von eben wäre das etwa der Temperaturverlauf binnen eines Tages oder der Preisanstieg für mehrere Kilogramm derselben Äpfel. Die Objektvorstellung schließlich fokussiert die Funktion als Ganzes. Das kann sowohl funktionale Charakteristika wie die Steigung einer Funktion, ihre (globalen) Extremstellen oder Wendepunkte betreffen, als auch die Feststellung eines benennbaren funktionalen Zusammenhangs. Der Preis für Äpfel könnte beispielsweise durch eine lineare Funktion beschrieben werden.

Neben den Grundvorstellungen zu Funktionen, beeinflussen die Vorstellungen zum Variablenkonzept den (mentalen) Umgang mit Funktionen. Dies wird besonders dann deutlich, wenn Parameter als „Extra-Variable" in einer Funktionsgleichung aufgenommen werden (Drijvers, 2001; Göbel & Barzel, 2016; Greefrath et al., 2016). Erneut werden drei Grundvorstellungen unterschieden (Büchter & Henn, 2010; Malle, 1993). Im Rahmen der Gegenstandsvorstellung sind Variablen Namen für feste, aber (noch) unbekannte Zahlen. Des Weiteren können sie als Platzhalter angesehen werden, also als Leerstellen für unbekannte Zahlen, was in der so genannten Einsetzungsvorstellung manifestiert wird. Die dritte Vorstellung ist symbolischerer Natur und wird entsprechend Kalkülvorstellung genannt. Demzufolge sind Variablen Zeichen, mit denen nach bestimmten Regeln operiert werden darf.

Der Grundvorstellungsaufbau zu Variablen und zu Funktionen hängt eng mit dem Wechsel zwischen den unterschiedlichen Repräsentationen zusammen und kann durch einen verständigen Umgang mit Darstellungswechseln gefördert werden (Büchter & Henn, 2010; Doorman et al., 2012; Duval, 2006; Laakmann, 2013). Im Mathematikunterricht dominiert häufig der Darstellungswechsel von der algebraischen zur graphischen Darstellungsform (Herget, 2013). Um auch auf die vielfältigen anderen Darstellungsformen und -wechsel hinzuweisen, findet sich der Ausdruck „Funktionen haben viele Gesichter" (Doorman et al., 2012; Elschenbroich, 2005; Herget, Malitte & Richter, 2000; Leuders & Prediger, 2005). In diesem Sinne werden die vier Repräsentationsformen algebraisch/symbolisch, tabellarisch, graphisch und situativ/verbal unterschieden. Jede dieser Darstellungen fokussiert bestimmte Aspekte einer Funktion und kann so in unterschiedlichem Maße zu dem Grundvorstellungsaufbau beitragen. Inwiefern dies genau der Fall ist, variiert je nach Aufgabenstellung und dem darin gefordertem Darstellungswechsel bzw. Umgang mit Funktionen (Duval, 2006; Laakmann, 2013; Leuders & Prediger, 2005). Sollen aus Tabellen einzelne Punkte abgelesen werden, wird am ehesten die Zuordnungsvorstellung angesprochen. Es können aber auch Veränderungen der abhängigen Werte in einer Tabelle betrachtet werden, wobei diese in der graphischen Darstellung oft einfacher zu erfassen sind. Eine symbolisch/algebraisch dargestellte Funktion kann Hinweise für die ganzheitliche Struktur der Funktion und ihrer Eigenschaften erkennen lassen. Situative Beschreibungen (verbal oder visuell) und innermathematische verbale Beschreibungen differieren in ihrem Bezug zu den Grundvorstellungen stark. Es können sowohl konkrete Abhängigkeiten als auch Veränderungen benannt werden oder Aussagen über den funktionalen Zusammenhang als Ganzes getätigt werden. Als eine Zusammenfassung möglicher Tätigkeiten bei einem Darstellungswechsel erstellen Leuders und Prediger (2005) eine Tabelle, die Laakmann (2013) übernimmt und erweitert (Tabelle 2.3). Anhand der Tabelle wird die Vielfalt an Handlungsoptionen deutlich und es lässt sich gleichzeitig erahnen, dass die pure Fülle für einige Herausforderungen im Mathematikunterricht sorgen kann.

Nitsch (2015) stellt in ihrer Dissertation umfassend dar, wie viele kognitive Herausforderungen sich beim Umgang mit Funktionen ergeben. Sie greift dabei auf Probleme mit den eben beschriebenen Variablen- und Funktionsbegriffen sowie im Rahmen von Darstellungswechseln zurück und geht ergänzend auf die Funktionenklassen lineare und quadratische Funktionen ein. In ihrer Dissertation entwirft sie einen Test, der vor allem Lernschwierigkeiten im Bereich der Darstellungswechsel algebraisch, graphisch und situativ aufdecken soll.

Nitsch (2015) identifizierte in ihrer quantitativen Untersuchung mit ergänzender Interviewstudie insgesamt neun Fehlermuster, die größtenteils unabhängig von der Klassenstufe und der Schulform auftraten.[23] Damit konnte sie viele kognitive Herausforderungen statistisch absichern, die zuvor meist im englischsprachigen Raum publik waren und/oder nur im Rahmen von Einzelfallstudien

---

[23] Es nahmen neunte bis elfte Klassen von Gymnasien und Gesamtschulen an der Untersuchung teil.

**Tabelle 2.3**  Tätigkeiten beim Darstellungswechsel im Kontext Funktionen; grau hinterlegt sind Handlungen innerhalb einer Repräsentationsform (Leuders & Prediger, 2005; Laakmann, 2013; Swan, 1985). [*Eigene Darstellung*]

| von ⟍ nach | situativ/ verbal | tabellarisch | graphisch | symbolisch/ algebraisch |
|---|---|---|---|---|
| **situativ/ verbal** | umformulieren | Werte finden | skizzieren | algebraisch beschreiben |
| **tabellarisch** | lesen | weitere Werte ermitteln | Punkte einzeichnen | annähern (z. B. lineare Regression) |
| **graphisch** | interpretieren | ablesen | Skalenskalierung ändern | annähern (z. B. Kurven hindurchlegen) |
| **symbolisch/ algebraisch** | Variablen interpretieren | berechnen | skizzieren | algebraisch umformen |

herausgestellt wurden. Es fällt auf, dass viele der Hürden in Zusammenhang mit quadratischen Funktionen stehen. Gleichzeitig gibt es allerdings so gut wie keine empirischen Untersuchungen in diesem wichtigen Inhaltsfeld in der Sekundarstufe I (Ellis & Grinstead, 2008; Nitsch, 2015).

Probleme mit Darstellungswechseln werden insbesondere für die Wechsel zwischen den Formen algebraisch, graphisch, situativ/verbal und algebraisch beschrieben (Duval, 2006; Ellis & Grinstead, 2008; Eraslan, 2007, 2008; Nitsch, 2015). Dabei kann es gut sein, dass Lernende eine Richtung des Darstellungswechsels problemlos durchführen können, mit der anderen Richtung jedoch große Probleme haben (Duval, 2006; Leinhardt et al., 1990). Beim Wechsel zwischen der graphischen und der algebraischen Darstellungsform sieht Eraslan (2008) die Schwierigkeit besonders darin, dass die eine Form konkreter, die andere jedoch abstrakter Natur ist. Drei Fehler werden besonders häufig berichtet: Der Graph-als-Bild-Fehler, die *slope/height-confusion* sowie die *interval/point confusion* (Leinhardt et al., 1990; Lichti, 2019; Nitsch, 2015).

Dem Graph-als-Bild-Fehler zufolge übertragen Lernende eine situative Beschreibung eins zu eins in ein Koordinatensystem. Sie sehen Graphen als Abbilder einer realen Situation. Bekannt ist das Beispiel einer Rennstrecke, die ausgehend von einem Entfernungs-Geschwindigkeits-Graphen rekonstruiert werden soll (Bell & Janvier, 1981; Janvier, 1981; Ostermann, Leuders & Nückles, 2015). Ist der Graph-als-Bild-Fehler vorhanden, so wird als Lösung ein Abbild des Graphen erstellt. Es kann alternativ ebenso von einer situativen Darstellung ausgegangen werden, zu der die Lernenden einen Graphen erstellen sollen.

Unterliegen die Lernenden der *slope/height-confusion*, so überfokussieren sie die Höhe einer graphisch dargestellten linearen Funktion und missachten die Steigung ebendieser (Bell & Janvier, 1981; Leinhardt et al., 1990). Bei einem Wettlauf mit zugehörigem Zeit-Strecke-Diagramm würde der Läufer oder die Läuferin als schnellste Person eingestuft, der oder die zu einem bestimmten Zeitpunkt die meiste Strecke hinter sich gebracht hat, unabhängig von dem individuellen Startpunkt und davon welche Steigung der Graph hat.

Die *interval/point-confusion* schließlich tritt auf, wenn Schülerinnen und Schüler verstärkt Punkte statt Intervalle betrachten, auch wenn letzteres einer Fragestellung entsprechend adäquater wäre (Leinhardt et al., 1990). Dies wird insbesondere auf das englische Fragewort „When" zurückgeführt, konnte von Nitsch (2015) aber auch für das deutsche „Wann" nachgewiesen werden.

In vielen Situationen lassen sich die beschriebenen Fehler auf fehlende bzw. lückenhafte Zuordnungs- und Kovariationsvorstellungen zurückführen oder auf eine inkorrekte Vermischung beider Vorstellungen (Lichti, 2019). Vom Hofe und Blum (2016) bezeichnen deskriptive (Grund-)Vorstellungen, das heißt individuelle Vorstellungen und Deutungen der Schülerinnen und Schüler zu den mathematischen Inhalten, insgesamt als einen Ansatzpunkt zur Identifikation von Schwierigkeiten (vgl. Vom Hofe, 1992).

Bei der *slope/height-confusion* zeigt sich außerdem, dass der Umgang mit Parametern eine Fehlerquelle darstellen kann. Im Themenfeld quadratische Funktionen fällt dies besonders auf, da sie nach den linearen Funktionen die nächste Funktionenklasse ist, die Lernende im Mathematikunterricht kennenlernen. Entsprechend sehen viele Schülerinnen und Schüler lineare Funktionen als Prototypen einer Funktion an und übertragen bekannte Eigenschaften und Deutungen auf die quadratischen Funktionen (Ellis & Grinstead, 2008; Göbel & Barzel, 2016; Zaslavsky, 1997). Ellis und Grinstead (2008) berichten, dass der Parameter, der die Streckung oder Stauchung einer Parabel bewirkt, häufig fälschlicherweise als Steigung interpretiert wird. Dieser Linearisierungseffekt wird noch dadurch verschärft, dass für quadratische Funktionen in der Regel mindestens die beiden Varianten Scheitelpunktform und Normalform behandelt werden (Eraslan, 2007, 2008; Leinhardt et al., 1990). Der Parameter, der in der Scheitelpunktform für die vertikale Verschiebung einer Parabel verantwortlich ist, wird dann als y-Achsenabschnitt interpretiert (Eraslan, 2007, 2008; Göbel & Barzel, 2016; Pinkernell & Vogel, 2016). Da der Parameter an der entsprechenden Stelle in der

Normalform tatsächlich den y-Achsenabschnitt beschreibt und dies zu Vorkenntnissen aus dem Bereich linearer Funktionen passt, ist diese Fehlinterpretation nur allzu verständlich.

Bezogen auf die vertikale Verschiebung kann des Weiteren die Vorstellung aufgebaut werden, dass die Parabel enger bzw. breiter wird (Ellis & Grinstead, 2008; Göbel & Barzel, 2016). Ebenso stellt die horizontale Verschiebung einer Parabel (in Scheitelpunktform) auf konzeptueller Ebene eine Herausforderung dar, selbst wenn sie prozedural korrekt ausgeführt werden kann (Zazkis, Liljedahl & Gadowsky, 2003). Die bekannte Vorstellung „plus steht für eine Verschiebung nach rechts, minus für eine Verschiebung nach links" führt hier auf den ersten Blick zu keinem korrekten Ergebnis. Davon abgesehen zeigt sich, dass schon durch die bloße Unterscheidung von Parametern und Variablen ein hoher kognitiver Anspruch entsteht (Göbel, Barzel & Ball, 2017). Während Variablen innerhalb einer Funktion verschiedene Werte annehmen, stehen unterschiedliche Parameterwerte für mehrere Funktionen. Statt einer dynamischen ist hier eine statische Sicht auf die Parameter notwendig, um eine einzelne Funktion zu beschreiben (Ellis & Grinstead, 2008).

Zaslavsky (1997) benennt drei weitere kognitive Herausforderungen. Die erste bezieht sich erneut auf die graphische Darstellung einer Parabel und betrifft die Vorstellung einer Funktion als Ganzes (Objektvorstellung). Dementsprechend kann es passieren, dass der Graph einer quadratischen Funktion als endlich oder begrenzt angesehen wird, bedingt durch die limitierte Darstellung eines Ausschnittes einer Funktion oder durch vertikale Asymptoten. Eine weitere Schwierigkeit besteht für Lernende darin, eine Funktionsgleichung zu identifizieren, wenn einer der Parameter gleich Null ist. Alternativ geschieht es vielfach, dass die Funktionsklasse zwar erkannt wird, der Null-Parameter jedoch als nicht existent erachtet wird. Die Möglichkeit eines Wertes Null wird in dem Fall nicht berücksichtigt. Der letzte hier beschriebene Stolperstein betrifft die Überbetonung einzelner Koordinaten spezieller Punkte. Beispielsweise wenn der Scheitelpunkt einer quadratischen Funktion von Schülerinnen und Schülern nur durch eine einzelne Koordinate charakterisiert wird. Das Wissen über x- und y-Achsenabschnitte, deren eine Koordinate jeweils null ist, wird dabei fälschlicherweise übergeneralisiert und auf den Scheitelpunkt übertragen.

Ausgehend von den gerade geschilderten Schülervorstellungen, soll nun aufgezeigt werden, welche Chancen digitale Medien im Themenfeld Funktionen bieten können. Dabei sollte die Notwendigkeit eines Instrumentalisierungsprozesses, wie er im Rahmen der instrumentellen Genese in Abschnitt 2.2.2 beschrieben wurde, zu Beginn eines jeden Technikeinsatzes berücksichtigt werden. Erst so werden ein sinnvoller Umgang mit den Medien und der Aufbau konzeptuellen Wissens möglich (Drijvers, 2001). Für letzteres gibt es bisher vor allem auf Einzelfallstudien beruhende empirische Hinweise (Doorman et al., 2012). Auf unterrichtsmethodischer Ebene werden im Kontext Funktionen dieselben Aspekte hervorgehoben, die schon bei den allgemeinen Potentialen digitaler Medien erwähnt wurden. Explorative Tätigkeiten werden zunehmend in den Blick genommen und dabei die Vorzüge der Einhaltung des eigenen Lerntempos in Kombination mit einem von der Lehrkraft begleiteten Lernen (*guided learning*) beschrieben (Doorman et al., 2012; Göbel et al., 2017; vom Hofe, 1996a; Weigand, 1999). In kooperativen Lernformen und den dadurch forcierten Verbalisierungen im Lernprozess wird die Möglichkeit einer Geschwindigkeitsreduktion des (ggf. zu) beschleunigten Lernens durch digitalen Medieneinsatz gesehen (Weigand, 1999). Doorman et al. (2012) betonen zudem, dass beim Umgang mit Funktionen digitale und analoge Medien kombiniert eingesetzt werden sollten, um etwaigen Diskrepanzen vorzubeugen. In Summe wird davon ausgegangen, dass das Denken in Funktionen besonders vom Computereinsatz profitieren kann. Schülerinnen und Schüler können durch DGS, CAS, Tabellenkalkulationen oder Multirepräsentationsprogrammen die verschiedenen „Gesichter" von Funktionen erkennen und sie dynamisch miteinander vernetzen (Barzel & Hußmann, 2006; Elschenbroich, 2003; Malle, 2000; vom Hofe, 1996a). So kann ein beziehungsreicher, explorativer Zugang ermöglicht werden und Fehlvorstellungen, wie der gefühlte Effekt einer Streckung oder Stauchung durch die vertikale Verschiebung einer Parabel, können überwunden werden (Pinkernell & Vogel, 2016).

Dynamik ist ein zentrales Stichwort beim Umgang mit (quadratischen) Funktionen. Rolfes (2018) konnte in seiner Dissertation diesbezüglich statistisch signifikante Effekte für den Bereich funktionales Denken, aber auch für quadratische Funktionen in Scheitelpunktform nachweisen. Demzufolge sind dynamische Zugänge lerneffizienter als statische. Ein Grund wird von ihm in dem höheren kognitiven Aufwand für letztere gesehen (vgl. CL-Theorie, Abschnitt 2.2.2). Bei statischen Abbildern müssen Veränderungen imaginiert werden, die in einer dynamischen Umgebung extern veranschaulicht werden können. Dynamik ermöglicht es Elschenbroich (2003) zufolge außerdem, die Grundvorstellungen Zuordnung und Kovariation eindringlicher zu fokussieren (vgl. Elschenbroich, 2005; Malle, 2000). Graphen können ausgehend von einzelnen Punkten entwickelt werden, um anschließend Veränderungen der abhängigen Variable durch den Zugmodus eines DGS dynamisch zu betrachten (Elschenbroich, 2005; Göbel & Barzel, 2016). Durch CAS können Graphen zu einer gegebenen Funktion direkt geplottet werden, wodurch zudem die Objektvorstellung leichter zugänglich wird (vom Hofe, 1996a).

Bei der Erläuterung zu kognitiven Hürden im Bereich quadratischer Funktionen konnten viele Aspekte auf die Parameter zurückgeführt werden. Dies galt vor allem bei dem Wechsel zwischen der algebraischen und der graphischen Darstellungsform. Schieberegler, denen ein „großes didaktisches Potential" (Elschenbroich, 2005, S. 144) zugesprochen wird, können eingesetzt werden, um Parameter zu variieren und so Zusammenhänge systematisch zu untersuchen und transparent zu gestalten (vgl. Göbel et al., 2017; vom Hofe, 1996a; Weigand, 1999, 2004). Lernende können Vermutungen über Parametereinflüsse äußern und anschließend ihre Beobachtungen beim selbstständigen Variieren der Parameter mit den ursprünglichen Annahmen abgleichen (Elschenbroich, 2005). Durch den Einsatz digitaler Werkzeuge haben sie dabei leicht Zugriff auf eine ganze Klasse von Beispielen, statt mühsam einzelne Graphen auf Papier zu zeichnen (Hußmann & Richter, 2005). So können individuelle (Fehl-)vorstellungen direkt aufgegriffen und korrigiert werden. Überdies können Hintergrundbilder in DGS eingebunden werden. Mit einem davor gelegten Koordinatensystem und einer Funktion in Parameterschreibweise können Schieberegler dazu genutzt werden, den Graphen optisch den Formen auf dem Hintergrundbild anzupassen. Dies ermöglicht einen neuen, visuellen Zugang zu den Inhalten, anstelle des üblichen algebraischen Zugangs (Elschenbroich, 2005). Auf weitere konkrete Umsetzungsbeispiele wird an späterer Stelle eingegangen, wenn der konzipierte Lernpfad zu quadratischen Funktionen im Rahmen der Projektbeschreibung vorgestellt wird (vgl. Abschnitt 4.3).

### 2.2.5 Aktueller Forschungsstand zur Digitalisierung und zur Lernwirksamkeit digitaler Lernumgebungen

Entsprechend der sich seit Jahrzehnten anbahnenden Digitalisierung und der herausgestellten Relevanz digitaler Medien für den Mathematikunterricht, gibt es zahlreiche empirische Studien, Metaanalysen und Meta-Metaanalysen in diesem Bereich. Im Rahmen dieser Arbeit interessieren vor allem empirische Befunde zu signifikanten Einflussfaktoren auf messbare Kompetenzen von Schülerinnen und Schülern bei dem Einsatz digitaler Medien. Als messbare Kompetenzen werden einerseits digitale Kompetenzen der Lernenden betrachtet und andererseits die Lernwirksamkeit von digitalen Lernsettings. Nachdem in den letzten Kapiteln bereits verschiedene Forschungsergebnisse thematisch sortiert kenntlich gemacht wurden, wird sich in diesem Abschnitt auf große und weitreichende Analysen konzentriert. Dabei wird ausgehend von der *International Computer and Information Literacy Study* (ICILS) erörtert, welche Voraussetzungen Schülerinnen und

Schüler in Bezug auf digitale Kompetenzen in der achten Klasse erfüllen und
wie sich die digitale Ausstattung und Infrastruktur in den Schulen Deutschlands
und NRWs gestaltet. Dazu zählt ergänzend, inwiefern digitale Medien Einzug
in den Unterricht gefunden haben. In einem zweiten Abschnitt werden zentrale
Ergebnisse aus Metaanalysen skizziert, welche Erkenntnisse zur Lernwirksamkeit
digitaler Lernumgebungen aus den letzten 60 Jahren bündeln. Diese zusammenge-
fassten Erkenntnisse stellen bedeutende Anhaltspunkte für die Gestaltung und den
geplanten unterrichtlichen Einsatz eines Lernpfads dar und geben substanzielle
Hinweise auf zu erwartende Kompetenzen der Schülerinnen und Schüler in der
eigenen Untersuchung. Der Bereich Lernpfade stellt aus Forschungsperspektive
relatives Neuland dar. Insbesondere die Lernwirksamkeit in Bezug auf bestimmte
programmtypische Charakteristika von Lernpfaden wurde bis dato nicht untersucht. Es sei noch angemerkt, dass in diesem Abschnitt davon abgesehen wird,
auf Erkenntnisse im Zusammenhang mit Feedback in digitalen Lernumgebungen einzugehen. Diesen wird aufgrund der Schwerpunktsetzung dieser Arbeit ein
eigenes Kapitel gewidmet (vgl. Abschnitt 2.3).

**Digitale Kompetenzen von Lernenden und schulische Nutzung digitaler
Medien in Deutschland und in NRW im internationalen Vergleich**
Im Jahr 2013 wurde erstmalig die *International Computer and Information
Literacy Study* (ICILS) durchgeführt (Bos et al., 2014; Fraillon, Ainley, Schulz,
Friedman & Gebhardt, 2014). Eine zweite Erhebung fand im Jahr 2018 statt
(Eickelmann, Bos et al., 2019; Eickelmann, Massek & Labusch, 2019). Die ICILS
ist eine international vergleichende Schulleistungsstudie, die andere groß ange-
legte Studien wie PISA, TIMSS und IGLU um Kompetenzen ergänzt, die in
einer digitalisierten Gesellschaft als erforderlich angesehen werden.

> Computer- und Informationsbezogene Kompetenzen werden dabei „als individuelle
> Fähigkeiten einer Person definiert, die es ihr erlauben, digitale Medien zum Recher-
> chieren, Gestalten und Kommunizieren von Informationen zu nutzen und diese zu
> bewerten, um am Leben im häuslichen Umfeld, in der Schule, am Arbeitsplatz und in
> der Gesellschaft erfolgreich teilzuhaben." (Eickelmann, Bos et al., 2019, S. 114)

Es werden vier Kompetenzbereiche unterschieden, die auf einer Gesamtskala
berichtet werden. Diese Skala kann in fünf Kompetenzstufen eingeteilt werden
(Bos et al., 2014). Computer- und informationsbezogene Kompetenz setzt sich
demzufolge aus dem Wissen zur Nutzung von Computern, der Fähigkeit Informationen zu sammeln und zu organisieren, der Fertigkeit Informationen zu erzeugen

sowie einer Teilkompetenz zur digitalen Kommunikation zusammen. Schülerinnen und Schüler mit Kompetenzen auf dem Niveau der unteren beiden Stufen (< 492 Punkte) besitzen nur rudimentäre Fertigkeiten. Sie können beispielsweise Links anklicken und Dokumente bearbeiten. Erst ab der dritten Kompetenzstufe (492–575 Punkte) ist es Schülerinnen und Schülern möglich mit Unterstützung Informationen zu ermitteln, zu bearbeiten und selbstständig einfache Dokumente zu erstellen. Auf Niveau der vierten Kompetenzstufe (576–660 Punkte) sind sie eigenständig dazu in der Lage und besitzen zudem elaborierte Fähigkeiten im Erstellen von Dokumenten und von Informationsprodukten. Erreichen Lernende die fünfte und damit höchste Kompetenzstufe (> 660 Punkte), so können sie selbst anspruchsvolle Informationsprodukte erstellen. Außerdem besitzen sie sichere Fähigkeiten im Bewerten und Organisieren von selbstständig eingeholten Informationen.

Bei der ICIL Studie handelt es sich um einen computerbasierten Test aus fünf Modulen à 30 Minuten mit je fünf bis acht kurzen Aufgaben sowie einem größeren Aufgabenblock mit so genannten Autorenaufgaben (Bos et al., 2014; Eickelmann, Bos et al., 2019). Jeder Schüler und jede Schülerin bearbeiteten zwei der fünf zur Verfügung stehenden Module. Insgesamt gibt es drei Aufgabentypen: nicht interaktive Aufgaben, Performanzaufgaben und Autorenaufgaben. In die erste Kategorie fallen *multiple choice-*, *drag and drop-* oder Ergänzungsitems. Performanzaufgaben erfordern die Nutzung von Software oder Computeranwendungen. Darunter kann das Öffnen einer Anwendung oder das Speichern einer Datei an einen bestimmten Ort fallen. Autorenaufgaben sind kontextualisierte Aufgaben, in denen Lernende beispielsweise dazu aufgefordert werden eine Präsentation oder eine Infografik zu erstellen, je inklusive der dazu nötigen Informationsrecherche. Zusätzlich zu der Testbearbeitung beantworten die Schülerinnen und Schüler sowie die Lehrkräfte einen Hintergrundfragebogen. Im zweiten Testdurchgang 2018 wurde ein weiterer Fragebogen für Schulleitungen ergänzt (Eickelmann, Bos et al., 2019). Neben soziodemographischen Angaben wurden mithilfe der Fragebogen unter anderem Informationen zum Vorhandensein von Computern in der Schule und zu deren Nutzung erhoben.

Von 2013 bis 2018 haben sich die Ergebnisse bezüglich der Kompetenzen von Schülerinnen und Schülern für Deutschland nicht signifikant geändert, sodass an dieser Stelle bevorzugt die aktuelleren Ergebnisse berichtet werden. Bei Bedarf wird vergleichend auf die Ergebnisse der ICILS 2013 zurückgegriffen. Im Jahr 2018 nahm neben Deutschland auch NRW gesondert an der ICILS teil (Eickelmann, Massek & Labusch, 2019). Dazu wurden der deutschen Stichprobe 80 Schulen aus NRW hinzugefügt. In die deutsche Stichprobe ging NRW entsprechend gewichtet ein. Insgesamt wurden 3655 Schülerinnen und Schüler achter

Klassen aus 210 Schulen in Deutschland berücksichtigt (Eickelmann, Bos et al., 2019). Aus NRW waren es 1991 Achtklässlerinnen und Achtklässler von 110 Schulen (Eickelmann, Massek & Labusch, 2019). Sowohl für Deutschland als auch für NRW sind die Stichproben damit repräsentativ.

Die Mittelwerte der computer- und informationsbezogenen Kompetenzen liegen in beiden Stichproben im mittleren Kompetenzbereich (Deutschland: $M = 518, SD = 80$. ; NRW: $M = 515, SD = 75$) und unterscheiden sich nicht signifikant voneinander (Eickelmann, Bos et al., 2019; Eickelmann, Massek & Labusch, 2019). Die Werte liegen allerdings signifikant über dem internationalen Mittelwert von 496 Punkten ($SD = 85$) und dem europäischen Mittelwert von 509 Punkten ($SD = 78$). In Abbildung 2.12 ist die prozentuale Verteilung der Schülerinnen und Schüler auf die fünf Kompetenzstufen für Deutschland und NRW im Vergleich zum internationalen Mittelwert und zu der europäischen Vergleichsgruppe dargestellt (Eickelmann, Bos et al., 2019; Eickelmann, Massek & Labusch, 2019).

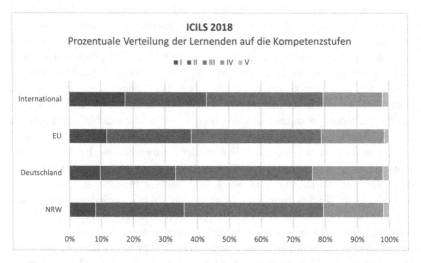

**Abbildung 2.12** Prozentuale Verteilung der Schülerinnen und Schüler im fünfstufigen Kompetenzmodell der ICILS für Deutschland und NRW im Vergleich zum internationalen Mittelwert und zu der europäischen Vergleichsgruppe (Eickelmann, Bos et al., 2019; Eickelmann, Massek & Labusch, 2019). [*Eigene Darstellung*]

Es zeigt sich, dass etwa ein Drittel der Schülerinnen und Schüler in Deutschland lediglich basale Fähigkeiten besitzen, welche den unteren beiden Kompetenzstufen zuzuordnen sind (Deutschland: 33.2 %, NRW:35.9 %). Der größte Anteil entfällt jeweils auf die Kompetenzstufe III (Deutschland: 42.9 %, NRW: 56.4 %). Die Lernenden zeigen elementare Fertigkeiten im Erstellen von Dokumenten und können unter Anleitung Informationen suchen und bearbeiten. Etwa ein Fünftel der Lernenden ist in der Lage digitale Medien selbstständig und reflektiert zu nutzen (Deutschland: 23.9 %, NRW: 20.6 %). Dabei erreichen weniger als 2 % der Schülerinnen und Schüler die höchste Kompetenzstufe. Dieser Wert ist alarmierend gering, liegt jedoch im internationalen und europäischen Vergleichsrahmen.

In Deutschland erreichen Mädchen, wie in den meisten teilnehmenden Ländern, signifikant höhere Punktzahlen im Bereich der computer- und informationsbezogenen Kompetenzen (Bos et al., 2014; Eickelmann, Bos et al., 2019). Für NRW zeigt sich dieser Effekt allerdings nur tendenziell (Eickelmann, Massek & Labusch, 2019). Überdies schneiden die Schülerinnen und Schüler an den Gymnasien signifikant besser ab als an anderen Schulformen in Deutschland (Gymnasien: $M = 568, SD = 56$; Andere: $M = 493, SD = 74$) (Eickelmann, Bos et al., 2019; Eickelmann, Massek & Labusch, 2019). In Abbildung 2.13 sind die Ergebnisse für NRW aufgeführt. Demzufolge erreichen 89.6 % der Lernenden an Gymnasien mindestens die dritte Kompetenzstufe. In den anderen Schulformen beläuft sich diese Quote auf nur knapp die Hälfte der Schülerinnen und Schüler (49.2 %). An den Gymnasien erreichen die Achtklässlerinnen und Achtklässler überdies deutlich häufiger mindestens die vierte Kompetenzstufe (Gymnasien: 40.7 %; Andere: 8.8 %). Der größte Anteil entfällt allerdings in allen Schulformen auf die dritte Kompetenzstufe (Gymnasien: 48.9 %; Andere: 40.4 %).

Während die computer- und informationsbezogenen Kompetenzen der deutschen Achtklässler-innen und Achtklässler insgesamt im mittleren Bereich liegen – signifikant über den internationalen und europäischen Mittelwerten –, zeigen sich gravierende Differenzen in der technischen Ausstattung der Schulen (Eickelmann, Bos et al., 2019). Dies hat sich in den fünf Jahren seit der ersten ICIL Studie 2013 nicht signifikant verändert (Bos et al., 2014; Fraillon et al., 2014).[24] Deutschland liegt 2018 mit knapp zehn Schülerinnen und

---

[24] Da in Deutschland 2019 der in Abschnitt 2.2.3 beschriebene DigitalPakt von Bund und Ländern verabschiedet wurde, durch den in den kommenden Jahren fünf Milliarden Euro unter anderem in den Ausbau der Infrastruktur und in die technische Ausstattung der Schulen fließen sollen, kann vorsichtig eine deutliche Besserung dieser Werte bis zur nächsten ICILS 2023 angenommen werden. Nach heutigem Stand (2020) stellen die Berichterstattungen der

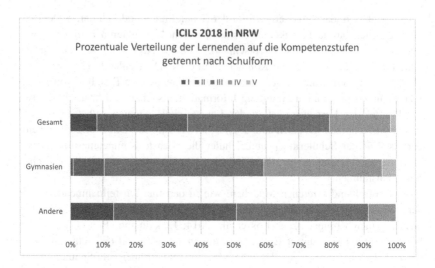

**Abbildung 2.13** Vergleich der prozentualen Verteilung der Schülerinnen und Schüler im fünfstufigen Kompetenzmodell der ICILS 2018 getrennt nach Schulform in NRW (Eickelmann, Massek & Labusch, 2019). [*Eigene Darstellung*]

Schülern pro Computer, Laptop oder Tablet (9.7:1) zwar signifikant unter dem internationalen Mittel (13.1:1) und im Rahmen des gesamteuropäischen Verhältnisses (8.7:1). Diese Situation ist für viele der in Abschnitt 2.2.4 diskutierten Potentiale digitaler Medien jedoch weit vom Optimum entfernt (Eickelmann, Bos et al., 2019). In NRW ist die Lage mit einem Verhältnis von 12.6 zu Eins weit unterdurchschnittlich (Eickelmann, Massek & Labusch, 2019).

In der ICILS von 2018 wurde darüber hinaus die schulische Computernutzung betrachtet. Die Ergebnisse hierzu stammen aus den Auskünften der Lehrkräfte sowie der Schülerinnen und Schüler in den ergänzenden Fragebogen (Eickelmann, Bos et al., 2019; Eickelmann, Massek & Labusch, 2019). Von den Lehrkräften in Deutschland gaben über alle Fächer hinweg 60.2 % an, mindestens einmal pro Woche einen Computer, Laptop oder ein Tablet im Unterricht zu benutzen (NRW: 48.9 %). Von einer täglichen Nutzung sprechen 23.2 %. In NRW mit 17.6 % der Lehrkräfte sogar noch einmal signifikant weniger. Mit Ausnahme von Uruguay bildet NRW damit das Schlusslicht des Ländervergleichs. International liegt die tägliche, unterrichtliche Nutzung im Mittel bei

---

ICILS 2018 jedoch die aktuellsten flächendeckenden Werte der IT-Ausstattung in Deutschland und NRW dar.

47.9 %, im europäischen Vergleich bei 47.6 %. Diese Tendenzen setzen sich in den Auskünften der Schülerinnen und Schüler weiter fort. Deutschland und NRW bilden erneut die Schlusslichter des internationalen Vergleiches (Abbildung 2.14) – gemeinsam mit der Republik Korea.

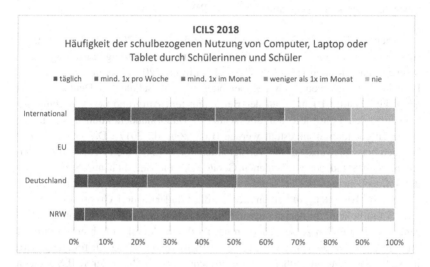

**Abbildung 2.14** Häufigkeit der schulbezogenen Nutzung von Computer, Laptop oder Tablet durch Schülerinnen und Schüler in Deutschland und NRW im internationalen und europäischen Vergleich nach der ICILS 2018 (Eickelmann, Bos et al., 2019). [*Eigene Darstellung*; Anmerkung: Die fünf Kategorien sind im Fragebogen trennscharf formuliert]

Etwa die Hälfte aller Schülerinnen und Schüler in Deutschland und NRW geben an, Computer, Laptops oder Tablets weniger als einmal im Monat für schulbezogene Zwecke zu benutzen (Deutschland: 49.2 %; NRW: 51.2 %). Während sich bei der schulischen Computernutzung weitestgehend keine signifikanten Unterschiede zwischen den Schulformen in Deutschland zeigen, berichten nur 1.8 % der Schülerinnen und Schülern von Gymnasien in NRW von einer täglichen Nutzung, während die Quote in den anderen Schulformen mit 4.4 % deutlich höher liegt, wenn auch immer noch mit einem verschwindend geringen Gesamtanteil. Erstaunlich ist, dass Computer sowohl nach der ICILS 2013 als auch 2018 in Deutschland am seltensten im Fach Mathematik eingesetzt werden (Bos et al., 2014; Eickelmann, Bos et al., 2019). Nur 31.2 % der befragten Achtklässlerinnen und Achtklässler in Deutschland (NRW: 28.0 %) gab 2018 an,

mindestens in einigen Stunden einen Computer, Laptop oder ein Tablet im Mathematikunterricht genutzt zu haben. Verglichen wurde dies mit den Fächern Deutsch
(Deutschland: 38.7 %; NRW: 36.3 %), Fremdsprachen (Deutschland: 42.6 %;
NRW: 41.3 %), Naturwissenschaften (Deutschland: 47.6 %; NRW: 48.5 %),
Geistes- und Gesellschaftswissenschaften (Deutschland: 47.9 %; NRW: 48.0 %)
sowie Informatik (Deutschland: 60.3 %; NRW: 53.3 %) (Eickelmann, Bos et al.,
2019).

   Neben der ICILS 2013 und 2018 haben in den Jahren 2015 bis 2017 deutschlandweite, repräsentative Lehrerbefragungen zum Stand der Digitalisierung in den
Schulen stattgefunden (Deutsche Telekom Stiftung, 2017; Lorenz et al., 2017).
Im Jahr 2017 nahmen 1218 Lehrpersonen, die an Schulen in Deutschland in
der Sekundarstufe I lehren, an der Befragung teil. Aufgrund der Verteilung der
teilnehmenden Lehrkräfte auf alle sechzehn Bundesländer, können Vergleiche
zwischen ebendiesen angestellt werden (Lorenz et al., 2017). Die Fragen beziehen sich beispielsweise auf die Verfügbarkeit von WLAN, die IT-Ausstattung, den
technischen Stand der vorhandenen Geräte oder die Stabilität und Schnelligkeit
des Internetzugangs in der Schule. Es werden zu jeder Frage deutschlandweite
Mittelwerte berichtet. Außerdem werden die Länder in drei Gruppen eingeteilt:
Länder mit hohem, mittlerem oder niedrigem Anteil an Lehrerzustimmung. NRW
zählt in vielen Fällen zu den Ländern mit mittlerem Anteil an Lehrerzustimmung
und einige Male zu denen mit niedriger Zustimmung. Hohe Zustimmung wird
in NRW hingegen nur äußerst selten erreicht. Anders als in der ICILS werden
keine Schülerinnen-und-Schüler-zu-digitalen- Technologien-Verhältnisse angegeben, sondern ausgehend von den Befragungen prozentuale Anteile bestimmt.
Insgesamt liegt die Zustimmung im Mittel zwischen 40.1 % und 67.3 %. Den
höchsten Wert erreicht mit 67.3 % eine ausreichend gute Internetqualität, wobei
NRW zu den Ländern im mittleren Bereich zählt. Im Durchschnitt geben 62.9 %
der Lehrkräfte an, dass ihre Schule technisch auf aktuellem Stand ist. NRW liegt
hier im unteren Bereich mit einer mittleren Zustimmung von 50.5 %. Etwas mehr
als die Hälfte der Lehrkräfte in Deutschland (55.6 %) erachten die Ausstattung
der Schule mit digitalen Endgeräten für ausreichend. Des Weiteren verfügen circa
zwei Fünftel der Schulen über WLAN in den Klassenräumen, zu dem sowohl
die Lehrkräfte als auch die Schülerinnen und Schüler Zugriff haben. In beiden
Punkten liegt NRW erneut in der Gruppe mit einem mittleren Anteil an Lehrerzustimmung. Anders sieht es bei der Nutzung von Lernplattformen (für, von
und mit Schülerinnen und Schülern) und hinsichtlich der wahrgenommenen, pädagogischen Unterstützungsmaßnahmen an Schulen aus. In beiden Fragen liegt
NRW im unteren Zustimmungsbereich. Im Mittel geben nur 26 % der Lehrkräfte in dieser Gruppe an, Lernplattformen zu nutzen (Deutschland: 40.1 %).

Die pädagogischen Unterstützungsangebote erachten hier 36.9 % als ausreichend (Deutschland: 42.5 %).

**Metaanalysen zur Wirksamkeit digitaler Lernumgebungen**
Es gibt zahlreiche Einzelstudien und viele Metaanalysen bezüglich der Lernwirksamkeit von digitalen Medien. Gerade Metaanalysen bieten eine gute Chance, Effekte des Computereinsatzes herauszustellen, da in Einzelstudien häufig voneinander abweichende, widersprüchliche Ergebnisse berichtet werden. Die Zusammenführung dieser Ergebnisse durch einen systematischen Vergleich der jeweiligen Bedingungsfaktoren kann gemeinsame Nenner aufdecken. Sie sollen hier erneut chronologisch dargestellt werden. Ebenso wie beim Feedback ist die wohl bekannteste und größte Analyse diejenige von Hattie (2009, 2015). Hinzu kommt eine aktuelle Metastudie zur Lernwirksamkeit des Einsatzes digitaler Medien im mathematisch-naturwissenschaftlichen Unterricht von Hillmayr et al. (2017, 2018).[25] Weitere Analysen stammen von Bayraktar (2001), Li und Ma (2010) sowie Zwingenberger (2009). Häufig wird ein Fokus auf den Vergleich der Lernwirksamkeit digitaler Lernumgebungen im Unterricht gegenüber traditionellem Unterricht ohne digitale Medien gelegt. Über alle Analysen hinweg zeigt sich ein kleiner bis mittlerer positiver Effekt der Technologienutzung. Des Weiteren können verschiedene Bedingungsfaktoren herausgearbeitet werden. Wie schon in Abschnitt 2.1.5, ist bei den in den Metaanalysen dokumentierten Effekten nicht immer klar, auf welches Effektstärkemaß zurückgegriffen wird, weshalb einheitlich die übliche Abkürzung $ES$ genutzt wird.[26]

Bayraktar (2001) berücksichtigt in seinen Analysen 42 Studien zu naturwissenschaftlichem Unterricht in denen 108 Effektstärken berichtet werden. Die Studien wurden in den Jahren 1970 bis 1999 veröffentlicht. Von den 108 Effektstärken weisen 70 einen positiven Einfluss digitalen Lernens auf die Leistung im Bereich Naturwissenschaften auf und 38 einen negativen Effekt. Über alle Studien zusammengefasst ergibt sich mit $ES = 0.27$ ein kleiner Effekt pro Technologieeinsatz. Nähere Analysen zeigen teils große Unterschiede bezüglich verschiedener digitaler Lernumgebungen. So genannte *drill-and-practice*-Programme, die hier

---

[25] Eine ausführliche wissenschaftliche Publikation zu der Metaanalyse steht bis dato noch aus (Marsch, 2017; Reinhold, 2019). Zusammenfassende Ergebnisse und Effektstärken können der zitierten wissenschaftlichen Posterpräsentation sowie der an Lehrkräfte gerichteten Broschüre entnommen werden.

[26] Zur Erinnerung: Effektstärken, die im Betrag Werte um 0.2 annehmen werden als kleine Effekte, ab 0.5 als mittlere Effekte und ab 0.8 als große Effekte eingestuft (Döring & Bortz, 2016, S. 821). Grundsätzlich können Werte zwischen $-\infty$ und $+\infty$ angenommen werden.

etwa mit rein prozeduralen Aktivitäten und auswendig gelernten Inhalten verknüpft werden, zeigen insgesamt einen negativen Effekt ($ES = -0.11$).
Simulationen ($ES = 0.39$) und tutorielle Systeme ($ES = 0.37$) hingegen
kleine positive Effekte. Es wird nicht näher darauf eingegangen, was im Detail
unter beidem verstanden wird. Weitere Effekte sind, dass kürzere Interventionen (0 bis 4 Wochen, $ES = 0.38$) einen positiveren Effekt auf die Leistung
zu haben scheinen als längere Interventionen (> 4 Wochen, $ES = 0.22$). Mit
steigendem Schülerinnen-und-Schüler-zu-Computer-Verhältnis sinkt die Effektstärke überdies ab (von $ES = 0.37$ bei 1:1 bis hin zu $ES = 0.10$ bei >2:1),
wobei hier pro Kategorie eine sehr unterschiedliche Anzahl Studien einging.
Als letzter Faktor sei darauf hingewiesen, dass Bayraktar (2001) zufolge ein
ergänzender Technologieeinsatz ($ES = 0.29$) als dem kompletten Ersetzen von
traditionellem Unterrichtsgeschehen ($ES = 0.18$) überlegen angesehen werden kann. Die berichteten empirischen Ergebnisse bestätigen damit in weiten
Teilen die Ausführungen in den vorherigen Abschnitten dieses Kapitels (insb.
Abschnitt 2.2.4).

In Zusammenhang mit Computerunterstützung werden in der Analyse von
Hattie (2009, 2015) aus 76 Metaanalysen mit 4498 Studien insgesamt 8096
Effektstärken herausgearbeitet. Im Mittel zeigt sich wie bei Bayraktar (2001) ein
kleiner positiver Effekt für computerunterstützten Unterricht ($ES = 0.37$). Verschiedene Kriterien weisen weitestgehend kleine bis mittlere Effekte zwischen
$ES = 0.20$ und $0.60$ auf. Während in der eben geschilderten Metaanalyse der
Fokus auf naturwissenschaftlichen Unterricht lag, integriert Hattie (2009, 2015)
Studien aus verschiedenen Fachbereichen. Die hier geschilderten Ergebnisse weichen teils stark von Bayraktar (2001) ab.[27] Hattie (2009, 2015) stuft die Dauer
einer Intervention als unbedeutend ein. Interessant ist überdies, dass *drill-and-
practice*-Programme von Hattie (2009, 2015) positiv eingestuft werden und dabei
denselben positiven Effekt zeigen wie Simulationen (je $ES = 0.34$). Für tutorielle
Systeme, die hier als strukturierte digitale Lernumgebungen beschrieben werden,
werden sogar Effektstärken von $ES = 0.70$ berichtet. Über die Schwerpunkte
von Bayraktar (2001) hinaus wird argumentiert, dass sich ein Bild abzeichnet,
nach dem Schülerinnen und Schüler kooperativ mit Computern arbeiten sollten.
An dieser Stelle werden keine subsummierenden Effektstärken berichtet, sondern lediglich Ergebnisse aus einzelnen Metaanalysen berichtet. Denen zufolge

---

[27] Mögliche Unterschiede zwischen den Effekten in den Fachbereichen werden von Hattie
(2009, 2015) untersucht und als nicht signifikant eingestuft, sodass dies als Erklärung nicht
unbedingt herangezogen werden kann.

wirkt sich die Nutzung von Computern im Unterricht auch positiv auf die Leistung aus, wenn Lernende individuell arbeiten (hier werden $ES = 0.25$ bis $0.56$ berichtet). Sie können jedoch signifikant positiver sein, wenn methodisch auf Partnerarbeiten zurückgegriffen wird ($ES = 0.54$ bis $0.96$). Wenn Schülerinnen und Schüler in Partner- oder Gruppenarbeit arbeiten, profitieren sie überdies stärker von selbstgesteuerten Programmen ($ES = 0.41$) als von systemgesteuerter Software ($ES = -0.02$). Dies betrifft nach Hattie (2009, 2015) insbesondere die Kontrolle über das eigenen Lerntempo, die Sequenzierung von Material, den Zeitaufwand und die Überprüfung der Aufgaben. Als große Forschungslücke wird angesehen, dass in den berichteten Studien die Experimental- und Kontrollgruppen meist aus dem Lehren mit und ohne Computereinsatz bestehen und so der Fokus zu wenig auf die Schülerinnen- und Schüleraktivitäten gelegt wird. Wünschenswert wären Studien, in denen die Lernenden betrachtet werden, wie sie auf verschiedene Weise mit digitalen Medien neues Wissen erwerben oder üben.

Zwingenberger (2009) kombiniert in ihrer Arbeit „Wirksamkeit multimedialer Lernmaterialien" eine umfassende Meta-Metaanalyse (mit Analysen aus den Jahren 1966–2003) mit einer eigenen Metaanalyse von 36 Studien aus den Jahren 2000 bis 2005. Anhand der Meta-Metaanalyse identifiziert Zwingenberger (2009) übergreifende, als bedeutend eingestufte Faktoren im Zusammenhang mit der Lernwirksamkeit verschiedener digitaler Programmtypen. Analog zu Bayraktar (2001) und damit entgegen der Ergebnisse von Hattie (2009, 2015) scheinen auf Grundlage der Meta-Metaanalyse erneut kürzere computerbasierte Interventionen länger anhaltenden Einsätzen überlegen zu sein, was auf einen Neuheitseffekt zurückgeführt wird.[28] Zu den Faktoren, die Zwingenberger (2009) näher untersucht, zählen die Arten digitaler Lernumgebungen *drill-and-practice*-Programme, tutorielle Systeme, Hypermedia[29] und Simulationen sowie der Einfluss, ob das vermittelte Wissen deklarativer oder prozeduraler Natur ist. Damit ergänzt sie einen neuen Blickwinkel auf die Lerntätigkeiten der Schülerinnen und Schüler. Wie schon in den anderen Metaanalysen zeigen sich inhomogene Effekte, mit einigen Ausnahmen im Bereich von $ES = -0.5$ bis $0.5$. Von den 36 Studien berichten 26 Studien positive und entsprechend zehn Studien negative Effekte

---

[28] In ihrer späteren Metaanalyse berichtet Zwingenberger (2009) zwar die prozentuale Dauer des Medieneinsatzes in den einzelnen Studien, jedoch ohne weiter auf damit zusammenhängende Effektstärken einzugehen.

[29] Zwingenberger (2009) nennt das Internet als bekanntestes Beispiel von Hypermedia. Anders als bei tutoriellen Systemen werden Hypermedia nicht für einen bestimmten Zweck entwickelt und stellen keine geschlossene Lernumgebung dar. Sie können als digital vernetzte Informationen verstanden werden, die sowohl in Text- als auch in multimedialer Form vorliegen können.

multimedialer Lernmaterialien. Während Hattie (2009, 2015) besonders starke positive Effekte im Hinblick auf den Einsatz tutorieller Systeme feststellte, ist dies hier die einzige Form, die mit $ES = 0.00$ keinerlei Effekt im Vergleich zu den anderen Programmtypen und im Vergleich zu traditionellem Unterricht zeigt. Die Effekte von Simulationen ($ES = 0.42$), Hypermedia ($ES = 0.34$) und *drill-and-practice*-Programmen ($ES = 0.32$) sind nicht signifikant unterschiedlich voneinander aber mit je einer kleinen Effektstärke dem traditionellen Unterrichten überlegen. Bei diesen Programmen ist die Unterscheidung hinsichtlich der zu lernenden Inhalte (ob deklarativ oder prozedural) interessant. Während *drill-and-practice*-Programme nahezu keinen Effekt auf den Aufbau deklarativen Wissens haben ($ES = 0.04$), zeigen Simulationen ($ES = 0.57$) und Hypermedia ($ES = 0.56$) gerade in diesem Bereich ihre Stärken. Im Bereich des prozeduralen Lernens sind die Wirkungen der drei Programmtypen nicht signifikant voneinander zu unterscheiden.

Li und Ma (2010) veröffentlichen eine Metaanalyse, in der explizit die Wirkung von digitalen Technologien auf die Mathematikleistung untersucht wird. Sie integrieren 46 (quasi-)experimentelle Studien aus den Jahren 1990 bis 2006 mit insgesamt 85 Effektstärken und ermitteln im Durchschnitt eine niedrige, statistisch signifikante Effektstärke ($ES = 0.28$). Im Vergleich zu den vorherigen Metaanalysen ist hervorzuheben, dass nur sieben der 85 Effekte negativ sind, was einem bedeutend geringeren Anteil entspricht als in den vorherigen Metastudien. Die Analysen von Li und Ma (2010) zeichnen sich durch eine subgruppenbezogene Vorgehensweise aus. Das heißt, dass sie verschiedene Ausprägungsformen eines Faktors miteinander vergleichen, um dessen statistische Signifikanz und Effektstärke herauszuarbeiten. Nachdem gezeigt wurde, dass der Einsatz digitaler Medien effektiver sein kann als traditioneller Unterricht, versuchen sie also Faktoren zu identifizieren, die in diesem Sinne besonders bedeutsamen Einfluss haben. Sie können zeigen, dass der Einsatz digitaler Medien in einem konstruktivistischen Lehr- und Lernsetting zu signifikant besseren Ergebnissen führt als in lehrerzentrierten Settings. Dieser Effekt ist als groß einzustufen ($ES = 1.00$). Außerdem scheinen erneut kürzere Interventionen (weniger als sechs Monate) effektiver zu sein als längere Interventionen (zwischen sechs Monaten und einem Jahr) ($ES = 0.35$). Entgegen der Vermutungen unterscheiden sich die verschiedenen getesteten Formen digitaler Lernumgebungen nicht signifikant voneinander. Hier sei jedoch angemerkt, dass Li und Ma (2010) in ihrer Kategorisierung digitaler Lernumgebungen eine abweichende Einteilung zu denen der anderen Analysen in diesem Kapitel vornehmen. Unter anderem fassen sie Simulationen und Hypermedia in eine Kategorie mit weiteren Programmen als explorative Software zusammen. Des Weiteren vergleichen sie die jeweilige Kategorie (explorative

Software, tutorielle Systeme und Kommunikationsmedien) einzig mit digitalen Werkzeugen – zu denen sie diverse Software von Textverarbeitungsprogrammen über *drill-and-practice*-Programmen bis hin zu DGS zählen. Die nicht nachgewiesene Signifikanz kann hier möglicherweise auf die unscharfe Kategorisierung zurückgeführt werden und steht den Aussagen der anderen beschriebenen Metaanalysen nicht direkt entgegen.

Hillmayr et al. (2017, 2018) führten die bis dato aktuellste Metaanalyse durch. Sie berücksichtigen 79 Journalartikel mit Peer-Review-Verfahren aus den Jahren 2000 bis 2016 (Hillmayr et al., 2018). In den Artikeln wird von 80 (quasi-) experimentellen Studien mit Pre-Posttest-Kontrollgruppen-Design berichtet (Hillmayr et al., 2018). Insgesamt zeigt sich über alle Fächer und Klassenstufen der Sekundarstufe ein deutlich positiveres Bild als in den vorherigen Analysen ($ES = 0.62$) (Hillmayr et al., 2017, 2018). Erneut konnten mehrere Aspekte der Rahmengestaltung als signifikante Einflussfaktoren herausgearbeitet werden. Eine Kombination aus dem Einsatz digitaler Medien und klassischem Unterricht ($ES = 0.66$) zeigt sich gegenüber einer vollständigen Verdrängung überlegen ($ES = 0.48$). Es wird jedoch auch deutlich, dass beides zu signifikant positiveren Effekten führt als Unterricht ohne digitalen Medieneinsatz (Hillmayr et al., 2017). Es zeigt sich zudem erneut: Je länger digitale Medien eingesetzt werden, desto weniger profitabel wirken sie sich auf den Leistungszuwachs aus. Wie schon Zwingenberger (2009) sowie Li und Ma (2010) sehen Hillmayr et al. (2017, 2018) eine mögliche Begründung hierfür in einem nachlassenden Neuheitseffekt. Kann bei eintägigen Interventionen ein großer Effekt von $ES = 0.86$ nachgewiesen werden, so sinkt dieser sukzessive ab, bis er bei einem mehr als sechsmonatigem digitalen Medieneinsatz nicht mehr signifikant vorliegt. In der Metaanalyse konnte darüber hinaus eine Überlegenheit kooperativen Lernens in Partnerarbeit ($ES = 0.73$) im Vergleich zu Einzelarbeit ($ES = 0.46$) herausgestellt werden. Die Lernwirksamkeit steigt, wenn Mitschülerinnen und Mitschüler einander unterstützen ($ES = 0.65$) und die Lehrkraft moderierend und beratend zur Seite steht ($ES = 0.57$). Neben den allgemeinen Effekten für den digitalen Medieneinsatz, ohne Berücksichtigung der Art Lernumgebung, die über die Medien zur Verfügung gestellt wurden, analysieren auch Hillmayr et al. (2017, 2018) die Effektivität verschiedener Lernprogrammtypen. Sie klassifizieren (Intelligente) Tutorensysteme, Simulationen, Hypermedia sowie *drill-and-practice*-Programme (Hillmayr et al., 2017). Einfache Tutorensysteme übernehmen ihnen zufolge die Rolle der Lehrkraft, indem Lerninhalte modularisiert digital dargeboten werden, häufig ergänzt durch Vertiefungs- und Übungsmöglichkeiten. Intelligente Tutorensysteme können zusätzlich adaptiv auf die Bedürfnisse der Schülerinnen und Schüler eingehen. Das heißt, den Lernenden werden beispielsweise Aufgaben einer bestimmten Schwierigkeitsstufe angeboten, abhängig davon, welches Vorwissen sie innerhalb des Programmes aufzeigen. Als Simulationsprogramm wird unter anderem DGS im Mathematikunterricht verstanden und hier erneut insbesondere der Mehrwert im Bereich der Funktionenlehre herausgestellt (Hillmayr et al., 2017). Hypermediale Systeme schließlich werden in erster Linie als Nachschlagewerke ohne spezifisches Lernziel verstanden, die freies Explorieren ermöglichen können. Während für Intelligente Tutorensysteme und Simulationen hohe Effektstärken berechnet werden (je $ES = 0.89$), liegt die Wirksamkeit von tutoriellen Systemen ohne adaptive Funktion im mittleren Bereich ($ES = 0.50$) und der Einsatz hypermedialen Lernens sowie von *drill-and-practice*-Programmen ergibt keine signifikanten Effekte (Hillmayr et al., 2018). Bezüglich Hypermedia weisen die Autoren jedoch darauf hin, dass eine sinnvolle didaktische Aufbereitung durchaus zu einer gewinnbringenden Integration im Unterricht führen kann.

*Welche zentralen Erkenntnisse lassen sich aus den dargestellten Metaanalysen ziehen?*

– Der Einsatz digitaler Medien wirkt sich weithin positiv im Vergleich zu rein traditionellen Unterrichtsformen aus.
– Ein ergänzender Einsatz digitaler Medien scheint einem substituierenden Einsatz überlegen zu sein.
– Desto kürzer eine Intervention, desto stärker scheinen die Effekte des digitalen Medieneinsatzes.
– Ein schülerzentrierter, konstruktivistischer Lehransatz erscheint vielversprechend.
– Kooperative Lernformen können das Lernen mit digitalen Medien positiv beeinflussen.

Hinsichtlich der Wirksamkeit einzelner Programmarten lassen sich höchstens Tendenzen erkennen, da die Klassifizierungen nicht immer eindeutig sind und unterschiedliche Schwerpunkte gesetzt werden. Ansatzweise können Simulationen und (Intelligente) tutorielle Systeme als besonders lernförderliche digitale Lernumgebungen eingestuft werden, da sie meist mittlere (bis hohe) Effektstärken aufweisen, insbesondere in mathematisch-naturwissenschaftlichen Settings. Als Forschungslücke kann der Vergleich zwischen verschiedenen Varianten eines Computereinsatzes im Unterricht auf Schülerinnen-und-Schüler-Ebene aufgedeckt werden.

## 2.3    Feedback in digitalen Lernumgebungen

„Lehrkräfte sind im Unterricht vor die Herausforderung gestellt, Feedback unterschiedlicher Art zu unterschiedlichen Zeitpunkten zu geben. Dies ist vor dem Hintergrund
der Förderung in angemessener Quantität und Qualität kaum zu leisten. Daher bieten strukturierte Feedbackelemente digitaler Lernangebote effektive Möglichkeiten,
geeignetes Feedback zum richtigen Zeitpunkt im Lernprozess zu geben und damit die
Lehrkräfte zu unterstützen. [...] Der gesamte Unterrichtsfluss wird gefördert, da die
Kinder ohne Verzögerung aktiv weiterarbeiten können." (Hügel et al., 2017, S. 14 f.)

In diesem dritten Kapitel des theoretischen Rahmens sollen die beiden Schlüs-
selthemen Feedback und digitale Lernumgebungen im Mathematikunterricht
miteinander verknüpft, das heißt in Beziehung zueinander gesetzt werden. Anders
als in den vorherigen Kapiteln wird direkt ein integrativer Blick auf Forschungsergebnisse zu Feedback in digitalen Lernumgebungen geworfen. Die
notwendigen Begrifflichkeiten, theoretischen Perspektiven und Modellvorstellun-
gen wurden in den vorangegangenen Kapiteln bereits ausgiebig thematisiert.
Der überwiegende Teil der in diesem Kapitel berichteten Ergebnisse stammt
aus dem englischsprachigen bzw. internationalen Raum. In Deutschland gibt es
bisher nur vereinzelt Studien, die Feedback in digitalen Lernumgebungen im
Mathematikunterricht thematisieren. Dies geschieht zum Beispiel (vorwiegend
qualitativ) im Rahmen digitaler Schulbücher (Pohl & Schacht, 2017; Rezat, 2017,
2019) oder in Form von Randbemerkungen zur Relevanz von Feedback neben
einem anderweitig geprägten Forschungsinteresse (Wiesner & Wiesner-Steiner,
2015). Darüber hinaus beschäftigen sich aktuell zwei Dissertationsprojekte mit
(Selbst-)Diagnosen und der Überwindung von individuellen Fehlvorstellungen
im Inhaltsfeld Funktionen in digitalen Test- und Lernumgebungen, wobei in beiden auf Feedbackoptionen eingegangen wird bzw. werden soll (Johlke, 2018,
2019; Ruchniewicz & Barzel, 2019). Gleichzeitig wird an vielen Stellen die
hohe Relevanz von Feedback im Kontext der Digitalisierung deutlich (BMBF,
2016; GDM, 2017; KMK, 2017). Kontrollmöglichkeiten werden als wichtige
Bestandteile digitaler Lernumgebungen gesehen, um selbstreguliertes und eigenverantwortliches Lernen überhaupt erst zu ermöglichen (Barzel & Greefrath,
2015; Roth, Süss-Stepancik & Wiesner, 2015; Salle, 2015; Weigel, 2013). Direktes Feedback in digitalen Lernumgebungen wird überdies in Kombination mit
anderen in Abschnitt 2.2.4 vorgestellten Potentialen, wie neuen Visualisierungsmöglichkeiten und einer Dynamisierung bestimmter Sachverhalte, als Chance
gesehen, die Kommunikation über Mathematik nachhaltig zu verändern und
verständnisorientierter zu gestalten (Drijvers et al., 2016).

Feedback ist zwar insgesamt eine viel erforschte Thematik, spezifische Mechanismen nach denen es das Lernen beeinflusst sind bis dato allerdings nicht
wirklich verstanden (Attali, 2015; Rezat, 2019). Wie schon in Abschnitt 2.1.5
bemerkt wurde, führen die – auf den ersten Blick – selben Feedbackarten
auch in digitalen Lernumgebungen teils zu inkonsistenten und widersprüchlichen Resultaten. Metaanalysen und Literaturreviews bieten daher erneut eine gute
Möglichkeit, Tendenzen zu erkennen und forschungsübergreifende Aussagen zu
treffen.

Einige der Analysen aus Abschnitt 2.1.5 geben Hinweise zu der Wirkung von
Feedback in digitalen Settings (Bangert-Drowns et al., 1991; Hattie & Timperley,
2007; Hattie, 2009, 2015). Dazu kommen speziell auf Feedback in digitalen Lern-
bzw. Testumgebungen spezialisierte Metaanalysen und Literaturreviews (Azevedo & Bernard, 1995; Jaehnig & Miller, 2007; Mason & Bruning, 2001; van
der Kleij, Feskens & Eggen, 2015). In diesem Bereich gibt es bis dato allerdings nur wenige Überblicksstudien bezogen auf die Lernwirksamkeit (van der
Kleij et al., 2015). Als Ergänzung werden daher zwei aktuelle Studien erläutert,
die sich mit dem Einfluss verschiedener Feedbackarten und Aufgabentypen auf
die Mathematikleistung beschäftigen (Attali, 2015; Attali & van der Kleij, 2017).
Des Weiteren werden an gegebener Stelle ergänzende Informationen zu einzelnen
Aspekten eingefügt, sofern diese für die Arbeit relevant sein können. Die meisten
Studien beziehen sich auf geschlossene Assessment- oder Testsituationen. Die in
Abschnitt 2.2.5 unterschiedenen digitalen Lernumgebungen werden entsprechend
in der Forschung nur vereinzelt aufgegriffen.

Wie in den vorherigen Kapiteln werden die Ergebnisse chronologisch dargestellt, um eine Entwicklungslinie nachzuzeichnen und die Ergebnisse besser in
Beziehung zueinander setzen zu können. Die viel zitierten, frühen Metaanalysen
von Bangert-Drowns et al. (1991) sowie von Azevedo und Bernard (1995) sind
in Hinblick auf die Feedbackart noch sehr unspezifisch. Sie geben jedoch erste
globale Tendenzen und Hinweise für spätere Analysen, die Erwähnung finden
sollten. Bei den in den Metaanalysen dokumentierten Effekten ist nicht immer
klar, auf welches Effektstärkemaß zurückgegriffen wird, weshalb wie schon in
den vorangegangenen Kapiteln einheitlich die Abkürzung $ES$ genutzt wird.

Eine der ersten Metaanalysen, in der Feedbackeffekte identifiziert werden, ist
von Bangert-Drowns et al. (1991) veröffentlicht worden und Bestandteil von
Abschnitt 2.1.5. Dort wurden insgesamt kleine, signifikant positive Effektstärken berichtet mit einer Tendenz, dass Feedback umso effektiver sein kann, desto
mehr Informationen es bereitstellt. Zu beachten ist, dass Bangert-Drowns et al.
(1991) ausschließlich Feedback in Testsituationen betrachten. Sie liefern dabei

erste Erkenntnisse in Bezug auf einen Vergleich der Settings, in denen das Feedback bereitgestellt wurde. Die Kontrollgruppen erhielten jeweils kein Feedback. Tatsächlich ergaben konventionelle (analoge) Testsituationen die größten Effektstärken ($ES = 0.63$). Programmiertes Lernen bzw. Testen zeigte im Vergleich die geringste (keine) Wirkung ($ES = -0.04$), was gut mit den Erörterungen in Abschnitt 2.2 überein passt. Für digitale Testsituationen mit komplexeren Inhalten, können mittlere Effektstärken berichtet werden ($ES = 0.48$). Den in der Metaanalyse berücksichtigten Studien, die Feedback in klassischen Tests betrachten, werden die komplexesten Prüfungsinhalte zugeschrieben und den programmierten Settings naturgemäß das niedrigste kognitive Anforderungsniveau. Als mögliche Erklärung für den Vorteil konventioneller Testsituationen, wird daraufhin ebendiese Komplexität des abgefragten Inhalts benannt. Summa summarum erscheint Feedback relevanter, desto reichhaltiger die Anforderungen an die Lernenden sind (Bangert-Drowns et al., 1991).

Ein paar Jahre später berichten Azevedo und Bernard (1995) in einer Metaanalyse von 22 Studien aus den Jahren 1966 bis 1992. Es werden insgesamt 34 Effektstärken für Tests, die direkt im Anschluss an eine Lerneinheit mit bzw. ohne Feedback geschrieben wurden sowie 9 Effektstärken für (leicht) zeitversetzte Testungen angegeben. Es wurden Erhebungen mit sehr kleinem Stichprobenumfang zugelassen, sodass die Daten eines Großteils der Studien auf deutlich unter einhundert Probanden beruhen. Dies sollte bei der Einschätzung der Reichweite der einzelnen Ergebnisse berücksichtigt werden. Anders als zuvor ist das Feedback in dieser Metaanalyse nicht in einer Testsituation gegeben worden, sondern im Rahmen einer Unterrichtsstunde, in der Computer zum Lernen genutzt wurden.[30] Sofern die Lernenden direkt im Anschluss an die Lerneinheit einen Leistungstest schrieben, zeigte die Experimentalgruppe über alle Studien hinweg einen großen signifikant positiven Effekt auf die Leistung im Vergleich zu der Kontrollgruppe ohne Feedback ($ES = 0.80$). Für zeitversetzte Testungen werden im Kontrast nur noch kleine, aber immer noch deutlich positive Effekte berichtet ($ES = 0.35$).

Zur Jahrtausendwende fertigten Mason und Bruning (2001) ein Literaturreview an, in dem sie nach Erklärungen für die teils starken Schwankungen in einzelnen Studienergebnissen suchen. Sie setzen sich als Ziel, Designempfehlungen für effektives Feedback in digitalen Lernumgebungen zu formulieren und grenzen Forschung zu Prüfungs- und Assessmentsituationen explizit aus. Das Fazit ihrer Überlegungen ist: Eine Feedbackvariante, die immer und für alle

---

[30] Im Rahmen der damaligen Möglichkeiten muss jedoch beachtet werden, dass die Varianten computerbasierten Lernens eingeschränkt waren und insgesamt vor allem geschlossene Programme mit fest vordefinierter Sequenzierung eingesetzt wurden bzw. werden konnten.

am besten wirkt, kann es nicht geben. Es stellt hingegen eine Herausforderung dar, für spezifische Lernumgebungen das jeweils effektivste Feedback zu identifizieren (vgl. Narciss, 2008). Als wichtige Faktoren erarbeiten Mason und Bruning (2001) das Vorwissen und das Leistungsniveau der Lernenden sowie die Art der Aufgaben. Ihre Schlussfolgerungen zu Feedback in digitalen Lernumgebungen sind in Summe konsistent zu den Eindrücken in konventionellen Lernsettings (vgl. Abschnitt 2.1.5). Feedback scheint auch in digitalen Lernsettings global gesehen tendenziell einen positiven Einfluss auf die Leistung zu haben. Des Weiteren deutet Vieles darauf hin, dass mehr Informationen zu größeren Effekten auf die Leistung führen können und elaborierte Feedbackformen demzufolge am effektivsten sein können. Über diese Tendenzen und Empfehlungen hinaus bemerken Mason und Bruning (2001) einen wenig untersuchten Aspekt, den sie als *learner control* bezeichnen. Einzelfallstudien deuten auf ein besseres Verständnis und ein positiveres Bild über die Materie hin, sofern Lernende selbstständig auf Feedback zurückgreifen können. Dies steht in gewisser Weise im Widerspruch zu den beiden zuvor beschriebenen Metaanalysen, die *pre-search availability* als hinderlich ansahen (Azevedo & Bernard, 1995; Bangert-Drowns et al., 1991). Hier sollte gegebenenfalls zwischen Lern- und Leistungssituationen unterschieden werden. Mason und Bruning (2001) berichten außerdem von möglichen Geschlechterunterschieden, die jedoch weiterer Untersuchungen bedürfen. In einer Studie, in der KCR Feedback mit einer Kombination aus KCR und elaboriertem Feedback verglichen wurde, konnten ihnen zufolge zunächst keine signifikanten Leistungsunterschiede auf Feedback zurückgeführt werden. Es ergab sich jedoch ein Interaktionseffekt der besagte, dass Jungen mit KCR und elaboriertem Feedback signifikant besser abschnitten als Mädchen, die KCR Feedback erhielten. Inzwischen gibt es einige Untersuchungen, die in diesem Zusammenhang weitere Hinweise liefern. Diese deuten konträr darauf hin, dass Mädchen stärker von digitalem Feedback profitieren als Jungen, was an dem jeweiligen Leistungszuwachs für unterschiedliche Feedbackvariationen bestätigt werden konnte (Narciss, Körndle, Reimann & Müller, 2004; Timmers, Walraven & Veldkamp, 2015). In Kontrollgruppen mit verifizierendem Feedback gab es hingegen keine Unterschiede zwischen den Geschlechtern (Narciss et al., 2004).

Jaehnig und Miller (2007) befassen sich in einem weiteren Literaturreview ebenfalls mit der Effektivität verschiedener Feedbackvarianten in digitalen Lernumgebungen. Wie schon Mason und Bruning (2001) kommen sie zu dem Ergebnis, dass rein verifizierendes Feedback meist nicht effektiver ist als gar kein Feedback bereitzustellen. KCR Feedback kann positive Auswirkungen auf die Leistung haben. In Szenarien, in denen Schülerinnen und Schüler die Inhalte

der Lernumgebung noch nicht kennen oder verstanden haben, wird jedoch elaboriertes Feedback erneut als zu bevorzugende Variante dargestellt. Zusätzliche
Informationen zu der korrekten Lösung oder Hinweise zum weiteren Vorgehen
werden als vorteilhaft angesehen, wenn Lernende nicht wissen (können), warum
ihre Antwort falsch ist. In diesem Zusammenhang stellt sich die Frage nach dem
tatsächlichen Gebrauch von zur Verfügung stehendem Feedback. Mason und Bruning (2001) berichten von einem potenziellen Vorteil von Feedback unter *learner
control*. Die Voraussetzung, dass Schülerinnen und Schüler Feedback produktiv
nutzen können, ist jedoch nicht zwingend gegeben, wie verschiedene Fallbei-
spiele aus dem Primarstufenbereich zeigen (Hügel et al., 2017; Rezat, 2017).
Timmers, Braber-van den Broek und van den Berg (2013) berichten, dass vor
allem Lernende Feedback suchen, die ihre Erfolgschancen in formativen Assessmentsituationen positiv einschätzen. Es gibt Hinweise, dass die Häufigkeit der
Feedbacknutzung signifikant mit der mutmaßlichen Aufgabenschwierigkeit kor-
reliert, aber nicht mit dessen Effizienz zusammenhängt (Narciss et al., 2004).
Werden Aufgaben als leicht eingeschätzt, so lässt sich eine verminderte Feedback-
gebrauch beobachten (Timmers et al., 2013). Gleiches gilt für als zu schwierig
eingestufte Aufgaben. Überforderung kann zu einem Motivationsverlust und
damit zu einer ablehnenden Haltung gegenüber Feedback führen (Timmers et al.,
2013).

Für den Zusammenhang von Feedback und digitalen Lernumgeben liefern auch die Meta-Meta-analysen von Hattie und Timperley (2007) sowie
von Hattie (2009, 2015) neue Informationen. Computergestütztes Feedback gilt
ihnen zufolge als eine der bevorzugten Feedbackvarianten im Unterricht (vgl.
Abschnitt 2.1.5). Hattie und Timperley (2007) identifizierten hierfür eine Effektstärke von $ES = 0.52$. Hattie (2009, 2015) betont die Notwendigkeit zur
Optimierung von Feedback in computergestützten Lernumgebungen und nennt
in diesem Zusammenhang Erklärungen ($ES = 0.66$) und Hilfen ($d = 0.73$) als
wesentlich effektivere Varianten als korrekte Antworten ($ES = -0.11$). Dies gilt
ihm zufolge insbesondere in Zusammenhang mit herausfordernden Aufgaben. Bei
einfachen Aufgaben kann im Umkehrschluss auch Ergebnisfeedback ausreichen.
In Abschnitt 2.1 wurde gezeigt, wie viele Formen elaborierten Feedbacks es gibt,
weshalb die berichteten hohen Effektstärken für die spezifischen Ausprägungen
in dieser Analyse besonders relevant sind.

Die aktuellste Metastudie zu den Effekten verschiedener Feedbackvarianten in
digitalen Lernumgebungen stammt von van der Kleij et al. (2015). Die Autoren berücksichtigen in ihrer Analyse 40 Quellen, in denen 70 Effektstärken
berichtet werden. Ein Großteil der Studien stammt aus dem Bereich der Erwach-
senenbildung. In den Studien, die in dieser Metaanalyse berücksichtigt wurden,

arbeiteten die Probanden zunächst in einer formativen Assessmentumgebung. Es gab immer mindestens eine Experimentalgruppe und eine Kontrollgruppe, denen in der Testumgebung verschiedene Feedbackvarianten zur Verfügung gestellt wurden. Im Anschluss daran wurde zu derselben Thematik ein Test ohne Feedback bearbeitet. Die Ergebnisse bezüglich der Effektivität der drei Feedbackarten Verifikation, KCR und elaboriertes Feedback decken sich mit den bereits berichteten Effekten. Neben der Feedbackart wurde in den Analysen berücksichtigt, ob das jeweils abgefragte Wissen eher als *lower order* (Wiederholung, Wiedererkennung und ein grundsätzliches Konzeptverständnis) oder als *higher order learning outcomes* (Transferleistungen) einzustufen ist. Die Effektstärken zu dieser Ausdifferenzierung zeigen erneut die Überlegenheit elaborierter Feedbackvarianten (Tabelle 2.4). In jedem Fall zeigen sich signifikant positive Effekte in Richtung dieser Feedbackform mit einer kleinen bis mittleren Effektstärke. Je mehr Informationen die Probanden in der Kontrollgruppe bekommen, desto niedriger ist die Effektstärke. Überdies ist der Feedbackeinfluss in Zusammenhang mit *higher order learning outcomes* insgesamt größer. Diese Erkenntnisse bestätigen die Tendenz, die schon Bangert-Drowns et al. (1991) vermutet haben und die von Mason und Bruning (2001) sowie Jaehnig und Miller (2007) auf Lernsituationen übertragen werden konnte.

**Tabelle 2.4** Wirkung verschiedener Feedbackarten auf die Leistung, ausdifferenziert nach *lower* und *higher order learning outcomes* (Van der Kleij et al., 2015)

| Feedback (Experimentalgruppe) | Feedback (Kontrollgruppe) | Komplexität der Lerninhalte | ES |
|---|---|---|---|
| Elaboriert | kein Feedback | *lower order* | 0.58 |
| | | *higher order und lower + higher order* | 0.77 |
| Elaboriert | KR | *lower order* | 0.39 |
| | | *higher order und lower + higher order* | 0.69 |
| Elaboriert | KCR | *lower order* | 0.24 |
| | | *higher order und lower + higher order* | 0.63 |

Als letztes sollen die Studien von Attali (2015) sowie darauf aufbauend von Attali und van der Kleij (2017) betrachtet werden. Attali (2015) stellt verschiedene Hypothesen auf, nach denen es in Assessmentumgebungen auf Feedback bezogene Designcharakteristika gibt, welche die Mathematikleistung positiv beeinflussen können. In der ersten Studie wurden 804 Probanden auf vier Experimentalgruppen mit entweder keinem Feedback, KCR Feedback oder zwei *try again*-Varianten (in Kombination mit KCR oder mit einer Hilfestellung) aufgeteilt. In einem ersten Test bearbeiteten sie sowohl *multiple choice*- als auch offenere Ergänzungsaufgaben und erhielten das ihnen zugeteilte Feedback. Untersucht wurde der Leistungszuwachs, der mittels eines zweiten Tests mit vergleichbaren Aufgaben aber ohne Feedback gemessen werden konnte. In den Ergänzungsaufgaben konnten unabhängig von der Feedbackvariante signifikant größere Leistungszuwächse mit einer kleinen Effektstärke ($ES = 0.24$) gemessen werden als bei den *multiple choice*-Aufgaben. Die Feedbackvariante KCR zeigte ebenso wenig einen Effekt auf die Leistung wie kein Feedback, aber beide *try again*-Varianten führten, unabhängig von der Aufgabenart, zu signifikant positiven Effekten (KCR + *try again* im Vergleich zu KCR: $ES = 0.30$; *try again* + Hilfen im Vergleich zu KCR + *try again*: $ES = 0.21$). Nach Attali (2015) stellen Erläuterungen zu der korrekten Lösung einen weiteren Faktor dar, der untersucht werden sollte, was in der Studie von Attali und van der Kleij (2017) schließlich auch geschah. In einem ähnlichen Design wie zuvor erhielten 2445 Probanden entweder KCR Feedback oder KCR Feedback in Kombination mit Erklärungen. Elaboriertes Feedback war der Rückmeldung von korrekten Antworten signifikant überlegen, wenn eine Aufgabe im ersten Test falsch bearbeitet wurde ($b = 0.208, SE = 0.050, OR = 1.231$)[31]. Für Aufgaben, die direkt korrekt gelöst werden konnten, ergab sich jedoch eine entgegengesetzte Tendenz und elaboriertes Feedback führte zu schlechteren Posttestleistungen als KCR Feedback ($b = -0.272, SE = 0.067, OR = 0.762$). Als mögliche Erklärungen für diese überraschenden Tendenzen wird unter anderem die *cognitive load*-Theorie (CL-Theorie) herangezogen (vgl. Abschnitt 2.2.2). Während Erklärungen hilfreich sein können, sofern die Inhalte nicht korrekt verstanden wurden, sind sie für Lernende, die bereits über das benötigte Wissen verfügen, redundant und erhöhen tendenziell den CL.

*Welche zentralen Erkenntnisse lassen sich aus den Analysen ziehen?*

– Feedback gilt zurecht als wichtige Komponente digitaler Lernumgebungen, da es in Summe mittlere bis große Effekte bewirken kann.

---

[31] In dieser Studie wurde $OR$, kurz für *Odds Ratio*, als Maß für die Effektstärke berichtet. Es stellt die Stärke und Richtung des Zusammenhangs zweier Merkmale einer Variablen dar (Attali & Van der Kleij, 2015). Da es anders zu interpretieren ist als die Effektstärken in den vorherigen Analysen, wird es entsprechend gekennzeichnet. Ein Wert größer Eins steht für einen positiven, ein Wert kleiner Eins für einen negativen Zusammenhang der beiden Merkmale.

– Es ist nicht möglich ein universelles Feedbackoptimum zu berichten.

– Elaboriertes Feedback und speziell Erklärungen sowie Hilfestellungen können lohnende Ausprägungsformen für Feedback in digitalen, unterrichtlichen
Kontexten darstellen.

– KCR Feedback kann positive Effekte auf die Leistung hervorrufen. Hier
scheint der Forschungsstand aber noch uneiniger als bei elaborierten Feedbackformen.

– Die Komplexität der Inhalte scheint zu gewissen Teilen ein erklärender Faktor
für die Wirksamkeit von Feedback sein zu können. Bei anspruchsvolleren oder
unbekannten Themen scheint KCR nicht ausreichend viele Informationen zu
liefern.

– In einigen Fällen variiert die Effektivität von Feedback abhängig von dem
Geschlecht der Probanden, wobei Mädchen tendenziell mehr von Feedback
profitieren.

– Uneinigkeit besteht in der Forschung hinsichtlich kontraproduktiver *pre-search
availability* von Feedback, die ein unreflektiertes Handeln hervorrufen könnte,
und einer möglicherweise motivations- und Leistungsbereitschaft steigernden
*learner control*.

# Forschungsfragen und Hypothesen 3

Nachdem der theoretische Rahmen für diese Arbeit geschaffen wurde, wird nun das eigene Forschungsinteresse daraus abgeleitet. Hierzu werden in einem ersten Kapitel zentrale Aspekte der beiden theoretischen Säulen aufgegriffen und es wird dargelegt, inwiefern sich aus den identifizierten Forschungslücken die zentrale Fragestellung der vorliegenden Arbeit ergibt. In dem theoretischen Rahmen wurde deutlich, wie vielfältig und komplex sowohl das Thema Feedback als auch die Ausprägungsformen des digitalen Lernens in entsprechenden Lernumgebungen sein können. Aus diesem Grund werden an dieser Stelle ergänzend erste Überlegungen angeführt, welche Punkte mögliche Störvariablen darstellen können und kontrolliert werden sollten (Abschnitt 3.1). In einem zweiten Kapitel wird sodann die zentrale Fragestellung dieser Arbeit formuliert. Für eine empirische Überprüfbarkeit wird sie in mehrere untergeordnete Forschungsfragen aufgeteilt. Außerdem werden Hypothesen formuliert, die Hinweise für erwartete Ergebnisse liefern und Ausgangspunkt für statistische Untersuchungen sein werden (Abschnitt 3.2).

## 3.1 Von der Theorie zum eigenen Forschungsinteresse

Das Verständnis von instruktionalem Feedback in Lehr- und Lernsituationen, welches dieser Arbeit zugrunde liegt, steht in Einklang mit den heute verbreiteten konstruktivistischen Auffassungen zu dieser Thematik. Dementsprechend handelt es sich bei Feedback um eine Wechselbeziehung eines Senders, der das Feedback gibt, zu einem Empfänger, der das Feedback aktiv annehmen und verarbeiten muss. Wird Feedback nicht von Schülerinnen und Schülern gesucht oder

unverstanden damit agiert, so kann es auch zu keinen positiven Effekten führen
(vgl. Abschnitt 2.1.2, 2.1.5 und 2.3). Dies ist abhängig von verschiedenen individuellen Faktoren wie der Motivation, der Konzentration, dem Vorwissen oder
der Selbstwirksamkeitserwartung einer Person (vgl. Abschnitt 2.1.3). In einer
Untersuchung zu Feedback sollten entsprechende Variablen nach Möglichkeit
kontrolliert werden. Die Verarbeitung von Feedback ist darüber hinaus abhängig von diversen Gestaltungskriterien. Für die Forschung ist von besonderem
Interesse, dass Lernende die Chance für einen Ist-Soll-Vergleich erhalten sollten, um das Ziel einer Aufgabe oder einer ganzen Lerneinheit kennen und im
Blick behalten zu können. Dazu werden strategische Hilfen zur Überwindung der
Diskrepanz zwischen Ist und Soll empfohlen (vgl. Abschnitt 2.1.4). Für einen
simplen Ist-Soll-Vergleich würde schon KCR Feedback ausreichen. Hilfen sprä-
chen hingegen für eine elaborierte Feedbackform. In der bisherigen Forschung
konnten Tendenzen für eine höhere Lernwirksamkeit von elaboriertem Feedback
identifiziert werden. Diese Tendenzen gilt es jedoch für spezifische Situationen
zu klären (vgl. Abschnitt 2.1.5 und 2.3).

Insbesondere bei dem Forschungsstand zu Feedback in digitalen Lernumgebungen zeigte sich eine Fokussierung auf digitale Testumgebungen
(Abschnitt 2.3). Diese sind häufig eher geschlossen und leiten die Schülerinnen
und Schüler gezielt durch die Inhalte. Es konnte jedoch auch gezeigt werden,
dass digitale Medien und speziell Lernumgebungen zunehmend an Bedeutung für
den (Mathematik-)Unterricht gewinnen (vgl. Abschnitt 2.2). An verschiedenen
Stellen wurde betont, welches Potential in selbstreguliertem und eigenverant-
wortlichem Lernen von Schülerinnen und Schülern liegen kann. Dabei wurde
die Befähigung dazu als eines der zentralen Bildungsziele allgemeinbildender
Schulen herausgestellt, wobei Feedback in diesem Zusammenhang eine ganz
besondere, unterstützende Rolle zukomme (vgl. Abschnitt 2.1.4, 2.2.3 und 2.2.4).
Lernpfade als eine Spezialform digitaler Lernumgebungen sind bis dato noch
wenig erforscht, bieten jedoch durch ihre leichte Zugänglichkeit, ihre wenigen
technischen Voraussetzungen und ihre Anpassbarkeit aus unterrichtspraktischer
Sicht vielversprechende Anwendungen für den Unterricht (vgl. Abschnitt 2.2.1
und 2.2.5). Schülerinnen und Schüler können in derartigen digitalen Lernumgebungen unter anderem neue Themen explorativ und selbstständig erarbeiten und
dabei flexibel über ihre Lernwege und ihr Lerntempo bestimmen. Zudem können
sie durch verschiedene Implementationsmöglichkeiten von Feedback jederzeit
auf digitales Feedback in der Lernumgebung zurückgreifen. Hinsichtlich des
Computereinsatzes wird ein Mangel an vergleichender Forschung in Bezug auf
digitale Lernsettings herausgestellt. Die meisten Studien zu digitalen Lernumgebungen beträfen einen mit-und-ohne-Computer-Vergleich. Ergänzend sollten

verschiedene digitale Varianten einander gegenübergestellt werden, um einen neuen Fokus auf den Umgang mit bestimmten Aspekten digitaler Lernumgebungen zu legen (vgl. Abschnitt 2.2.5). Bezogen auf das didaktische Tetraeder bedarf es demzufolge Forschung auf der Seite „Schüler – Mathematik – Artefakt (digitale Lernumgebung)", bei der untersucht werden sollte, wie sich Lernende unter Zuhilfenahme verschiedener Werkzeuge in einer digitalen Lernumgebung mit mathematischen Inhalten auseinandersetzen (vgl. Abschnitt 2.2.2).

Aus den dargelegten Forschungslücken ergibt sich für die vorliegende Arbeit ein sozial-konstruktivistisches Forschungsinteresse (vgl. Abschnitt 2.1.2). Es soll für digitale Lernumgebungen (genauer: für Lernpfade) überprüft werden, ob verschiedene Feedbackvarianten in Zusammenhang mit selbstreguliertem Lernen und im Kontext der Erarbeitung neuer fachlicher Inhalte eine unterschiedliche Wirkung auf den Lernzuwachs von Schülerinnen und Schülern haben. Auf Seiten der Mathematik wird „quadratische Funktionen" als anspruchsvolles, aber gleichsam besonders von digitalen Lernsettings profitierendes Thema ausgewählt (vgl. Abschnitt 2.2.4). An Gymnasien in NRW werden quadratische Funktionen erstmalig am Ende des achten oder zu Beginn des neunten Schuljahres behandelt. An Gesamtschulen verschiebt es sich um circa ein Jahr nach hinten. Die Ergebnisse der ICILS deuten darauf hin, dass zu diesen Zeitpunkten ein Großteil der Schülerinnen und Schüler zumindest unter Anleitung mit Computern umgehen kann, weshalb nicht davon ausgegangen werden muss, dass sie schwerwiegende Probleme mit der Arbeit an einem Lernpfad haben. Dies sollte insbesondere dann gelten, wenn ihnen Hilfen zur Verfügung gestellt werden (vgl. Abschnitt 2.2.5). Bezüglich der zu vergleichenden Feedbackarten müssen auf der einen Seite die technischen Möglichkeiten von Lernpfaden berücksichtigt werden. Auf der anderen Seite gilt es auf Grundlage des theoretischen Rahmens sinnvolle Varianten für einen Vergleich zu wählen. In einigen Analysen konnten Erklärungen zu der korrekten Lösung und Hilfestellungen besonders positive Effekte erzielen (vgl. Abschnitt 2.1.5 und 2.3). Beides ist leicht und flexibel in Lernpfaden verwirklichbar und soll somit in Kombination als elaboriertes Feedback die Experimentalgruppe darstellen. Demgegenüber sind verschiedene Kontrollgruppen denkbar, beispielsweise kein Feedback, eine reine Verifikation der Ergebnisse oder KCR Feedback. Da die Schülerinnen und Schüler selbstständig ohne externe Hilfe in der Lernumgebung arbeiten sollen und für derartige Lernformen der erwähnte Ist-Soll-Vergleich eine essenzielle Rolle spielt, wird von einer Gruppe ohne Feedback sowie von einer reinen Verifikation abgesehen und KCR Feedback gewählt. In beiden Versionen der Lernumgebung soll den Lernenden die selbstregulierte Erarbeitung der neuen fachlichen Inhalte potenziell ermöglicht werden.

## 3.2    Fragestellung und Hypothesen

Ausgehend von Abschnitt 3.1 wird die folgende übergeordnete Fragestellung
formuliert:

**Hat ein Lernpfad zu quadratischen Funktionen mit integriertem elabo-
riertem Feedback einen positiveren Einfluss auf die Mathematikleistung
von Schülerinnen und Schülern als der gleiche Lernpfad mit KCR
Feedback?**

Zwei Gruppen von Schülerinnen und Schülern sollen sich mit zwei Versionen
desselben Lernpfads auseinandersetzen. Beide Versionen sollen sich lediglich
in einem Aspekt, dem implementierten Feedback, unterscheiden. Um die Forschungsfrage zu beantworten und den Einfluss von Feedback in der digitalen
Lernumgebung auf die Leistung der Lernenden beschreiben zu können, bietet
sich ein quantitatives Prä-Posttest-Design mit dazwischen liegender Intervention
an. Da herausgestellt wurde, dass insbesondere selbstständige Erarbeitungs- und
Lernaktivitäten sowie explorative Tätigkeiten näherer Untersuchungen bedürfen
(vgl. Abschnitt 3.1), werden die Probanden so ausgewählt, dass sie die Thematik noch nicht im Unterricht behandelt haben. Für einen Test bedeutet dies
eine Ausweitung auf lineare Funktionen und funktionales Denken, um adäquates
Vorwissen im Bereich Funktionen messen zu können. Dies empfiehlt sich auch
aus dem Grund, da viele der kognitiven Herausforderungen bei quadratischen
Funktionen auf ebendiese zuvor im Unterricht erarbeiteten Themen zurückgeführt
werden können (vgl. Abschnitt 2.2.4).

Zur Operationalisierung der übergeordneten Fragestellung werden sukzessive mehrere aufeinander aufbauende Forschungsfragen und damit einhergehende
Hypothesen formuliert.

**1. Wie lässt sich die Mathematikfähigkeit der Schülerinnen und Schüler im
Bereich Funktionen empirisch beschreiben?**
Die Mathematikfähigkeit der Schülerinnen und Schüler soll anhand eines Leistungstests operationalisiert werden. Es sollte dabei nach Möglichkeit auf einen
schon existierenden Test zurückgegriffen werden. Um sicher zu gehen, dass bei
der Auswertung mit möglichst treffenden Messwerten gearbeitet wird, sollte als
erster Auswertungsschritt eine Testskalierung vorgenommen werden. Personenfähigkeiten sind latente, das heißt nicht direkt messbare, Variablen, die durch

(in diesem Fall) Mathematikaufgaben manifestiert werden können. Zur Beschreibung der Fähigkeiten sind verschiedene empirische Modelle denkbar, die sich insbesondere hinsichtlich ihrer Komplexität unterscheiden. Im Rahmen der ersten Forschungsfrage steht somit die Überlegung im Fokus, ob sich die Mathematikfähigkeit sinnvoll eindimensional beschreiben lässt oder ein mehrdimensionales Modell zu bevorzugen ist. Klinger (2018) nutzt bei dem Thema Funktionen beispielsweise ein eindimensionales Modell zur Beschreibung der Personenfähigkeiten. In der Studie von Nitsch (2015) ließen sich die Personenfähigkeiten zu derselben Thematik hingegen am besten in einem zweidimensionalen Modell beschreiben. Hier wurde zwischen verschiedenen erforderlichen Darstellungswechseln differenziert. Da quadratische Funktionen in der vorliegenden Arbeit zunächst unbekanntes, neues Terrain für die Schülerinnen und Schüler bedeuten und sie funktionales Denken und lineare Funktionen im Sinne des Spiralprinzips der aktuellen, deutschen Lehrpläne schrittweise kennengelernt haben, wird des Weiteren die Möglichkeit einer dreidimensionalen Aufteilung der Personenfähigkeiten auf diese drei inhaltlichen Themenschwerpunkte des Tests in Betracht gezogen.

**2. Verändert sich die Mathematikfähigkeit der Schülerinnen und Schüler, eingeteilt in zwei Gruppen, durch eine Lernpfadintervention zu quadratischen Funktionen?**

Mit der zweiten Forschungsfrage wird sich der Beantwortung der übergeordneten Fragestellung empirisch genähert. Um zu überprüfen, ob die Lernpfadversion mit elaboriertem Feedback einen positiveren Effekt auf die Mathematikleistung und somit auf die Fähigkeiten der Schülerinnen und Schüler hat, sollte in einem ersten Schritt getestet werden, ob überhaupt ein positiver Effekt durch die Intervention gemessen werden kann. In diesem Fall bietet es sich an auf Methoden der Veränderungsmessung zurückzugreifen. Es wird angenommen, dass in beiden Gruppen eine positive Leistungsentwicklung auftritt (vgl. Abschnitt 2.1.5 und 2.3).[1]

**3. Unterscheiden sich die beiden Gruppen nach der Intervention signifikant voneinander?**

Die dritte Forschungsfrage greift das Hauptaugenmerk der übergeordneten Fragestellung auf. Es soll ermittelt werden, ob sich die Leistungen und Fähigkeiten der Experimentalgruppe signifikant von denen der Kontrollgruppe unterscheiden und

---

[1] Schon bei der Auswertung der Daten für die zweite Forschungsfrage werden die Gruppen berücksichtigt, in welche die Schülerinnen und Schüler eingeteilt wurden, da die Interventionen durch das bereitgestellte Feedback variierten. Fokus liegt hier jedoch auf der Entwicklung vom ersten zum zweiten Messzeitpunkt und es können auf Grundlage der Analysemethoden noch keine Aussagen zu Gruppenunterschieden getroffen werden.

inwiefern dies auf das Feedback zurückgeführt werden kann. Zur Beantwortung dieser Frage sollte auf Methoden der Zusammenhangsanalyse zurückgegriffen werden. Es wird erwartet, dass sich beide Gruppen zum zweiten Messzeitpunkt signifikant voneinander unterscheiden und die Schülerinnen und Schüler der Experimentalgruppe bessere Leistungen erbringen und höhere Fähigkeiten besitzen werden als die Lernenden der Kontrollgruppe. In Abschnitt 3.1 wurde ausgehend von der in Kapitel 2 dargelegten Theorie das Vorwissen als wichtiger Einflussfaktor für die Verarbeitung von Feedback und auf die Leistung von Schülerinnen und Schülern identifiziert. Bezogen auf die erwarteten Posttestleistung im Kontext der vorliegenden Arbeit betrifft dies insbesondere die vorab bekannten Themen lineare Funktionen und funktionales Denken. Zu quadratischen Funktionen sollte kein Vorwissen vorliegen, was wiederum dem Feedback eine umso bedeutsamere Rolle zukommen lassen sollte. Diese Variable sollte daher zu jedem Zeitpunkt kontrolliert werden.

**4. Können die weiteren potenziellen Einflussfaktoren Geschlecht, Schulart, Konzentration, Motivation und computerbezogene Selbstwirksamkeitserwartung einen zusätzlichen Anteil der Varianz der Messwerte nach der Intervention erklären?**
In einem letzten Schritt sollten weitere Variablen in die Analysen aufgenommen werden, die in den vorangegangenen Kapiteln als potenzielle Einflussfaktoren auf die Verarbeitung von Feedback oder auf die Lernwirksamkeit benannt wurden. Entsprechend der Ausführungen in Kapitel 2 und 3.1 sollen dies die Variablen Geschlecht, Schulart, Konzentration, Motivation und computerbezogene Selbstwirksamkeitserwartung sein. Es soll mittels Zusammenhangsanalysen überprüft werden, welche dieser Faktoren zu der Varianzaufklärung der gemessenen Leistungen beitragen können. Bei den weiteren Faktoren werden ebenfalls für beide Gruppen Effekte erwartet, ohne deren Größe oder Richtung vorab einschätzen zu können (vgl. Abschnitt 2.1, 2.2.5 und 2.3).

# Das Projekt *QF digital*

4

Der theoretische Rahmen und die daraus abgeleiteten Forschungsfragen und Hypothesen wurden in den bisherigen Kapiteln ausführlich dargestellt. Bevor die gewählte Methodik näher erläutert wird, soll zunächst das Projekt *QF digital* vorgestellt werden, in dessen Rahmen eine digitale Lernumgebung erstellt, evaluiert, pilotiert und überarbeitet worden ist. In Abschnitt 4.1 wird zunächst das Forschungsvorhaben in einen übergeordneten Projektrahmen am Institut für Didaktik der Mathematik und der Informatik der Westfälischen Wilhelms-Universität Münster eingeordnet. Daraufhin wird die genutzte Plattform ZUM-Wiki kurz porträtiert (Abschnitt 4.2). Ein dritter Abschnitt legt dar, wie der Lernpfad „Quadratische Funktionen erkunden" strukturiert ist und unter welchen Gesichtspunkten er designt wurde (Abschnitt 4.3). Hierbei werden direkte Bezüge zum theoretischen Rahmen der Arbeit hergestellt und Aufgaben- bzw. Feedbackbeispiele aus der digitalen Lernumgebung aufgezeigt.

## 4.1   Projektrahmen

Das Projekt „*QF digital*: Feedback in wiki-basierten Lernpfaden" wurde im Jahr 2015 an der Westfälischen Wilhelms-Universität Münster ins Leben gerufen. Es wurde in dem Zeitraum bis Anfang 2020 im Fachbereich Mathematik

**Elektronisches Zusatzmaterial** Die elektronische Version dieses Kapitels enthält Zusatzmaterial, das berechtigten Benutzern zur Verfügung steht https://doi.org/10.1007/978-3-658-35838-9_4.

und Informatik am Institut für Didaktik der Mathematik mit dem Schwerpunkt Sekundarstufen in der Arbeitsgruppe von Prof. Dr. Greefrath durchgeführt. Motivation für die Planung und Durchführung dieses Projektes war die zunehmende Digitalisierung des Mathematikunterrichtes. Als besonders interessant wurden Möglichkeiten erachtet, die Digitalisierung ohne großen Kosten- sowie Medienaufwand voranzutreiben, indem auf die sich verstärkt verbreitenden *Open Educational Resources* (OER) zurückgegriffen werden sollte. Voraussetzung für die Arbeit mit derartigen digitalen Lernumgebungen bestehen ausschließlich in vorhandener Hardware wie Computern, Laptops, Tablets oder Smartphones sowie einem Internetzugang. Es handelt sich dabei nicht um mathematikspezifische Medien, sondern um Ressourcen, die prinzipiell für alle Unterrichtsfächer von Interesse sein können und in unterschiedlichen Maßstäben in allen allgemeinbildenden Schulen vorhanden sind. Einen großen Vorteil speziell von wiki-basierten Lernpfaden, stellen die einfachen Überarbeitungs- und Anpassungsmöglichkeiten dar, die in Abschnitt 2.2.1 erwähnt wurden. Unter Rückbezug auf bestehende Forschung in diesem Bereich fiel auf, dass bis dato wenig zu den Rückmeldefunktionen in solchen digitalen Lernumgebungen empirisch untersucht wurde, obgleich sie unstrittig einen wichtigen Bestandteil darstellen. In dieser Forschungslücke setzte das Projekt *QF digital* an und versuchte, Erkenntnisse zur Effektivität verschiedener gängiger Feedbackvarianten in Lernpfaden zu erlangen.

Bevor die Hauptstudie im Jahr 2018 durchgeführt werden konnte, fand eine Vielzahl von Entwicklungs- sowie Evaluationsschritten statt. Ein neuer Lernpfad zu quadratischen Funktionen wurde konzipiert (Jedtke, 2018d). Unterstützt wurden sowohl die Voruntersuchungen als auch die Hauptstudie durch insgesamt zwölf Abschlussarbeiten (Albers, 2019; Brockmann, 2018; Degel, 2017; Frenken, 2018; Gerding, 2019; Kallert, 2018; Keuss, 2018; Klein, 2019; Reisig, 2018; Rissiek, 2018; Sur, 2017; Wessel-Terharn, 2019). Für den finalen inhaltlichen Entwurf der digitalen Lernumgebung wurden mehrere qualitative Untersuchungen durchgeführt. Diese reichten von Expertenbefragungen bis hin zu Lernprozessbeobachtungen und Interviews mit Schülerinnen, Schülern und Lehrkräften und hatten vornehmlich zum Ziel, die Inhalte im Lernpfad möglichst gut verständlich und nachvollziehbar zu gestalten. Außerdem wurden wiederholt Aspekte des selbstgesteuerten Lernens betrachtet, welches eine zentrale Grundlage und gleichzeitig eine Herausforderung für die Erarbeitung von Inhalten mit Lernpfaden darstellt. Im Herbst 2017 wurde darüber hinaus eine quantitative Pilotierung mit 110 Schülerinnen und Schülern aus vier Klassen eines Gymnasiums im Regierungsbezirk Münster durchgeführt. Ziele dieser Vorstudie waren unter anderem die Testung der Ablaufschemata, die Identifikation technischer

Anforderungen und die Feststellung des real benötigten Zeitrahmens. Die quantitative Untersuchung zeigte eine grundsätzliche Durchführbarkeit der geplanten Interventionsstudie in dem angesetzten Zeitrahmen. Kleinere methodische Anpassungen wie der Austausch des Programms für Bildschirmaufnahmen genügten. Hinzu kam, dass einige inhaltliche Aspekte identifiziert werden konnten, die bis zu der Hauptuntersuchung überarbeitet wurden. Dabei wurde insbesondere dem Zeitaufwand, den die Lernenden beispielsweise bei der Notation von Merksätzen benötigten, Rechnung getragen.

## 4.2 Das ZUM-Wiki

Die Zentrale für Unterrichtsmedien im Internet e. V. (ZUM) gibt es seit den 1990er Jahren. Sie begann als eine Zusammenkunft interessierter Lehrerinnen und Lehrer, deren Ziel es war, einer breiten Masse an Lehrkräften kostenlose Unterrichtsmaterialien zur Verfügung zu stellen (Dautel & Kirst, 2016; ZUM Internet e. V., o. D.b). Im Jahr 2004 wurde die offene Plattform ZUM-Wiki gegründet, auf welcher der Lernpfad zu dieser Arbeit konzipiert wurde. Alle Inhalte des ZUM-Wiki unterliegen einer Creative-Commons-Lizenz (CC BY-SA 3.0 Deutschland), was das ZUM-Wiki zu einem wichtigen Bestandteil der OER-Bewegung macht (Kirst, 2014; ZUM Internet e. V., o. D.b). Hinsichtlich des Datenschutzes bieten alle Seiten der ZUM einen klaren Vorteil gegenüber anderen Bildungsseiten[1]: Ihre Server-Standorte liegen ausschließlich in Deutschland und das Webangebot erfüllt die hohen Anforderungen der europäischen Datenschutz-Grundverordnung (ZUM Internet e. V., o. D.a). Das ZUM-Wiki übernahm eine Vorreiterrolle bezüglich wiki-basierten Lehr- und Lerninhalten im Internet. Eine vergleichbare, fächerübergreifende Plattform hatte es im deutschsprachigen Bildungssektor bis dato nicht gegeben (Kirst, 2008). Vorausschauend wurde schon damals auf die MediaWiki-Software zurückgegriffen, welche bereits durch ihren Einsatz auf Seiten wie Wikipedia bekannt war und fortlaufend aktualisiert werden sollte. Darüber hinaus bestand durch den Rückgriff auf diese Software die Möglichkeit mit Erweiterungen zu arbeiten, die speziell auf die Bedürfnisse von Bildungsinhalten zugeschnitten werden konnten (Eirich & Schellmann, 2013; Kirst, 2008, 2015). Das Fach Mathematik war eines der ersten Fächer, welches

---

[1] Zum Beispiel im Vergleich zu der Khan Academy oder Kahoot, deren Server in den USA liegen (https://de.khanacademy.org/about/privacy-policy; https://kahoot.com/privacy-policy/) oder auch im Vergleich zu GeoGebra, welches schwerpunktmäßig mit Servern in Österreich arbeitet, aber je nach Zugriffsart auf Servern in anderen Ländern laufen kann (https://www.geogebra.org/privacy).

stark im ZUM-Wiki vertreten war (Kirst, 2008, 2015). Die bereits bestehende
Arbeitsgruppe *Mathematik digital* zog auf die Plattform um und stellte die ersten interaktiven wiki-basierten Lernpfade im ZUM-Wiki bereit (Dautel & Kirst,
2016).

In Abschnitt 2.2.5 wurden in Bezug auf digitale Lernumgebungen verschiedene Programmarten unterschieden, die eklatante Unterschiede in ihrer
Lernwirksamkeit zeigten. Wesentlich war die Einordnung in *drill-and-practice-*
Programme, Simulationen, Hypermedia und (intelligente) tutorielle Systeme. Ein
Versuch, das ZUM-Wiki in diese Klassifikation einzuordnen, lässt die Kennzeich-
nung als tutorielles System am adäquatesten erscheinen. Nach Hattie (2009, 2015)
handelt es sich dabei um strukturierte digitale Lernumgebungen. Im Unterschied
zu intelligenten tutoriellen Systemen (Hillmayr et al., 2017, 2018) beinhalten
sie jedoch keinerlei adaptive Funktionen. Des Weiteren lassen sie sich klar von
*drill-and-practice-*Programmen abgrenzen, welche häufig mit rein prozeduralen und auswendig gelernten Aktivitäten verbunden werden (Bayraktar, 2001;
vgl. Abschnitt 2.2.1). Derartige Programme ließen sich eher den behavioris-
tisch angelegten Instruktionstechnologien des programmierten Lernens zuordnen
(vgl. Abschnitt 2.2.2). Simulationen wie DGS können in Lernpfaden eine wichtige Rolle spielen, definieren diese jedoch nicht. Durch ihre Integration können
Lernpfade allerdings im SAMR-Modell auf die Stufe *Modification* gelangen, da
sie Aufgabenstellungen ermöglichen, die ohne digitale Werkzeuge nicht möglich waren (vgl. Abschnitt 2.2.2). Hypermedia wiederum sind im Verständnis von
Abschnitt 2.2.5 allgemeiner und weiter gefasst als Lernpfade. Ihnen mangelt es
zudem an der für Lernpfade zentralen Strukturierung (vgl. Abschnitt 2.2.1).

## 4.3  Gestaltung eines Lernpfads zu quadratischen Funktionen

Der Lernpfad „Quadratische Funktionen erkunden" wurde im ZUM-Wiki erstellt
und von dort aus in den verschiedenen Schulen und Klassen eingesetzt. Inzwischen sind die Inhalte in Gänze in das responsive, generalüberholte ZUM-
Unterrichten übertragen worden.[2] Dort wurde der Lernpfad in die *Mathematik digital*-Datenbank aufgenommen. Bei dieser Datenbank handelt es sich um

---

[2] Hier gilt mein Dank Maria Eirich und ihrem Team, die den Umzug maßgeblich vorangetrie-
ben und umgesetzt haben. Die vielen geleisteten Arbeitsstunden gebühren einer Erwähnung
und eines ganz herzlichen Dankeschöns!

eine nach Klassenstufen geordnete und geprüfte Sammlung an Mathematiklern-
pfaden für Themen der Sekundarstufe (Vollrath & Roth, 2012).[3]
      Der Lernpfad „Quadratische Funktionen erkunden" kann unter folgenden
Links aufgerufen werden:

– im ZUM-Wiki: https://wiki.zum.de/wiki/Quadratische_Funktionen_erkunden
– im ZUM-Unterrichten: https://unterrichten.zum.de/wiki/Quadratische_Funkti
  onen_erkunden

Auf beiden Plattformen existiert zudem der parallel entwickelte Lernpfad „Quadratische Funktionen erforschen", für den jeweils nur das letzte Wort im Link
ausgetauscht werden muss. Bei diesem zweiten Lernpfad handelt es sich um eine
strukturell und inhaltlich identische Version. Der einzige Unterschied zu dem
Lernpfad „Quadratische Funktionen erkunden" besteht in dem implementierten
Feedback. Während in der „erforschen"-Variante lediglich Auskunft über die korrekte Lösung gegeben wird (KCR Feedback), wird in der „erkunden"-Version
elaboriertes Feedback in Form von Hilfen und Erklärungen zu den Lösungen
bereitgestellt.
      Inhalt und Aufbau des Lernpfads wurden an verschiedenen Stellen ausführ-
lich beschrieben (Jedtke, 2017, 2018d, 2018a; Jedtke & Greefrath, 2019). Hier
wird daher lediglich ein kurzer Überblick über den Aufbau, die Entwicklung
und die theoretische Fundierung der Inhalte gegeben. Dies dient der transparenten Darstellung des Entwicklungsprozesses sowie der inhaltlichen Einordnung der
Erkenntnisse aus den empirischen Untersuchungen, die an späterer Stelle erläutert
werden.
      Der Lernpfad besteht aus zehn Kapiteln (Abbildung 4.1), ist in seiner Gesamt-
heit auf circa acht Unterrichtsstunden (à 45 Minuten) ausgelegt und wird durch
einen analogen Hefter ergänzt (elektronisches Zusatzmaterial). Der Lernpfad
beginnt nach einer kurzen Einführung („Willkommen"), bei der unter anderem
inhaltliche Voraussetzungen und Ziele formuliert werden, mit einer Reakti-
vierung des Vorwissens zu linearen Funktionen und zu funktionalem Denken
(„Wiederholung"). Im Anschluss werden die Schülerinnen und Schüler auf die
charakteristische Form von Parabeln aufmerksam gemacht und dazu aufgefordert,
ihre Umgebung mit einer „Mathematik-Brille" zu erfassen („Quadratische Funktionen im Alltag"). Die formale Erkundung quadratischer Funktionen beginnt in
dem Kapitel „Quadratische Funktionen kennenlernen" und setzt sich über die
schrittweise Erkundung der „Parameter der Scheitelpunktform" bis hin zu deren

---

[3] https://unterrichten.zum.de/wiki/Mathematik-digital

Zusammenführung („Die Scheitelpunktform") fort. Dieses sukzessive Vorgehen wird für die Normalform wiederholt („Die Parameter der Normalform", „Die Normalform"). Für besonders schnelle Lernende wurde darüber hinaus ein Kapitel zu dem Wechsel „Von der Scheitelpunkt- zur Normalform" eingefügt. Ein wichtiger Baustein ist außerdem das letzte Kapitel „Übungen", auf welches jederzeit zurückgegriffen werden kann und das vertiefende Aufgaben zu allen vorherigen Kapiteln beinhaltet. Generell zeichnet sich der Lernpfad dadurch aus, dass er nicht linear bearbeitet werden muss, sondern den Schülerinnen und Schülern freigestellt wird, in welcher Reihenfolge sie ihn bearbeiten und wie viel Zeit sie für die einzelnen Aufgaben und Kapitel verwenden. Diese Offenheit stellt einen hohen Anspruch an die metakognitiven Fähigkeiten der Lernenden und wird daher unterstützt durch ein Planungs- und Reflexionsregister in dem beigefügten analogen Hefter (elektronisches Zusatzmaterial).

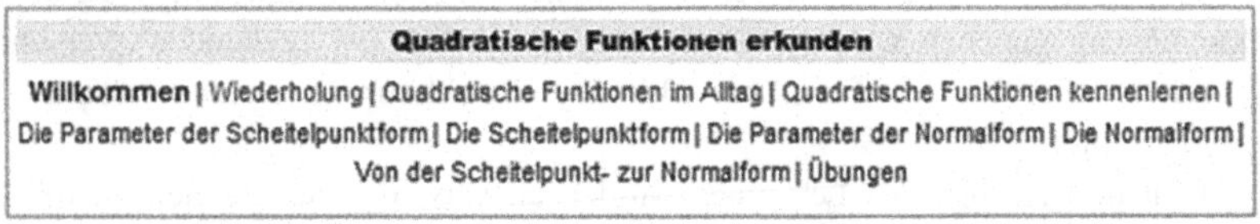

---

**Quadratische Funktionen erkunden**

Willkommen | Wiederholung | Quadratische Funktionen im Alltag | Quadratische Funktionen kennenlernen |
Die Parameter der Scheitelpunktform | Die Scheitelpunktform | Die Parameter der Normalform | Die Normalform |
Von der Scheitelpunkt- zur Normalform | Übungen

---

**Abbildung 4.1** Kapitel des Lernpfads „Quadratische Funktionen erkunden" (Jedtke, 2018c)

Anregungen und Inspiration für die Gestaltung des Lernpfads lieferten verschiedene fachdidaktische Literatur sowie die Kernlehrpläne und Schulbücher für Mathematik in der Sekundarstufe I in NRW: Die grundlegende Strukturierung des Lernpfads geschah in Anlehnung an Hußmann und Richter (2005), bei deren Ansatz „Aufräumen im Parabelzoo" die Erkundung von Form und Systematik von quadratischen Funktionen und Parabeln schrittweise über die Parameter geschieht. Der Schwerpunkt liegt dabei auf den Darstellungsformen algebraisch und graphisch. Ideen für einzelne Aufgaben und Herangehensweisen lieferten zudem das Schulbuch Mathewerkstatt 9 inklusive der dazugehörigen didaktischen Handreichungen (Barzel, Hußmann, Leuders & Prediger, 2016), die Ausführungen von Herget (2013), von Greefrath et al. (2016) sowie von Elschenbroich (2005). Das Kapitel „Die Scheitelpunktform" wurde in seiner ersten Version von Sur (2017) im Rahmen seiner Abschlussarbeit erstellt und evaluiert. Weitere qualitative und quantitative Begutachtungen mit darauffolgenden Überarbeitungsschritten, führten schließlich zu der heutigen Form des Lernpfads (Degel, 2017; Jedtke, 2017, 2018d; Jedtke & Greefrath, 2019; Kallert, 2018; Reisig, 2018; Rissiek, 2018).

Neben den inhaltlichen Aspekten wurden bei dem Design die in Abschnitt 2.2.2 erörterten Modelle und Theorien zur Digitalisierung von Unterricht bedacht. Dies gilt insbesondere für die CL-Theorie und die kognitive Theorie des multimedialen Lernens mit ihren Effekten und Kriterien, die das (digitale) Lernen erschweren aber auch erleichtern können. Ebenso wurden die Grenzen des Medieneinsatzes (vgl. Abschnitt 2.2.4) berücksichtigt, indem beispielsweise versucht wurde, die Lernumgebung trotz der komplexen Inhalte nicht zu unübersichtlich zu gestalten, sondern eine klare Strukturierung vorzugeben. Hierbei konnte sowohl das Planungsregister des Hefters helfen als auch die Kapitelstruktur des Lernpfads und innerhalb der einzelnen Seiten. Den Schülerinnen und Schülern sollte zu jeder Zeit bewusst sein können, an welchem Aspekt und Ziel im Zusammenhang mit quadratischen Funktionen sie arbeiteten. Da bereits eine Vielzahl an kognitiven Hürden im Bereich Funktionen bekannt ist und ein verständnisorientierter Umgang mit Funktionen eng mit dem Aufbau und der Verinnerlichung von Grundvorstellungen verbunden ist, stellten auch diese einen zentralen Entwicklungsbaustein bei der Planung von Aufgaben und Kapiteln des Lernpfads dar (vgl. Abschnitt 2.2.4).

Für die geplante Untersuchung ist das im Lernpfad integrierte Feedback von besonderem Interesse. Es wurde schon erwähnt, dass in der „erkunden"-Version elaboriertes Feedback in Form von Erklärungen und Hilfestellungen implementiert wurde und in der „erforschen"-Version des Lernpfads KCR Feedback. Technisch bestand die Möglichkeit, Feedback in Form von versteckten Hilfestellungen und Lösungen zu integrieren, welche per Mausklick sichtbar gemacht werden können (vgl. Abbildung 4.2). Abbildung 4.2 zeigt exemplarisch den faktischen Unterschied der beiden Feedbackvarianten anhand von Aufgabe 9 aus dem Kapitel „Die Parameter der Scheitelpunktform" auf. Die quantitativen Differenzen sind in Abbildung 4.2b) durch rote Kästen hervorgehoben. Für einen detaillierteren Blick auf die inhaltliche Gestaltung sei aufgrund der hiesigen Darstellungsgrenzen auf die Internetseite des Lernpfads verwiesen. Darüber hinaus beinhalten beide Lernpfadversionen interaktive Applets, die naturgemäß über eine „richtig/falsch"-Rückmeldung verfügen und durch die eben genannten versteckten Hilfestellungen und Lösungen ergänzt werden können (vgl. Abbildung 4.3).

Die Aufgabenstellung zu Abbildung 4.2 lautete in beiden Lernpfadversionen:

„Graphen zeichnen einmal „verkehrt herum": Bei dieser Aufgabe sind die Funktionsgraphen und Terme bereits gezeichnet bzw. angegeben. Was fehlt, sind die passenden
Koordinatensysteme.

a) Zeichne in deinem Hefter die passenden Koordinatensysteme für **drei** der
quadratischen Funktionen:

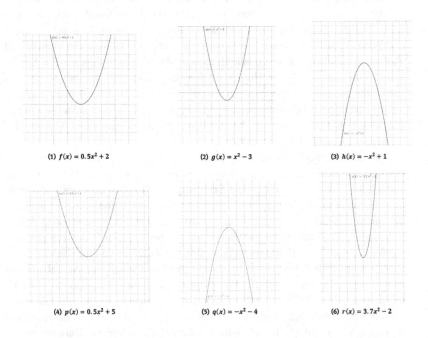

(1) $f(x) = 0.5x^2 + 2$     (2) $g(x) = x^2 - 3$     (3) $h(x) = -x^2 + 1$

(4) $p(x) = 0.5x^2 + 5$     (5) $q(x) = -x^2 - 4$     (6) $r(x) = 3.7x^2 - 2$

b) Wenn du das Koordinatensystem für die Funktion (1)$y = 0,5 \cdot x^2 + 2$ gezeichnet
hast, wie kommst du dann ganz einfach auf das Koordinatensystem der Funktion
(1)$y = 0,5 \cdot x^2 + 5$? Formuliere einen Tipp." (Jedtke, 2018b, 2018c)

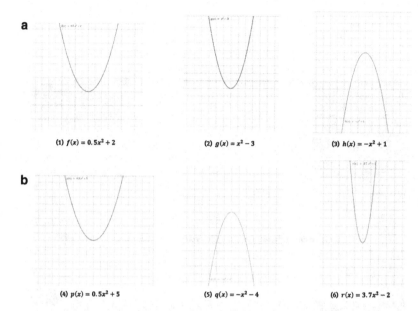

**a**

(1) $f(x) = 0.5x^2 + 2$      (2) $g(x) = x^2 - 3$      (3) $h(x) = -x^2 + 1$

**b**

(4) $p(x) = 0.5x^2 + 5$      (5) $q(x) = -x^2 - 4$      (6) $r(x) = 3.7x^2 - 2$

**Abbildung 4.2** Exemplarische Darstellung von a) KCR Feedback in dem Lernpfad „Quadratische Funktionen erforschen" bzw. b) elaboriertem Feedback in dem Lernpfad „Quadratische Funktionen erkunden"

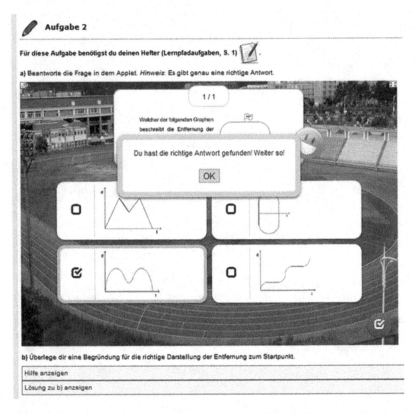

**Abbildung 4.3** Interaktive Aufgabe mit „richtig/falsch"-Rückmeldung im Applet, in der Version des Lernpfads „Quadratische Funktionen erkunden" ergänzt durch verstecktes Hilfe- und Lösungsfeedback

# Methodischer Rahmen

**5**

In diesem Kapitel wird eine methodische Herangehensweise zur Beantwortung der Forschungsfragen aus Abschnitt 3.2 entwickelt. Dafür wird in einem Dreischritt aus Studiendesign, Erhebungs- und Auswertungsmethoden ein Rahmen geschaffen. Dies bildet die Basis für die Aussagekraft, Interpretation und Diskussion der Studienergebnisse.

Zuerst werden grundlegende Designentscheidungen erläutert (Abschnitt 5.1). Hierzu zählt die Planung der Interventionsstudie inklusive angedachter Methoden zur Kontrolle von konfundierenden Variablen. Darüber hinaus wird die konkrete Umsetzung dargestellt – von der Stichprobenziehung über Durchführungsmodalitäten bis hin zu Erkenntnissen aus der Treatmentkontrolle.

Nach einem Überblick über den Ablauf der Studie wird in einem zweiten Schritt das Instrument zur Messung der Leistung der Probanden im Bereich Funktionen vorgestellt (Abschnitt 5.2). Es konnte auf einen bereits erprobten Leistungstest zurückgegriffen werden, dessen Inhalte und Struktur in den Blick genommen werden. Für die Studie musste er leichten Adaptionen unterzogen werden, die ebenfalls berichtet werden. In dem Kapitel wird außerdem der Einsatz des Leistungstest anhand verschiedener Testgütekriterien legitimiert.

Schließlich wird detailliert auf die Aufbereitung und Auswertung der erhobenen Daten eingegangen (Abschnitt 5.3). Um die Beantwortung der Forschungsfragen methodisch vorzubereiten und die Methodenwahl nachvollziehbar zu

**Elektronisches Zusatzmaterial** Die elektronische Version dieses Kapitels enthält Zusatzmaterial, das berechtigten Benutzern zur Verfügung steht https://doi.org/10.1007/978-3-658-35838-9_5.

gestalten, werden hier zunächst die klassische und die probabilistische Testtheorie mit ihren Vorzügen und Einschränkungen einander gegenübergestellt bevor das dichotome Rasch-Modell als adäquate Skalierungsgrundlage vorgestellt wird. Es werden Charakteristika eindimensionaler und mehrdimensionaler Varianten benannt. Daraufhin wird in zwei Schritten expliziert, wie Testskalierungen ablaufen. Es wird diskutiert, welche Analysemethoden im Rahmen dieser Arbeit zur Messung von Veränderungen der Personenfähigkeiten zwischen den beiden Messzeitpunkten herangezogen wurden und wie etwaige Gruppenunterschiede identifiziert werden sollten. Zuletzt wird die verwendete Software vorgestellt.

## 5.1    Design der Studie

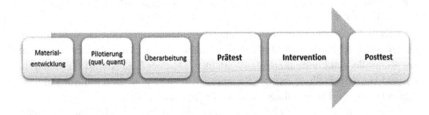

**Abbildung 5.1**  Vorbereitung und Ablauf der Interventionsstudie

Zur Vorbereitung auf die hier vorgestellte Hauptstudie und um einen möglichst reibungslosen Verlauf ebendieser zu gewährleisten wurden im Projekt QF digital diverse inhaltliche und methodische Prätests durchgeführt (Abbildung 5.1; vgl. Kapitel 4). Die Analyse damit verbundener Fragestellungen geschah in Zusammenarbeit mit Masterarbeiten (Degel, 2017; Kallert, 2018; Keuss, 2018; Reisig, 2018; Rissiek, 2018; Sur, 2017). Ebenso wurden im Kontext der Hauptstudie Begleituntersuchungen verwirklicht (Albers, 2019; Brockmann, 2018; Frenken, 2018; Gerding, 2019; Klein, 2019; Wessel-Terharn, 2019). An entsprechenden Stellen im Text wird auf relevante Resultate aus diesen Analysen verwiesen.

Zur Beantwortung der zentralen Forschungsfrage wurde eine Interventionsstudie mit Prä- und Posttest durchgeführt. Deren Planung wird in dem ersten Kapitel des Forschungsdesigns erläutert (Abschnitt 5.1.1). Daraufhin werden die Stichprobenziehung sowie die finale Stichprobe beschrieben (Abschnitt 5.1.2). In den beiden letzten Kapiteln zum Forschungsdesign wird auf die Durchführung der

Projektstunden eingegangen (Abschnitt 5.1.3) und erörtert, welche Methoden der Treatment-kontrolle Verwendung fanden (Abschnitt 5.1.4).

### 5.1.1 Planung der Interventionsstudie

Zur Beantwortung der Fragestellung dieser Arbeit wurde eine Feldstudie durchgeführt, das heißt sie fand in den Räumlichkeiten der teilnehmenden Schulen statt. Feldstudien gehen mit dem Nachteil einher, dass die Umgebung nur bedingt kontrolliert werden kann und damit teils nicht vorab abschätzbare äußere Störvariablen auftreten können. Beispiele hierfür sind schlecht klimatisierte Räume, die an heißen Tagen das Lernen erschweren oder die unterschiedlichen räumlichen Begebenheiten an verschiedenen Schulen. Dies erschwert die kausale Interpretierbarkeit der empirischen Ergebnisse und damit die interne Validität der Studie (Döring & Bortz, 2016). Feldstudien können durch ihre natürlichen Bedingungen jedoch an anderer Stelle überzeugen: Ergebnisse sind aufgrund ihrer Authentizität gut auf den schulischen Alltag übertragbar, wodurch sich eine hohe externe Validität ergibt (Döring & Bortz, 2016). Da aus den Forschungsergebnissen dieser Arbeit Implikationen für den Mathematikunterricht abgeleitet werden sollen, wurden die möglichst natürlichen Bedingungen hochgeschätzt und ein Feldexperiment einer Laborstudie mit leichter kontrollierbaren aber wenig authentischen Bedingungen vorgezogen.

Konkret wurde ein quasi-experimentelles *between subject* Design mit zwei Messzeitpunkten und einer dazwischen liegenden Intervention gewählt (Abbildung 5.1). Ähnlich wie in einem experimentellen Setting (unter Laborbedingungen) soll in einem Quasi-Experiment der kausale Einfluss von mindestens einer unabhängigen Variable auf mindestens eine abhängige Variable untersucht werden. Die unabhängigen Variablen werden dabei aktiv variiert (Döring & Bortz, 2016). In der Untersuchung wurde dies durch zwei Gruppen von Schülerinnen und Schülern umgesetzt, die im Rahmen der Intervention je eine Versuchsbedingung, ein *Treatment*, durchlaufen haben (*between subject*). Für die beiden Messzeitpunkte, zu denen ein Prä- bzw. ein Posttest geschrieben wurde, wurden 45 Minuten eingeplant. Die Intervention sollte sechs 45-minütige Unterrichtsstunden des regulären Mathematikunterrichts der Schülerinnen und Schüler andauern.

Um trotz einer Feldstudie mit quasi-experimentellem Untersuchungsdesign möglichst aussagekräftige Ergebnisse zu generieren, sollten einige Maßnahmen zur Kontrolle von personenbezogenen sowie äußeren Störvariablen bzw. konfundierenden Variablen getroffen werden (Döring & Bortz, 2016). Diese betreffen sowohl die Versuchsplanung (Treatmentkontrolle) als auch die statistische Auswertung. Kontrollmaßnahmen können die interne Validität der Studie steigern. Das oben aufgeführte Messwiederholungsdesign mit Prä- und Posttest gilt als eine der Techniken zur Kontrolle personenbezogener Störvariablen. Zu Beginn der Untersuchung sollte in beiden Interventionsgruppen kein nennenswerter Unterschied hinsichtlich der abhängigen Variable bestehen. Dies kann zum einen durch Konstanthalten potenzieller Störvariablen in beiden Versuchsgruppen oder durch eine Parallelisierung anhand statistischer Kennwerte erfolgen. Zum anderen können statistische Verfahren der Datenauswertung wie Kovarianzanalysen herangezogen werden, in denen Störvariablen als Kontrollvariable eingesetzt werden können. Konkret bedeutet dies für die Untersuchung, dass in der Experimental- und der Kontrollgruppe das Vorwissen erhoben wurde und kontrolliert werden soll. Ebenso wurden weitere potenzielle personenbezogene Störvariablen als ergänzende unabhängige Variablen oder Kontrollvariablen mit erhoben. Hierzu zählen das Geschlecht, die Motivation, die Konzentration und die computerbezogene Selbstwirksamkeitserwartung (Abbildung 5.2).

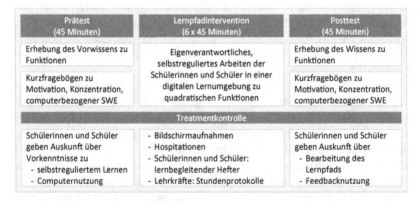

**Abbildung 5.2**  Darstellung des Studiendesigns; *SWE = Selbstwirksamkeitserwartung

Die wesentlichen Techniken zur Kontrolle untersuchungsbedingter Störvariablen sind deren Ausschaltung, Konstanthaltung oder zumindest Registrierung, um sie bei der Interpretation der Daten entsprechend berücksichtigen zu können. Vorab wurden die Lehrkräfte über eine Informationsmappe und ein persönliches Gespräch über das Vorgehen und ihre Rolle während der Intervention instruiert (elektronisches Zusatzmaterial A.2). Um Einflüsse durch die Lehrkraft zu minimieren, wurde von Plenumsphasen während der Intervention abgesehen und inhaltliche Fragen sollten ausschließlich mit Hilfe des Lernpfads und in Partnerarbeitsgesprächen geklärt werden. Zur Treatmentkontrolle wurden außerdem sowohl an den beiden Messzeitpunkten als auch während der Lernpfadintervention verschiedene Vorkehrungen ergriffen. In Abbildung 5.2 ist das Studiendesign inklusive entsprechender Maßnahmen dargestellt. Die Schülerinnen und Schüler gaben während des ersten Messzeitpunktes über Fragebogenelemente Auskunft über ihre Vorkenntnisse zum selbstregulierten Lernen und zur Computernutzung. Während der Intervention wurden nach Möglichkeit und Einverständnis von Schule, Sorgeberechtigten und Lernenden anonymisierte Bildschirmaufnahmen erstellt und gespeichert. Diese ermöglichen im Nachhinein zu überprüfen, welche Lernpfadelemente in welchem Ausmaß genutzt wurden. Insbesondere in Hinblick auf die tatsächliche Feedbacknutzung ist dies relevant. Zudem fanden Hospitationen in den Klassen statt, die Schülerinnen und Schüler führten einen lernbegleitenden Hefter, in dem jede Stunde verschiedene Eintragungen vorzunehmen waren und die Lehrkräfte füllten Stundenprotokolle aus, auf denen sie sowohl Fragen der Lernenden und Fehlzeiten notierten als auch die Umsetzung von sich jede Stunde wiederholenden Ansagen und Verfahrensweisen bestätigten (elektronisches Zusatzmaterial A.2). Während des zweiten Messzeitpunktes wurden schließlich Auskünfte über die Bearbeitung des Lernpfads und die Feedbacknutzung abgefragt, welche die Bildschirmaufnahmen und Heftereinträge ergänzen sollten.

### 5.1.2 Stichprobe

Bei der Stichprobe handelte es sich um eine anfallende Stichprobe, genauer um eine Selbstselektions-Stichprobe (Döring & Bortz, 2016). Aufgrund des quasi-experimentellen Designs und der geplanten Intervention im regulären Mathematikunterricht der Schülerinnen und Schüler, bedurfte es der Zustimmung der Fachlehrkräfte und Schulleitungen. Zudem musste an den Schulen eine ausreichende technische Ausstattung in Form von Computerräumen oder Laptopsätzen zur Verfügung stehen. Diese Art von Stichproben geht naturgemäß mit einer begrenzten Aussagekraft für die gesamte Zielpopulation einher (Döring & Bortz, 2016). Es ist wichtig zu beachten, dass Überinterpretationen von Ergebnissen aus Studien mit anfallenden Stichproben vermieden werden müssen. Döring und Bortz (2016) betonen jedoch gleichzeitig, dass sie für die Forschungspraxis und insbesondere für Theoriebildung und Hypothesenprüfung durchaus nützlich sein können.

An der hier vorgestellten Hauptstudie nahmen elf Klassen mit insgesamt 303 Schülerinnen und Schülern von drei Gymnasien und einer Gesamtschule in Nordrhein-Westfalen teil. Alle vier Schulen befinden sich in dem Regierungsbezirk Münster. Hervorzuheben ist, dass es sich bei der Gesamtschule um eine Schule mit besonderem Konzept für routinemäßiges selbstgesteuertes Lernen der Schülerinnen und Schüler handelte. Die Lernenden arbeiten von der fünften Klasse an durchgängig in fest eingeplanten Lernzeiten eigenverantwortlich und selbstreguliert an Inhalten verschiedener Fächer, die zu Beginn einer jeden Woche festgelegt und in einem Logbuch nachvollzogen werden. Lehrkräfte stehen ihnen in dieser Zeit zur individuellen Beratung zur Seite. Außerdem wird am Ende einer Woche von jedem Schüler und jeder Schülerin eine individuelle Lernerfolgsgeschichte berichtet. In Summe sollen sie so lernen, ihr eigenes Lernen zu planen, zu dokumentieren, umzusetzen und zu reflektieren. An den drei Gymnasien stellt selbstständiges Lernen ebenfalls einen wichtigen Baustein der Schulkonzepte dar, wird jedoch nicht so umfassend umgesetzt wie an der Gesamtschule. Es gibt stattdessen auf bestimmte Klassen eingegrenzte zeitweise Angebote.

Auf Grund fehlender Daten zu mindestens einem Messzeitpunkt mussten 30 Schülerinnen und Schüler von den statistischen Auswertungen ausgeschlossen werden. Darüber hinaus nahm eine Austauschschülerin nur bedingt an den Tests und der Intervention teil und ein weiterer Schüler erhielt zum ersten Messzeitpunkt das falsche Testheft. Somit setzte sich die endgültige Stichprobe aus 271 Lernenden zusammen (Tabelle 5.1), davon 148 (54.6 %) Schülerinnen und 113 (41.7 %) Schüler. Von den übrigen zehn Lernenden (3.7 %) liegen keine Angaben zum Geschlecht vor. Das Alter der Schülerinnen und Schüler lag im Durchschnitt bei 14 Jahren (M=14.00, SD=0.32).

**Tabelle 5.1**  Anzahl der Schülerinnen und Schüler zu den beiden Messzeitpunkten

| Schulform (Anzahl Schulen) | Anzahl Klassen | Schülerinnen und Schüler | | | |
|---|---|---|---|---|---|
| | | Gesamt | Messzeitpunkt 1 | Messzeitpunkt 2 | Messzeitpunkt 1+2 |
| **Gymnasium (3)** | 9 | 244 | 229 | 231 | 226 |
| **Gesamtschule (1)** | 2 | 59 | 47 | 47 | 45 |
| **Gesamt (4)** | 11 | 303 | 276 | 278 | 271 |

Die Schülerinnen und Schüler wurden von den Lehrkräften auf die beiden Interventionsgruppen aufgeteilt, indem aus jeder Klasse die Hälfte der Lernenden der Experimentalgruppe und die andere Hälfte der Kontrollgruppe zugeteilt wurden. So sollte die natürliche Clustergestalt[1] der Stichprobe aufgebrochen werden. Die Lernenden wurden des Weiteren in Paare eingeteilt, die während der gesamten Intervention gemeinsam arbeiten sollten (in Anlehnung an Abschnitt 2.2.2 und 2.2.5). Bei ungerader Anzahl der Schülerinnen und Schüler wurde eine Dreiergruppe gebildet. Bei der Einteilung der Lernenden in Paare sollte möglichst sichergestellt werden, dass die Teams gut über einen längeren Zeitraum selbstreguliert und eigenverantwortlich zusammenarbeiten konnten. Überdies sollten beide Interventionsgruppen einer Klasse nach Einschätzung der Lehrkraft ungefähr gleich leistungsstark sein, als eine Art der Stichprobenparallelisierung (Döring & Bortz, 2016). Die Lernenden blieben aus organisatorischen Gründen in ihrem üblichen Klassenverband und ihnen wurde mitgeteilt, dass es in jeder Klasse eine „grüne" und eine „blaue" Gruppe gab. Über Unterschiede in beiden Gruppen erfuhren sie jedoch nichts. Die 271 Lernenden, deren Daten für die Auswertungen zur Verfügung standen, teilten sich wie in Tabelle 5.2 dargestellt auf die Experimental- und die Kontrollgruppe auf. In beiden Gruppen war ungefähr die gleiche Anzahl Schülerinnen und Schüler, wobei es in der Experimentalgruppe einen leichten Überschuss weiblicher Probandinnen gab (circa 62 %).

**Tabelle 5.2** Aufteilung der Schülerinnen und Schüler auf die beiden Interventionsgruppen

| Gruppe | Anzahl | davon weiblich | davon männlich | davon keine Angabe |
|---|---|---|---|---|
| **Experimentalgruppe** (elaboriertes Feedback) | 139 | 81 | 53 | 5 |
| **Kontrollgruppe** (KCR Feedback) | 132 | 67 | 60 | 5 |
| **Gesamt** | 271 | 148 | 113 | 10 |

---

[1] Als Cluster werden „natürlich zusammenhängende Teilkollektive (Klumpen)" (Döring & Bortz, 2016, S. 314) einer Population verstanden. Schulklassen stellen ein klassisches Beispiel hierfür dar.

### 5.1.3 Durchführung der Projektstunden

Die Hauptstudie wurde an zwei Gymnasien und der Gesamtschule im Mai/Juni 2018 durchgeführt, das heißt am Ende von Klasse 8 bzw. 9. Das dritte Gymnasium behandelt quadratische Funktion zu Beginn der neunten Klasse, weshalb die Hauptstudie dort im September 2018 stattfand. Im Folgenden soll skizziert werden, wie die Projektstunden abgelaufen sind. Ein detaillierter Ablaufplan befindet sich mit den sonstigen Materialien für die Intervention in elektronisches Zusatzmaterial A.1 bis A.3.

Zur Einführung in die selbstständige Arbeit mit dem Lernpfad fand in der ersten Projektstunde eine Unterweisung durch ein Mitglied des QF digital-Teams statt. Die Schülerinnen- und Schülerpaare verteilten sich je nach Gruppenzugehörigkeit direkt zu Beginn der Stunde auf verschiedene Hälften des Klassen- oder Computerraumes und jeder bzw. jede erhielt einen eigenen Hefter sowie jedes Team einen USB-Stick. Der Aufbau des Hefters wurde gemeinsam begutachtet. Über einen Beamer wurde im Anschluss der Lernpfad vorgestellt und grundlegende Navigationselemente gezeigt. Daraufhin fuhren die Lernenden ihre Computer oder Laptops hoch und die Bildschirmaufnahmen wurden anhand einer ausgeteilten Kurzanleitung gemeinsam gestartet. Den Rest der Stunde arbeiteten die Schülerinnen und Schüler eigenverantwortlich bis circa 5 Minuten vor Unterrichtsende eine abschließende Ansage gemacht wurde. Die Lernenden sollten die Bildschirmaufnahmen stoppen und auf den USB-Sticks speichern. Zudem wurden sie angehalten die Planungsseiten des Hefters für die erste Stunde auszufüllen. Die USB-Sticks wurden in den Heftern verstaut und beides eingesammelt und in der Schule gelagert, sodass sich die Einarbeitung in das Thema quadratische Funktionen auf die Unterrichtsstunden beschränkte.

In den folgenden Projektstunden wiederholte sich der Ablauf wie folgt: Die Schülerinnen und Schüler nahmen ihre Plätze ein, die Hefter und USB-Sticks wurden ausgeteilt, Computer oder Laptop und das Bildschirmaufnahmeprogramm gestartet und die Stunde mit eigenverantwortlicher und selbstständiger Arbeit an dem Lernpfad fortgesetzt. Die Stunden wurden wie schon in der ersten Projektstunde in den letzten 5 Minuten gemeinsam abgeschlossen. Wenn eine Schülerin oder ein Schüler fehlte, so wurde dies von den Lehrkräften notiert und der Partner oder die Partnerin konnten wahlweise eine Unterrichtsstunde allein weiterarbeiten oder sich einem anderen Team derselben Gruppe anschließen. Da für alle Lernenden einzeln erhoben wurde, welche Kapitel des Lernpfads bearbeitet wurden, waren Fehlzeiten von einer einzelnen Stunde nicht ausschlaggebend für einen Ausschluss aus der Erhebung.

Alle Schulen zeigten eine gewisse Flexibilität in dem Zeitplan der Studie, sodass in jeder Klasse sichergestellt werden konnte, dass die Schülerinnen und Schüler am Ende des Projektes effektiv sechs 45-minütige Unterrichtsstunden Zeit hatten, um mit dem Lernpfad zu arbeiten.

## 5.1.4 Treatmentkontrolle

Aufgrund des quasi-experimentellen Designs der Studie ist es von besonderer Relevanz die Ergebnisse empirisch abzusichern. Die potenziellen Einflussfaktoren Vorwissen, Geschlecht, Motivation, Konzentration und computerbezogene Selbstwirksamkeitserwartung werden an späterer Stelle statistisch berücksichtigt. Die computerbezogene Selbstwirksamkeitserwartung wurde zudem in zwei Abschlussarbeiten sowie in zwei wissenschaftlichen Artikeln detaillierter analysiert (Albers, 2019; Brockmann, 2018; Jedtke, 2019, 2020). Die Fragebogenskalen zur Motivation und Konzentration konnten von Nitsch (2015, S. 204) übernommen werden. Die Skala zur computerbezogenen Selbstwirksamkeitserwartung wurde von Brockmann (2018) im Rahmen ihrer Masterarbeit im Projekt QF digital zusammengestellt, indem eine bestehende Fragebogenskala adaptiert wurde (elektronisches Zusatzmaterial A.3).

Um die Feldstudie angemessen vorzubereiten und untersuchungsbedingte Störvariablen nach Möglichkeit zu kontrollieren, mindestens aber zu registrieren, wurden verschiedene Maßnahmen ergriffen:

– Instruktion der Lehrkräfte, Stundenprotokolle und Hospitationen
– Registrierung von Vorkenntnissen zu selbstreguliertem Lernen und zur Computernutzung
– Kontrolle der Bearbeitung des Lernpfads
– Kontrolle der Feedbacknutzung

Alle teilnehmenden Lehrkräfte erhielten neben den Materialien (elektronisches Zusatzmaterial A.2) eine persönliche Instruktion. Sie sollten sich während der Intervention weitestgehend im Hintergrund halten und alle Fragen der Schülerinnen und Schüler sowie ihre Antworten darauf in Kurzform notieren. Technische Fragen sollten sofort geklärt werden, aber inhaltliche Fragen vertagt oder auf den Lernpfad sowie Teampartner verwiesen werden. Die Lehrkräfte führten Stundenprotokolle und in jeder Klasse fanden in mindestens zwei Unterrichtsstunden Hospitationen statt, um einen reibungslosen Ablauf zu kontrollieren. Während der Stunden wurden keine Abweichungen registriert. Die Stundenprotokolle liegen

vollständig vor und eine Durchsicht ergab keine unvorhergesehenen Zwischen-
fälle. Nahmen vereinzelt Schülerinnen oder Schüler während der Intervention
nicht am Mathematikunterricht teil, so wurde dies notiert und der oder die jeweilige Partnerin konnte entweder alleine weiterarbeiten und sich mit einem Team
aus derselben Interventionsgruppe austauschen. Dass sich in dieser angepassten
Konstellation keine Durchmischung der Gruppen ergab, wurde kontrolliert und
zudem durch die räumliche Aufteilung der Räume sichergestellt.

Um die Ergebnisse zu der übergeordneten Fragestellung besser einordnen zu
können, sollten die Schülerinnen und Schüler während des ersten Messzeitpunktes
Fragen zu ihrem regulären Unterricht beantworten (elektronisches Zusatzmaterial A.2). Durch diese Auskünfte sollte überprüft werden, ob und in welchem
Ausmaß selbstständiges Arbeiten im Unterricht eingefordert wird. Daneben inter-
essierten die Vorkenntnisse der Lernenden im Bereich des Computereinsatzes.
Bei der deskriptiven Auswertung der durch die Fragen erhaltenen Informationen
muss beachtet werden, dass es sich um subjektive Selbstauskünfte handelt. Da
jedoch insgesamt 271 Schülerinnen und Schüler unabhängig voneinander befragt
wurden, kann sich in Summe ein ausreichend genaues Bild für beispielsweise
die Schulverbände ergeben. Zu beachten ist noch, dass lediglich geschätzte Häu-
figkeiten abgefragt wurden und die Ergebnisse keinerlei Details zu konkreten
Umsetzungen liefern können. Für eine erste Einschätzung der Lerngruppen und
zur Diskussion und Interpretation der Resultate aus der Hauptstudie können sie
jedoch wichtige Hinweise geben. Es wurde davon ausgegangen, dass die Selbst-
ständigkeit fördernde Methoden wie Wochenplanarbeiten oder Stationenlernen,
die der Arbeit an einem Lernpfad nicht unähnlich sind (vgl. Abschnitt 2.2.1),
den Lernenden bekannt waren und im regulären Unterricht Verwendung finden. Insbesondere die Schülerinnen und Schüler der Gesamtschule sollten hier
Vorkenntnisse mitbringen (vgl. Abschnitt 5.1.2). Die Daten zeigen, dass selbstständiges Arbeiten wie erwartet weit verbreitet ist, wobei dies nur bedingt auf
Wochenpläne zutrifft. Diese nutzen vor allem die Schülerinnen und Schüler der
Gesamtschule (vgl. elektronisches Zusatzmaterial A.2). Neben den Selbstaus-
künften der Schülerinnen und Schüler, beschäftigte sich Frenken (2018) in ihrer
Masterarbeit mit den Auswirkungen routinemäßiger selbstregulierter Arbeit, wie
es an der Gesamtschule umgesetzt wurde, auf die Leistung der Schülerinnen und
Schüler. Sie fand in ihrer Abschlussarbeit im Rahmen des Projektes QF digital
Hinweise darauf, dass die Gesamtschülerinnen und -schüler auf Grundlage des

routinemäßigen selbstgesteuerten Lernens einen höheren Leistungszuwachs zeigten, als die Lernenden zweier Gymnasialklassen.[2] Die deskriptiven Ergebnisse zur Computernutzung spiegeln einige der Tendenzen aus der ICILS 2018 wider (vgl. Abschnitt 2.2.5): Schülerinnen und Schüler besitzen aus dem Alltag sowie aus dem Unterricht Vorkenntnisse im Umgang mit Computern, Laptops oder Tablets, diese stammen jedoch größtenteils nicht aus dem Mathematikunterricht (vgl. elektronisches Zusatzmaterial A.2).

Wichtig für die Interpretation der statistischen Ergebnisse ist es, festzuhalten welche Kapitel der digitalen Lernumgebung von den Schülerinnen und Schülern tatsächlich bearbeitet wurden. Der Lernpfad war so angelegt, dass er in den hinteren Kapiteln über die Inhalte des Leistungstest hinausgehende Informationen gab, um sicherzustellen, dass alle Lernenden über die gesamte Treatmentdauer beschäftigt werden konnten. Um eine inhaltlich sinnvolle Testbearbeitung zum zweiten Messzeitpunkt für alle Schülerinnen und Schüler zu gewährleisten, sollten sie mindestens bis zu dem Kapitel über die Scheitelpunktform gelangt sein. Prinzipiell konnten die Lernenden die Reihenfolge der Bearbeitung frei wählen, Feldbeobachtungen während der quantitativen Pilotierung ließen jedoch die Annahme zu, dass schwerpunktmäßig linear gearbeitet werden würde. Diese Annahme ließ sich in der Hauptstudie durch Bildschirmaufnahmen, Hefterbegutachtungen und Selbstauskünfte der Lernenden bestätigen. Ein Großteil der Lernenden schaffte genau die erforderlichen Kapitel, einige arbeiteten auch darüber hinaus mit den Inhalten zur Normalform und zum Wechsel zwischen Scheitelpunkt- und Normalform (vgl. elektronisches Zusatzmaterial A.2).

Aussagen über die Wirksamkeit von Feedback können nur getroffen werden, wenn davon ausgegangen werden kann, dass die Lernenden das Feedback im Lernpfad tatsächlich genutzt haben. Um dies vor der statistischen Auswertung zu klären, wurden die Bildschirmaufnahmen durchgesehen und erneut Selbstauskünfte der Lernenden eingeholt. Die Daten lassen darauf schließen, dass das Feedback ausreichend in Anspruch genommen wurde, um mögliche statistische Effekte darauf zurückführen zu können (vgl. elektronisches Zusatzmaterial A.2). Es zeigt sich hinsichtlich der Feedbacknutzung deskriptiv kein Unterschied zwischen beiden Interventionsgruppen. Die Rückmeldungen wurden zudem in

---

[2] Sie identifizierte hochsignifikante Effekte zugunsten der Gesamtschülerinnen und -schüler, wobei anzumerken ist, dass diese zu beiden Messzeitpunkten bedeutend schlechtere Ergebnisse (Summenscores) erzielten als die Gymnasialschülerinnen und -schüler. Aufgrund der verhältnismäßig kleinen Stichprobe und der im Rahmen einer Masterarbeit umsetzbaren Auswertungsmethoden liegt die Betonung allerdings klar auf einem *Hinweis* zu möglichen Leistungseffekten.

beiden Gruppen tendenziell sachdienlich und positiv eingeschätzt (vgl. elektronisches Zusatzmaterial A.2). Die Durchsicht der Bildschirmaufnahmen diente zudem dazu, sicherzustellen, dass alle Schülerinnen und Schüler je in der ihnen zugeteilten Lernpfadversion arbeiteten. In den Hospitationsstunden wurde dies darüber hinaus manuell kontrolliert. Die Lernenden erhielten einen Link auf einem USB-Stick, welcher direkt aufgerufen werden konnte, oder konnten von ihrem Hefter-Deckblatt den passenden Link abschreiben. Vereinzelt kam es dazu, dass ein Team in einer Stunde den Lernpfad mit KCR Feedback über eine Internetsuchmaschine aufzurufen versuchte und dabei die Version mit elaboriertem Feedback erreichte. Dies konnte dank der Bildschirmaufnahmen bei der Auswertung berücksichtigt werden.

## 5.2    Erhebungsmethode

Zur Erhebung der Mathematikleistung im Bereich Funktionen wird ein Leistungstest benötigt, welcher vom ersten zum zweiten Messzeitpunkt variiert. Grund dafür ist das Vorwissen der Schülerinnen und Schüler, welches sich auf funktionales Denken und lineare Funktion beschränken sollte, während quadratische Funktionen im Laufe der Intervention als neue Inhalte erkundet werden. Ein größerer Anteil Aufgaben zu quadratischen Funktionen hätte folglich zu Test-Demotivation führen können. Die Entwicklung eines neuen Tests, der den wissenschaftlichen Anforderungen eines psychologischen Tests entspricht, ist langwierig und anspruchsvoll (Lienert & Raatz, 1998; Rost, 2004). Sofern möglich sollte daher auf einen schon existierenden und erprobten Test mit bekannter Testgüte zurückgegriffen werden (Döring & Bortz, 2016). Auch in diesem Fall müssen jedoch Haupt- und Nebengütekriterien für die spezifische Testsituation dargelegt und eingehalten werden. Allen voran sind dies die Kriterien der Objektivität, Reliabilität und Validität.

Da die zentrale Forschungsfrage dieser Arbeit auf erworbenes Wissen und Vorstellungen der Schülerinnen und Schüler abzielte, nicht auf ihre technische Bedienkompetenz, schien ein technologiefreier Test die adäquateste Wahl zu sein. Dies wurde dadurch unterstützt, dass sich die Lernenden während der Intervention zwar mit einer digitalen Lernumgebung und dort in einem Wechsel mit digital zu bearbeitenden und analogen Aufgaben (in ihrem Hefter) beschäftigten (vgl. Abschnitt 4.3), Computer im Mathematikunterricht zum ersten Messzeitpunkt erwartungsgemäß jedoch ein relatives Novum darstellten (vgl. Abschnitt 2.2.5 und 5.1.4).

Zunächst werden im Folgenden der Aufbau und die inhaltliche Gestaltung des eingesetzten Leistungstests erörtert (Abschnitt 5.2.1). Im Anschluss wird auf die Hauptgütekriterien sowie einige Nebengütekriterien eingegangen (Abschnitt 5.2.2).

## 5.2.1 Aufbau des Leistungstests

Für die Studie wurde freundlicherweise der in der Dissertation von Nitsch (2015) an der Technischen Universität Darmstadt entwickelte und erprobte CODI-Test zur Verfügung gestellt. Dieser zielt auf die Diagnose typischer Lernschwierigkeiten im Bereich funktionaler Zusammenhänge ab und beinhaltet Aufgaben aus den drei erforderlichen Themengebieten funktionales Denken, lineare Funktion und quadratische Funktionen. Dabei nahm Nitsch (2015) eine Einschränkung auf Wechsel zwischen den drei Darstellungsformen algebraisch, situativ und graphisch vor (vgl. Abschnitt 2.2.4). Der Leistungstest wurde in den Jahrgängen 9 bis 11 an Gymnasien und Gesamtschulen in Südhessen eingesetzt. Aufgrund der Fokussierung auf die Testentwicklung zur Identifizierung vorhandener Lernschwierigkeiten von Schülerinnen und Schülern, reichte bei Nitsch (2015) ein einzelner Messzeitpunkt ohne vorherige Intervention aus. Ein weiterer Unterschied zu der hier vorliegenden Studie ist, dass allen Lernenden die gesamten Inhalte des Leistungstests vorab bekannt waren. Demzufolge mussten einige Anpassungen vorgenommen werden.

Der CODI-Test lag in zwei parallelen Testversionen vor, das heißt Nitsch (2015) entwickelte zu jedem Item eine leicht abgewandelte zweite Version, beispielsweise durch Austausch der Zahlen bei gleicher Struktur, und prüfte deren Parallelität. In dieser Arbeit können die Parallelitems demzufolge bei der statistischen Auswertung wie ein Item behandelt werden. Dies ist für das Prä-Posttest-Design von besonderem Interesse, da es eine einfache Möglichkeit bietet, den Schülerinnen und Schülern zu beiden Messzeitpunkten parallele, aber nicht identische Items zur Verfügung zu stellen. Für die geplanten Veränderungsmessungen war es unabdingbar sicherzustellen, dass die Leistungstests beider Messzeitpunkte miteinander verankert sein würden. Aus diesem Grund wurden trotz der Parallelität zusätzlich identische Aufgaben in beiden Testversionen eines Messzeitpunktes sowie über beide Zeitpunkte und Versionen hinweg eingeplant (Rauch & Hartig, 2012). In Jedtke und Greefrath (2019) ist, im Rahmen einer Beschreibung der quantitativen Pilotierung im Projekt QF digital, die Verteilung der Aufgaben auf die beiden Testversionen für Prä- und Posttest dargestellt (Tabelle 5.3). In der Darstellung wurde zur Veranschaulichung des

Testaufbaus die Parallelität der beiden Testversionen nicht berücksichtigt, sondern diese als Aufgabenversion 1 bzw. 2 deklariert. So konnte dargestellt werden, wie die Aufgabenverteilung auf beide Testversionen inklusive Ankeritems umgesetzt wurde. Jeder Schüler und jede Schülerin bearbeitete an einem Messzeitpunkt 27 Aufgaben der Testversion A oder B. Von 17 Aufgaben im A-Test existierten Parallelversionen, die sich in dem B-Test desselben Messzeitpunktes befanden. Für den zweiten Messzeitpunkt wurden diese Items vertauscht. Die Schülerinnen und Schüler bekamen daraufhin dieselbe Testversion wie am ersten Messzeitpunkt.

**Tabelle 5.3** Verteilung der Parallel- und Ankeraufgaben auf die beiden Testversionen A und B zu beiden Messzeitpunkten [übersetzt und angepasst nach Jedtke und Greefrath (2019)]

| | Testversion | | | |
|---|---|---|---|---|
| | A | A+B | A+B | B |
| Prätest | Aufgabenversion 1 (17) | Anker MZP 1 (8) | | Aufgabenversion 2 (17) |
| | | | Anker gesamt | |
| Posttest | Aufgabenversion 2 (17) | Anker MZP 2 (8) | (2) | Aufgabenversion 1 (17) |

Im Folgenden werden die Parallelitems entsprechend der Ausführungen von eben nicht mehr getrennt betrachtet (vgl. Nitsch, 2015). Da einige Aufgaben aus mehreren Teilschritten (Items) bestanden, wird ab hier zudem zwischen der Anzahl Aufgaben und der Anzahl Items differenziert. Tabelle 5.4 zeigt die Verteilung der Testaufgaben auf die drei Inhaltsfelder funktionales Denken, lineare Funktionen und quadratische Funktionen zu beiden Messzeitpunkten. Im Prätest wurden lediglich fünf Items zu quadratischen Funktionen eingebaut. Diese dienten dazu, eventuell vorhandenes Vorwissen (zum Beispiel durch Wiederholen einer Klassenstufe) mit zu erfassen. Der Schwerpunkt wurde jedoch auf lineare Funktionen (18 Items) gelegt, ergänzt durch sieben Items zu funktionalem Denken, damit die Probanden nicht durch zu viele unbekannte Items demotiviert wurden. Im Posttest spiegelt sich der zentrale Fokus der dazwischenliegenden Intervention auf quadratische Funktionen wider. Etwa die Hälfte der Prätest-Items zu linearen Funktionen wurde dort durch Items zu quadratischen Funktionen ersetzt (Tabelle 5.4).

**Tabelle 5.4** Anzahl und Verteilung der Items auf die drei Inhaltsfelder zu beiden Messzeitpunkten

| | Anzahl Aufgaben (Items) | | | |
|---|---|---|---|---|
| | Gesamt | Funktionales Denken | Lineare Funktionen | Quadratische Funktionen |
| **Prätest** | 27 (30) | 7 (7) | 15 (18) | 5 (5) |
| **Posttest** | 27 (29) | 7 (7) | 7 (9) | 13 (13) |

Die mathematischen Inhalte funktionales Denken, lineare Funktionen und quadratische Funktionen können des Weiteren mit den von Nitsch (2015) betrachteten Darstellungswechseln graphisch-algebraisch (GA)[3], situativ-algebraisch (SA) sowie graphisch-situativ (GS) in Verbindung gebracht werden (Tabelle 5.5). Während hinsichtlich des Denkens in Funktionen ausschließlich Items der Form GS möglich sind, zeigt sich sowohl bei linearen als auch bei quadratischen Funktionen eine Häufung von Items im Bereich GA. Dies liegt vor allem an den verschiedenen innermathematischen Möglichkeiten dieses Darstellungswechsels und den damit verbundenen kognitiven Hürden, deren Vorhandensein bei Nitsch (2015) aufgedeckt werden sollte (vgl. Abschnitt 2.2.4). Da sowohl die Items des Darstellungswechsels SA als auch GS in einem situativen Kontext gestellt wurden, ist die Anzahl innermathematischer und situativer Items in Summe relativ ausgeglichen (16 zu 19).

Insgesamt wurden über beide Messzeitpunkte 35 verschiedene Aufgaben (38 Items) berücksichtigt. Der CODI-Test bestand aus 28 Aufgaben, davon sieben zu funktionalem Denken, zwölf zu linearen Funktionen und neun zu quadratischen Funktionen. Um im Prätest einen Überschuss im Bereich lineare Funktionen zu generieren und im Posttest entsprechend zu quadratischen Funktionen, wurden acht Aufgaben neu entwickelt. Fünf der Aufgaben betrafen quadratische Funktionen, drei Aufgaben lineare Funktionen. So sollte insgesamt sichergestellt werden, dass Prä- und Posttest den gleichen Umfang haben konnten. Da die Erstellung von Aufgaben bei Nitsch (2015) detailliert beschrieben wurde, konnte in Kombination mit einer ausführlichen Inhaltsanalyse der vorhandenen Items der Itemstil adaptiert werden. Die drei neuen Items zu linearen Funktionen werden dem Darstellungswechsel GA zugeordnet. Von den quadratische Funktionen-Items zählen

---

[3] In den Itembezeichnungen wird bei Nitsch (2015) für den Darstellungswechsel graphisch-algebraisch teils die Bezeichnung AG statt GA verwendet. Die vertauschten Buchstaben deuten auf die Richtung des Darstellungswechsels hin.

**Tabelle 5.5** Anzahl und Verteilung der Items der drei Inhaltsfeldern auf die Darstellungswechsel graphisch (G), algebraisch (A) und situativ (S)

| | Anzahl Aufgaben (Items) | | | |
| --- | --- | --- | --- | --- |
| | Gesamt | GA | SA | GS |
| **Funktionales Denken** | 7 (7) | | | 7 (7) |
| **Lineare Funktionen** | 15 (18) | 8 (11) | 4 (4) | 3 (3) |
| **Quadratische Funktionen** | 13 (13) | 8 (8) | 4 (4) | 1 (1) |
| **Gesamt** | 35 (38) | 16 (19) | 8 (8) | 11 (11) |

zwei zu dem Wechsel GA, zwei zu SA und eines zu GS. Im elektronischen Zusatzmaterial A.4 sind die neuen Items sowie die genaue Zusammensetzung von Prä- und Posttest abgebildet.[4] Der Testaufbau orientiert sich an einem so genannten „Sägezahndesign", das im Fach Mathematik auch für Lernstandserhebungen wie den Vergleichsarbeiten in der dritten und achten Klasse (VERA-3 und VERA-8) aller Schulformen die Anordnung der Items bestimmt (vgl. Drüke-Noe, 2012). Ein Leistungstest fängt demzufolge mit mindestens einer empirisch leichten Aufgabe an. Anschließend wird die Aufgabenschwierigkeit im Wechsel gesteigert und wieder abgesenkt, sodass mehrere Blöcke („Sägezähne") entstehen (vgl. Drüke-Noe, 2012). Für eine erste Anordnung der Aufgaben konnten die empirisch ermittelten Aufgabenschwierigkeiten von Nitsch (2015) herangezogen werden. Analysen zeigten, dass ihr Leistungstest diese Designanforderung erfüllten und die Reihenfolge der Items weitestgehend beibehalten werden konnte.

Bei einem Großteil der Testaufgaben handelt es sich um *multiple choice*-Items (MC-Items) oder Ergänzungsaufgaben mit nur einer Antwortalternative. Bei MC-Items wurden immer vier Alternativen angeboten, aus denen genau eine gewählt werden sollte. Ergänzungsaufgaben fragten beispielsweise nach dem Scheitelpunkt einer gegebenen Parabel oder der Steigung und dem y-Achsenabschnitt einer linearen Funktion. Darüber hinaus wurden sechs Items mit offenerem Antwortformat eingesetzt. Nitsch (2015) kennzeichnet diese durch das Wort Realisieren-Item. In diesen Aufgaben sollten die Schülerinnen und Schüler aus einem Funktionsgraphen oder einer situativen Beschreibung einen Funktionsterm aufstellen oder (in einem Fall) eine gegebene Situation graphisch darstellen.

Die in Abschnitt 4.1 erwähnte quantitative Voruntersuchung konnte neben einem methodischen Prätest auch zu einer Pilotierung des Leistungstests herangezogen werden. Vier neunte Klassen eines Gymnasiums im Regierungsbezirk Münster in NRW mit 110 Schülerinnen und Schülern nahmen an dieser Pilotierung teil. Die durchgeführten Datenanalysen ergaben eine grundsätzliche Skalierbarkeit der Daten. Zudem waren die Itemkennwerte unauffällig, sodass vor der Hauptuntersuchung kein Item ausgeschlossen wurde. Ebenso zeigte der Testaufbau das erwünschte Sägezahndesign und konnte beibehalten werden.

---

[4] Die Bezeichnungen der CODI-Aufgaben wurden übernommen, sodass diese in der Dissertation von Nitsch (2015) nachgeschlagen werden können. Auf Anfrage werden die Testhefte gerne direkt zur Verfügung gestellt.

## 5.2.2 Testgütekriterien

Ein Leistungstest muss mehrere Gütekriterien erfüllen. Hauptaugenmerk liegt auf den drei Gütekriterien Objektivität, Reliabilität und Validität. Dabei ist Objektivität eine logische Voraussetzung für Reliabilität und diese wiederum für Validität (Rost, 2004): Ein Leistungstest soll eine Fähigkeit oder Fertigkeit unabhängig von äußeren Einflüssen messen können (Objektivität). Ist dies gegeben, so spielt die Genauigkeit mit der gemessen werden konnte, das heißt die Zuverlässigkeit des Testinstruments, eine wichtige Rolle (Reliabilität). Misst ein Test objektiv und reliabel, muss nachgewiesen werden, dass er auch genau das misst, was intendiert wurde. Diese Validität eines Testinstruments wird häufig mit dem Begriff der Gültigkeit von darauf basierenden Aussagen umschrieben.

Es werden drei Arten von Objektivität unterschieden (Bühner, 2011; Moosbrugger & Kelava, 2012). Die Durchführungsobjektivität wurde in der Untersuchung dadurch gewährleistet, dass die Tests in allen Klassen von einem Mitglied des QF digital-Teams durchgeführt wurden. Dafür wurde vorab eine Schulung durchgeführt, die den genauen Ablauf und fest vorgeschriebene Testansagen thematisierte. Für die Schulen gab es zudem schriftliche Anweisungen für den zur Verfügung zu stellenden zeitlichen Rahmen. Das Deckblatt der Testhefte wurde gemeinsam ausgefüllt und auf der ersten Seite befand sich ein kurzer Einleitungstext, der die Schülerinnen und Schüler über die Anzahl der Aufgaben und Bearbeitungsmodalitäten aufklärte. Der Auswertungsobjektivität wurde durch ein ausführliches Kodiermanual Rechnung getragen. Bei den meisten Testaufgaben handelte es sich um MC-Items oder Ergänzungsaufgaben mit nur einer korrekten Antwortalternative. Diese sind eindeutig zu kodieren und eine Auswertungsobjektivität ist nach Moosbrugger und Kelava (2012) ohne Probleme zu erreichen. Die entsprechenden Items wurden zur Kontrolle teils doppelt kodiert und auf Eingabefehler überprüft. Bei offenen Itemformaten wie den sechs Realisieren-Items ist das Kodiermanual von besonderer Bedeutung und dessen einheitliche Anwendung sollte empirisch geprüft werden. Hierzu wurden die Tests von 93 Probanden (circa 34 %) von zwei Ratern unabhängig voneinander kodiert und als Übereinstimmungsmaß $Cohens\,Kappa$ berechnet. Die Werte liegen mit $0.84 \leq \kappa \leq 1$ in einem sehr guten Bereich („Almost Perfect" nach Landis & Koch, 1977, S. 165). Die letzte Art der Objektivität ist die Interpretationsobjektivität. Sie ist gegeben, sofern aus gleichen Ergebnissen verschiedener Probanden gleiche Schlüsse gezogen werden und wird als „vollkommen und zugleich trivial [angesehen], wenn es sich um normierte Leistungstests oder Fragebogen handelt, in welchen die Auswertung einen numerischen Wert liefert, der die Position des Pb entlang der

Testskala festlegt" (Lienert & Raatz, 1998, S. 8).[5] Dies trifft auf die vorliegende Studie zu.

Mit der Berücksichtigung und Einhaltung von Objektivitätsaspekten ist die notwendige, wenn auch keine hinreichende Bedingung für das Hauptgütekriterium Reliabilität gegeben. Ein gängiges Verfahren der Reliabilitätsmessung sind Konsistenzanalysen (Moosbrugger & Kelava, 2012). Im Kontext der probabilistischen Testtheorie, die der Studie zugrunde gelegt wird (vgl. Abschnitt 5.3.2), ist es üblich als Maß für die interne Konsistenz EAP/PV-Reliabilität anzugeben.[6] Zu beachten ist, dass die EAP/PV-Reliabilitäten bei mehrdimensionalen Modellen für jede Dimension einzeln berechnet werden müssen (Terzer, Hartig & Upmeier zu Belzen, 2013). Sie führen dabei zu nahezu identischen Ergebnissen wie das bekanntere Reliabilitätsmaß der klassischen Testtheorie Cronbachs $\alpha$ (Rost, 2004). Moosbrugger und Kelava (2012) geben für eine ausreichend gute interne Konsistenz eine Untergrenze von 0.7 an. Eine akzeptable Höhe hängt jedoch auch eng mit dem Forschungsinteresse zusammen. Für individualdiagnostische Aussagen ist eine hohe Reliabilität unabdingbar. Bei Gruppenvergleichen können hingegen niedrigere Reliabilitäten ausreichen (Schermelleh-Engel & Werner, 2012). Lienert und Raatz (1998) führen an, dass in diesem Fall auch Reliabilitäten unter 0.6 akzeptiert werden könnten. Für den adaptierten CODI-Test konnten in verschiedenen Dimensionen Messgenauigkeiten zwischen 0.65 und 0.85 berechnet werden (vgl. Abschnitt 6.1.2). Die Werte liegen damit im Rahmen der EAP/PV-Reliabilitäten, die Nitsch (2015, S. 222) angibt: 0.80 bzw. 0.76 in zwei Dimensionen. In Zusammenhang mit den teils kurzen Skalen für ein komplexes Konstrukt wie die Mathematikfähigkeit ist eine geringere Zuverlässigkeit erwartbar (Rammstedt, 2010). Sie liegt für die angestrebten Gruppenvergleiche immer noch in einem guten Bereich.

Als letztes Hauptgütekriterien wird im Anschluss an Objektivität und Reliabilität die Validität eines Tests untersucht. Aus testtheoretischer Perspektive meint Validität vor allem eine Inhaltsvalidität der darin enthaltenen Items. Sie ist nicht empirisch prüfbar, weshalb häufig auf eine indirekte Bestimmung über die Kriteriums- und die Konstruktvalidität erfolgt (Bühner, 2011; Moosbrugger & Kelava, 2012). Diese bestimmen streng genommen nicht die Gültigkeit des Tests, sondern die Validität von aus Testkennwerten abgeleiteten Aussagen (Bühner, 2011). Nitsch (2015) führte im Rahmen der Testentwicklung eine ausführliche und inhaltlich überzeugende Validitätsanalyse durch, die einen Einsatz des Tests

---

[5] Pb wird bei Lienert und Raatz (1998) als Abkürzung für „Probanden" genutzt.

[6] Weitere Details zu den EAP/PV-Reliabilitäten folgen in Abschnitt 5.3.6, nachdem auf verschiedene Arten von Schätzern eingegangen wurde.

in der vorliegenden Studie rechtfertigen kann. Zudem wurde die Inhaltsvalidität in Gesprächen mit mehreren Fachdidaktikerinnen und Fachdidaktikern diskutiert. Neben den Hauptgütekriterien werden verschiedene Nebengütekriterien diskutiert. Weit verbreitet sind die Kriterien Skalierung, Normierung, Testökonomie, Nützlichkeit, Zumutbarkeit, Unverfälschbarkeit und Fairness (Bühner, 2011; Döring & Bortz, 2016; Moosbrugger & Kelava, 2012; Rost, 2004). Bühner (2011) nennt hier vor allem die Skalierung eines Tests, womit gemeint ist, ob ein Testwert durch eine gültige Verrechnungsvorschrift gebildet wird. Exemplarisch kann hier die Rechtfertigung der Bildung von Summenwerten angeführt werden. In der Untersuchung ist dies durch den Rückgriff auf eine Raschskalierung gewährleistet. In Abschnitt 5.3 wird hierauf näher eingegangen. insbesondere werden in Abschnitt 5.3.6 konkrete Untersuchungen zur Modellgüte erörtert. Die Normierung wird in Studien, in denen es vordergründig um Gruppenvergleiche geht, als „überflüssig" eingestuft (Rost, 2004, S. 42), weshalb nicht näher darauf eingegangen wird. Der Test ist sowohl in Hinblick auf den zeitlichen als auch auf den finanziellen Aufwand ökonomisch. Die Testgrundlage wurde kostenlos zur Verfügung gestellt und ein Testhefte bestand aus lediglich neun Din A4-Seiten, die im Broschürendruck vervielfältigt wurden. Der zeitliche Durchführungsrahmen ist mit 45 Minuten ebenfalls vergleichsweise gering. Hinzu kommen eine einfache Testhandhabung und die Möglichkeit den Test mit einer ganzen Gruppe von Schülerinnen und Schülern zeitgleich durchführen zu können (vgl. Döring & Bortz, 2016; Moosbrugger & Kelava, 2012). Die Nützlichkeit des Tests und der daraus erwarteten Ergebnisse wurden in den vorangegangenen Kapiteln ausführlich diskutiert. Durch die Verteilung der Inhalte auf Prä- und Posttest in Abhängigkeit des erwarteten (Vor-)Wissens der Lernenden und in Kombination mit dessen Dauer ist der Test zu beiden Messzeitpunkten zumutbar. Eine Verfälschung durch soziale Erwünschtheit stellt bei Leistungstests im Vergleich zu Persönlichkeitstest üblicherweise kein Problem dar (Moosbrugger & Kelava, 2012). Schließlich sollten die resultierenden Testwerte keine systematischen Benachteiligungen für bestimmte Personengruppen zeigen. Da ein Rasch-Modell zugrunde gelegt wurde, konnte hierzu auf empfohlene *Differential Item Functioning* (DIF)-Analysen zurückgegriffen werden (vgl. Döring & Bortz, 2016; Abschnitt 5.3.6). Ein Item wurde daraufhin aus den Analysen ausgeschlossen, da es auf der Grenze zu einer relevanten Benachteiligung weiblicher Probanden lag (vgl. Abschnitt 6.1.2).

## 5.3 Auswertungsmethoden

Nachdem das Studiendesign und die Datenerhebung ausführlich geschildert wurden, widmet sich das letzte Kapitel des Methodischen Rahmens den statistischen Auswertungsmethoden. Begonnen wird mit Ausführungen zur Datenaufbereitung (Abschnitt 5.3.1). Daraufhin werden klassische und probabilistische Testtheorie einander gegenübergestellt (Abschnitt 5.3.2) und hergeleitet, warum eine Skalierung auf Basis des dichotomen Rasch-Modells zurückgegriffen wurde. Die Eigenschaften dieses Modells sowie grundlegende Erklärungen zu mehrdimensionalen Varianten sind Thema der Abschnitt 5.3.3 und Abschnitt 5.3.4. Die darauffolgenden drei Kapitel verdeutlichen das konkrete Vorgehen bei einer Testskalierung. Es geht darum, wie Parameter geschätzt werden können (Abschnitt 5.3.5), welche Aspekte die Güte eines Modells darlegen können (Abschnitt 5.3.6) und wie die skalierten Daten für Veränderungsmessungen und zur Analyse von Gruppenunterschieden herangezogen werden können (Abschnitt 5.3.7). Damit sind alle Voraussetzungen erfüllt, um die Forschungsfragen aus Kapitel 3 empirisch zu untersuchen. In Abschnitt 5.3.8 wird abschließend die verwendete Software vorgestellt.

### 5.3.1 Datenaufbereitung

Bevor mit den erhobenen Daten gearbeitet werden konnte, mussten sie angemessen kodiert und strukturiert werden. Dies geschah in Abhängigkeit von der Art der Testitems sowie von der intendierten Weiterverarbeitung der Daten. Je nach Art der Kodierung, dem Umgang mit fehlenden Werten und Struktur der Datenmatrix, ergeben sich Unterschiede hinsichtlich der Aussagekraft und Reichweite der Ergebnisse.

**Kodierung des Leistungstests**
Für Leistungstests sind verschiedene (geschlossene) Kodierungen denkbar. Die gängigsten Methoden sind eine dichotome Kodierung, bei der lediglich zwischen zwei Antwortalternativen unterschieden wird, und *rating scale*-Kodierungen, bei denen zwischen mehreren Fällen differiert werden kann (Döring & Bortz, 2016; Rost, 2004). Bei Leistungstest entspricht eine dichotome Kodierung einer richtig/falsch-Auswertung der Daten. Es existiert folglich keine weitere Ausdifferenzierung hinsichtlich des Inhalts der Antworten, das heißt, es werden keine Teilpunkte für ansatzweise richtige Lösungen vergeben (Engelhard, 2013). *Rating*

*scales* erlauben eine stärkere Differenzierung und honorieren auch teilweise korrekte Lösungen. So ergibt sich insgesamt ein komplexeres Bild der Fähigkeiten der Probanden. Welche Kodierung für die Daten jeweils am besten geeignet ist, hängt unter anderem davon ab, welche Art von Items vorliegen: Bei offenen Aufgabenformaten gehen durch eine dichotome Kodierung unter Umständen viele Informationen verloren, während geschlossene Formate zum Teil nicht mehr Informationen liefern können, als durch eine dichotome Kodierung manifestiert werden. Letzteres gilt in den meisten Fällen für MC-Items mit nur einer korrekten Antwortalternative.[7] Zwei weitere zu berücksichtigende Aspekte bei der Wahl der Kodierung sind, dass viele Auswertungsmethoden dichotome Kodierungen erfordern und diese Art der Kodierung zeitökonomische Vorteile mit sich bringt (Rost, 2004) – nicht zuletzt, da schnell sehr viele Daten zu kodieren sind. Döring und Bortz (2016) stellen den letztgenannten Sachverhalt anschaulich dar: „$n = 200$ Befragungspersonen x 100 Variablen $= 20\,000$ Datenzellen" (S. 585), die es auszufüllen gilt.

Wie in Abschnitt 5.2.1 geschildert wurde, besteht der Leistungstest im Projekt „QF digital" vorwiegend aus MC-Items mit vier Antwortalternativen, von denen je eine eindeutig als korrekt gewertet werden kann. Die integrierten Ergänzungsaufgaben sind ebenfalls eindeutig zu beantworten, da je nur die Angabe einer einzelnen Zahl gefordert ist. Einige wenige Items sind schließlich von offenerem Format. Da diese jedoch keinen großen Anteil der Testaufgaben ausmachen, wurde der Leistungstest dichotom ausgewertet. Ein Item wurde dichotom als falsch (0) oder richtig (1) kodiert, wenn es bearbeitet wurde. Zusätzlich wurde eine Neun kodiert, wenn ein Item nicht bearbeitet wurde. Die Auswertung entsprach weitestgehend der Kodierung bei Nitsch (2015), da ein von ihr entwickelter Leistungstest in adaptierter Form eingesetzt wurde. Ausgehend von Nitsch (2015) wurde ein Kodiermanual erarbeitet, welches im Rahmen der Pilotierung geprüft und leicht erweitert wurde (vgl. elektronisches Zusatzmaterial A.5).

**Struktur der Datenmatrix**
Die Kodierung der Daten wird üblicherweise in einer „Personen x Items"-Datenmatrix festgehalten. Bei zwei Messzeitpunkte entsteht somit ein „*Datenkubus*" aus „Personen x Items x Messzeitpunkt" (Rost, 2004, S. 272; vgl. Hartig & Kühnbach, 2006). Diese Datenstruktur ist typisch für eine Veränderungsmessung, wie sie auf Grundlage von Forschungsfrage 2 vorgesehen ist und

---

[7] Je nach Konstruktion der Distraktoren kann es auch im Rahmen von MC-Items möglich sein, komplexere Kodierungen vorzunehmen, wenn zum Beispiel jeder Distraktor eine bestimmte Fehlvorstellung anspricht und diese näher fokussiert werden sollen (vgl. Projekt HEUREKO nach Nitsch (2015)).

muss bei der Datenauswertung berücksichtigt werden. Eine verbreitete Möglichkeit mit der komplexen Datenstruktur umzugehen besteht darin, die Daten zurück in eine zweidimensionale Matrix zu überführen (Hartig & Kühnbach, 2006; vgl. Abbildung 5.3).

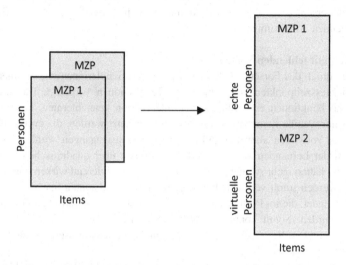

**Abbildung 5.3** Überführung des dreidimensionalen Datenkubus in eine zweidimensionale Matrix mit virtuellen Personen

Dafür werden die Daten des ersten und des zweiten Messzeitpunktes untereinander angeordnet. Der zweite Messzeitpunkt wird behandelt, als würden andere Personen die Aufgaben bearbeiten, weshalb in diesem Zusammenhang von „virtuellen Personen" gesprochen wird (Hartig & Kühnbach, 2006; Rost, 2004). Nach Hartig und Kühnbach (2006) hat dies den Vorteil, dass die Schwierigkeit aller Items über die Messzeitpunkte hinweg gleichgesetzt wird. Daraus folgt, dass die Personenfähigkeiten beider Messzeitpunkte auf einer gemeinsamen Skala abgebildet werden und dementsprechend interpretiert werden können. Insbesondere wird es so ermöglicht die Differenz zwischen den Fähigkeiten zweier Personen als Zuwachs zu interpretieren (Hartig & Kühnbach, 2006).[8] Es gibt noch verschiedene, alternative Vorgehensweisen. Zum Beispiel kann im Rahmen probabilistischer Testtheorien ein Parameter für den Messzeitpunkt hinzugefügt werden

---

[8] Streng genommen betrifft dies die *Schätzungen* der Personenfähigkeiten, wie in den folgenden Abschnitten von Abschnitt 5.3 dargestellt wird.

(Rost, 2004). Die Daten können außerdem hintereinander angeordnet und jeder Messzeitpunkt wie eine andere Dimension der Fähigkeit der Personen behandelt werden (Hartig & Kühnbach, 2006). Da jedoch die Modellierung mit virtuellen Personen im Vergleich der genannten Quellen als vorteilhaft angesehen wird und einen einfachen, praktikablen Vergleich der Personenfähigkeitsschätzung zu verschiedenen Messzeitpunkten ermöglicht, wird dieses Vorgehen in der vorliegenden Arbeit umgesetzt.

**Umgang mit fehlenden Werten**
Bedingt durch das Forschungsdesign, wurden den Schülerinnen und Schülern zu beiden Messzeitpunkten unterschiedliche Testversionen vorgelegt. Da sie quadratische Funktionen erst während der Intervention kennenlernten, konnten im Prätest nur wenige Items zu diesem Thema eingesetzt werden, die eventuell vorhandenes Vorwissen abprüfen sollten. Da davon ausgegangen wurde, dass ein Großteil der Lernenden vorab keinerlei Kenntnisse über quadratischen Funktionen hatte, hätten mehr Aufgaben dieses Typs zu demotivierend wirken können. Im Prätest wurden somit vermehrt Items zu den bereits bekannten linearen Funktionen verwendet, die im Posttest zum Teil durch Items zu quadratischen Funktionen ersetzt wurden. Somit konnte gewährleistet werden, dass die Tests zu beiden Messzeitpunkten die gleiche Länge hatten und eine angemessene Anzahl Items beinhalteten (vgl. Abschnitt 5.2.1).

Durch die Strukturierung der Datenmatrix mit virtuellen Personen und bedingt durch das Testdesign entstehen fehlende Werte, so genannte *missings by design*. In der Literatur wird diese Art fehlender Werte als die am wenigsten schwerwiegende Art von *missing data* beschrieben (Döring & Bortz, 2016; Rost, 2004). Datenzellen, die aufgrund von *missing by design* leer bleiben, werden mit „NA" gekennzeichnet und Statistikprogramme verfügen in der Regel über angemessene Algorithmen, um mit ihnen umzugehen.[9] Eine zweite Art fehlender Werte ist problematischer: so genannte *non-response*-Daten (Rost, 2004). Mit dieser Bezeichnung werden Daten beschrieben, die nicht vorhanden sind, obwohl die entsprechenden Aufgaben den Probanden vorgelegt wurden. Für solcherlei *missing data* kann es verschiedene individuelle Gründe geben, die unter Umständen nicht nachvollzogen werden können. Zum Beispiel könnte es sein, dass die Schülerinnen und Schüler durch fehlende Motivation oder aus Zeitnot den Test ab einer bestimmten Aufgabe nicht mehr bearbeitet haben. Ebenso besteht die

---

[9] Die genutzte Software ConQuest 4.0 erkennt fehlende Werte automatisch als *missing by design* und beinhaltet Algorithmen, durch die es mit ihnen umgehen kann (Adams & Osses, 2016). Nähere Informationen zu der genutzten Software befinden sich in Abschnitt 5.3.8.

Möglichkeit, dass einzelne Aufgaben mitten in dem Test ausgelassen wurden. Entweder aus reinem Zufall (*missing-at-random*), was vernachlässigt werden könnte (Döring & Bortz, 2016; Rost, 2004), oder aus anderen Gründen psychologischer Natur, wie beispielsweise Motivationsverlust (Rost, 2004). Mit derlei *missing data* kann auf verschiedene Weise umgegangen werden. Die beiden Extrema sind nach Rost (2004), anzunehmen, dass „das Item offensichtlich zu schwer war" (S. 325) oder, dass die Person „aufgrund der Nichtbearbeitung des Items auch keine Chance hatte es zu lösen" (S. 325). Im ersten Fall würden die Fähigkeiten der Personen tendenziell unterschätzt, im zweiten Fall überschätzt (Rost, 2004). In der vorliegenden Arbeit wird davon ausgegangen, dass ein nicht bearbeitetes Item zu schwierig für die Person war. Dieses Vorgehen kann mittels der Testansagen gerechtfertigt werden, in denen zu beiden Testzeitpunkten betont wurde, dass die Lernenden sich Mühe geben sollten, aber ein Auslassen von Aufgaben aufgrund von Unwissen keine Konsequenzen hätte und sie nicht Raten sollten (vgl. elektronisches Zusatzmaterial A.2). Die zuvor erwähnte „fehlend"-Kodierung (9) wurde daraufhin in eine „falsch"-Kodierung (0) umgewandelt. Bei der Auswertung bleibt jedoch zu beachten, dass die Fähigkeiten der Schülerinnen und Schüler durch die Umkodierung der *missings* tendenziell unterschätzt werden (Rost, 2004).

## 5.3.2 Testtheorie: Klassisch vs. probabilistisch

Die Testtheorie beschäftigt sich allgemein mit Zusammenhangsanalysen eines latenten, das heißt nicht direkt messbaren Merkmals einer Person, mit dem tatsächlich beobachtetem Testverhalten. Ein gängiges Beispiel für ein latentes Merkmal ist die Intelligenz, welche erst durch das Festlegen von messbaren Eigenschaften via Testitems manifestiert werden kann (Rost, 2004). Ziel jeder Testtheorie ist es, basierend auf den Ergebnissen eines Tests, Aussagen über die Ausprägungen des interessierenden latenten Merkmals eines Individuums treffen zu können (Döring & Bortz, 2016). Es geht also darum zu untersuchen, wie ein bestimmtes latentes Personenmerkmal das Testverhalten eines Individuums beeinflusst, um im Anschluss bei der Testauswertung aus dem Antwortverhalten Rückschlüsse auf ebendieses Personenmerkmal ziehen zu können (Rost, 2004).

Häufig werden zwei unterschiedliche Testansätze einander gegenübergestellt: Auf der einen Seite die klassische Testtheorie und auf der anderen Seite die probabilistische Testtheorie (oft *Item Response*-Theorie (IRT) genannt) (z. B. Bühner, 2011; Döring & Bortz, 2016; Wendt et al., 2016).

Der Fokus der klassischen Testtheorie liegt darauf, Annahmen über einen (konstanten) Messfehler des gesamten gemessenen latenten Merkmals zu treffen und diesen Messfehler zu bestimmen (Bühner, 2011). Es wird folglich davon ausgegangen, dass aus den Testergebnissen direkt auf die Merkmalsausprägung der Testpersonen geschlossen werden kann, beeinträchtigt durch Messfehler, welche sich aus zum Teil nicht steuerbaren Variablen wie beispielsweise der individuellen Tagesverfassung ergeben (Döring & Bortz, 2016). Aufgrund der beschriebenen Fokussierung versteht Rost (2004) die klassische Testtheorie nicht als *Testtheorie*, sondern bezeichnet sie passender als „allgemeine Messfehlertheorie" (S. 12).

Im Gegensatz dazu werden im Rahmen der probabilistische Testtheorie Wahrscheinlichkeiten (engl.: *probabilities*) betrachtet (Döring & Bortz, 2016). Es wird untersucht mit welcher Wahrscheinlichkeit ein konkretes Testergebnis auftritt, in Abhängigkeit von zu bestimmenden Item- und Personenparametern. Die Testantworten werden als „(beobachtbare) Symptome" (Bühner, 2011, S. 494) eines latenten Personenmerkmals verstanden und das Antwortverhalten als vorhersagbar (Bühner, 2011).

Rost (2004) berichtet, dass die Ergebnisse von Tests zu demselben Personenmerkmal in der Praxis häufig sehr gut übereinstimmen, egal ob einem Test bei seiner Erstellung die klassische oder die probabilistische Testtheorie zugrunde gelegt wurde. Die probabilistische Testtheorie ist in ihrer Anwendung aufwändiger und komplexer als die klassische Testtheorie. Nicht zuletzt aus diesen Gründen zeigt sich, dass die klassische Testtheorie bis heute den weiter verbreiteten Testansatz darstellt (Döring & Bortz, 2016). Ihre (direkte) Anwendung geht jedoch mit einigen Nachteilen einher. Moosbrugger (2012b) benennt im Wesentlichen drei Schwächen der klassischen Testtheorie: Skalierung, Konstruktvalidität und Stichprobenabhängigkeit. Einige der im Rahmen der klassischen Testtheorie axiomatisch gesetzten Modellannahmen sind in der Praxis nur schwer ohne Überprüfung haltbar. Dazu zählen zum Beispiel, dass mindestens intervallskalierte Variablen vorliegen oder, dass die Messung des latenten Merkmals auf einer einzigen Dimension erfolgt (Moosbrugger, 2012b).[10] Bühner (2011) geht sogar so weit, dass die Anwendung der klassischen Testtheorie auf Tests mit dichotomen oder *rating*-Skalen generell fragwürdig sei. Erst durch Analysemethoden, die probabilistische Modelle zur Verfügung stellen, sei identifizierbar, ob das geforderte Skalenniveau für die Messfehlertheorie vorliegt (Bühner, 2011). Ein weiterer, besonders hervorzuhebender Punkt ist, dass sich im Rahmen der klassischen Testtheorie für unterschiedliche Stichproben andere Kennwerte ergeben, beispielsweise für die Itemschwierigkeit, wodurch die Verallgemeinerbarkeit

---

[10] Die Eindimensionalität gilt hier als Zeichen für die Konstruktvalidität.

von Ergebnissen problematisch sein kann (Moosbrugger, 2012b). Außerdem sind Ergebnisse aus verschiedenen Tests zu demselben Konstrukt nicht miteinander vergleichbar (Döring & Bortz, 2016). Da die klassische Testtheorie lediglich auf Messfehler fokussiert ist, wird keine Verbindung zwischen dem (latenten) Personenmerkmal und der Antwort auf die Items hergestellt. Es wird ausschließlich betrachtet, wie sich der Messwert, das heißt der Summenscore einer Person, aus einem „wahren" Wert und dem Messfehler zusammensetzt (Bühner, 2011). Die beschriebenen Grenzen der klassischen Testtheorie können mittels Einbezug der probabilistischen Testtheorie überwunden werden (Moosbrugger, 2012b). Hierbei werden insbesondere das Vorhandensein von Modellgeltungstests und speziell die Möglichkeiten der Testskalierung sowie der Überprüfung der Dimensionalität des Tests hervorgehoben (Moosbrugger, 2012a).

Insgesamt wird dazu geraten, beide Theorien als einander ergänzend anzusehen (Moosbrugger, 2012a; Rost, 2004). Während die probabilistische Testtheorie in der Berechnung von Messwerten für Personen resultiert, beginnt die klassische Testtheorie ebendort, da sie die Existenz von Messwerten als grundsätzliche Voraussetzung annimmt (Rost, 2004). Erst wenn die Geltung eines probabilistischen Testmodells nachgewiesen wurde, kann der Summenscore einer Person in einem Test tatsächlich als Ausprägungsgrad für das latente Personenmerkmal angesehen und für weitere Berechnungen genutzt werden (Bühner, 2011). In diesem Zusammenhang wird von den Summenscores als *suffiziente* oder *erschöpfende* Statistiken gesprochen. Das heißt, es kommt nur noch darauf an, wie viele Items eine Testperson gelöst hat und nicht mehr darauf, welche Items gelöst wurden. Die Interpretation verschiedener Antwortmuster würde keine zusätzlichen Informationen liefern, da schon alle Informationen im Summenscore enthalten sind (Moosbrugger, 2012a). Die Testwerte können also mittels probabilistischer Testmodelle deutlich besser und methodisch überzeugender interpretiert werden (Döring & Bortz, 2016). Im Rahmen der probabilistischen Testtheorie ist es möglich, Tests in einem Multimatrix-Design miteinander zu vergleichen (Wendt et al., 2016). Es ist also nicht notwendig, dass den Probanden zu allen Messzeitpunkten alle bzw. dieselben Aufgaben vorgelegt werden. Begründen lässt sich dies über das Vorhandensein von stichprobenunabhängigen Parametern und damit, dass lediglich betrachtet wird, wie viele Items eine Testperson korrekt beantwortet hat, nicht aber welche genau dies waren. Ausgehend von dieser Perspektive ist es nur logisch, in der vorliegenden Arbeit zunächst probabilistische Testmodelle zur Skalierung des Tests zugrunde zu legen. Für die Betrachtung von Veränderungen und Unterschieden in den Messwerten kann anschließend im Sinne der ergänzenden Nutzung beider Testtheorien auf Modelle der klassischen Testtheorie zurückgegriffen werden. Damit fügt sich diese Arbeit in eine Reihe von kleineren und großen empirischen Untersuchungen in der Mathematikdidaktik ein (z. B. Beckschulte, 2019; Hankeln, 2019; Klinger, 2018; Nitsch, 2015; Reiss, Sälzer, Schiepe-Tiska, Klieme & Köller, 2016; Wendt et al., 2016).

### 5.3.3 Das dichotome Rasch-Modell

Das dichotome Rasch-Modell, oder auch das Ein-Parameter-Logistische Modell (1PL-Modell), stellt das einfachste probabilistische Testmodell mit richtig/falsch-Kodierung der Items dar und geht zurück auf den dänischen Mathematiker Georg Rasch (Rasch, 1960, 1980). Zusätzlich zu einem Personenparameter für jede Testperson wird in diesem Modell die Itemschwierigkeit berücksichtigt. Da die Personenparameter das Ziel einer jeden Modellierung via probabilistischer Testtheorie sind und unabhängig von einem Test existieren, werden diese bei der Benennung von Testmodellen nicht berücksichtigt. Es wird folglich von einem einparametrigen Modell gesprochen, wenn Item- und Personenparameter betrachtet werden (Rost, 2004).[11]

Die allgemeine Modellgleichung des 1PL-Modells kann wie folgt dargestellt werden (Strobl, 2015, S. 13):

$$P\left(U_{i,j} = u_{i,j} | \theta_i, \beta_j\right) = \frac{\exp\left(u_{i,j} \cdot \left(\theta_i - \beta_j\right)\right)}{1 + \exp\left(\theta_i - \beta_j\right)} \tag{5.1}$$

$U_{i,j}$ = Variable fü r die Antwort einer Person $i$ auf ein Item $j$,

$u_{i,j}$ = Ergebnis, das Person $i$ bei Item $j$ erzielt hat,

$\theta_i$ = Fä higkeit von Person $i$ (Personenparameter),

$\beta_j$ = Schwierigkeit des Items $j$ (Itemparameter).

Die Modellgleichung (5.10) gibt die Wahrscheinlichkeit dafür an, dass Person $i$ bei Item $j$ das Ergebnis $u_{i,j}$ erzielt unter den Bedingungen der Fähigkeit $\theta_i$ der Person $i$ und der Schwierigkeit $\beta_j$ des Items $j$ (Engelhard, 2013; Rasch, 1960,

---

[11] Bei einem Zwei-Parameter-Logistischen Modell könnten beispielsweise zusätzlich verschiedene Trennschärfen der Items berücksichtigt werden (Birnbaum, 1968). Mehrparametrige Modelle benötigen jedoch eine große Stichprobe, um aussagekräftige Ergebnisse generieren zu können (Rost, 2004). Mit einem Stichprobenumfang von circa 270 Probanden, ist diese Voraussetzung in der vorliegenden Arbeit nicht gegeben. Aus diesem Grund wird hier ausschließlich das 1PL-Modell näher in den Blick genommen. Für weitere probabilistische Testmodelle sei auf die einschlägige Methodenliteratur verwiesen (z. B. Döring und Bortz, 2016; Fischer und Molenaar, 1995; Rost, 2004; Strobl, 2015; van der Linden, 2016).

1980; Rost, 2004; Strobl, 2015). Im Falle des dichotomen Rasch-Modells gilt $u_{i,j} = \{0, 1\}$, wobei die Eins für das Ergebnis „Item erfolgreich gelöst" steht und die Null für den entgegengesetzten Fall „Item nicht erfolgreich gelöst" (Strobl, 2015). Die Lösungswahrscheinlichkeit, das heißt die Wahrscheinlichkeit unter der Bedingung, dass eine Person $i$ das Item $j$ korrekt löst, entspricht somit der Gleichung (5.10) mit $u_{i,j} = 1$. Bei der Modellgleichung handelt es sich um eine Wahrscheinlichkeitsfunktion, die Werte zwischen Null und Eins annehmen kann. Eine Person, die eine höhere Fähigkeit besitzt, löst schwierigere Items mit einer höheren Wahrscheinlichkeit als eine Person mit niedrigerer Fähigkeit. Gleichzeitig löst dieselbe Person ein Item mit einer geringen Schwierigkeit mit einer höheren Wahrscheinlichkeit als ein schwieriges Item. Anders ausgedrückt ergibt sich für die Lösungswahrscheinlichkeit $P(U_{i,j} = 1)$ (Sälzer, 2016):

$$\theta_i > \beta_j : P(U_{i,j} = 1) > 50\%,$$

$$\theta_i = \beta_j : P(U_{i,j} = 1) = 50\%,$$

$$\theta_i < \beta_j : P(U_{i,j} = 1) < 50\%.$$

Eine grafische Darstellung der Modellgleichung mit $u_{i,j} = 1$ ergibt für jedes Testitem einen ogivenförmigen Funktionsgraphen (Rost, 2004; Sälzer, 2016; Strobl, 2015; vgl. Abbildung 5.4).

Auf der horizontalen Achse der Funktionsgraphen ist die Personenfähigkeit $\theta$, auf der vertikalen Achse die Lösungswahrscheinlichkeit $P(U_{i,j} = 1)$ aufgetragen. Ein solcher Graph stellt somit die Lösungswahrscheinlichkeit eines Items in Abhängigkeit von der Personenfähigkeit dar. Bei der Bestimmung der Schwierigkeit einer Aufgabe wird von einer 50 %-Lösungswahrscheinlichkeit ausgegangen und diese durch den zugehörigen x-Wert bestimmt (Rost, 2004). Der Graph zu Item I2 in Abbildung 5.4 steht beispielsweise für eine Aufgabe mit der Schwierigkeit $\beta_2 = 0.17$. Für jedes Item gibt es einen eigenen Funktionsgraphen, weshalb dieser auch itemcharakteristische Kurve (engl.: *item characteristic curve*, ICC) genannt wird (Rost, 2004). Die ICCs mehrerer Testitems können im 1PL-Modell nebeneinander in einer Grafik dargestellt werden (Abbildung 5.4). Leichte Items zeichnen sich durch eine Links-, schwerere Items durch eine Rechtsverschiebung der ICC aus. In Abbildung 5.4 sind mit den Items I1 und I3 folglich leichtere Aufgaben als das Item I2 dargestellt. Das Item I5 hingegen ist schwerer als das Item I2. Beim dichotomen Rasch-Modell verlaufen alle ICCs parallel zueinander, da die Modellgleichung lediglich den Schwierigkeitsparameter $\beta$ enthält, der von

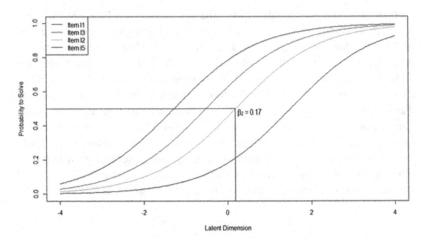

**Abbildung 5.4** Graphische Darstellung der itemcharakteristischen Kurven (ICCs) von vier Items in einem 1PL-Modell [Grafik erstellt mit einem Beispieldatensatz aus dem R-Paket eRm von Mair et al. (2019)]

Item zu Item variiert (Sälzer, 2016). Die Steigung im mittleren Bereich der ICCs wird als Trennschärfe bezeichnet. Generell gilt, je höher die Trennschärfe eines Items, desto genauer kann mit diesem Item zwischen Personen mit unterschiedlichen Fähigkeiten unterschieden werden. Im 1PL-Modell gibt es jedoch keinen Parameter für eine Variabilität der Steigung, das heißt es wird von Aufgaben mit gleicher Trennschärfe ausgegangen (Strobl, 2015).

**Eigenschaften des Rasch-Modells**
Statt an dieser Stelle die Eigenschaften des Rasch-Modells zu beschreiben, wäre die Bezeichnung „zu überprüfende Annahmen" des Rasch-Modells theoretisch korrekter. Der Begriff Eigenschaften wird jedoch häufig genutzt, da es aus didaktischer Sicht einfacher ist, sich aus der Modellgleichung folgende Eigenschaften des Rasch-Modells vorzustellen (Strobl, 2015). Diese Eigenschaften gelten jedoch erst, wenn die Gültigkeit des Rasch-Modells empirisch nachgewiesen wurde (Koller, Alexandrowicz & Hatzinger, 2012). Es gibt keinen eindeutig festgelegten Katalog an Eigenschaften für das Rasch-Modell (Rost, 2004). Die hier dargestellten Eigenschaften finden sich jedoch in einer Vielzahl der gängigen Methodenliteratur wieder (z. B. Fischer & Molenaar, 1995; Koller et al., 2012; Rost, 2004; Strobl, 2015). Rasch (1960, 1980) hebt in seiner originären Schrift

zu dem später nach ihm benannten Modell insbesondere eine Eigenschaft hervor: Die spezifische Objektivität. Die anderen hier dargestellten Eigenschaften werden dort jedoch ebenfalls schon erwähnt. Aus Gründen der Anschaulichkeit werden die Eigenschaften im Folgenden separat betrachtet. Tatsächlich ist diese klare Abgrenzung künstlich und die Eigenschaften greifen vielmehr ineinander über (Koller et al., 2012).

Eine zentrale Eigenschaft stellt die lokale stochastische Unabhängigkeit dar. Diese teilt sich auf in die Unabhängigkeit der Aufgaben in einem Test und in die Unabhängigkeit der Personen, welche den Test bearbeiten (Rasch, 1960, 1980). Die Unabhängigkeit der Aufgaben muss lediglich gegeben sein, wenn eine Person oder Personen mit gleicher Personenfähigkeit $\theta$ betrachtet werden (dies ergibt sich aus dem Begriff „lokal") (Strobl, 2015). Technisch gesehen darf die Lösung einer Aufgabe nicht von der Lösung einer anderen Aufgabe abhängen (Koller et al., 2012). Es dürfen folglich keine aufeinander aufbauenden Aufgaben eingesetzt werden (Koller et al., 2012; Strobl, 2015). Es ist jedoch nachvollziehbar, dass Personen mit geringerer Fähigkeit alle Aufgaben mit einer niedrigeren Wahrscheinlichkeit lösen als Personen mit einer höheren Fähigkeit (Strobl, 2015). Die Unabhängigkeit der Personen meint, dass die Lösung einer oder mehrerer Aufgaben nicht davon abhängen darf, ob eine andere Person sie lösen konnte. Dies kann beispielsweise dadurch sichergestellt werden, dass Personen nicht voneinander abschreiben können (Strobl, 2015). Ist die Annahme der lokalen stochastischen Unabhängigkeit gewährleistet, wird die Berechnung der gemeinsamen Wahrscheinlichkeit mehrerer Ereignisse stark vereinfacht. Sie ergibt sich demnach aus dem Produkt der Wahrscheinlichkeiten der einzelnen Ereignisse (Strobl, 2015). Sind Aufgaben stochastisch voneinander abhängig, liefern sie keine neuen Informationen und sollten eliminiert werden (Koller et al., 2012).

Das klassische Rasch-Modell ist eindimensional (Rasch, 1960, 1980). Die Eindimensionalität, oder auch Homogenität der Testaufgaben, stellt eine weitere zentrale Eigenschaft des Rasch-Modells dar (Koller et al., 2012; Strobl, 2015). Zum Beispiel kann ein Test das Ziel haben das Konstrukt „mathematische Kompetenz" abzufragen. In diesem Test sollten andere Kompetenzen, wie zum Beispiel die Lese- oder Schreibkompetenz, keine Rolle spielen. Nach Koller et al. (2012) ist dies nie zu 100 % möglich, sollte jedoch bewusst weitestgehend eingehalten werden. Statistisch gesehen befinden sich Personen- und Aufgabenparameter auf derselben Dimension, was in der Modellgleichung (5.10) durch die direkte Subtraktion beider Parameter voneinander erkennbar ist. Graphisch zeigt es sich dadurch, dass beide Parameter auf der x-Achse der ICCs aufgetragen werden (Strobl, 2015). Um einen Test auf Eindimensionalität zu prüfen, kann er

in zwei Teile (beispielsweise „leicht/ schwer") oder in mehrere Subskalen aufgeteilt werden. Die Eindimensionalität zeigt sich durch eine positive Korrelation
zwischen den verschiedenen Testteilen, wobei kein bestimmter zu erreichender
Schwellenwert angebbar ist (Koller et al., 2012). Ist die Korrelation niedriger als
erwartet, so spricht dies für einen multidimensionalen Test. Ist sie höher als erwartet, ist die vorab genannte Eigenschaft der lokalen stochastischen Unabhängigkeit
verletzt (Koller et al., 2012).

Eine dritte Eigenschaft ist, dass die Zeilen- und Spaltenrandsummen der
Datenmatrix im Rasch-Modell suffiziente Statistiken darstellen (Koller et al.,
2012; Strobl, 2015). Rost (2004) erklärt den Begriff suffiziente Statistiken wie
folgt: Sie stellen eine „Art der *Datenaggregation* [dar], die bei Geltung des
betreffenden Modells *legitim* ist, das heißt nicht mit einem Verlust diagnos-
tischer Informationen verbunden ist" (Rost, 2004, S. 114). Die Zeilen- und
Spaltenrandsummen enthalten folglich alle Informationen zur Schätzung der Personenfähigkeit. Es ergibt sich, dass es unerheblich ist, welche Aufgaben von
einer Person erfolgreich gelöst wurden, sondern nur zählt, wie viele Aufgaben
besagte Person gelöst hat (Strobl, 2015). Personen mit der gleichen Zeilen-
randsumme werden folglich als gleich „fähig" eingestuft, unabhängig davon,
welche Aufgaben sie gelöst haben und Aufgaben mit der gleichen Spaltenrand-
summe entsprechend als gleich schwierig, unabhängig davon, welche Personen
sie gelöst haben (Koller et al., 2012). Zu beachten ist, dass im Rasch-Modell
weiterhin Wahrscheinlichkeiten betrachtet werden. Es wird trotz der Suffizienz
nicht zu einem deterministischen Modell. Deutlich wird dies durch das Beispiel,
dass Flüchtigkeitsfehler niemals ausgeschlossen werden können (Rasch, 1960,
1980). Gilt das Rasch-Modell, so liegt jedoch in der Regel eine hohe Korrelation
zwischen den bestimmten Personenparametern $\theta$ und den Summenscores der Personen vor ($r \approx 0.95$) (Rost, 2004). Das heißt die relativ aufwändig bestimmten
Personenparameter im Rasch-Modell liefern keine bedeutend genauere Messung
der Fähigkeit der Personen als die Summenscores der gelösten Aufgaben. Dieser
Zusammenhang gilt erst, wenn die Gültigkeit des Rasch-Modells nachgewiesen
wurde (Rasch, 1960, 1980). Es lässt sich folglich statistisch nicht rechtfertigen,
direkt mit Summenscores zu arbeiten (Rost, 2004).

Die vielleicht am stärksten hervorzuhebende und gleichzeitig begrifflich
uneinheitlichste Eigenschaft des Rasch-Modells ist die spezifische Objektivität
(Koller et al., 2012; Rasch, 1960, 1980; Strobl, 2015) bzw. Invarianzeigenschaft
(Engelhard, 2013; Rost, 2004). Zum Teil wird auch der Begriff Stichprobenunabhängigkeit synonym genutzt, was jedoch begrifflich umstritten ist, da es
zu Missverständnissen führen kann (Koller et al., 2012; Strobl, 2015). Diese
Eigenschaft zeichnet sich allgemein dadurch aus, dass es irrelevant ist anhand

welcher Aufgaben zwei Personen bezüglich ihrer Fähigkeit $\theta$ verglichen werden bzw. anhand welcher Personen die Schwierigkeit $\beta$ zweier Aufgaben miteinander verglichenen werden (Koller et al., 2012). Folgt man der Argumentation von Rost (2004), so besagt die Invarianzeigenschaft: Die Differenz zweier Personenparameter macht eine Aussage über den Fähigkeitsunterschied der Personen, unabhängig von der Art der Normierung der Itemparameter, davon ob der Test eher leichte oder eher schwere Items beinhaltet und davon welche Eigenschafts- oder Fähigkeitsausprägungen die anderen Personen haben. Gilt das Rasch-Modell – und dies ist auch hier wieder eine notwendige Voraussetzung – so muss die Stichprobenziehung sowie ggf. die Wahl der Aufgaben aus einem Aufgabenpool nicht mehr zufällig stattfinden (Koller et al., 2012). Dies darf jedoch nicht damit verwechselt werden, dass ein raschskalierter Test ohne Weiteres auf eine andere Stichprobe übertragbar sei. Die Gültigkeit des Rasch-Modells muss jedes Mal erst nachgewiesen werden (Strobl, 2015).

## 5.3.4 Mehrdimensionale Rasch-Modelle

In seiner ursprünglichen Form handelt es sich bei dem dichotomen Rasch-Modell um ein Modell, bei welchem alle Items auf einer Dimension verortet werden (Rasch, 1960, 1980; vgl. Abschn. 5.3.3). Es besteht jedoch auch die Möglichkeit, das eindimensionale 1PL-Modell zu einem mehrdimensionalen Modell zu erweitern (Strobl, 2015). Dies ist insbesondere dann sinnvoll, wenn in einem Test mehr als ein Themengebiet abgedeckt wird. In dem Fall kann es sein, dass eine Person in einem Bereich sehr gut abschneidet, in einem anderen jedoch deutlich schlechter, was insgesamt eine eindeutige Reihung der Personen nach ihren Fähigkeiten erschweren oder sogar unmöglich machen kann (Strobl, 2015). Walker und Beretvas (2003) berichten in diesem Zusammenhang, dass inkonsistente Ergebnisse bezüglich der Fähigkeitsausprägung der getesteten Personen resultieren können, wenn multidimensionale Daten eindimensional modelliert werden. Sie vergleichen eine eindimensionale Schätzung mit dem latenten Merkmal „allgemeine mathematische Kompetenz" mit einer zweidimensionalen Schätzung, in der bei einigen Items die zweite latente Dimension „mathematische Kommunikationsfähigkeit" berücksichtigt wird. Es ergab sich, dass einigen Probanden eine deutlich andere Fähigkeitsausprägung zugeschrieben wird, je nachdem welche Modellierung der Schätzung zugrunde gelegt wurde. Die Aussagekraft der erhaltenen Ergebnisse sind im eindimensionalen Fall allgemein deutlich eingeschränkter, als in einer mehrdimensionalen Modellierung (Adams, Wilson & Wang, 1997). Dies spricht dafür, bei einer Testskalierung zu untersuchen, ob ein mehrdimensionales Modell die Daten angemessener beschreibt, als ein eindimensionales Modell es kann. Hartig und Höhler (2008) stellen verschiedene Modelle vor, die sie in Anlehnung an Adams et al. (1997) in zwei Kategorien einteilen: *Between item-* sowie *within item-*Modelle (Abbildung 5.5).

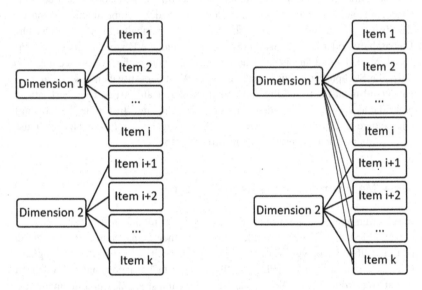

**Abbildung 5.5**  Veranschaulichung eines between item-Modells (links) und eines within item-Modells (rechts) in Anlehnung an Hartig und Höhler (2008)

*Between item-*Modelle werden einem Test dann zugrunde gelegt, wenn die Testitems eindeutig einer Dimension des latenten Merkmals zugeordnet werden können. Ihre Lösung wird folglich nicht von weiteren Fähigkeiten, das heißt anderen Dimensionen des Merkmals, beeinflusst. Demgegenüber stehen die *within item-*Modelle, bei denen ein Item gleichzeitig mehreren Dimensionen zugeordnet werden kann. Zur Veranschaulichung wurde in Abbildung 5.5 ein Test mit $k$ Items gewählt, der sich auf zwei Dimensionen modellieren lässt (in Anlehnung an Hartig und Höhler (2008)). Prinzipiell sind Modelle mit mehr als zwei Dimensionen denkbar (Adams et al., 1997). Die dargestellte Version eines *between item-*Modells zeigt, wie die Items *1* bis *k* in zwei Gruppen geteilt und eindeutig entweder der ersten oder der zweiten Dimension zugeschrieben werden.

Das *within item*-Modell stellt indess den Fall dar, dass für alle Items die Fähig-keitsdimension 1 benötigt wird und bei ausgewählten Items zusätzlich Facetten einer zweiten Fähigkeitsdimension gefordert werden (Hartig & Höhler, 2008). Es existieren des Weiteren *within item*-Modelle, bei denen alle Items mehreren Dimensionen zugeordnet werden oder Modelle, in denen es zwar Überschnei-dungen in der Zuordnung der Dimensionen gibt, aber keine Dimension allen Items zugrunde gelegt wird (Adams et al., 1997; Hartig & Höhler, 2010). Bei *within item*-Modellen gilt es zu beachten, ob sie kompensatorisch oder nicht-kompensatorisch sind. Ersteres ist der Fall, wenn zur Lösung eines Items ein Mangel an Fähigkeiten in einer Dimension durch höhere Fähigkeiten in einer zweiten Dimension kompensiert werden kann. Hängen die Dimensionen anderweitig zusammen, und wird für die Lösung eine hohe Ausprägung in allen Dimensionen benötigt, so wird von einem nicht-kompensatorischen Modell gesprochen (Hartig & Höhler, 2008, 2010; Reckase, 2016).

Generell unterscheidet sich die Aussagekraft der Ergebnisse nicht nur im Vergleich von eindimensionalen und mehrdimensionalen Testskalierungen, son-dern auch im Hinblick darauf, ob ein *between item*- oder ein *within item*-Modell genutzt wurde (Hartig & Höhler, 2010). Es ist nachvollziehbar, dass für *within item*-Modelle die Notwendigkeit besteht, detaillierte und theoretisch fundierte Vorannahmen zu treffen, die Interaktionen von Dimensionen und Items betreffen (Hartig & Höhler, 2010). Sie können dann ein differenziertes Bild über Zusam-menhänge zwischen den verschiedenen Dimensionen einer latenten Fähigkeit und den Aufgabenanforderungen aufzeigen (Hartig & Höhler, 2010). *Between item*-Modelle sind demgegenüber weniger komplex und benötigen außerdem weniger Parameterrestriktionen (Hartig & Höhler, 2008). Als weiteren Vorteil von *bet-ween item*-Modellen nennen Hartig und Höhler (2008), dass deren Ergebnisse leichter zu interpretieren sind. Sie stellen somit die zu bevorzugende multidi-mensionale Modellvariante dar, wenn es bei der Forschung nicht darum geht (komplexe) Interaktionsmuster darzulegen, sondern ein rein deskriptiver Zugang zu den Leistungsmaßen gewünscht ist (Hartig & Höhler, 2010). In Anbetracht dieser Empfehlung und des in Kapitel 3 erörterten, deskriptiven Forschungsin-teresses werden in der vorliegenden Arbeit neben dem eindimensionalen Fall ausschließlich mehrdimensionale *between item*-Modelle untersucht. Aufgrund der inhaltlichen Struktur des Leistungstests und auf Grundlage des theoretischen Hintergrundes bietet es sich an, neben einem eindimensionalen Rasch-Modell verschiedene mehrdimensionale Modelle in Betracht zu ziehen:

**MODELL 1** (1-dim.): Alle Items werden einer gemeinsamen Dimension zugeschrieben, die die mathematischen Fähigkeiten im Bereich Funktionen wider-spiegelt. Diese „globale" latente Dimension setzt sich additiv aus den drei

Teilbereichen funktionales Denken, lineare Funktion und quadratische Funktionen zusammen.

**MODELL 2** (3-dim.): Die Items behandeln jeweils genau einen der drei Inhaltsbereiche funktionales Denken, lineare Funktionen oder quadratische Funktionen. Die gemessene mathematische Kompetenz teilt sich in ebendiese drei Themengebiete auf. Ein Schüler oder eine Schülerin kann in einem der drei Bereiche gute Leistungen erbringen, in einem anderen Bereich jedoch schlechter abschneiden. Die Fähigkeiten können also in den drei Dimensionen voneinander abweichen.

**MODELL 3** (2-dim.): In diesem Modell wird nicht zwischen den verschiedenen Inhaltsbereichen der Testitems differiert, sondern auf die geforderten Darstellungswechsel fokussiert. Dieses Modell wird überprüft, da der Test von Nitsch (2015) adaptiert wurde und in seiner ursprünglichen Form zur Aufdeckung von Lernschwierigkeiten bei Darstellungswechseln genutzt wurde. Im Rahmen ihrer Arbeit schnitt das Modell am besten ab, welches in einer Dimension alle Items mit den Darstellungswechseln graphisch-situativ sowie situativ-algebraisch und in einer zweiten Dimension den graphisch-algebraischen Darstellungswechsel beinhaltete.[12] Anders ausgedrückt differenziert das zu überprüfende Modell 3 zwischen innermathematischen Aufgaben und solchen mit situativem Kontext.

## 5.3.5 Testskalierung I: Parameterschätzung

Es existieren verschiedene Verfahren, um *between item*-Modelle zu schätzen (Adams et al., 1997; Wang, Chen & Cheng, 2004). Entweder wird die Mehrdimensionalität der Skalen ignoriert und folglich eine eindimensionale Schätzung vorgenommen. Dies geht wie zuvor beschrieben mit dem Nachteil einher, dass die Ergebnisse im Vergleich zu mehrdimensionalen Modellen eine deutlich eingeschränkte Aussagekraft haben. Eine andere Variante ist die unabhängige Schätzung mehrerer (eindimensionaler) Subskalen. Von diesem Vorgehen wird jedoch bei Subskalen mit weniger als 20 Items pro Skala abgeraten, da es stark messfehlerbehaftet ist (Adams et al., 1997). Adäquatere Ergebnisse für *between item*-Modelle können durch eine gemeinsame, multidimensionale Schätzung der Parameter erreicht werden (Adams et al., 1997; Wang et al., 2004).

---

[12] Nitsch (2015) berichtet aufgrund ihres Fokus keine Modelle, die eine inhaltliche Differenzierung in verschiedene Dimensionen beinhalten, wie es hier in Modell 2 der Fall ist. Ein eindimensionales Modell ergab bei ihr schlechtere Fit-Werte als das zweidimensionale Modell.

In einem Rasch-Modell müssen insgesamt zwei verschiedene Arten von Parametern geschätzt werden (vgl. Abschnitt 5.3.3): Die Itemschwierigkeitsparameter $\beta$ (kurz: Itemparameter) und die Personenfähigkeitsparameter $\theta$ (kurz: Personenparameter). Zur Bestimmung der Itemparameter herrscht inzwischen größtenteils Konsens über die besten Methoden, die alle zu denselben Schätzwerten führen (Rost, 2004). Es handelt sich dabei um Maximum Likelihood-Methoden (ML-Methoden), mittels derer das Maximum einer Wahrscheinlichkeitsfunktion gesucht wird. Dieses Maximum wird als plausibelster Wert für die gesuchten Parameter angesehen (Strobl, 2015). Um deutlich zu machen, dass es sich um „Mutmaßungen" handelt, also vermutete oder erwartete Wahrscheinlichkeiten eines Ereignisses betrachtet werden, wurde der englische Begriff *Likelihood* im Deutschen übernommen (Rost, 2004). Im Rahmen des Rasch-Modells ist die Likelihood-Funktion ebenjene Funktion, die in Abschnitt 5.3.3 als Modellgleichung erläutert wurde. Die verschiedenen Varianten der Parameterschätzung bauen im eindimensionalen Fall alle auf dieser Schätzfunktion auf (Koller et al., 2012; Strobl, 2015). Bei mehrdimensionalen Erweiterungen des Rasch-Modells wird eine verallgemeinerte Form der Modellfunktion verwendet (Adams et al., 1997; Bock & Aitkin, 1981; Wu, Adams, Wilson & Haldane, 2007).[13] Zur Bestimmung der Personenparameter herrscht weniger Einigkeit über die besten Schätzverfahren und die Ergebnisse variieren je nach Methode zum Teil drastisch (Rost, 2004). Dies betrifft weniger die errechneten Werte für die Personenparameter. Diese korrelieren nach Rost (2004) im Allgemeinen sehr hoch mit den Summenscores der Personen ($r \approx 0.95$). Die Korrelationen zwischen den Personenparametern aus verschiedenen Schätzungen fallen ihm zufolge sogar noch höher aus ($r = 0.99$). Deutliche Unterschiede werden jedoch hinsichtlich der Varianz und hinsichtlich der Messgenauigkeit der verschiedenen Methoden berichtet (Rost, 2004; Walter, 2005). Die geschätzten Item- und Personenparameter werden abschließend so transformiert, dass ihr Wertebereich nicht mehr auf das Intervall [0,1] beschränkt ist, sondern in dem Intervall $(-\infty, \infty)$ liegen (Bühner, 2011; Rost, 2004). Es wird von einer logit-Transformation gesprochen und die Einheit beider Parameter wird entsprechend *logit* genannt. Bühner (2011) fasst die Plausibilität dieses Wertebereichs wie folgt zusammen:

> „In der Regel gibt es nahezu unendlich viele Möglichkeiten, Items zu konstruieren.
> Es ist auch wahrscheinlich, dass ein Item aus einem theoretisch unendlichen Itempool

---

[13] Für die Erläuterungen in dieser Arbeit ist es nicht notwendig, die genaue Struktur der verallgemeinerten Funktion zu kennen. Sie kann bei Interesse in der aufgeführten Literatur nachgeschlagen werden. Insbesondere die Erläuterungen von Adams, Wilson und Wang (1997) sind sehr ausführlich.

noch leichter oder noch schwerer ist als die Items, die man im Test verwendet hat. Es ist genauso plausibel, dass in Zukunft Personen getestet werden, die eine höhere oder geringere Fähigkeitsausprägung aufweisen als die bisher getesteten Personen." (Bühner, 2011, S. 496)

Der Wert „0 *logit*" steht für eine 50 %-Lösungswahrscheinlichkeit eines Items. Negative *logit*-Werte stehen für leichtere Items beziehungsweise weniger fähige Personen. Positive Werte entsprechend für schwierigere Items beziehungsweise fähigere Personen (Bühner, 2011).

Im Folgenden werden zunächst die gängigsten ML-Verfahren zur Schätzung der Itemparameter vorgestellt. Im Rahmen einer Gegenüberstellung wird begründet, welches Schätzverfahren in der vorliegenden Arbeit genutzt wird. Anschließend werden sowohl Likelihood-Methoden als auch auf den Bayes-Ansatz zurückgehende Schätzverfahren zur Bestimmung der Personenparameter erläutert und auch hier wird abgewogen, welches Verfahren für die vorliegende Arbeit am angemessensten erscheint.

**Itemparameter**

Es werden drei verschiedene ML-Methoden diskutiert: Ein einschrittiges Verfahren zur gemeinsamen Schätzung von Item- und Personenparametern (*joint ML*, kurz JML) und zwei zweischrittige Verfahren, in denen zunächst nur die Itemparameter geschätzt werden (*conditional* und *marginal ML*, kurz CML und MML).

Eine gemeinsame Schätzung von Item- und Personenparametern erfolgt über die Maximierung der schon bekannten Modellgleichung des Rasch-Modells. Es wird jedoch davon abgeraten, diese Art der Parameterschätzung durchzuführen, da die Item- und die Personenparameter von grundsätzlich unterschiedlicher Art sind (Bock & Aitkin, 1981; Rasch, 1960, 1980; Rost, 2004; Walter, 2005). Die Itemparameter stellen strukturelle Parameter dar, das heißt je mehr Daten zur Verfügung stehen desto mehr Informationen werden über sie erhalten (Rost, 2004). Je mehr Personen der Test vorgelegt wird desto genauer wird demnach die Itemparameterschätzung (Koller et al., 2012). Die Personenparameter sind dagegen inzidentelle Parameter. Mit jedem weiteren Test kommt ein neu zu schätzender Parameter hinzu (Rost, 2004). Auch hier gilt: Je mehr Items desto genauer ist die Personenparameterschätzung. Es ist jedoch nur begrenzt möglich und sinnvoll, mehr Items in einen Test aufzunehmen (Koller et al., 2012). Insgesamt folgt, dass die Schätzung der Itemparameter grundsätzlich genauer möglich ist als die der Personenparameter. Dieses Missverhältnis ist bekannt als *Incidental Parameter Problem* (Glas, 2016b; Koller et al., 2012; Rost, 2004). Anwendung

findet die JML-Schätzung heutzutage noch manchmal bei der Skalierung mehr-
dimensionaler Modelle und, ausgehend von den Itemparametern einer CML oder
MML-Schätzung, als zweiter Schritt zur Berechnung der Personenparametern
(Walter, 2005). Mehr dazu wird im weiteren Verlauf dieses Kapitels aufgegriffen.

Im eindimensionalen Rasch-Modell werden CML-Schätzungen als „optimale
Schätzwerte" (Rost, 2004, S. 310) für die Itemparameter bezeichnet (vgl. Engelhard, 2013; Glas, 2016b; Rasch, 1960, 1980; Walter, 2005). Das *Incidental
Parameter Problem* wird umgangen, indem die Personenparameter aus der Rechnung herauskonditioniert werden. Betrachtete man bei der JML-Methode die
Wahrscheinlichkeit der Daten unter der Bedingung der Item- und der Personenparameter, so nutzt man in der CML-Methode aus, dass es sich bei den
Summenscores im Rasch-Modell um suffiziente Statistiken handelt und betrachtet nun die Wahrscheinlichkeit der Daten unter der Bedingung der Itemparameter
und der Summenscores der Personen (Rost, 2004). Wohl bemerkt gilt die hier
genutzte Suffizienz erst, wenn nachgewiesen ist, dass der Test raschskalierbar
ist. Die meisten Modellgeltungstests benötigen jedoch eine Vorabschätzung der
Itemparameter, um durchgeführt werden zu können (vgl. Abschnitt 5.3.6). Das
heißt die Eigenschaft der suffizienten Statistiken wird hier ausgenutzt, als ob
das Rasch-Modell gelten würde. Inhaltliche Aussagen anhand der Parameter sind
allerdings erst rechtens, wenn die Modellgeltung überprüft wurde. Die einzige
Restriktion, die bei der CML-Methode notwendig ist, ergibt sich daraus, dass
der Nullpunkt der Skala im Rasch-Modell frei verschiebbar ist. Deshalb können
nicht alle Itemparameter eindeutig geschätzt werden, sondern einer muss durch
Normierung auf einen willkürlichen Wert festgelegt werden. Üblich ist in diesem Fall eine Summe-Null-Normierung, bei der die Summe aller geschätzten
Itemparameter auf Null normiert wird: $\sum_{j=1}^{k} \beta_j = 0$ (Strobl, 2015). Während
sich viele Autoren einig sind, dass die CML-Methode für den eindimensionalen Fall das beste Schätzverfahren für die Itemparameter darstellt, so raten sie
im mehrdimensionalen Fall davon ab (Bock & Aitkin, 1981; Engelhard, 2013;
Rost, 2004; Walter, 2005). Als Hauptgegenargumente werden aufgeführt, dass
es zu einer Inflation an Scoreparametern kommt, wenn mehr als eine latente
Dimension berücksichtigt werden muss, und dass dies mit häufig sehr langen
Berechnungsdauern einhergeht (Rost, 2004; Walter, 2005).

In mehrdimensionalen Erweiterungen des 1PL-Modells haben sich MML-
Methoden weitestgehend durchgesetzt (Engelhard, 2013; Walter, 2005). Sie
werden in *large scale* Studien wie PISA (Adams & Wu, 2002) und TIMSS
(Adams & Wu, 2002) angewandt und sind die Methoden der Wahl in Soft-
wareprogrammen für mehrdimensionale Skalierungen wie ConQuest (Wu et al.,

2007) und der TAM-Erweiterung von R (Robitzsch, Kiefer & Wu, 2019). MML-Methoden der Parameterschätzung gehen zurück auf Bock und Aitkin (1981) und kombinieren Aspekte der Bayes-Statistik mit dem ML-Prinzip (Engelhard, 2013; Walter, 2005). Es werden Vorabannahmen über die Verteilung der Personenparameter getroffen, das heißt es wird die Wahrscheinlichkeit bzw. Likelihood der Daten unter der Bedingung der Itemparameter und der zugrunde gelegten latenten Verteilung der Personenparameter betrachtet (Rost, 2004). Häufig wird eine Normalverteilung angenommen, wie es in der Psychologie allgemein üblich ist (Walter, 2005). Von Vorteil ist, dass die Normalverteilung robust gegen Verletzungen der Normalverteilungsannahme ist und eine MML-Schätzung (auch in diesem Fall) zu „optimalen Schätzwerten" führt, welche „fast identisch" zu Schätzwerten aus CML-Schätzungen sind (Rost, 2004, S. 310; vgl. Mair & Hatzinger, 2007). Ebenso wie die CML-Schätzung umgehen auch Methoden der MML-Parameterschätzung das Problem der *Incidental Parameter Estimation*, da für Personen nur Verteilungsparameter geschätzt werden (Rost, 2004). Allerdings gibt es eine nicht zu vernachlässigende Restriktion: Eine zentrale Eigenschaft von Rasch-Modellen, nämlich die der spezifischen Objektivität und der damit einhergehenden Stichprobenunabhängigkeit, ist fragwürdig, wenn vorab eine Verteilung der Personenparameter angenommen wird (Walter, 2005). Aus diesem Grund sollte die CML-Methode im eindimensionalen Fall weiterhin vorgezogen werden. MML-Methoden stimmen jedoch in vielen positiven Eigenschaften mit CML-Schätzungen überein: Sie liefern konsistente Schätzer, sind asymptotisch erwartungstreu, asymptotisch effizient und asymptotisch normalverteilt. Des Weiteren können sie auch bei mehrdimensionalen Modellen unkompliziert und zeitsparend eingesetzt werden und liefern direkt Parameterschätzungen der latenten Verteilung (Walter, 2005). Besonders hervorzuheben ist, dass durch MML-Verfahren korrekte Varianzen und Korrelationen für die latente Variable $\theta$ geschätzt werden und das im Vergleich zur CML-Schätzung mit einer minimalen Parameteranzahl (Rost, 2004).

Da in der vorliegenden Arbeit neben dem eindimensionales Rasch-Modell verschiedene mehrdimensionale Modelle geschätzt werden, um das am besten auf die Daten passende Modell zu identifizieren, wird für die Parameterschätzung auf die Methode der MML-Schätzung zurückgegriffen. Sofern sich dabei das eindimensionale Modell als die beste Schätzung ergibt, wird nachträglich eine CML-Schätzung vorgenommen und die Itemparameter aus beiden Schätzungen werden miteinander verglichen. Zum Vergleich der Modelle wird jedoch zunächst darauf verzichtet, da beide Schätzungen bis auf minimale Abweichungen dieselben Itemparameter ergeben sollten.

**Personenparameter**

Zur Schätzung der Personenparameter werden vier Methoden vorgestellt: Die *Maximum Likelihood Estimation* (MLE), die *weighted Likelihood Estimation* (WLE) sowie die so genannte *Expected a Posteriori* (EAP)-Methode und die *plausible values* (PV)-Technik. Alle vier Schätzverfahren gehen davon aus, dass in einem ersten Schritt die Itemparameter bestimmt wurden. Bei den ersten beiden Methoden kann dies via CML oder MML geschehen sein, für die dritte und vierte Variante müssen MML-Schätzungen der Itemparameter vorliegen (Rost, 2004).

Die naheliegendste Methode ist es, die JML zur Schätzung der Personenparameter zu nutzen (Davier, 2016; Strobl, 2015). Im Zusammenhang mit Personenparameterschätzungen wird sie bei vielen Autoren als MLE abgekürzt, um zu verdeutlichen, dass es sich nicht um die gleichzeitige Schätzung von Item- und Personenparametern handelt, sondern die Itemparameter in einem vorherigen Schritt geschätzt wurden (Rost, 2004; Walter, 2005). Problematisch ist dieses Schätzverfahren insbesondere für Tests mit wenigen Items, da die Ergebnisse nur konsistent und erwartungstreu sind, wenn die Anzahl der Items gegen unendlich geht (Walter, 2005). Ansonsten sind die geschätzten Personenparameter stark messfehlerbehaftet. Außerdem ist es mittels der MLE nicht möglich Werte für Extremscores zu erhalten. Das heißt für Personen, die alle bzw. keine Items gelöst haben, ist es nicht sinnvoll möglich einen Personenparameter zu schätzen (Rost, 2004). Im Falle des höchsten Scorewertes wird dies inhaltlich damit begründet, dass eine Person, die alle Items korrekt gelöst hat, mindestens so fähig ist, wie die schwierigste Aufgabe schwer ist, vielleicht aber auch noch fähiger (Strobl, 2015). Für den niedrigsten Score gilt entsprechend das Gegenteil. Trotz dieser inhaltlichen Bedenken existieren verschiedene, ergänzende Extrapolationsverfahren für ebenjene Parameterschätzungen (Mair, Hatzinger, Maier, Rusch & Debelak, 2019).

Warm (1989) entwickelte die MLE der Personenparameter weiter, um die gerade genannten Probleme zu umgehen. Die WLE, auch Warm-Methode genannt, beruht auf dem Bayes-Ansatz. Statt die Wahrscheinlichkeit der Daten unter der Bedingung der Item- und Personenparameter zu betrachten (MLE), werden die Ereignisse umgekehrt und die Wahrscheinlichkeit der Personenparameter unter der Bedingung der Daten und der Itemparameter maximiert (Rost, 2004). Den Berechnungen wird ein Korrekturterm hinzugefügt, welcher nun auch sinnvolle Schätzungen zu Extremscores ermöglicht (Rost, 2004; Warm, 1989). Der Messfehler der WLE ist bedeutend geringer als bei der MLE und auch die Varianz sinkt (Davier, 2016; Walter, 2005). Die WLE liefert nachweislich die besten

Schätzer für individuelle Messwerte, auch wenn diese weiterhin messfehlerbehaftet sind (Adams & Wu, 2002; Martin, Mullis & Hooper, 2016; Rost, 2004; Walter, 2005).

Sofern bei der Itemparameterschätzung a priori eine Verteilung der Personenparameter angenommen wurde, wie dies bei MML-Methoden der Fall ist, können die Personenparameter mittels Bayes-Methoden geschätzt werden, die genau darauf aufbauen (Bock & Aitkin, 1981; Walter, 2005). Solche EAP-Schätzer betrachten die Erwartungswerte der Personenfähigkeit unter der Bedingung der Daten, der Itemparameter und der Verteilung der latenten Variable (Rost, 2004). Im Vergleich zur WLE weisen EAP-Schätzungen eine noch geringere Varianz sowie eine geringe Standardabweichung auf (Rost, 2004). Ebenso wie bei einer WLE können mittels EAP-Schätzungen endliche Werte für Extremscores bestimmt werden (Walter, 2005). Von Nachteil ist jedoch, dass EAP-Schätzer durch einen so genannten *Shrinkage*-Effekt[14] stärker verzerrte Parameterschätzungen ergeben als MLE- oder WLE-Schätzungen (Walter, 2005). Rost (2004) fasst zusammen: EAP-Schätzer „können die WLE als beste Punktschätzer nicht ersetzen" (S. 316).

Es besteht die Möglichkeit mittels der PV-Technik den Standardmessfehler der EAP-Schätzer zu berücksichtigen (Rost, 2004). Zur Bestimmung von PV wird für jede Person ein Zufallswert aus den EAP-Verteilungen gezogen und als Messwert für diese Person genommen (OECD, 2009; Rost, 2004). Diese Zufallsziehung erfolgt mehrfach. In der Regel werden fünf PV pro Person gezogen (OECD, 2009; Wu et al., 2007). Im Gegensatz zu den WLE- und EAP-Schätzern ist die Varianz der PV nicht messfehlerbehaftet (OECD, 2009; Rost, 2004). Dieses Vorgehen wird insbesondere für *large scale*-Studien mit einem komplexen Hintergrundmodell empfohlen (Lüdtke & Robitzsch, 2017). Es liefert keine optimalen Individualparameter, sondern fokussiert auf die messfehlerbereinigten Populationsparameter, weshalb PV nicht zur Schätzung von individuellen Fähigkeitsausprägungen herangezogen werden sollten (Adams & Wu, 2002; Lüdtke & Robitzsch, 2017; OECD, 2009; Rost, 2004).

Aus der gerade dargelegten Gegenüberstellung ergibt sich für die vorliegende Arbeit, dass bei der Skalierung zunächst mit PV als beste Populationsschätzer gearbeitet wird. Da sie für weiterführende Analysen jedoch eines komplexen Hintergrundmodells bedürfen, welches in der Form nur von *large*

---

[14] „Damit wird die Tendenz der Schätzer bezeichnet, Werte anzunehmen, die im Vergleich zu Maximum Likelihood Schätzern näher am Erwartungswert der a priori-Verteilung liegen." (Walter, 2005, S. 67).

*scale*-Studien geleistet werden kann, werden nach erfolgter Skalierung die individuellen Personenparameter mittels WLE als beste Punktschätzer bestimmt. Bei der Interpretation der Daten muss jedoch folglich auf die Messfehlerbehaftung der approximierten Fähigkeitsparameter geachtet werden.

## 5.3.6 Testskalierung II: Modellgeltung

Ein wichtiger Aspekt der Testskalierung ist es, die Geltung des (Rasch-)Modells zu überprüfen. Erst wenn untersucht wurde, ob ein bestimmtes Modell zu den Daten passt und wenn diese Passung hinreichend gut ist, treffen die Eigenschaften des Modells zu (vgl. Abschnitt 5.3.3). Außerdem sind die Parameterschätzungen erst möglich, wenn die zugrunde liegenden Daten aus einem Test stammen, der skalierbar ist. Viele der Modellgeltungstests benötigen faktisch die Itemparameter, weshalb diese vorab geschätzt werden müssen. Inhaltliche Aussagen anhand der Item- und insbesondere auch der Personenparameter zu treffen, ist aber erst bei nachgewiesener Modellgeltung möglich. Ansonsten stellen sie keine adäquaten Schätzwerte für die Itemschwierigkeit und die Personenfähigkeit dar (Rost, 2004). Es gibt analog zu den Eigenschaften eines Rasch-Modells keinen Konsens über „die" Methoden der Modellgeltungskontrollen (Rost, 2004). Vielmehr gibt es eine große Vielfalt solcher Tests, aus denen je nach Art der Parameterschätzung und des zu prüfenden Tests ausgewählt werden kann. In der vorliegenden Arbeit werden verschiedene Modellgeltungskontrollen miteinander kombiniert, die in der Literatur zur probabilistischen Testtheorie und speziell zu Rasch-Modellen diskutiert werden und in beispielhaften Studien Anwendung finden (z. B. Beckschulte, 2019; Bond & Fox, 2012; Fischer & Molenaar, 1995; Hankeln, 2019; Klinger, 2018; Rost, 2004; Strobl, 2015; van der Linden, 2016b). Sinharay (2016) betont, dass es bei der Modellgeltung auf der einen Seite Methoden gibt, die zum *Vergleich* verschiedener Modelle herangezogen werden können und auf der anderen Seite Methoden, anhand derer überprüft werden kann, *wie gut* ein Modell auf die Daten passt. Diese Aufteilung wird auch hier vorgenommen, um möglichst nachvollziehbar darzustellen, anhand welcher Methoden eines der in Abschnitt 5.3.4 geschilderten Modelle ausgewählt wird und anhand welcher Methoden das ausgewählte Modell weiter getestet wird. Dieser Zweischritt ist sinnvoll, da die gewählten Methoden zum Modellvergleich zum Teil keine Aussage über die Güte der Passung ermöglichen, sondern lediglich die Passung verschiedener Modelle vergleichen können (Rost, 2004). Diese Aufteilung ist ansonsten jedoch künstlich und auch Methoden, die hier der Modellgeltung zugeordnet werden, können zum Teil zum Modellvergleich herangezogen werden und andersherum.

**Modellvergleich**

In der Statistik gilt wie in vielen anderen Bereichen der Grundsatz „so komplex wie nötig, aber so einfach wie möglich" (vgl. „Einfachheitskriterium" in Rost, 2004, S. 330; Cohen & Cho, 2016). Beim Vergleich verschiedener Modelle sollte dieses Gütekriterium im Hinterkopf behalten werden und sich tendenziell für ein Modell entschieden werden, welches möglichst wenige und einfache Annahmen voraussetzt. Gleichzeitig sollte die empirische Gültigkeit eines Modells Beachtung finden, also die Frage wie gut ein Modell (hier: im Vergleich zu anderen Modellen) passt. Des Weiteren sollten der Geltungsbereich und auch die Brauchbarkeit eines Modells abgewogen werden (Rost, 2004). Der Geltungsbereich zieht insbesondere den bisherigen Forschungsstand bei vergleichbaren Tests mit ein. Es schränkt den Geltungsbereich ein, wenn in ähnlichen Situationen immer ein eindimensionales Konstrukt bevorzugt wurde, sich bei dem eigenen Test jedoch eine bessere Passung eines zum Beispiel dreidimensionalen Modells herauskristallisiert. Es bietet sich nicht in jeder Situation an, den Geltungsbereich einzubeziehen, daher schlägt Rost (2004) ergänzend bzw. ersetzend das Brauchbarkeitskriterium vor. Hierbei handelt es sich um eine weitestgehend subjektive Entscheidung, die berücksichtigt, *wofür* der Test und das Testmodell genutzt werden soll. Diese Überlegungen dienen als Orientierung beim Vergleich der Kennwerte mehrerer Modelle. Die Kennwerte sind vor allem die informationstheoretischen Maße AIC, BIC und CAIC.[15] Sie berücksichtigen sowohl den Likelihoodwert $L$ als auch die Parameteranzahl $n_p$ eines Modells und gewichten diese auf unterschiedliche Weise (Bühner, 2011; Claeskens & Hjort, 2008; Cohen & Cho, 2016; Rost, 2004):

$$AIC = -2 \cdot \ln(L) + 2 \cdot n_p, \tag{5.2}$$

$$BIC = -2 \cdot \ln(L) + \ln(N) \cdot n_p \, und \tag{5.3}$$

$$CAIC = -2 \cdot \ln(L) + \ln(N) \cdot n_p + n_p. \tag{5.4}$$

*Akaikes information criterion* (AIC) ist das älteste informationstheoretische Maß und wägt die Parameteranzahl und den Likelihoodwert eines Modells ohne

---

[15] Es gibt noch weitaus mehr informationstheoretische Maße. Die drei hier vorgestellten Kriterien sind jedoch diejenigen, die am häufigsten Anwendung finden (Cohen & Cho, 2016; Rost, 2004).

weitere Gewichtung gegeneinander ab. Dies kann bei großen Stichproben zu Problemen führen.

*Bayes information criterion* (BIC) oder auch nach seinem Entwickler Schwartz-Kriterium, gewichtet die Parameteranzahl stärker, was sich durch den Logarithmus der Stichprobengröße $N$ als Koeffizient der Parameteranzahl widerspiegelt. Dies ist insbesondere bei großen Datensätzen wichtig, da sonst immer die Funktion mit mehr Modellparametern eine bessere Passung erreicht.

Der *consistent* AIC (CAIC) schließlich nimmt eine Korrektur des AIC vor. Dadurch soll er auch bei größeren Stichproben konsistent sein.

Claeskens und Hjort (2008) vergleichen den AIC und den BIC anhand verschiedener Kriterien. Zwei davon sind *Konsistenz* und *Effizienz*. Ein informationstheoretisches Maß ist demnach konsistent, wenn es das „wahre Modell" mit sehr hoher Wahrscheinlichkeit identifiziert. Es ist effizient, wenn es dabei hilft das Modell zu identifizieren, das sich wie das theoretisch beste Modell verhält. Nach Claeskens und Hjort (2008) ist es nicht möglich, dass eine Methode sowohl konsistent als auch effizient ist. Sie stufen den AIC als effizient und den BIC als konsistent ein. Den CAIC sehen sie als einen Versuch, die positiven Eigenschaften von AIC und BIC zu kombinieren und somit die Konsistenz des effizienten AIC etwas zu erhöhen (Claeskens & Hjort, 2008; Rost, 2004). Der AIC soll im Vergleich zum CAIC jedoch eine deutlich bessere Modellvergleichsbasis darstellen (Anderson, Burnham & White, 1998).

Bei allen drei Werten gilt: Je kleiner der Wert im Modellvergleich, desto besser. Rost (2004) betont jedoch noch einmal, dass das am besten passende Modell nicht unbedingt auch das beste Modell sein muss, wenn man die eben ausgeführten weiteren Gütekriterien mit berücksichtigt. Das Einfachheitskriterium spiegelt sich in der Parameteranzahl wider und die empirische Gültigkeit lässt sich über den Likelihoodwert abschätzen. Die Brauchbarkeit und der Geltungsbereich sind wie schon geschrieben theoretische Abwägungen, die ergänzend gezogen werden sollten. Hinsichtlich der Höhe des Unterschieds der Werte der informationstheoretischen Maße kann keine Aussage getroffen werden, was an der „Anspruchslosigkeit" der Kennwerte liegt (Rost, 2004, S. 339). So muss die Geltung der zu vergleichenden Modelle nicht vorab nachgewiesen sein und es ist nicht wichtig, welche Restriktionen zur Definition der Modelle genutzt wurden. Als grobes Auswahlkriterium nennt Rost (2004), dass „der *AIC bei kleinen Itemzahlen* mit *großen Patternhäufigkeiten*, der BIC bei großen Itemzahlen und kleinen Patternhäufigkeiten vorzuziehen ist" (S. 344). Cohen und Cho (2016) stufen den BIC insgesamt als brauchbarer zur Modellselektion ein als den AIC, da er beispielsweise weniger stark auf die Stichprobengröße reagiert. Sie sagen jedoch auch, dass in sehr vielen Studien, insbesondere bei dem Vergleich von mehrdimensionalen Modellen, beide Werte herangezogen werden. In der vorliegenden Studie werden dieser Argumentation folgend die beiden Maße AIC und der BIC berechnet, um die Modelle bestmöglich gegeneinander abwägen zu können.

Ergänzend zu den informationstheoretischen Maßen werden die Korrelationen zwischen den latenten Dimensionen der mehrdimensionalen Modelle betrachtet, wie von Pohl und Carstensen (2012) für den Vergleich eines eindimensionalen Modells mit mehrdimensionalen Modellen vorgeschlagen. Liegt der Wert über $r = 0.95$, so raten sie dazu, das eindimensionale Modell anzunehmen.

Als weitere Ergänzung wird der Likelihoodquotienten-Test (engl.: *likelihood ratio test*; LR-Test) gewählt. Dabei handelt es sich, anders als bei den informationstheoretischen Maßen, um ein parametrisches Verfahren, das unter anderem zum Vergleich hierarchischer Modelle herangezogen werden kann (Bühner, 2011; Glas, 2016a; Rost, 2004). Rost (2004) zufolge sagt die Likelihood eines Modells sehr viel über die Güte der Passung eines Modells aus und es gilt: „Je höher die Likelihood ist, desto besser erklärt das Modell die Daten" (Rost, 2004, S. 331). Um zwei hierarchische Modelle miteinander zu vergleichen, kann ein Quotient aus ihren Likelihoods gebildet werden (Glas, 2016a; Rost, 2004):

$$LR = \frac{L_0}{L_1} \qquad (5.5)$$

und es ergibt sich eine $\chi^2$-Statistik:

$$\chi^2 = -2 \cdot \ln(LR) \, \text{mit} \, df = n_p(L_1) - n_p(L_0) \, \text{Freiheitsgrden.} \qquad (5.6)$$

$L_1$ bezeichnet im Vergleich der hierarchischen Modelle das Obermodell und $L_0$ das stärker restringierte Modell (Glas, 2016a). Vergleicht man beispielsweise ein eindimensionales mit einem dreidimensionalen Modell, so stellt das dreidimensionale Modell das Obermodell dar. Das eindimensionale Modell ist im Vergleich mit mehrdimensionalen Modellen immer das Submodell, da es sich durch eine Restriktion der Parameter solcher Modelle ergibt (vgl. Abschnitt 5.3.4). Die Freiheitsgrade der $\chi^2$-Verteilung ergeben sich aus der Anzahl der Parameter $n_p$ in beiden Modellen. Um zu entscheiden, ob ein Modell besser auf die Daten passt als ein anderes Modell, wird überprüft, ob der $\chi^2$-Wert statistisch signifikant ist (Rost, 2004). Dazu wird in der Regel ein 5 %-Signifikanzniveau zugrunde gelegt. Der kritische Wert kann in einer $\chi^2$-Verteilungstabelle überprüft werden. Wird dieser Wert überschritten, so ist der erhaltene Wert unwahrscheinlicher als

5 %, der Test wird also signifikant. In diesem Fall sollte das stärker restringierte Modell verworfen werden (Rost, 2004). Im Beispiel würde bei einem signifikanten Ergebnis also das dreidimensionale Modell besser zu den Daten passen als das eindimensionale Submodell.

Um die Modelle nicht nur auf der globalen Modellebene miteinander zu vergleichen, wird schließlich ein Verfahren zur Bestimmung des Itemfits ergänzend eingesetzt. Damit kann untersucht werden, wie gut die einzelnen Items zu den Modellen passen. Pohl und Carstensen (2012) empfehlen hierfür den Einsatz des *weighted mean square* (wMNSQ, auch *Infit* genannt). Der *mean square* beschreibt die Abweichung des beobachteten Wertes für eine korrekte Antwort von der im Modell erwarteten Lösungswahrscheinlichkeit (Pohl & Carstensen, 2012). Es wird die Differenz aus der beobachteten Antwort $u_{i,j}$ der Person $i$ auf ein Item $j$ und dem Erwartungswert dieses Wertes gebildet und durch eine Standardisierung mittels der zugehörigen Standardabweichung ein standardisierter Residualwert $z_{i,j}$ erhalten (Rost, 2004). Das standardisierte Residuum wird im Anschluss quadriert und der Mittelwert über alle $N$ Personen gebildet (Wright & Masters, 1982).[16] Der wMNSQ gewichtet Abweichungen rund um die 50 %-Lösungswahrscheinlichkeit eines Items stark und Abweichungen bei sehr hohen und sehr niedrigen Werten vergleichsweise weniger stark (Pohl & Carstensen, 2012). Um diese Gewichtung mathematisch vorzunehmen, wird die Varianz der erwarteten Itemantwort mit berücksichtigt (Bond & Fox, 2012; Wright & Masters, 1982).[17] Ein wMNSQ von 1 entspricht dem Ideal (Pohl & Carstensen, 2012). In diesem Fall stimmen die beobachteten Daten genau mit den erwarteten Werten überein. Abweichungen in Bereiche kleiner 1 sprechen für einen *overfit*, das heißt die mittleren quadratischen Abweichungen sind kleiner als erwartet, das Item passt also „zu gut" auf das Modell (Pohl & Carstensen, 2012; Rost, 2004). Bei Werten größer 1 gilt dem entsprechend das Gegenteil und man spricht von einem *underfit*. Bond und Fox (2012) geben für MC-Tests weitreichender Studien einen Wertebereich von 0.8 bis 1.2 an. Für weniger weitreichende MC-Tests befinden sie Werte im Bereich von 0.7 bis 1.3 als ausreichend. Des Weiteren sollte der zum wMNSQ gehörige, automatisch mit ausgegebene t-Wert keine Signifikanz aufweisen (Pohl & Carstensen, 2012). Für ihn werden daher Bereiche zwischen −2 und 2 als wünschenswert angegeben (Bond & Fox, 2012). Abweichungen des

---

[16] Daher die Bezeichnung *mean square,* was im Deutschen übersetzt werden kann mit „mittlere Abweichungsquadrate".

[17] Für genauere Herleitungen und Erläuterungen der Formeln sei an dieser Stelle auf Wright und Masters (1982) sowie auf Bond und Fox (2012) verwiesen.

t-Wertes in Bereiche größer 2 deuten auf eine zu niedrige Trennschärfe hin, negative Abweichungen werden im Allgemeinen als nicht problematisch eingestuft (Jude, 2006).

**Modellgüte**

Da – mit einigen wenigen Ausnahmen – durch die vergleichenden Methoden nicht viel über die Güte des ausgewählten Modells ausgesagt werden kann, wird das aus dem Modellvergleich resultierende Modell weiteren Tests unterzogen. Im Fokus steht an dieser Stelle die Frage *wie gut* das Modell passt. Es geht darum, die Eigenschaften des gewählten Modells zu untersuchen.

Auf Itemebene werden verschiedene Fit-Statistiken betrachtet, die Aussagen darüber zulassen, wie gut die erhobenen Daten zu den einzelnen Items auf das gewählte Modell passen. Im Rahmen des Modellvergleichs wurde schon der *weighted mean square* (wMNSQ) vorgestellt. Als weitere Untersuchung auf Itemebene werden die klassischen Itemtrennschärfen betrachtet, was bei dichotomen Items einer punktbiserialen Korrelation zwischen den Ergebnissen der Personen bei einem Item und den Summenscores dieser Person entspricht (Kelava & Moosbrugger, 2012). Die Trennschärfe eines Items gibt an, wie gut es zwischen Personen mit niedriger und hoher Fähigkeitsausprägung unterscheiden kann (Rost, 2004). Aufgaben mit mittlerer Schwierigkeit weisen in der Regel die besten Trennschärfen auf, da eine parabolische Beziehung zwischen Itemschwierigkeit und -trennschärfe besteht (Lienert & Raatz, 1998). Die Grenzen für die Güte der Trennschärfe differieren bei verschiedenen Autoren leicht. Ab einem Wert von $r = 0.2$ kann jedoch von akzeptablen Trennschärfen ausgegangen werden und ein Wert von $r \geq 0.3$ wird im Allgemeinen als „gut" betrachtet (OECD, 2012; Pohl & Carstensen, 2012).

Auf Modellebene wird insbesondere betont, wie wichtig es ist, so genanntes *Differential Item Functioning* (DIF) zu untersuchen (Walker, 2011). Liegt DIF vor, so werden bestimmte Personengruppen durch den Test benachteiligt. Klassischerweise wird DIF zur Identifikation unfairer Items genutzt, es kann jedoch ebenso zur Konstruktvalidierung und damit zur Modellgeltung beitragen (Walker & Beretvas, 2001). Liegt kein DIF vor, so impliziert dies die Invarianz der Messung (Pohl & Carstensen, 2012; Walker, 2011). Ohne DIF ist folglich eine wichtige Eigenschaft von Rasch-Modellen erfüllt, die der *spezifischen Objektivität* (vgl. Abschnitt 5.3.3). Pohl und Carstensen (2012) schlagen *multiple-group IRT analyses* vor und geben als Richtwert an, dass bei Unterschieden > 1 *logit* von einem starken DIF ausgegangen werden sollte. Werte zwischen 0.6 und 1 sind ihnen zufolge erwähnenswert. Die von Pohl und Carstensen (2012) gesetzte Grenze für starkes DIF (> 1 logit) kann als „Ausschlussgrenze" (Hankeln, 2019, S. 218) für Items interpretiert werden. Laut Muthén und Lehman (1985) werden bei einer *multiple group analysis* verschiedene Gruppen, denen der gleiche Test vorgelegt wurde, so analysiert, als stammten sie aus unterschiedlichen Populationen mit einer Art Parameterinvarianz zwischen den Populationen. Als Beispiel wird die Aufteilung in weibliche und männliche Probanden genannt. Ein alternatives Vorgehen stellt die Anwendung eines LR-Tests dar, bei dem ebenfalls verschiedene Teilungskriterien berücksichtigt werden können (Rost, 2004; Walker, 2011). Die Funktionsweise dieses Tests wurde schon im Rahmen der Modellvergleiche erläutert und kann entsprechend auf Modelle mit verschiedenen Subgruppen angewandt werden (McDonald, 2014). Als Ergänzung empfiehlt Rost (2004) in jedem Fall einen graphischen Modelltest vorzunehmen, dessen Interpretation interessante inhaltliche Ergebnisse zu Teilpopulationen liefern kann. Bei einem graphischen Modelltest werden die Itemparameter zweier Teilpopulationen in einem Diagramm aufgetragen. Ziel ist, dass alle Items auf der 45°-Linie liegen. Je weiter ein Item davon abweicht, desto unterschiedlicher sind die beiden Gruppen (Rost, 2004). In der vorliegenden Studie wird DIF mittels *multiple group analysis* untersucht, da diese in der genutzten Software zu diesem Zweck implementiert wurde (Wu et al., 2007). Ergänzend wird ein graphischer Modelltest durchgeführt.

Abschließend wird auf Personenebene die Reliabilität der Fähigkeitsschätzer mittels EAP/PV-Reliabilitäten untersucht, wie schon in Abschnitt 5.2.2. im Rahmen der Testgütekriterien erwähnt wurde. Sie geben die Messgenauigkeit an, mit der die latenten Personenfähigkeiten gemessen werden können (Adams, 2005). Je näher der Wert an 1 liegt, desto höher ist die Messgenauigkeit (Moosbrugger & Kelava, 2012). Reliabilitäten zählen zwar nicht zu den Standardtechniken der Testgüteuntersuchungen im Rahmen der probabilistischen Testtheorie, da genügend andere Techniken zur Verfügung stehen, sie werden jedoch häufig erwartet und daher mit angegeben (Adams, 2005). Im Rahmen marginaler Modelle wird dabei üblicherweise auf die besagten EAP/PV-Reliabilität zurückgegriffen (Adams, 2005; Terzer et al., 2013). Dabei werden die „geschätzte Varianz des zu messenden Merkmals und die Varianz der Expected a Posteriori-Schätzer der individuellen Merkmalsausprägungen" berücksichtigt (Terzer et al., 2013, S. 69; Rost, 2004). Zur Erinnerung: Moosbrugger und Kelava (2012) geben für Reliabilitäten eine Untergrenze von 0.7 an. Gruppenvergleiche sind nach Lienert und Raatz (1998) auch bei Reliabilitäten unter 0.6 noch möglich, während von Individualvergleichen in diesem Fall abgesehen werden sollte (vgl. Abschnitt 5.2.2).

## 5.3.7 Veränderungsmessung und Gruppenunterschiede

Im Anschluss an die Testskalierung kann zur Beantwortung der Forschungsfragen 2. bis 4. (vgl. Abschnitt 3.2) sinnvoll auf Methoden der klassischen Testtheorie bzw. Messfehlertheorie zurückgegriffen werden. Es werden sowohl deskriptive als auch inferenzstatistische Methoden angewandt. Forschungsfrage 2 fokussiert Veränderungen in den Fähigkeiten der Schülerinnen und Schüler vom ersten zum zweiten Messzeitpunkt. Da die Datenmatrix vor der Skalierung so strukturiert wird, dass die Parameter auf einer Skala geschätzt werden, können Mittelwertdifferenzen zur Identifikation von Veränderungen herangezogen werden (vgl. Abschnitt 5.3.1). Auf deskriptiver Ebene können somit die Mittelwerte der Fähigkeitsparameter der Gesamtstichprobe sowie der beiden Schülerinnen- und-Schüler-Gruppen getrennt nach den Messzeitpunkten 1 und 2 berichtet und graphisch visualisiert werden. Um die Veränderungen statistisch zu prüfen, bietet sich in diesem Design die Durchführung von t-Tests für abhängige Stichproben an (McDonald, 2014). Dabei besagt die Nullhypothese, dass sich der Stichprobenmittelwert zum ersten Messzeitpunkt nicht signifikant von dem Mittelwert des zweiten Messzeitpunktes unterscheidet ($H_0 : M_1 = M_2$). Voraussetzungen für die Durchführung eines t-Tests sind eine Normalverteilung der Personenfähigkeiten sowie die Unabhängigkeit der Messwerte innerhalb eines Messzeitpunktes (Eid, Gollwitzer & Schmitt, 2017). Außerdem müssen die zu untersuchenden Daten intervallskaliert sein (Rasch, Friese, Hofmann & Naumann, 2014). Gegen eine Verletzung dieser Annahmen ist der t-Test bei ausreichend großer Stichprobe jedoch robust. Eid et al. (2017) nennen in diesem Zusammenhang Anzahlen von mindestens 80 Probanden, falls eine sehr schiefe Verteilung vorliegt. Rasch et al. (2014) bezeichnen eine Stichprobe von mindestens 30 Probanden pro Gruppe als ausreichend groß. Es wird ein 5 %-Signifikanzniveau festgelegt. Wird der t-Test signifikant, so kann die Nullhypothese abgelehnt werden und es kann von einem systematischen Effekt ausgegangen werden.

Um Aussagen über die Stärke dieses Effekts treffen zu können, wird ergänzend das Effektstärkemaß *Cohens d* betrachtet. Dies ist wichtig, da mit zunehmender Stichprobengröße auch unbedeutende Effekte signifikant werden können. Erst auf Grundlage der Effektstärke kann folglich beurteilt werden, ob gefundene, signifikante Mittelwertdifferenzen von inhaltlicher Relevanz sind (Eid et al., 2017; Rasch et al., 2014). Ein Effekt wird als klein eingestuft, wenn *Cohens d* einen Wert von 0.2 annimmt. Bei Werten um 0.5 wird von einem mittleren Effekt gesprochen und ab 0.8 von einem großen Effekt (Cohen, 1988).

Darüber hinaus kann die Teststärke mittels einer Post-hoc-Poweranalyse ermittelt werden (Völkle & Erdfelder, 2010). Sie gibt die Wahrscheinlichkeit an, mit der ein tatsächlich vorhandener Populationseffekt entdeckt werden konnte (Völkle & Erdfelder, 2010). Im Allgemeinen ist die Teststärke eines t-Tests mit abhängiger Stichprobe höher als die Teststärke von einem vergleichbaren t-Tests mit unabhängiger Stichprobe (Eid et al., 2017; McDonald, 2014; Rasch et al., 2014). Anders als bei der Effektstärke gibt es keine Einstufungen für die Power eines Tests. Ziel ist es, einen möglichst hohen Wert, das heißt einen Wert nahe Eins zu erreichen (Cohen, 1988).

Für die Beantwortung der dritten und vierten Forschungsfrage sind die Unterschiede zwischen den beiden Interventionsgruppen zum zweiten Messzeitpunkt von Interesse. Es soll ermittelt werden, welcher Anteil der Personenfähigkeit durch die Zugehörigkeit zu einer der Interventionsgruppen erklärbar ist. Außerdem sollen weitere Einflussfaktoren, wie das Geschlecht und das Vorwissen mit in die Auswertungen aufgenommen werden können, denn gerade für quasi-experimentelle Designs wird empfohlen, mehr als eine unabhängige Variable zu berücksichtigen (Döring & Bortz, 2016). Der Einfluss von Störvariablen und somit der Messfehler (oft: das Residuum) der Analyse soll so möglichst reduziert werden (Eid et al., 2017).

Da die Personenfähigkeit zum zweiten Messzeitpunkt die einzige abhängige Variable der Untersuchung darstellt und diese Variable metrisch skaliert ist, sollte entsprechend der methodologischen Wahlmöglichkeiten nach Eid et al. (2017) das *allgemeine lineare Modell* als übergreifender Analyseansatz gewählt werden. Darunter lassen sich zum einen (multiple) lineare Regressionsanalysen fassen. Zum anderen zählen auch Varianz- und Kovarianzanalysen dazu. Eine Möglichkeit aus diesen drei Verfahren das angemessenste für die aktuelle Untersuchung auszuwählen besteht darin, die Skalenniveaus der unabhängigen Variablen zu betrachten. Im Rahmen von Varianzanalysen können ausschließlich kategoriale unabhängige Variablen (Faktoren) berücksichtigt werden (Eid et al., 2017). Soll ergänzend eine metrische unabhängige Variable, wie zum Beispiel das Vorwissen, mit in die Analyse aufgenommen werden, kann diese als Kovariate in die Modellgleichung eingesetzt werden (Völkle & Erdfelder, 2010). Die Varianzanalyse wird so zu einer Kovarianzanalyse erweitert. Eine Voraussetzung für die Anwendung einer Kovarianzanalyse ist, dass der Zusammenhang zwischen den Faktoren und der Kovariaten ausschließlich additiv ist. Es sind keine Interaktionen zwischen beiden Arten unabhängiger Variablen zulässig (Völkle & Erdfelder, 2010). Wird davon ausgegangen, dass derartige Zusammenhänge bestehen, so bietet die multiple Regression die Möglichkeit, diese Einschränkung zu umgehen. Neben additiven Interaktionen können hier auch multiplikative Interaktionen zwischen metrischen und kategorialen unabhängigen Variablen gehandhabt werden (Hennig, Müllensiefen & Bargmann, 2010; Richter, 2007). Es wird

dann von einer *Aptitude-Treatment-Interaction-Analyse* gesprochen (Eid et al.,
2017; Snow, 1991). Neben dem Skalenniveau der Variablen können weitere Ent-
scheidungskriterien zur Wahl einer Analysemethode herangezogen werden. Bei
quasi-Experimenten bzw. Prä-Posttest-Designs raten mehrere Autoren von einer
Varianzanalyse ab (Dimitrov & Rumrill, 2003; Hennig et al., 2010; Völkle &
Erdfelder, 2010). Dies wird einerseits über die Struktur der Stichprobe in quasi-
Experimenten begründet, in der häufig Schülerinnen und Schüler einer Schule
und/oder einer Klasse an der Erhebung teilnehmen und somit Datencluster vorliegen, die die Ergebnisse stark beeinflussen können (Völkle & Erdfelder, 2010).
Andererseits wird bei Varianzanalysen mit Messwiederholung ein *regression
toward the mean*-Effekt[18] beschrieben, der umgangen werden kann, indem der
Prätestwert als Kovariate eingesetzt wird (Hennig et al., 2010). Multiple Regressionsanalysen erlauben nach Eid et al. (2017) schließlich noch präzisere Prognosen
als Kovarianzanalysen. Folglich werden Varianzanalysen an dieser Stelle nicht
weiter thematisiert.[19] Kovarianzanalysen können als additive, multiple Regressionen mit metrischen und kategorialen unabhängigen Variablen dargestellt werden
(Eid et al., 2017). Somit genügt es an dieser Stelle das allgemeinere Konzept der
(multiplen) Regressionsanalyse kurz vorzustellen.

Im Rahmen von Regressionsanalysen wird die abhängige Variable Kriterium
oder Regressand und die unabhängigen Variablen Prädiktoren oder Regres-
soren genannt. Unter Berücksichtigung der lateinischen Wortherkünfte, gehen
aus diesen Bezeichnungen schon die beiden zentralen Ziele einer Regressionsanalyse hervor: Erklären und Prognostizieren (regressus (lat.): Rückschritt;
praedictio (lat.): Prognose). Eine schwer erfassbare Variable soll mittels einfacher messbaren Variablen vorhergesagt werden (Bortz & Schuster, 2016) bzw.
ein interessierendes Merkmal auf andere, erklärende Merkmale zurückführen
(Wolf & Best, 2010). Die Regression beschreibt dabei einen gerichteten Zusammenhang zwischen den Variablen (Eid et al., 2017; Kuckartz, Rädiker, Ebert &
Schehl, 2013; Urban & Mayerl, 2018). Im Falle der linearen Regression ist dieser
angenommene Zusammenhang zwischen den Variablen ausschließlich linear. Soll
ein Kriterium durch einen einzigen Prädiktor erklärt werden, so wird von einer

---

[18] Dieser Effekt besagt, dass bei Designs mit Messwiederholung die Testwerte zum zweiten
Messzeitpunkt tendenziell näher an dem Erwartungswert dieses Messzeitpunktes liegen als
die Werte des ersten Messzeitpunkts an dessen Erwartungswert (Nesselroade, Stigler & Baltes,
1980).

[19] Wie Kovarianzanalysen lassen sich auch Varianzanalysen als Spezialfall einer (multiplen)
Regression auffassen, sodass sie streng genommen implizit mit aufgegriffen werden.

bivariaten linearen Regression gesprochen, bei mehr als einem Prädiktor von einer multiplen linearen Regression. Die Modellgleichung einer linearen Regression kann allgemein wie folgt formuliert werden (Eid et al., 2017) :

$$\text{Bivariate lineare Regression:} \quad Y = b_0 + b_1 \cdot X + E \qquad (5.7)$$

$$\text{Multiple lineare Regression:} \quad Y = b_0 + b_1 \cdot X_1 + \ldots + b_k \cdot X_k + E \qquad (5.8)$$

$Y$ stellt das Kriterium dar, $X, X_1, \ldots, X_k$ die Prädiktoren, $E$ das Residuum und $b_0, b_1, \ldots, b_k$ die Regressionskoeffizienten bzw. Regressionsgewichte. Das Regressionsgewicht $b_0$ wird auch „Regressionskonstante" genannt (Fromm, 2010, S. 84). Es entspricht dem y-Achsenabschnitt der Regressionsgeraden und somit dem durchschnittlichen Wert des Kriteriums, wenn alle Prädiktoren gleichzeitig den Wert Null annehmen. Zumeist ist $b_0$ jedoch nicht von inhaltlichem Interesse (Bortz & Schuster, 2016). Durch die restlichen Regressionsgewichte wird jeweils der Einfluss eines Prädiktors auf das Kriterium *bei Konstanthaltung aller anderen Prädiktoren* ausgedrückt. Ein Regressionskoeffizient gibt also an, „inwieweit eine unabhängige Variable einen Beitrag zur Erklärung bzw. Prädiktion der abhängigen Variable leisten kann, der über den Erklärungs- bzw. Prädiktionsbeitrag aller anderen unabhängigen Variablen in der Gleichung hinausgeht" (Eid et al., 2017, S. 637). Die durch die Prädiktoren nicht zu erklärende Varianz der Messwerte wird in der Residualvariable aufgefangen.

Es können und sollen nicht alle Einflussfaktoren in ein Regressionsmodell aufgenommen werden. Vielmehr geht es darum, anhand theoretischer Überlegungen die wichtigsten Einflussfaktoren zu identifizieren und zu berücksichtigen (Zuckarelli, 2017). Die durch das Residuum ausgedrückte übrige Diskrepanz zwischen erwarteten und gemessenen Werten soll minimiert werden. Um eine Regressionsgleichung mit möglichst kleinem Residuum zu ermitteln, wird in der Regel die *Methode der kleinsten Quadrate* angewandt (Bortz & Schuster, 2016; Wolf & Best, 2010).[20] Hierbei werden die Residuen $e_i$ für jeden Messwert $y_i$ des Kriteriums $Y$ quadriert, aufsummiert und schließlich wird diese Summe minimiert. So wird vermieden, dass sich positive und negative Abweichungen aufheben. Gleichzeitig führt diese Methode dazu, dass stärkere Abweichungen schwerer gewichtet werden als kleinere Abweichungen (Bortz & Schuster, 2016).

---

[20] Alternativ wird von Maximum Likelihood-Methoden berichtet (Wolf & Best, 2010). Auf diese wird an dieser Stelle jedoch nicht eingegangen, da die verwendete Software R standardmäßig mit der gängigen Kleinst-Quadrate-Methode arbeitet (R Core Team, 2019).

Die klassische Modellgleichung einer multiplen Regressionsanalyse in der Form von Formel (5.10) stellt eine Kovarianzanalyse dar, wenn die Prädiktoren $X_i$ teils metrisches und teils kategoriales Skalenniveau aufweisen. Des Weiteren kann Gleichung (5.10) in eine Regressionsgleichung mit Berücksichtigung von multiplikativen Interaktionen zwischen je zwei Prädiktoren erweitert werden (Richter, 2007; Urban & Mayerl, 2018). Für $k = 2$ Prädiktoren mit $X_1$ metrisch und $X_2$ kategorial sieht die Gleichung wie folgt aus:

$$Y = b_0 + b_1 \cdot X_1 + b_2 \cdot X_2 + b_3 \cdot X_1 \cdot X_2 + \text{E} \qquad (5.9)$$

Die Regressionskoeffizienten $b_1$ und $b_2$ stehen dabei für Haupteffekte der beiden Prädiktoren und der Koeffizient $b_3$ für einen Interaktionseffekt (Richter, 2007). Zur Erfassung der kategoriale Daten in der Modellgleichung wird häufig eine Dummy-Kodierung mit den Ausprägungen Null und Eins angewandt, wobei Null als Referenzkategorie bezeichnet wird (Kuckartz et al., 2013; Wolf & Best, 2010). Es wird empfohlen metrische Prädiktoren in Regressionsmodellen mit einem Interaktionsterm zu zentrieren (Afshartous & Preston, 2011; Richter, 2007). Dies führe dazu, die Haupteffekte leichter interpretieren zu können und minimiere gleichzeitig Multikollinearitätsprobleme zwischen den Haupt- und Interaktionseffekten. In Gleichung (5.10) ist dies in Form von Abweichungen der metrischen Variable $X_1$ vom Gesamtmittelwert $\overline{X}$ dargestellt:

$$Y = b_0 + b_1 \cdot (X_1 - \overline{X}) + b_2 \cdot X_2 + b_3 \cdot (X_1 - \overline{X}) \cdot X_2 + \text{E} \qquad (5.10)$$

Der Regressionskoeffizient $b_2$ lässt sich nun „als Haupteffekt des kategorialen Prädiktors bei einer mittleren Ausprägung des metrischen Prädiktors interpretieren" (Richter, 2007, S. 118). Interaktionen zwischen der metrischen und der kategorialen Variable können je nach Forschungsinteresse aus zwei verschiedenen Perspektiven interpretiert werden: Entweder dient der kategorialer Prädiktor als Moderator für den metrischen Prädiktor oder andersherum (Richter, 2007). Bei einer signifikanten Interaktion werden demnach entweder neue Regressionskoeffizienten der metrischen Variable für verschiedene, konstant gehaltene Ausprägungen des kategorialen Prädiktors geschätzt und betrachtet oder Effekte der kategorialen Variable für verschiedene Ausprägungen des metrischen Prädiktors untersucht (Richter, 2007). Beide Varianten resultieren in Gruppenvergleichen.

Neben den unstandardisierten Regressionskoeffizienten $b_i$ können auch z-standardisierte Werte $\beta_i$ betrachtet werden. Während erstere ausreichen, um Personengruppen derselben Untersuchung zu vergleichen, wird erst durch die

Standardisierung ein Vergleich verschiedener Studien (mit unterschiedlichen Messinstrumenten) möglich. Eid et al. (2017) empfehlen daher, immer beide Arten von Regressionskoeffizienten anzugeben. Die z-standardisierten Regressionskoeffizienten können wie Korrelationskoeffizienten interpretiert werden (Peterson & Brown, 2005; Tresp, 2015). Bei einem Wert von $|\beta| < 0.4$ wird dementsprechend von einem kleinen Einfluss eines Prädiktors auf das Kriterium gesprochen. Werte zwischen 0.4 und 0.6 werden als mittlerer Effekt eingeordnet und Werte über 0.6 als starker Effekt (Stockheim, 2015).

Um den Erklärungswert des Regressionsmodells abzuschätzen, wird bei Regressionsanalysen der Determinationskoeffizient $R^2$ betrachtet. Er gibt das Verhältnis der Varianz der vorhergesagten und der beobachteten Werte des Kriteriums an (Eid et al., 2017; Kuckartz et al., 2013; Wolf & Best, 2010). Da er mit zunehmender Anzahl an Prädiktorvariablen steigt, ist er für multiple Regressionsanalysen umstritten und wird dort durch einen korrigierten Determinationskoeffizient *adjusted* $R^2$ ersetzt, welcher die Hinzunahme irrelevanter Prädiktoren in die Analyse bestraft (Wolf & Best, 2010). Für $R^2$ schlägt Cohen (1988) folgende Effektgrößen vor: 0.02 steht für einen kleinen, 0.13 für einen mittleren und 0.26 für einen großen Effekt.

Es gibt eine Vielzahl von Annahmen, die ein Regressionsmodell erfüllen muss. Da diese zentral für die Interpretation der späteren Analysen sind, werden sie hier kurz beschrieben. Für ausführlichere Erörterungen sei jedoch auf die dabei zitierte, gängige Methodenliteratur verwiesen. Bisher wurde schon beschrieben, dass im Rahmen der multiplen linearen Regressionsanalyse von einem ausschließlich linearen Zusammenhang zwischen den Variablen ausgegangen wird und es wurden die erforderlichen Skalenniveaus der Variablen beschrieben. Des Weiteren wurde darauf hingewiesen, dass weder zu viele noch zu wenige Prädiktoren in die Modellgleichung aufgenommen werden sollten. Fehlen wichtige erklärende Variablen, so wird dies *Underfitting* genannt (Eid et al., 2017). Als Reaktion auf die mit einem *Underfitting* einhergehende geringe Varianzaufklärung können Interaktionsterme in die Modellgleichung aufgenommen werden und es kann überprüft werden, ob dies die Varianzaufklärung verbessert (vgl. Gleichung (5.9)). Alternativ kann eine Vergrößerung der Stichprobe hilfreich sein (Eid et al., 2017). Werden nicht zu wenige, sondern zu viele Variablen in die Modellgleichung aufgenommen, also auch irrelevante Prädiktoren berücksichtigt, so entsteht ein *Overfitting* (Eid et al., 2017). Irrelevante Variablen sollten möglichst ausgeschlossen werden, um verzerrte Regressionsgewichte zu vermeiden.

Eine weitere Voraussetzung für Regressionsanalysen ist, dass die Prädiktoren möglichst messfehlerfrei vorliegen sollten, da es ansonsten zu verzerrten Schätzungen der Regressionskoeffizienten und ihrer Standardfehler kommt (Wolf &

Best, 2010). Zur Überprüfung und Einschätzung kann auf Reliabilitätsmaße zurückgegriffen werden (Eid et al., 2017). Des Weiteren werden die Eigenschaften Homoskedastizität (Varianzgleichheit), möglichst niedrige Multikollinearität der Variablen sowie Normalverteilung der Residuen bzw. bivariate Normalverteilung jedes Prädiktors mit dem Kriterium als wichtige Modellannahmen aufgeführt (z. B. Bortz & Schuster, 2016; Kuckartz et al., 2013; Urban & Mayerl, 2018). Kuckartz et al. (2013) erläutern die Homoskedastizität anschaulich:

> „Die Varianz der Residuen soll unabhängig von den x-Werten sein, das heißt z. B. dass 20-Jährige sich nicht stärker in ihrem Klimabewusstsein unterscheiden als 22-Jährige. Diese Voraussetzung nennt man Homoskedastizität. Grafisch veranschaulicht heißt dies, dass die Streuung der Punkte um eine Regressionsgerade homogen ist." (S.272)

Zur Kontrolle der Homoskedastizität kann die Stichprobe auf Ausreißer untersucht werden. Ein Maß dafür ist *Cooks D*, für welches nach Jensen, Landwehr und Herrmann (2009) per Konvention gelte, dass Werte über $\frac{4}{n-k-1}$ als auffällig eingestuft werden sollten, wobei $n$ den Stichprobenumfang wiedergibt und $k$ die Anzahl der Prädiktoren. Die Autoren empfehlen, in diesem Sinne auffällige Werte bzw. Personen aus dem Modell auszuschließen und die Regressionsanalyse im Anschluss erneut durchzuführen. Weisberg (2014) merkt hingegen an, dass es in der Regel keinen großen Effekt hervorruft, wenn Personen mit einem *Cooks D* deutlich kleiner als 1 ausgeschlossen werden.

Multikollinearität liegt vor, wenn nicht ausschließlich Prädiktor und Kriterium linear voneinander abhängen, sondern auch unter den Prädiktoren lineare Zusammenhänge identifiziert werden. Letztere sind in diesem Fall nicht unabhängig voneinander. Um Multikollinearität möglichst einzudämmen, sollte darauf geachtet werden, dass sich die Prädiktoren nicht als Linearkombination anderer berücksichtigter Prädiktoren darstellen lassen (Bortz & Schuster, 2016). Dennoch lässt sie sich in der Forschungspraxis selten komplett vermeiden (Urban & Mayerl, 2018). Eine Möglichkeit Multikollinearität zu überprüfen besteht darin, Korrelationen zwischen den Prädiktoren zu betrachten. Je höher die Prädiktoren miteinander korrelieren, desto problematischer ist dies für die Regressionsanalyse. Rost (2013) und Zuckarelli (2017) nennen Korrelationen von 0.8 und höher als starkes Anzeichen für Multikollinearität. Ersterer empfiehlt in diesem Fall etwaige Prädiktoren zusammenzufassen oder aus der Regressionsanalyse auszuschließen. Letzterer betont, dass Korrelationen zwischen den Prädiktoren zwar ein hinreichendes, jedoch kein notwendiges Kriterium für Multikollinearität darstellen. Aus hohen Korrelationen könne auf Multikollinearität geschlossen werden. Anhand niedriger Werte dürfe eine Multikollinearität zwischen den Prädiktoren jedoch nicht automatisch ausgeschlossen werden, vor allem dann nicht, wenn mehr als zwei Prädiktoren in ein Regressionsmodell aufgenommen werden sollen. Zuckarelli (2017) empfiehlt daher, zusätzlich eine Regression einer unabhängigen Variablen auf die anderen unabhängigen Variablen zu rechnen. Ist der erhaltene $R^2$-Wert höher als in der eigentlichen Regression, so kann von Multikollinearität ausgegangen werden.

Ist die Normalverteilungsannahme verletzt, so kann dies zu verzerrten Standardfehlern führen, was fehlerhafte Signifikanztests zur Folge haben kann. Die Regressionskoeffizienten bleiben in diesem Fall jedoch unverzerrt (Bortz & Schuster, 2016). Bei Verletzung dieser Annahme kann eine größere Stichprobe helfen. Urban und Mayerl (2018) geben an, dass eine klassische lineare Regressionsanalyse mit nicht zu vielen Variablen schon mit weniger als 100 Probanden durchgeführt werden kann. Die Regel seien jedoch mehr als 200 Probanden und zum Teil werde sogar mit Stichprobengrößen von über 1000 Personen gearbeitet.

In der vorliegenden Arbeit wird neben t-Tests für abhängige Stichproben zur Beantwortung der zweiten Forschungsfrage auf multiple Regressionsanalysen zurückgegriffen. Als metrischer Prädiktor und Kovariate dient das Vorwissen in Form der Personenfähigkeit zum ersten Messzeitpunkt. Als kategorialer Prädiktor dient zunächst die Gruppenzugehörigkeit, welche die Lernenden in eine Gruppe mit EF und in eine Gruppe mit KCR Feedback aufteilt. Sukzessive wird das Regressionsmodell um weitere Prädiktoren ergänzt. Als kategoriale Variablen werden das Geschlecht und die Schulart mit in den Analysen berücksichtigt. Ergänzende metrische Prädiktoren sind die Konzentration, die Motivation und die computerbezogene Selbstwirksamkeitserwartung. Ob alle diese Prädiktoren einen signifikanten Einfluss auf die abhängige Variable haben, nämlich die Personenfähigkeit zum zweiten Messzeitpunkt, wird untersucht und Prädiktoren werden gegebenenfalls wieder ausgeschlossen, um einen *Overfit* zu vermeiden.

## 5.3.8 Verwendete Software

Bei der Auswertung der in der quasi-experimentellen Interventionsstudie erhobenen Daten wird auf verschiedene Software zurückgegriffen. Die Skalierung des Tests erfolgt in erster Linie mit der Software ACER ConQuest 4.0 (Adams, Wu & Wilson, 2015). Für die anschließenden Analysen wird die frei zugängliche Software R in der Version 3.6.1 genutzt (R Core Team, 2019). Da R selbst keine grafische Benutzeroberfläche besitzt, wird ergänzend die auf R abgestimmte *open source* Umgebung RStudio genutzt (RStudio Inc., 2019). R ist modular aufgebaut, das heißt neben der Basisausstattung der Software existieren eine Vielzahl an ergänzenden Softwarepaketen, die bei Bedarf heruntergeladen werden können (R Core Team, 2019; Wollschläger, 2013). Sofern dies in den Analysen geschieht, werden die entsprechenden Pakete im Text gekennzeichnet.[21]

**Testskalierung**

In der vorliegenden Arbeit wird die Software ACER ConQuest 4.0 genutzt, um die erhobenen und kodierten Daten in einem 1PL-Modell zu skalieren (Adams et al., 2015). Um die Itemparameter zu schätzen, nutzt ConQuest MML-Methoden, welche insbesondere bei Modellen mit mehr als einer Dimension bevorzugt angewandt werden. Sollte sich herausstellen, dass eine eindimensionale Skalierung zu bevorzugen ist, wird zu der Software R (Version 3.6.1; R Core Team, 2019) gewechselt, in der eine CML-Schätzung der Itemparameter möglich ist (Mair & Hatzinger, 2007; Mair et al., 2019). In diesem Kapitel wird das Programm ConQuest fokussiert, da dieses in jedem Fall zur Skalierung des Testes genutzt wird. Ein Programmwechsel wird nur vorgenommen, falls eine eindimensionale Skalierung auf Basis der Ergebnisse am geeignetsten erscheint. Nähere Informationen erfolgen dann bei Bedarf im Rahmen der Ergebnisse.

In ConQuest stehen für die MML-Approximation der Itemparameter drei verschiedene Algorithmen zur Verfügung (Wu et al., 2007). Für Modellierungen unter vier Dimensionen wird empfohlen den Gauß-Hermite-Algorithmus anzuwenden (Adams & Osses, 2016). Zur Schätzung der Personenparameter kann zwischen allen in Abschnitt 5.3.5 ausgeführten Methoden gewählt werden, so dass die angestrebte WLE-Schätzung der Personenparameter ohne weiteres möglich ist. Wird die Standardeinstellung beibehalten, so arbeitet ConQuest mit der PV-Technik. Im Rahmen der Modellgeltung gibt ConQuest auf Modellebene die so genannte *final Deviance* aus, welche dem zweifach negativen Logarithmus des Likelihoodwertes entspricht. Die informationstheoretischen Maße AIC und BIC können auf Grundlage der *final Deviance* berechnet werden. Gleiches gilt für die Durchführung von LR-Tests zum globalen Vergleich zweier hierarchischer Modelle. Mathematisch bedeutet dies, dass aus $D = -2 \cdot \ln(L)$ mit den Formeln und Notationen aus Abschnitt 5.3.6 folgt (vgl. Formeln (5.2) bis (5.10)):

$$AIC = D + n_p \, , \ BIC = D + \ln(N) \cdot n_p \, , \ \chi^2 = D_1 - D_0. \qquad (5.11)$$

Des Weiteren berechnet ConQuest 4.0 verschiedene Reliabilitätsmaße und es werden automatisch Korrelationen zwischen den latenten Dimensionen ausgegeben.

---

[21] Eine Übersicht über alle R-Pakete befindet sich auf den Seiten des „Comprehensive R Archive Network" (CRAN) (https://cran.r-project.org/web/packages/).

Außerdem bietet ConQuest 4.0 Fit-Statistiken auf Itemebene an: Standard sind der wMNSQ und die klassische Trennschärfe. Zusätzlich besteht die Möglichkeit, die Items hinsichtlich DIF zu überprüfen. Dafür müssen Gruppenvariablen vorgegeben werden, mit denen eine *multiple group analysis* durchgeführt werden kann. Mittels der Ausgabedatei zur Untersuchung auf DIF kann ein graphischer Modelltest durchgeführt werden.

**Veränderungsmessung und Gruppenunterschiede**
Für die Messung von Veränderungen wird die Software R (R Core Team, 2019) mit der Benutzeroberfläche RStudio (RStudio Inc., 2019) in Anspruch genommen. Ein Befehl für t-Tests ist standardmäßig in R enthalten. Es kann zwischen den drei Alternativhypothesen „two.sided", „less" und „greater" gewählt werden. Für die Analysen wird der Standard „two.sided" beibehalten, sodass die Alternativhypothese besagt, dass die Mittelwertdifferenz zweier via t-Test untersuchter Gruppen ungleich Null sei. Damit t-Tests für abhängige Stichproben gerechnet werden, muss die Variable „paired=TRUE" ergänzt werden. Zur Berechnung der Effektstärke *Cohens d* wird das Softwarepaket „lsr" herangezogen (Navarro, 2015a, 2015b). Der darin enthaltene Befehl „CohensD" bezieht sich explizit auf Cohen (1988), womit die Effektstärke wie in Abschnitt 5.3.7 beschrieben bestimmt werden kann. Damit diese Effektstärke auch für die Post-hoc Poweranalysen eingesetzt werden kann, wird außerdem das Softwarepaket „pwr" installiert (Champely et al., 2018a, 2018b). Dieses wurde eigens für Teststärkeuntersuchungen nach Cohen (1988) entwickelt. Zur Durchführung der Poweranalysen wird die Stichprobengröße sowie *Cohens d* benötigt. Des Weiteren werden wie zuvor die Richtung der Alternativhypothese definiert sowie, dass t-Tests für abhängige Stichproben zugrunde gelegt werden.

Zur Untersuchung von Gruppenunterschieden mittels linearer Regressionsanalysen kann weitestgehend auf die Standardfunktionen von R zurückgegriffen werden. Es können außerdem verschiedenste Diagramme erstellt werden, um einen deskriptiven ersten Eindruck von der Datenlage zu bekommen. Auch Korrelationen zwischen zwei Variablen lassen sich mit den Standardpaketen bestimmen. Hierzu werden klassisch die Pearsonschen Produkt-Moment-Korrelationen genutzt. Der Softwarebefehl zur Berechnung einer linearen Regression erlaubt es, das zugrunde liegende Modell manuell zu definieren. Mit Additions- und Multiplikationszeichen kann angegeben werden, welche Art von Zusammenhang zwischen den Prädiktoren untersucht werden soll. Außerdem können nach Belieben zentrierte oder nicht-zentrierte metrische Prädiktoren in die Regressionsgleichung aufgenommen werden. Um neben den Regressionskoeffizienten $b$ auch z-standardisierte Koeffizienten $\beta$ zu erhalten, wird die Softwareerweiterung

„reghelper" installiert (Hughes, 2018a, 2018b). Der Determinationskoeffizient $R^2$ sowie dessen korrigierte Version *adjusted* $R^2$ werden automatisch von R mit ausgegeben. Um Ausreißer in den Daten zu identifizieren und ein Modell somit auf Homoskedastizität zu testen, kann schließlich noch *Cooks D* bestimmt werden, so wie es in Abschnitt 5.3.7 beschrieben wurde. R gibt diese Werte numerisch aus und zusätzlich besteht die Möglichkeit ein Diagramm, den so genannten „Cooks distance plot", mit den Abweichungen zu betrachten.

# Ergebnisse

6

Auf theoretischer und methodischer Ebene ist geklärt, auf welche Weise die vier Forschungsfragen beantwortet werden sollen, um sukzessiv herauszustellen, ob ein Lernpfad zu quadratischen Funktionen mit integriertem elaboriertem Feedback einen positiveren Einfluss auf die Mathematikleistung von Schülerinnen und Schülern hat, als der gleiche Lernpfad mit KCR Feedback.

Zur Darstellung der Ergebnisse der Interventionsstudie wird zunächst die erste Forschungsfrage, wie sich die Mathematikfähigkeit der Probanden im Bereich Funktionen empirisch beschreiben lässt, in den Blick genommen (Abschnitt 6.1). Dazu wird der Test in mehreren Schritten skaliert. Aus den Testwerten werden Itemkennwerte berechnet. Daraufhin werden mehrere potenzielle Modelle einander gegenübergestellt und das vergleichsweise optimalste Modell auf seine Güte hin untersucht. Nachdem eine zufriedenstellende Skalierung vorgenommen wurde, werden die Personenfähigkeiten zu beiden Messzeitpunkten geschätzt.

Die Ergebnisse aus Abschnitt 6.1 liefern die Daten, die zur Beantwortung der weiteren Forschungsfragen benötigt werden. Um den Einfluss von Feedback auf die Mathematikfähigkeit der Schülerinnen und Schüler festzustellen, werden Veränderungsmessungen und Gruppenvergleiche durchgeführt (Abschnitt 6.2). Bevor ermittelt werden kann, ob elaboriertes Feedback einen positiveren Effekt auf die Leistung hat als KCR Feedback, wird die Entwicklung in beiden Interventionsgruppen betrachtet. Diese ist notwendige Voraussetzung für aussagekräftige

**Elektronisches Zusatzmaterial** Die elektronische Version dieses Kapitels enthält Zusatzmaterial, das berechtigten Benutzern zur Verfügung steht https://doi.org/10.1007/978-3-658-35838-9_6.

Ergebnisse zu Posttest-Gruppenunterschieden. Im Anschluss werden die Ergebnisse der Gruppenvergleiche dargestellt. Hierbei wird sowohl der Einfluss des Feedbacks auf die Personenfähigkeiten analysiert als auch nacheinander die in Abschnitt 5.1 vorgestellten und miterhobenen Störvariablen auf bestehende Effekte hin untersucht.

## 6.1   Skalierung des Tests

**Abbildung 6.1**  Ablauf der Skalierung

Die Skalierung des Tests erfolgt mehrschrittig, wie in Abbildung 6.1 zu sehen ist. Zunächst werden die Parameter der Testitems geschätzt, anhand derer in einem zweiten Schritt die drei verschiedenen, vorab in Abschnitt 5.3.4 angenommene Testmodelle miteinander verglichen werden (Abschnitt 6.1.1). Eine eindimensionale Skalierung wird einer zwei- und einer dreidimensionalen Skalierung gegenübergestellt. Die hierzu angewandten Methoden wurden in Abschnitt 5.3 ausführlich erläutert. Das hinsichtlich der zugrunde gelegten Kriterien am besten auf die Daten passende Modell wird angenommen und weiteren Tests zur Beschreibung der Modellgüte unterzogen (Abschnitt 6.1.2). Auf Grundlage dieser Tests wird unter anderem überprüft, ob einzelne Items Auffälligkeiten aufweisen und von der weiteren Auswertung ausgeschlossen werden sollten. Nach Abschluss dieser Selektion und nach der finalen Beschreibung der Kennwerte der resultierenden Testskalierung werden in einem letzten Schritt die Personenparameter bestimmt und mittels deskriptiver Kennwerte dargestellt (Abschnitt 6.1.3).

## 6.1.1 Schätzung der Itemparameter und Modellvergleich

Durch die Skalierung mit virtuellen Personen, steht zur Schätzung der Itemparameter eine Stichprobe von N = 542 Schülerinnen und Schülern zur Verfügung. Für die Items, welche nur zu einem Messzeitpunkt eingesetzt wurden, können

Daten von $N = 271$ Schülerinnen und Schülern herangezogen werden. Die Itemparameter werden in ConQuest für die drei in Abschnitt 5.3.4 beschriebenen Modelle unabhängig voneinander mittels des empfohlenen Gauß-Hermite Algorithmus approximiert. Kurz zusammengefasst handelt es sich um die folgenden Modelle:

| | |
|---|---|
| **MODELL 1:** | eindimensionale Skalierung aller Testitems |
| **MODELL 2:** | zweidimensionale Skalierung der Testitems nach erforderlichen Darstellungswechseln |
| | Dimension 1:   Wechsel zwischen graphischer und algebraischer Darstellung(Kurzform: GA |
| | Dimension 2:   Wechsel zwischen situativer und graphischer bzw. algebraischer Darstellung (Kurzform: SAG) |
| **MODELL 3:** | dreidimensionale Skalierung der Testitems nach inhaltlichen Anforderungen |
| | Dimension 1:   Lineare Funktionen (Kurzform: LF) |
| | Dimension 2:   Funktionales Denken (Kurzform: FD) |
| | Dimension 3:   Quadratische Funktionen (Kurzform: QF) |

Aus den Itemparameterschätzungen ergeben sich die in Tabelle 6.1 aufgeführten globalen Kennwerte für den Modellvergleich. Das eindimensionale Modell sollte aufgrund der Vergleichswerte *final Deviance*, AIC und BIC verworfen werden.[1] Die Korrelationen zwischen den latenten Dimensionen der Modelle 2 und 3 stützen diese Entscheidung. Sie liegen deutlich unter der Grenze von 0.95, ab der eine eindimensionale Skalierung zu bevorzugen wäre.

Auf globaler Ebene werden ergänzend zwei LR-Tests durchgeführt, deren Ergebnisse in Tabelle 6.2 dargestellt sind. Ein Blick in eine $\chi^2$-Verteilungstabelle

---

[1] Für den Likelihoodwerte wurde in Abschnitt 5.3.6 als Orientierung: „desto größer, desto besser" angegeben. Da die *final Deviance* den zweifach negativen Logarithmus des Likelihoodwertes darstellt, gilt für sie entsprechend das Gegenteil.

**Tabelle 6.1** Globale Kennwerte für den Modellvergleich

|                      | Modell 1 | Modell 2   | Modell 3   |
|----------------------|----------|------------|------------|
| *final Deviance*     | 16731.43 | 16197.99   | 16198.61   |
| **Anzahl Parameter** | 39       | 41         | 44         |
| **AIC**              | 16809.43 | 16279.99   | 16286.61   |
| **BIC**              | 16976.94 | 16456.10   | 16475.60   |
| **Korrelationen**    |          | Dim. 1/Dim. 2 0.731 | Dim. 1/Dim. 2 0.564 Dim. 1/Dim. 3 0.590 Dim. 2/Dim. 3 0.572 |

zeigt, dass beide Tests hoch signifikant ausfallen. Für zwei Freiheitsgrade liegt der Schwellenwert auf einem 95 %-Signifikanzniveau bei $\chi^2 = 5.99$, für fünf Freiheitsgrade bei $\chi^2 = 11.07$ (Rost, 2004). Mit $\chi^2 > 532$ in beiden LR-Tests wird das eindimensionale Modell konsequenterweise endgültig verworfen.[2]

**Tabelle 6.2** Ergebnisse der LR-Tests für hierarchische Modelle

| LR-Test              | $\chi^2$ | $df$ |
|----------------------|----------|------|
| Modell 1 vs. Modell 2 | 533.44   | 2    |
| Modell 1 vs. Modell 3 | 532.82   | 5    |

Die Modelle 2 und 3 zeigen auf globaler Ebene eine sehr ähnliche Passung und werden daher zunächst beide hinsichtlich ihrer Passung auf Itemebene untersucht. Dazu wird der wMNSQ-Fit inklusive zugehörigem t-Wert betrachtet. Ein Item wird als auffällig eingestuft, wenn sein wMNSQ-Fit einen Wert kleiner gleich 0.70 (*overfit*) oder größer gleich 1.30 (*underfit*) annimmt. Abweichungen der zugehörigen t-Werte in negative Bereiche werden als nicht problematisch eingestuft, wie in Abschnitt 5.3.6 dargelegt wurde. t-Werte größer 2 sprechen für eine zu niedrige Trennschärfe eines Items. Da hohe t-Werte in der Regel in Kombination mit einem *underfit* im wMNSQ auftreten, wird dieser zunächst vorwiegend fokussiert. Kleinere Abweichungen der t-Werte bei ansonsten passenden Items

---

[2] Da für mehrdimensionale Rasch-Modelle MML-Schätzer die besten Itemparameterschätzungen liefern, müssen keine CML-Schätzungen nachgeholt werden und bei der Skalierung wird auf eine Verwendung von R verzichtet (vgl. Abschnitt 5.3.8).

werden dann bei der späteren Modellgüteprüfung durch die Betrachtung klassischer Trennschärfen mit in den Blick genommen. Die folgenden Items weisen hinsichtlich ihres wMNSQ einen *misfit* auf:[3]

**MODELL 2:** GAQI-1, GAQ-4, NGAQ-2, GAL-4

**MODELL 3:** SH-1, SH-2, SH-3

Das Ziel der Skalierung ist es, ein Modell zu finden, welches die Daten möglichst optimal beschreibt, weshalb weder Modell 2 noch Modell 3 auf Itemebene als besonders zufriedenstellende Skalierungen angesehen werden. In Modell 2 stammen alle vier auffälligen Items aus der ersten Dimension GA. In Modell 3 fallen drei Items aus der Dimension LF auf. Das Item GAL-4 zeigt in Modell 2 einen leichten *overfit* (wMNSQ = 0.67, t = −4.6). Da dies für eine „zu gute" Passung spricht und der Wert nah an der gewählten Untergrenze von 0.70 liegt, handelt es sich um keine schwerwiegende Modellverletzung. Die anderen Items weisen einen *underfit* auf, weshalb über ihre Elimination nachgedacht werden sollte. Besonders stark weichen die Items GAQI-1 (wMNSQ = 1.45, t = 7.7) und NGAQ-2 (wMNSQ = 1.45, t = 3.3) in Modell 2 sowie SH-1 (wMNSQ = 1.94, t = 14.1) in Modell 3 von den gewünschten Fit-Werten ab. Die Werte der anderen Items liegen nah an der gewählten Obergrenze von 1.30. Auf inhaltlicher Ebene weisen die aufgezählten Items unverkennbare Muster auf. In Modell 2 erfordern alle auffälligen Items einen graphisch-algebraischen Darstellungswechsel, da sie der ersten Dimension GA zugeordnet sind. Sie sind also von innermathematischer Natur. In der zweiten Dimension von Modell 2 (SAG) ist kein Item auffällig. Diese Dimension beinhaltet alle Aufgaben, die einen Sachkontext aufweisen, unabhängig davon, welches Thema inhaltlich abgeprüft wurde. Die drei Items mit einem *underfit* in Modell 2 stammen außerdem aus dem Inhaltsbereich quadratische Funktionen. Bei Modell 3 hingegen fallen ausschließlich Items aus der Dimension LF mit dem Inhaltsbereich lineare Funktionen auf. Die drei Items mit *underfit* sind dabei alle in einen Sachkontext eingebunden, befinden sich in Modell 2 also in der zweiten, dort unauffälligen Dimension. Auf Grundlage dieser unverkennbaren Muster und da beide Modelle global nahezu identische Werte ergeben, wird die Vermutung aufgestellt, dass ein weiteres Modell betrachtet werden sollte, welches zwischen innermathematischen Aufgaben und situativen Aufgaben differenziert (wie Modell 2) und zudem

---

[3] Der Aufbau des Leistungstests inklusive der auch hier verwendeten Itemkennungen ist im elektronischen Zusatzmaterial A.4 abgebildet. Dort bzw. bei Nitsch (2015) können alle Items nachgeschlagen werden.

die inhaltlichen Aspekte berücksichtigt (wie Modell 3) (vgl. Abbildung 6.2). Es
wird ein exploratives Vorgehen gewählt, um weitere Anhaltspunkte für die aufgestellte Vermutung zu finden. Dabei wird zunächst Modell 3 ausgewählt und
es werden sukzessive Items mit einem *underfit* ausgeschlossen. Nach drei weiteren Schätzdurchgängigen mit anschließender wMNSQ-Analyse sind alle Items
mit einem Sachkontext aus der ersten Dimension LF ausgeschlossen worden und
kein weiteres Item zeigt einen *misfit*. Die zweite und die dritte Dimension FD
bzw. QF bleiben folglich in allen Schätzdurchgängen unverändert. In der zweiten
Dimension FD weisen alle Items einen Sachkontext auf. Die Items in der dritten
Dimension QF sind teils von innermathematischer und teils von situativer Gestalt.
In Modell 3 zeigen Aufgaben zu quadratischen Funktionen zwar keine Auffälligkeiten, in Modell 2 fielen graphisch-algebraische Items im Bereich QF jedoch
negativ auf, wie vorab geschildert wurde. Diese Beobachtungen führen schließlich dazu, dass ein viertes Modell mit der folgenden Charakterisierung aufgestellt
und untersucht wird:

Es ist denkbar, dass die aufgestellte Vermutung zutrifft und eine Kombination aus Modell 2 und Modell 3 vergleichsweise die beste Passung zeigt (vgl.
Abbildung 6.2). Im zweidimensionalen Modell gab es in der Dimension SAG
mit sachbezogenen Aufgaben keine Fit-Probleme und auch im dreidimensionalen
Fall zeigte die Dimension FD, die ausschließlich Aufgaben mit situativer Darstellung beinhaltet, einen guten Fit. Gleichzeitig erscheint eine Differenzierung
von linearen und quadratischen Funktionen im graphisch-algebraischen Bereich
eine sinnvolle Alternative darstellen zu können, da die Dimension GA in Modell
2 Auffälligkeiten im Bereich quadratischer Funktionen zeigt. Es wird daher ein
dreidimensionales Modell zum Vergleich gestellt.

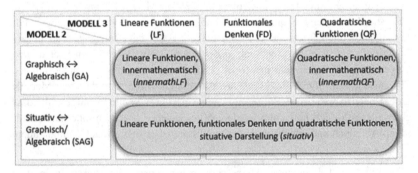

**Abbildung 6.2**  Zusammensetzung von Modell 4 aus den Modellen 2 und 3

**MODELL 4:**   Dreidimensionale Skalierung nach Inhalt und Art der Items

Dimension 1:   Lineare Funktionen, innermathematisch
(Kurzform: *innermathLF*)

Dimension 2:   Lineare Funktionen, Funktionales Denken
und Quadratische Funktionen,situative
Darstellung (Kurzform: *situativ*)

Dimension 3:   Dimension 3: Quadratische Funktionen,
innermathematisch (Kurzform:
*innermathQF*)

Die Items werden den drei Dimensionen von Modell 4 wie in Tabelle 6.3 dargestellt zugeordnet. In der ersten Dimension *innermathLF* befinden sich somit elf
Items, in der zweiten Dimension *situativ* 17 Items und in der dritten Dimension
*innermathQF* sieben Items.

**Tabelle 6.3**  Anzahl der Items und Verteilung auf die Dimensionen in Modell 4

| *INNERMATHLF* | GALR-5, GALI-1a, GALI-1b, AGLI-2a, AGLI-2b, GAL-3, NGAL-2a, NGAL-2b, NGAL-3, NGAL-1, GAL-4 |
|---|---|
| *SITUATIV* | GAPR-4, SALR-4, SAL-3, GAP-1, SH-2, GAP-3, SAQ-2, SH-3, SAL-1, SH-4, SH-5, SH-6, SAL-2, NSAQ-1, NSHQ-1, SAQ-1, NSAQ-2 |
| *INNERMATHQF* | NGAQ-1, GAQI-1, GAQ-4, GAQ-2, GAQ-3, GAQ-6, GAQR-7 |

Die globalen und itemspezifischen Kennwerte von Modell 4 sind in Tabelle 6.4
zusammengefasst. Auf beiden Ebenen zeigt sich im Vergleich zu den Modellen
1 bis 3 eine deutlich bessere Passung. Sowohl die *final Deviance* als auch AIC
und BIC nehmen niedrigere Werte an als in den drei zuvor geschätzten Modellen.
Die Korrelationen bekräftigen erneut, dass von einer eindimensionalen Skalierung
abgesehen werden sollte. Bemerkenswert ist, dass der wMNSQ aller Items in
Modell 4 im gewünschten Intervall liegt. Lediglich die t-Werte deuten darauf hin,
dass auch in diesem Modell zwei Items gegebenenfalls nicht trennscharf genug
sind (t > 2).

Abschließend werden der Vollständigkeit halber zwei LR-Tests mit Modell 4
durchgeführt (Tabelle 6.5): Zum einen mit dem eindimensionalen Modell 1, zum
anderen stellt auch Modell 2 ein Submodell von Modell 4 dar und kann somit für

**Tabelle 6.4**   Globale und itemspezifische Kennwerte von Modell 4

| Modell 4 | | | |
|---|---|---|---|
| *final Deviance* | 15762.90 | **wMNSQ** | 0.72 bis 1.23 |
| **Anzahl Parameter** | 44 | **t-Wert** | $-2.9$ bis 5.5 |
| **AIC** | 15850.90 | | |
| **BIC** | 16039.89 | | |
| **Korrelationen** | Dim. 1/Dim. 2 0.655 Dim. 1/Dim. 3 0.654 Dim. 2/Dim. 3 0.780 | | |

einen LR-Test herangezogen werden. Erneut werden die Tests hoch signifikant, was in beiden Fällen für die Annahme von Modell 4 spricht.

**Tabelle 6.5**   Ergebnisse der LR-Tests mit Modell 4

| LR-Test | $\chi^2$ | $df$ |
|---|---|---|
| Modell 1 vs. Modell 4 | 968.52 | 5 |
| Modell 2 vs. Modell 4 | 435.09 | 3 |

In Abschnitt 5.3.6 wurde betont, dass das am besten passende Modell nicht zwangsweise das beste Modell sein muss, wenn die Gütekriterien Einfachheit, empirische Gültigkeit, Brauchbarkeit und Geltungsbereich in die Abwägungen einbezogen werden. Da die Parameteranzahl in allen betrachteten Modellen ähnlich ist, kann Modell 4 aus Sichtweise des Einfachheitskriteriums ohne Weiteres angenommen werden. Die empirische Gültigkeit wurde im Modellvergleich über die Betrachtung der Likelihoodswerte bzw. der sich daraus ergebenden *final Deviance* berücksichtigt. Hinsichtlich der argumentativ auszuhandelnden Kriterien der Brauchbarkeit bzw. des Geltungsbereichs zeigen Untersuchungen in ähnlichen Kontexten, insbesondere Nitsch (2015), vergleichbare Skalierungsergebnisse. Das von Nitsch (2015) angenommene Modell 2 konnte zwar in der vorliegenden Skalierung nicht final überzeugen, Modell 4 zeigt im Ansatz jedoch dieselbe Differenzierung in innermathematische Aufgaben und Aufgaben mit situativem Kontext wie Modell 2. Die Definition einer dritten Dimension, durch welche zwischen innermathematischen Items zu linearen und zu quadratischen

Funktionen unterschieden werden kann, erscheint aufgrund des hiesigen Forschungsdesigns brauchbar. Quadratische Funktionen stellten für die Schülerinnen und Schüler ein neu zu erarbeitendes Thema dar, sodass es für die Auswertung angemessen erscheint, im innermathematischen Bereich zwischen den verschiedenen Inhaltsbereichen differenzieren zu können. Bei der Diskussion muss jedoch berücksichtigt werden, dass dies auf Basis von Modell 4 bei den situativ angelegten Items nicht möglich ist. Zu vergleichen wie sich die Schülerinnen und Schüler in den beiden Kontexten mathematisch und situativ entwickeln, kann jedoch zu spannenden Ergebnissen und Ansatzpunkten führen, weshalb die Wahl von Modell 4 insgesamt als brauchbar eingestuft wird.

**Fazit der Modellvergleiche**
Da die zuvor angenommen möglichen Modelle 1 bis 3 empirisch nicht überzeugen konnten, wird schlussendlich ein sich aus der Empirie ergebendes dreidimensionales Modell zur Skalierung herangezogen. Sowohl auf globaler Ebene als auch auf Ebene der Items zeigt dieses Modell 4 im Vergleich den besten Fit. Die zusätzlich herangezogenen Gütekriterien der Einfachheit, empirischen Gültigkeit, Brauchbarkeit und des Geltungsbereichs lassen Modell 4 ebenfalls als sinnvolle Wahl erscheinen. In diesem Modell teilen sich die Items in die drei Fähigkeitsdimensionen *innermathLF, situativ* sowie *innermathQF* auf. In der ersten Dimension befinden sich alle innermathematischen Aufgaben zu linearen Funktionen, in der zweiten alle Aufgaben mit situativem Kontext – unabhängig davon, ob sie funktionales Denken, lineare oder quadratische Funktionen thematisieren – und in der dritten Dimension schließlich alle innermathematischen Aufgaben zu quadratischen Funktionen.

## 6.1.2 Bestimmung der Modellgüte

Um die Güte der Items noch weiter zu überprüfen, wird zusätzlich zum wMNSQ die klassische Trennschärfe betrachtet. Sie wird von ConQuest 4.0 als *Item-Total Correlation* ausgegeben und entspricht im vorliegenden Fall dichotomer Items einer punktbiserialen Korrelation von Item- und Summenscore. Es fallen drei Items auf, die eine Trennschärfe von unter 0.2 aufweisen: SH-1 ($r = 0.05$), SH-5 ($r = 0.18$) und NGAQ-2 ($r = 0.15$). In Anlehnung an das Vorgehen bei PISA

$2000^4$ werden die beiden Items SH-1 und NGAQ-2 aus der weiteren Skalierung ausgeschlossen. Das Item SH-5 wird beibehalten.

Im Anschluss wird Modell 4 auf DIF im Hinblick auf das Geschlecht der Schülerinnen und Schüler untersucht. Da zehn Probanden keine Angabe hinsichtlich ihres Geschlechts gemacht haben, besteht der angepasste Datensatz mit virtuellen Personen aus N = 522 Fällen. Ein graphischer Modelltest zeigt leichte Auffälligkeiten in beide Richtungen (Abbildung 6.3). Es gibt sowohl Items, die für Jungen tendenziell schwieriger waren als für Mädchen als auch andersherum. In Abbildung 6.3 stellt die gestrichelte Linie die 45°-Linie dar, auf der die Items idealerweise liegen sollten. Jeder Punkt stellt die Schätzungen für ein Item inklusive seines Fehlerintervalls dar. Die approximierten Schwierigkeiten können für die Mädchen auf der x-Achse und für die Jungen auf der y-Achse abgelesen werden. Abweichungen oberhalb der Winkelhalbierenden deuten entsprechend darauf hin, dass ein Item für die Mädchen leichter war und Abweichungen unterhalb der Winkelhalbierenden dafür, dass ein Item tendenziell für die Jungen leichter war.

Ob wirklich von DIF ausgegangen werden muss, wird erst durch Betrachtung der konkreten Werte der *multiple group analysis* in ConQuest 4.0 klar. Items mit Werten zwischen 0.6 und 1 *logit* sollten erwähnt werden, wie in Abschnitt 5.3.6 dargelegt wurde. Beträgt die Differenz zwischen beiden Gruppen mehr als 1 *logit*, liegt starkes DIF vor und es sollte über den Ausschluss eines Items nachgedacht werden. In dem Test zeigt das Item GAP-3 einen Wert zwischen 0.6 und 1 *logit* (DIF = 0.662). Es weist für Mädchen eine Schwierigkeit von 0.6 *logit* auf und für Jungen eine Schwierigkeit von 0.0 *logit*. Das Item GAP-3 ist also insgesamt auf mittlerer Schwierigkeitsstufe anzuordnen und für die Jungen tendenziell leichter zu lösen als für die Mädchen. Dieser Unterschied ist jedoch noch so gering, dass das Item nicht ausgeschlossen werden muss. Auffällig ist außerdem das Item GAP-2, welches die 1 *logit*-Grenze knapp erreicht (DIF = 1.026). Es weist für Mädchen eine Schwierigkeit von 1.9 *logit* und für Jungen eine Schwierigkeit von 0.9 *logit* auf und ist somit wiederum für die Jungen leichter zu lösen gewesen. Um spätere Aussagen über Veränderungen in den Gruppen möglichst gut auf die Intervention zurückführen zu können, wird das Item GAP-2 von der weiteren Analyse ausgeschlossen. Alle anderen Abweichungen befinden sich in Bereichen unter den oben genannten Grenzen und müssen daher an dieser Stelle nicht weiter beachtet werden. ConQuest gibt bei einer *multiple group analysis* neben den Werten zur Bestimmung von DIF

---

[4] Adams und Wu (2002) berichten im technischen Report von PISA 2000, dass Items mit einer Trennschärfe von 0.15 und darunter ausgeschlossen wurden (auch wenn eine Trennschärfe von mindestens 0.25 als wünschenswert galt).

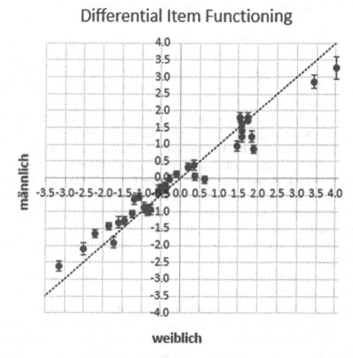

**Abbildung 6.3** Graphischer Modelltest auf DIF hinsichtlich Geschlechterunterschieden

an, ob es hinsichtlich der erbrachten Leistung über die gesamte Stichprobe hinweg signifikante Unterschiede zwischen den Geschlechtern gibt. Dieser Wert ist mit $-0.046$ für männliche Testteilnehmer kleiner als der zugehörige Standardfehler von $0.056$, was für keinen signifikanten Unterschied spricht. Unterstützt wird diese Aussage durch einen standardmäßig durchgeführten, nicht signifikanten $\chi^2$-Test ($\chi^2 = 0.66$, df $= 1$). Die Mädchen und Jungen unterscheiden sich also insgesamt nicht hinsichtlich ihrer Testperformance.

Die Itemselektion ist nach diesen Schritten abgeschlossen. Die Itemparameter der 35 verbliebenen Items können somit geschätzt werden und ihre endgültigen Fit-Werte angegeben werden (vgl. Tabelle 6.6). Zwei der eliminierten Items waren der zweiten Dimension *situativ* zugeordnet, das dritte der Dimension *innermathQF*. Final besteht die erste Dimension *innermathLF* also weiterhin aus elf Items, in der zweiten Dimension *situativ* sind noch 15 Items und in der dritten Dimension *innermathQF* bleiben sechs Items erhalten. Insgesamt zeigen die approximierten Itemschwierigkeiten eine Spannweite von $-2.7$ bis $2.1$ *logit* (Tabelle 6.6). Stammen Items aus unterschiedlichen Dimensionen, so kann ihre Schwierigkeit nicht in Beziehung zueinander gesetzt werden (Wu et al., 2007). Es ist daher beispielsweise nicht möglich zu sagen, die Items SAL-1 ($\beta = -0.277, SD = 0.131$), aus der Dimension *situativ*, und GAQ-6 ($\beta = -0.269, SD = 0.159$), aus der Dimension *innermathQF*, seien ungefähr gleich schwierig, obwohl die Parameterwerte sehr nah beieinander liegen. Die Items NGAQ-1 und QAQR-7 wurden je von weniger als 10 % der Schülerinnen und Schüler erfolgreich bearbeitet. Sie gehören beide der Dimension *innermathQF* an. Da quadratische Funktionen erst im Laufe der Intervention thematisiert wurden, stellen sie thematisch die ungewohntesten Items dar und im Test wurden vergleichsweise wenige Items der Kategorie *innermathQF* eingesetzt. Beide Items zeigen ansonsten zufriedenstellende Fit-Werte, weshalb sie nicht nachträglich selektiert werden. Insgesamt liegt der wMNSQ aller Items im gewünschten Bereich zwischen 0.8 und 1.3. Ebenso nimmt die klassische Trennschärfe akzeptable bis zufriedenstellende Werte von 0.2 bis 0.8 an (Tabelle 6.6).

Neben den itemspezifischen Kennwerten und dem DIF auf Modellebene, werden abschließend Reliabilitäten betrachtet. Auf der einen Seite wird für jede Dimension von Modell 4 die EAP/PV-Reliabilität der Personenfähigkeitsschätzungen angegeben. Die Messgenauigkeit in der Dimension *innermathQF* liegt mit einer EAP/PV-Reliabilität von 0.65 leicht unter der Grenze 0.7, ist aber nichtsdestotrotz ausreichend für die angestrebten Gruppenvergleiche. Die beiden anderen Dimensionen nehmen mit Reliabilitäten von 0.74 in der Dimension *situativ* und 0.85 in der Dimension *innermathLF* als gut einzustufende Werte für die Messgenauigkeit der Personenfähigkeitsschätzungen an. Auf der anderen Seite gibt ConQuest neben den EAP/PV-Reliabilitäten für die Personenfähigkeitsschätzer eine *Item Separation Reliability* aus, die mit einem Wert von 0.99 einen sehr zufriedenstellenden Wert annimmt und die Sicherheit widerspiegelt, mit der die Itemparameter geschätzt werden konnten.[5]

**Fazit der Modellgüte**
Nach Ausschluss von zwei Items aufgrund mangelnder Trennschärfe sowie eines Items aufgrund von DIF im Hinblick auf Geschlechterunterschiede, wird die finale Skalierung in Modell 4 mit 35 Items durchgeführt. Die

---

[5] Hohe Werte in der *Item Separation Reliability* sind bei größeren Stichproben typisch (Wu, Adams, Wilson & Haldane, 2007).

**Tabelle 6.6** Finale Itemparameterschätzung und Kennwerte von Modell 4 (sortiert nach Dimension und Itemschwierigkeit)

| Item | $\beta$ | SD | N | Anteil (absolut) | | Anteil (%) | | WMNSQ | $t$ | Item-Total |
|---|---|---|---|---|---|---|---|---|---|---|
| | | | | 0 | 1 | 0 | 1 | | | Cor. |
| GALI-1b | −2.727 | 0.165 | 542 | 115 | 427 | 21.22 | 78.78 | 1.15 | 1.60 | 0.56 |
| NGAL-2a | −0.865 | 0.187 | 271 | 117 | 154 | 43.17 | 56.83 | 1.18 | 1.60 | 0.67 |
| AGLI-2b | −0.759 | 0.139 | 542 | 213 | 329 | 39.30 | 60.70 | 0.86 | 2.00 | 0.69 |
| GAL-4 | −0.228 | 0.185 | 271 | 134 | 137 | 49.45 | 50.55 | 0.86 | −1.40 | 0.78 |
| NGAL-2b | −0.040 | 0.185 | 271 | 139 | 132 | 51.29 | 48.71 | 1.00 | 0.00 | 0.73 |
| NGAL-3 | 0.036 | 0.186 | 271 | 141 | 130 | 52.03 | 47.97 | 1.07 | 0.70 | 0.71 |
| GAL-3 | 0.134 | 0.135 | 542 | 261 | 281 | 48.15 | 51.85 | 0.95 | −0.70 | 0.68 |
| AGLI-2a | 0.501 | 0.136 | 542 | 281 | 261 | 51.85 | 48.15 | 0.81 | −2.70 | 0.70 |
| GALR-5 | 1.249 | 0.143 | 542 | 321 | 221 | 59.23 | 40.77 | 1.01 | 0.10 | 0.64 |
| GALI-1a | 1.249 | 0.143 | 542 | 321 | 221 | 59.23 | 40.77 | 1.27 | 3.30 | 0.59 |
| NGAL-1 | 1.448 | 0.198 | 271 | 177 | 94 | 65.31 | 34.69 | 1.15 | 1.30 | 0.67 |
| SH-6 | −2.143 | 0.142 | 542 | 57 | 485 | 10.52 | 89.48 | 1.02 | 0.20 | 0.21 |
| SH-3 | −1.588 | 0.162 | 271 | 49 | 222 | 18.08 | 81.92 | 1.01 | 0.10 | 0.23 |
| SAL-3 | −1.073 | 0.145 | 271 | 70 | 201 | 25.83 | 74.17 | 0.94 | −0.80 | 0.47 |
| SH-4 | −1.025 | 0.105 | 542 | 132 | 410 | 24.35 | 75.65 | 1.03 | 0.50 | 0.29 |
| NSHQ-1 | −0.902 | 0.147 | 271 | 65 | 206 | 23.99 | 76.01 | 1.00 | 0.00 | 0.33 |
| SH-2 | −0.734 | 0.100 | 542 | 159 | 383 | 29.34 | 70.66 | 1.00 | 0.00 | 0.35 |
| GAP-1 | −0.517 | 0.097 | 542 | 181 | 361 | 33.39 | 66.61 | 1.01 | 0.30 | 0.33 |

(Fortsetzung)

**Tabelle 6.6** (Fortsetzung)

| Item | $\beta$ | SD | N | Anteil (absolut) | | Anteil (%) | | WMNSQ | t | Item-Total |
|---|---|---|---|---|---|---|---|---|---|---|
| | | | | 0 | 1 | 0 | 1 | | | Cor. |
| GAPR-4 | −0.302 | 0.095 | 542 | 204 | 338 | 37.64 | 62.36 | 1.05 | 1.30 | 0.31 |
| SALR-4 | −0.293 | 0.095 | 542 | 205 | 337 | 37.82 | 62.18 | 0.92 | −2.10 | 0.52 |
| SAL-1 | −0.277 | 0.131 | 271 | 111 | 160 | 40.96 | 59.04 | 0.89 | −2.40 | 0.60 |
| SAL-2 | −0.242 | 0.131 | 271 | 113 | 158 | 41.70 | 58.30 | 0.84 | −3.40 | 0.64 |
| SH-5 | 0.225 | 0.092 | 542 | 264 | 278 | 48.71 | 51.29 | 1.15 | 4.50 | 0.19 |
| GAP-3 | 0.810 | 0.094 | 542 | 331 | 211 | 61.07 | 38.93 | 1.09 | 2.60 | 0.22 |
| SAQ-1 | 1.825 | 0.151 | 271 | 209 | 62 | 77.12 | 22.88 | 0.91 | −1.10 | 0.48 |
| NSAQ-1 | 1.998 | 0.157 | 271 | 216 | 55 | 79.70 | 20.30 | 1.03 | 0.30 | 0.25 |
| NSAQ-2 | *2.103* | 0.161 | 271 | 220 | 51 | 81.18 | 18.82 | 0.99 | −0.10 | 0.36 |
| SAQ-2 | 2.136 | 0.121 | 542 | 452 | 90 | 83.39 | 16.61 | 0.95 | −0.60 | 0.29 |
| GAQI-1 | −1.940 | 0.102 | 542 | 296 | 246 | 54.61 | 45.39 | 1.01 | 0.30 | 0.33 |
| GAQ-3 | −0.583 | 0.151 | 271 | 201 | 70 | 74.17 | 25.83 | 0.90 | −1.30 | 0.49 |
| GAQ-2 | −0.335 | 0.121 | 542 | 438 | 104 | 80.81 | 19.19 | 0.99 | −0.20 | 0.26 |
| GAQ-6 | −0.269 | 0.159 | 271 | 213 | 58 | 78.60 | 21.40 | 0.96 | −0.40 | 0.42 |
| GAQ-4 | -0.214 | 0.124 | 542 | 446 | 96 | 82.29 | 17.71 | 1.11 | 1.50 | 0.33 |
| NGAQ-1 | 1.371 | 0.187 | 542 | 513 | 29 | 94.65 | 5.35 | 0.99 | 0.00 | 0.25 |
| GAQR-7 | *1.970* | 0.259 | 271 | 260 | 11 | 95.94 | 4.06 | 1.00 | 0.10 | 0.43 |

Itemschwierigkeitsparameter werden geschätzt. Sie befinden sich in einem typischen Bereich zwischen $-3$ und $+3$ *logit*. Ihre Kennwerte befinden sich alle in den angestrebten Bereichen, so dass die Skalierung erfolgreichen abgeschlossen werden kann. Der Test ist somit raschskalierbar.

### 6.1.3 Schätzung der Personenparameter

Zum Abschluss der Skalierung werden die Personenparameter nach der WLE-Methode approximiert. Eine Tabelle mit allen 542 Schätzungen befindet sich im elektronischen Zusatzmaterial dieser Arbeit (elektronisches Zusatzmaterial A.9). Insgesamt bewegen sich die auf Grundlage der Testergebnisse approximierten Personenparameter im Bereich von $-4.14$ bis $4.39$ *logit*. In Tabelle 6.7 sind die minimalen und maximalen Parameterschätzungen der drei Dimensionen zu beiden Messzeitpunkten aufgeführt.

**Tabelle 6.7**  Spannweite der Personenfähigkeitsparameter

|         | *innermathLF* | *situativ* | *innermathQF* |
|---------|---------------|------------|---------------|
| **MZP 1** | $-4.05$ bis $3.64$ | $-4.14$ bis $3.62$ | $-3.17$ bis $2.60$ |
| **MZP 2** | $-3.88$ bis $3.14$ | $-2.55$ bis $4.39$ | $-3.38$ bis $3.47$ |
| **Gesamt** | $-4.05$ bis $3.64$ | $-4.14$ bis $4.39$ | $-3.38$ bis $3.47$ |

Der Mittelwert der Personenparameter in der Dimension *innermathLF* liegt bei $0.14$ ($SD = 2.48$). In der zweiten Dimension *situativ* liegt der Mittelwert bei $0.28$ ($SD = 1.10$) und in der dritten Dimension *innermathQF* deutlich niedriger bei $-1.87$ ($SD = 1.29$). Bezogen auf die einzelnen Messzeitpunkte sehen die Werte etwas anders aus, wie Tabelle 6.8 im Detail entnommen werden kann und in Abbildung 6.4 anschaulich dargestellt ist. Die Mittelwerte aller drei Dimensionen sind zum ersten Messzeitpunkt niedriger als zum zweiten Messzeitpunkt. Die Werte streuen relativ stark um den Mittelwert, wobei die Standardabweichung vom ersten zum zweiten Messzeitpunkt in den ersten beiden Dimensionen leicht sinkt und in der dritten Dimension leicht ansteigt. Inferenzstatistische Untersuchungen zu den Mittelwertunterschieden, sowie detailliertere deskriptive Vergleiche in den drei Dimensionen folgen im nächsten Kapitel unter 6.2.1.

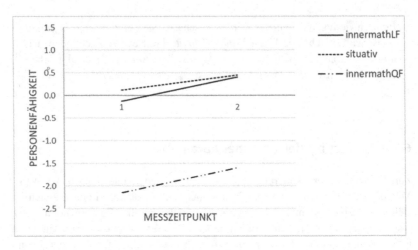

**Abbildung 6.4**  Mittelwerte der Personenparameter zu beiden Messzeitpunkten

**Tabelle 6.8**  Deskriptive Kennwerte der Personenparameterschätzung

|  | *M*(ges.) | *SD*(ges.) | *M*(1. MZP) | *SD*(1. MZP) | *M*(2. MZP) | *SD*(2. MZP) |
|---|---|---|---|---|---|---|
| *innermathLF* | 0.14 | 2.48 | −0.13 | 2.53 | 0.41 | 2.40 |
| *situativ* | 0.28 | 1.10 | 0.11 | 1.12 | 0.44 | 1.06 |
| *innermathQF* | −1.87 | 1.29 | −2.15 | 1.17 | −1.60 | 1.35 |

## 6.2  Auswirkungen des Feedbacks auf die Mathematikleistung

In Abschnitt 6.1 konnte die Raschskalierbarkeit des Leistungstests bestätigt werden. Die Ergebnisdarstellung der Leistungsentwicklung von dem ersten zum zweiten Messzeitpunkt (Abschnitt 6.2.1) sowie die Gruppenvergleiche (Abschnitt 6.2.2) erfolgen basierend auf der dreidimensionalen Skalierung. Eine auf einer Skala subsummierte Berichterstattung der Veränderungen und der Unterschiede in den beiden Gruppen wäre als Reaktion auf die Skalierungsergebnisse nicht angemessen. Vielmehr muss zwischen den Auswirkungen im Bereich innermathematischer Aufgaben zu linearen Funktionen (Dimension 1), situativen Aufgaben zu funktionalem Denken, linearen und quadratischen Funktionen

(Dimension 2) sowie innermathematischer Aufgaben zu quadratischen Funktionen (Dimension 3) differenziert werden. Mit dem Ziel die Varianzaufklärung weiter zu verstärken und signifikante Prädiktoren zu identifizieren, die als Störvariablen Einfluss auf die Leistungsunterschiede in beiden Interventionsgruppen hatten, werden die Gruppenvergleiche in einem letzten Abschnitt im Sinne der vierten Forschungsfrage erweitert (Abschnitt 6.2.3).

## 6.2.1 Ergebnisse der Veränderungsmessungen

Zunächst wird der Frage nachgegangen, ob und inwiefern sich die Mittelwerte der beiden Interventionsgruppen von dem Prä- und dem Posttest unterscheiden. Aufgrund der Skalierung sowie zur übersichtlicheren Darstellung der Ergebnisse werden die drei Dimension der Personenfähigkeiten nacheinander und separat betrachtet. In dem vorangegangenen Abschnitt 6.1.3 wurde in allen drei Dimensionen eine positive Entwicklung für die gesamte Stichprobe beschrieben. Nun werden detailliertere Analysen durchgeführt, die Änderungen, differenziert nach dem während der Intervention zur Verfügung gestellten Feedback, aufzeigen. Ferner wird überprüft, ob diese Unterschiede statistisch signifikant sind und welche Effektstärke und Teststärke jeweils vorliegt.

**Dimension 1:** *InnermathLF*
In beiden Gruppen ist eine positive Entwicklung der Fähigkeiten im Bereich innermathematischer Aufgaben zu linearen Funktionen zu sehen. Die Gruppe mit elaboriertem Feedback (EF) startet etwas höher als die Gruppe mit *knowledge of the correct response*-Feedback (KCR) und erreicht auch zum zweiten Messzeitpunkt einen höheren Wert (vgl. Abbildung 6.5, Tabelle 6.9). Zu beachten ist, dass die Werte in beiden Gruppen stark um den Mittelwert streuen. Die Schülerinnen und Schüler zeigen zu beiden Messzeitpunkten in beiden Gruppen dieselben minimalen und maximalen Fähigkeiten, wobei das Minimum zum ersten Messzeitpunkt ($-4.05$ *logit*) unter dem Minimum zum zweiten Messzeitpunkt ($-3.88$ *logit*) liegt, bei den maximalen Personenfähigkeiten werden zum ersten Messzeitpunkt ($3.64$ *logit*) höhere Werte erreicht als zum zweiten Messzeitpunkt ($3.14$ *logit*).

Die deskriptiv beschriebenen Entwicklungen zeigen in beiden Gruppen eine hohe statistische Signifikanz (vgl. Tabelle 6.10). Vom ersten zum zweiten Messzeitpunkt steigert die Gruppe KCR ihre Mathematikfähigkeit im Bereich *innermathLF* um 0.42 *logit* ($t(131) = 3.33$, p $= .001$). Via *Cohens d* kann diese Entwicklung mit einem Wert von 0.29 als klein, aber nicht zu vernachlässigen

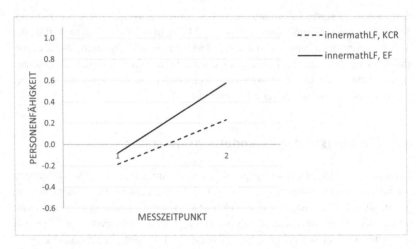

**Abbildung 6.5** Entwicklung in der Dimension *innermathLF*

**Tabelle 6.9** Deskriptive Kennwerte zu Dimension *innermathLF*

**Dimension 1: *InnermathLF***

| Messzeitpunkt | Gruppe | N | M | SD | Minimum | Maximum |
|---|---|---|---|---|---|---|
| 1 | KCR | 132 | −0.19 | 2.58 | −4.05 | 3.64 |
|   | EF | 139 | −0.08 | 2.49 | −4.05 | 3.64 |
|   | Gesamt | 271 | −0.13 | 2.53 | −4.05 | 3.64 |
| 2 | KCR | 132 | 0.23 | 2.55 | −3.88 | 3.14 |
|   | EF | 139 | 0.58 | 2.25 | −3.88 | 3.14 |
|   | Gesamt | 271 | 0.41 | 2.40 | −3.88 | 3.14 |

eingestuft werden. Die zweite Gruppe EF steigert ihre Mathematikfähigkeit in der ersten Dimension noch etwas stärker um 0.66 *logit* ($t(138) = 0.66$, $p < .001$) und mit einer höheren Effektstärke als in der Gruppe KCR. Der Effekt ist mit einem *Cohens d* von 0.42 jedoch weiterhin als klein einzustufen. In beiden Fällen zeigt sich eine Teststärke nahe Eins, sodass die Wahrscheinlichkeit, mit der ein tatsächlich vorhandener Populationseffekt entdeckt werden konnte, relativ hoch ist.

**Tabelle 6.10** Inferenzstatistische Kennwerte für die Dimension *innermathLF*

*Dimension 1: InnermathLF*

| Messzeitpunkt | Gruppe | Differenz | $t$ | $p$ | $d$ | Power |
|---|---|---|---|---|---|---|
| 1 →2 | KCR | 0.42*** | 3.33 | .001 | 0.29 | 0.911 |
| | EF | 0.66*** | 4.97 | .000 | 0.42 | 0.999 |
| | Gesamt | 0.54*** | 5.92 | .000 | 0.36 | 0.999 |

$*p < .05, **p < .01, ***p < .001$

**Dimension 2:** *Situativ*

Die Entwicklung beider Gruppen in der zweiten Dimension unterscheidet sich deutlich von der Entwicklung in der Dimension *innermathLF*. Zunächst ist die Mathematikfähigkeit im Bereich von Aufgaben mit situativem Kontext schon zum ersten Messzeitpunkt in beiden Gruppen positiv und somit höher als in der vorab betrachteten Dimension. Die Schülerinnen und Schüler in der Gruppe KCR zeigen außerdem zu beiden Messzeitpunkten im Mittel eine höhere Leistung als die Schülerinnen und Schüler in der Gruppe EF. Die Werte liegen jedoch jeweils sehr nah beieinander (vgl. Abbildung 6.6). Werden die minimalen und maximalen Personenschätzer verglichen, so steigt das Minimum in der Gruppe KCR stark an, in der Gruppe EF nur verschwindend gering. Bei den Maxima sieht es ähnlich aus, wobei die maximale Personenfähigkeit in der Gruppe EF sogar leicht sinkt (vgl. Tabelle 6.11). Wie in der ersten Dimension streuen die Werte relativ stark um den Mittelwert. Mit Werten im Bereich um 1 *logit* ist die Standardabweichung hier jedoch nur etwa halb so hoch wie in Dimension *innermathLF*.

Erneut zeigt sich mittels t-Tests für abhängige Stichproben eine hohe Signifikanz bezüglich der Mittelwertdifferenzen vom ersten zum zweiten Messzeitpunkt (vgl. Tabelle 6.12). Wie in Abbildung 6.6 schon anschaulich visualisiert wurde, liegen die Mittelwertdifferenzen in beiden Gruppen sehr nah beieinander. Die Gruppe KCR steigerte ihre Fähigkeit um 0.34 *logit* ($t(131) = 3.97, p < .001$) mit einer geringen Effektstärke von *Cohens d* = 0.35. In der Gruppe EF ist ein Zuwachs in der mittleren Personenfähigkeit von 0.32 *logit* ($t(138) = 3.72, p < .001$) zu beobachten. Die Effektstärke liegt wieder in einem nicht zu vernachlässigenden, aber niedrigen Bereich (*Cohens d* = 0.32). Die Teststärke liegt in beiden Gruppen in einem wünschenswerten Bereich über 0.9.

**Dimension 3:** *InnermathQF*

Die mittleren Fähigkeiten in der dritten Dimension und damit im Bereich innermathematischer Aufgaben zu quadratischen Funktionen liegen zu beiden

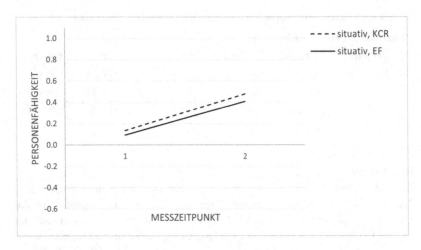

**Abbildung 6.6**  Entwicklung in der Dimension *situativ*

**Tabelle 6.11**  Deskriptive Kennwerte zu Dimension *situativ*

**Dimension 2: *Situativ***

| Messzeitpunkt | Gruppe | $N$ | $M$ | $SD$ | Minimum | Maximum |
|---|---|---|---|---|---|---|
| 1 | KCR | 132 | 0.14 | 1.20 | −4.1 | 2.23 |
|   | EF | 139 | 0.09 | 1.04 | −2.23 | 3.62 |
|   | Gesamt | 271 | 0.11 | 1.12 | −4.14 | 3.62 |
| 2 | KCR | 132 | 0.48 | 1.08 | −1.84 | 4.39 |
|   | EF | 139 | 0.41 | 1.04 | −2.55 | 3.11 |
|   | Gesamt | 271 | 0.44 | 1.0 | −2.55 | 4.39 |

**Tabelle 6.12**  Inferenzstatistische Kennwerte für die Dimension *situativ*

**Dimension 2: *Situativ***

| Messzeitpunkt | Gruppe | Differenz | $t$ | $p$ | $D$ | Power |
|---|---|---|---|---|---|---|
| 1→2 | KCR | 0.34*** | 3.97 | .000 | 0.35 | 0.976 |
|   | EF | 0.32*** | 3.72 | .000 | 0.32 | 0.959 |
|   | Gesamt | 0.33*** | 5.45 | .000 | 0.29 | 0.999 |

*$p < .05$, **$p < .01$, ***$p < .001$

Messzeitpunkten sehr deutlich unter null. Dies gilt sowohl für die Schülerinnen und Schüler in der Gruppe KCR als auch für die Lernenden in der Gruppe EF. Wie schon in den vorangegangenen Dimensionen zeigt sich in beiden Gruppen aber eine positive Entwicklung vom ersten zum zweiten Messzeitpunkt (vgl. Abbildung 6.7). Die Werte liegen zu jedem Messzeitpunkt erneut nah beieinander, wobei die Gruppe KCR schwächer startet als die Gruppe EF, jedoch später eine höhere mittlere Personenfähigkeit erreicht. Die minimalen Werte, das heißt die niedrigsten Personenfähigkeiten in der dritten Dimension, sind in beiden Gruppen jeweils pro Messzeitpunkt identisch (vgl. Tabelle 6.13). Sie fallen von $-3.17$ *logit* am ersten Messzeitpunkt auf $-3.38$ *logit* am zweiten Messzeitpunkt. Die Gruppe KCR nimmt im maximalen Fähigkeitsbereich von 2.60 *logit* auf 3.47 *logit* zu. In der Gruppe EF liegen die Maxima jeweils deutlich niedriger bei 0.90 *logit* bzw. 1.99 *logit*, wobei der Anstieg hier größer ist als in der Vergleichsgruppe.

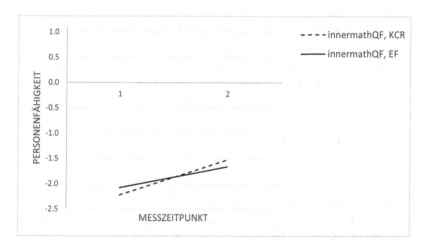

**Abbildung 6.7** Entwicklung in der Dimension *innermathQF*

Inferenzstatistische Betrachtungen zeigen in der Dimension *innermathQF* hoch signifikante Mittelwertdifferenzen mit kleinen Effektstärken und zufriedenstellender Teststärke (vgl. Tabelle 6.14). Während Schülerinnen und Schüler in der Gruppe KCR ihre Fähigkeiten im Mittel um 0.70 *logit* ($t(131) = 4.95$, $p < .000$) steigern, zeigt sich in der Gruppe EF eine signifikante Zunahme von 0.41 *logit* ($t(138) = 3.16$, $p < .01$). *Cohens d* ist in beiden Gruppen im Bereich zwischen 0.2 und 0.5 und zeigt demnach, dass beide Effekte eher klein sind. In der

**Tabelle 6.13**  Deskriptive Kennwerte zu Dimension *innermathQF*

**Dimension 3: *InnermathQF***

| Messzeitpunkt | Gruppe | n | M | SD | Minimum | Maximum |
|---|---|---|---|---|---|---|
| 1 | KCR | 132 | −2.22 | 1.18 | −3.17 | 2.60 |
|   | EF | 139 | −2.08 | 1.17 | −3.17 | 0.90 |
|   | Gesamt | 271 | −2.15 | 1.17 | −3.17 | 2.60 |
| 2 | KCR | 132 | −1.53 | 1.45 | −3.38 | 3.47 |
|   | EF | 139 | −1.66 | 1.25 | −3.38 | 1.99 |
|   | Gesamt | 271 | −1.60 | 1.35 | −3.38 | 3.47 |

Dimension EF liegt die Teststärke unter 0.9, mit 0.880 jedoch immer noch in einem äußerst zufriedenstellenden Bereich.

**Tabelle 6.14**  Inferenzstatistische Kennwerte für die Dimension *innermathQF*

**Dimension 3: *InnermathQF***

| Messzeitpunkt | Gruppe | Differenz | t | p | d | Power |
|---|---|---|---|---|---|---|
| 1 → 2 | KCR | 0.70*** | 4.95 | .000 | 0.43 | 0.998 |
|   | EF | 0.41** | 3.16 | .002 | 0.27 | 0.880 |
|   | Gesamt | 0.55*** | 5.73 | .000 | 0.35 | 0.999 |

*p < .05, **p < .01, ***p < .001

**Fazit der Veränderungsmessungen**
In allen drei Dimensionen konnten für beide Interventionsgruppen höchst signifikante Unterschiede der mittleren Personenfähigkeiten vom ersten zum zweiten Messzeitpunkt nachgewiesen werden. Die Entwicklung zeigte durchweg kleine, positive Effekte. Anhand der deskriptiven Beschreibung der beiden Gruppen in der Stichprobe lässt sich noch kein Hinweis darauf ableiten, ob eine Gruppe mehr von der Intervention profitieren konnte als die andere Gruppe. Das heißt, ob das bereitgestellte Feedback einen Einfluss auf die positive Entwicklung hat, kann an dieser Stelle noch nicht beantwortet werden. Es konnte jedoch gezeigt werden, dass es zu einer positiven Leistungsentwicklung in allen drei Dimensionen gekommen ist.

## 6.2.2 Ergebnisse der Gruppenvergleiche

Nachdem im vorangegangenen Kapitel die Leistungsentwicklung der Schülerinnen und Schüler betrachtet wurde, wird nun ausschließlich die Leistung zum zweiten Messzeitpunkt fokussiert. Ziel ist es, anhand von Regressionsanalysen in der späteren Ergebnisdiskussion eine Antwort auf die dritte Forschungsfrage generieren zu können. Es soll ermittelt werden, ob elaboriertes Feedback einen positiveren Einfluss auf die Mathematikleistung der Schülerinnen und Schüler hatte als KCR Feedback. Neben dem Prädiktor Feedback, operationalisiert durch die Gruppenzugehörigkeit („Gruppe"), werden alle Analysen unter Kontrolle des ersten Messzeitpunktes durchgeführt. Somit wird das Vorwissen in Form der Fähigkeitsausprägungen der Schülerinnen und Schüler zum ersten Messzeitpunkt als Kovariate in die Regressionsgleichung aufgenommen („Vorwissen"). Außerdem wird untersucht, ob Interaktionseffekte zwischen der Gruppenzugehörigkeit und dem Vorwissen vorliegen. Da es sich um ein Regressionsmodell mit Interaktionsterm handelt, wird der metrische Prädiktor Vorwissen jeweils zentriert, indem von jedem Personenfähigkeitsschätzwert einer Dimension die mittlere Personenfähigkeit in derselben Dimension abgezogen wird. Mathematisch dargestellt sehen die Regressionsgleichungen in allen drei Dimensionen wie folgt aus, mit den Regressionskoeffizienten $b_k$ und dem Fehlerterm $E$:

$$\text{"Personenfähigkeit MZP 2"} = b_0 + b_1 \cdot \text{"Vorwissen (zentriert)"} + b_2 \cdot \text{"Gruppe"}$$
$$+ b_3 \cdot \text{"Vorwissen (zentriert)"} \cdot \text{"Gruppe"} + E$$

**Dimension 1:** *InnermathLF*
Die beiden Prädiktoren Vorwissen und Versuchsgruppe zeigen keine Multikollinearität, sodass sie gleichzeitig in ein Regressionsmodell aufgenommen werden können. Der Korrelationskoeffizient nach Pearson nimmt einen Wert von $r$(Vorwissen, Versuchsgruppe) $= 0.02$ an.[6] Ein Boxplot der beiden Prädiktoren zeigt für beide Gruppen eine nahezu identische Verteilung der Personenfähigkeiten zum ersten Messzeitpunkt (vgl. Abbildung 6.8). Außerdem zeigt eine testweise durchgeführte Regressionsanalyse mit dem Vorwissen als Kriterium und der Gruppenzugehörigkeit als Prädiktor kein Anzeichen für eine Multikollinearität beider Variablen.

---

[6] Für die Berechnung von Zusammenhängen zwischen einer metrischen und einer dichotomen Variablen wird eine punktbiseriale Korrelation empfohlen. Diese kann über Pearsons Korrelationskoeffizient berechnet werden, da beide Formeln direkt ineinander überführt werden können (Rasch, Friese, Hofmann & Naumann, 2014).

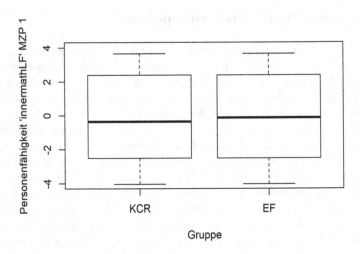

**Abbildung 6.8** Boxplot für die Prädiktoren in der Dimension *innermathLF*

Bevor die Regressionsanalyse durchgeführt wird, werden die Zusammenhänge der Prädiktoren mit dem Kriterium graphisch visualisiert, um einen ersten Eindruck von der vorliegenden Datenstruktur zu erhalten. In Abbildung 6.9 zeigt ein Boxplot den Zusammenhang der Personenfähigkeit in der ersten Dimension zum zweiten Messzeitpunkt in Abhängigkeit von der Gruppenzugehörigkeit. Der Median in der Gruppe EF liegt leicht über dem Median der Gruppe KCR und der Quartilabstand ist in der Gruppe EF etwas geringer. Die Spannweite ist in beiden Gruppen identisch. Außerdem ist in Abbildung 6.9 ein Streudiagramm der Personenfähigkeiten zum ersten und zweiten Messzeitpunkt dargestellt. Hier lässt sich ein tendenziell linearer Zusammenhang erkennen.

Die Ergebnisse der Regressionsanalyse sind in Tabelle 6.15 dargestellt. Die Regressionskonstante wird an dieser Stelle der Vollständigkeit halber mit aufgeführt, sie ist für die Auswertung aber nicht weiter von Interesse (vgl. Abschnitt 5.3.7). Von den beiden Prädiktoren Vorwissen und Gruppen sowie dem Interaktionsterm aus beiden Prädiktoren zeigt lediglich das Vorwissen einen signifikanten Effekt. Ausgehend von der Theorie bestand die Annahme, dass EF einen positiveren Einfluss auf die Leistung hat als KCR Feedback. Demzufolge liegt eine gerichtete Hypothese zugrunde und der $p$-Wert für den Prädiktor Gruppe muss halbiert werden. Mit $p = 0.06$ kann jedoch auch in diesem Fall allenfalls von einer marginalen Signifikanz gesprochen werden. Mit einer Effektstärke von $\beta = 0.8$ ist der Einfluss des Vorwissens in der Dimension *innermathLF*

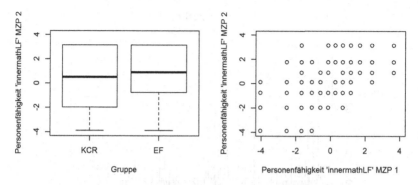

**Abbildung 6.9**  Diagramme zur Veranschaulichung der Zusammenhänge von den Prädiktoren und dem Kriterium in der Dimension *innermathLF*

auf die Personenfähigkeit zum zweiten Messzeitpunkt als groß einzustufen. Die Effekte der Gruppenzugehörigkeit, das heißt des Feedbacks sowie der Interaktion können mit Werten deutlich unter 0.4 vernachlässigt werden. Durch das aufgestellte Regressionsmodell lassen sich bereits 67 % der Varianz in den Messwerten erklären, womit der Erklärungsgehalt als groß einzustufen ist.

**Tabelle 6.15**  Regressionsanalyse in der Dimension *innermathLF*

**Dimension 1: *InnermathLF***

| Kriterium | Prädiktor | $\beta$ | $b$ | $SE$ | $p$ |
|---|---|---|---|---|---|
| Fähigkeit MZP 2 | (Konstante) | 0.001 | 0.276 | 0.120 | .023 |
| | Vorwissen | 0.812 | 0.833 | 0.047 | .000 |
| | Gruppe | 0.055 | 0.265 | 0.168 | .117 |
| | Interaktion | −0.063 | −0.119 | 0.067 | .075 |

$R^2 = 0.673$, *adj.* $R^2 = 0.669$

Zur Kontrolle der Homoskedastizität wird die Stichprobe mittels *Cooks D* auf Ausreißer hin untersucht. Mittels des R-Softwarepakets „reghelper" von Hughes (2018b) wird dazu ein *Cooks disctance*-Plot ausgegeben, in dem automatisch die drei Personen mit den auffälligsten Werten hervorgehoben werden (vgl. Abbildung 6.10).

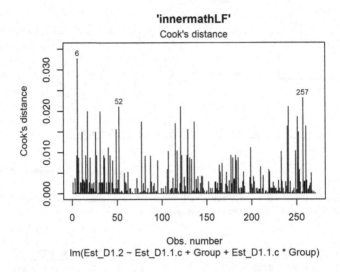

**Abbildung 6.10** *Cooks distance*-Plot für die Dimension *innermathLF*

Alle Werte liegen deutlich unter Eins, weshalb ein Ausschluss von Personen nach Weisberg (2014) keinen nennenswerten Einfluss auf die Regressionsanalysen haben sollte. Da Jensen et al. (2009) eine mit $Cooks\ D \leq \frac{4}{n-k-1} = \frac{4}{268} = 0.01493$ deutliche niedrigere Grenze vorschlagen, wurden die dementsprechend als auffällig einzustufenden Personen trotzdem testweise ausgeschlossen und die Regressionsanalyse wiederholt (vgl. elektronisches Zusatzmaterial A.6). Es zeigt sich ein vergleichbares Bild wie bei der ersten Regressionsanalyse, sodass das ursprüngliche Modell adäquat zu sein scheint.

**Dimension 2:** *Situativ*
In der zweiten Dimension werden die Prädiktoren erneut zunächst auf Multikollinearität hin überprüft. Der Pearsonsche Korrelationskoeffizient $r$(Vorwissen, Versuchsgruppe) $= -0.02$ gibt keinen Anlass zu der Annahme einer Multikollinearität beider Variablen. In Abbildung 6.11 ist zu erkennen, dass die Verteilungen der Gruppenzugehörigkeit zum ersten Messzeitpunkt bis auf zwei Ausreißer vergleichbar sind. Eine Regressionsanalyse mit dem Vorwissen als abhängiger Variable und der Gruppenzugehörigkeit als Prädiktor weist auch in der Dimension *situativ* auf keine Multikollinearität beider Variablen hin.

Vor der Regressionsanalyse werden die Zusammenhänge der Prädiktoren „Gruppe" bzw. „Vorwissen" mit dem Kriterium „Personenfähigkeit zum zweiten

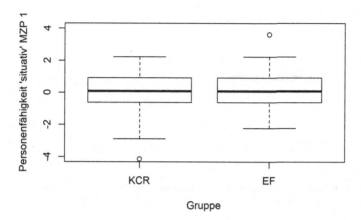

**Abbildung 6.11**  Boxplot für die Prädiktoren in der Dimension *situativ*

Messzeitpunkt" wieder graphisch visualisiert, um einen ersten Eindruck von der vorliegenden Datenstruktur zu erhalten (vgl. Abbildung 6.12). Ein Boxplot zeigt den Zusammenhang der Personenfähigkeit in der zweiten Dimension zum zweiten Messzeitpunkt in Abhängigkeit von der Gruppenzugehörigkeit. Die Mediane beider Gruppen sind auf der gleichen Höhe und die Quartilabstände sowie die Spannweiten sind deutlich geringer als in der Dimension *innermathLF*. In beiden Gruppen werden ein paar Ausreißer angezeigt. Das Streudiagramm der Personenfähigkeiten zum ersten und zweiten Messzeitpunkt weist auf einen linearen Zusammenhang hin.

In Tabelle 6.16 sind die Ergebnisse der Regressionsanalyse in der Dimension *situativ* dargestellt. Der Prädiktor Gruppe sowie der Interaktionsterm weisen auch in der zweiten Dimension keine signifikanten Effekte auf. Lediglich das Vorwissen zeigt erneut einen starken signifikanten Einfluss auf die Personenfähigkeit zum zweiten Messzeitpunkt. In der Dimension *situativ* zeigt sich durch den adjustierten Regressionskoeffizienten erneut ein großer Erklärungsgehalt des Regressionsmodells. Es können bereits 33 % der Varianz in den Messwerten erklärt werden.

Wie in der ersten Dimension, werden die Daten auf Ausreißer hin überprüft (vgl. Abbildung 6.13). Die Abweichungen der markierten Personen sind höher als in der Dimension *innermathLF*, liegen jedoch erneut deutlich unter Eins. Die Berechnung eines Regressionsmodells unter Ausschluss der Personen mit Werten

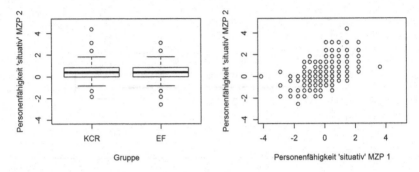

**Abbildung 6.12** Diagramme zur Veranschaulichung der Zusammenhänge von den Prädiktoren und dem Kriterium in der Dimension *situativ*

**Tabelle 6.16** Regressionsanalyse in der Dimension *situativ*

**Dimension 2: *Situativ***

| Kriterium | Prädiktor | $\beta$ | $b$ | $SE$ | $p$ |
|---|---|---|---|---|---|
| Fähigkeit MZP 2 | (Konstante) | −0.000 | 0.468 | 0.075 | .000 |
| | Vorwissen | 0.581 | 0.562 | 0.063 | .000 |
| | Gruppe | −0.022 | −0.047 | 0.105 | .656 |
| | Interaktion | −0.014 | −0.026 | 0.094 | .779 |

$R^2 = 0.341$, *adj.* $R^2 = 0.334$

über *Cooks D* $\leq \frac{4}{n-k-1} = \frac{4}{268} = 0.01493$ ergibt auch in dieser Dimension dasselbe Bild wie die erste Regressionsanalyse (vgl. elektronisches Zusatzmaterial A.6). Sie zeigt also keinen Effekt auf die Regressionsgewichte und deren Einfluss auf das Kriterium.

**Dimension 3: *InnermathQF***
Der Korrelationskoeffizient nach Pearson gibt auch in der dritten Dimension keinen Hinweis auf vorliegende Multikollinearität der Prädiktoren Vorwissen und Versuchsgruppe: $r$(Vorwissen, Versuchsgruppe) $= 0.06$. Der Boxplot in Abbildung 6.14 zeigt einen einzelnen Ausreißer in der Gruppe KCR zum ersten Messzeitpunkt. Der Median in der derselben Gruppe ist niedriger als der Median in der Gruppe EF, ansonsten zeigen beide Gruppen eine vergleichbare Ausgangslage. Um eine Multikollinearität der beiden Prädiktoren möglichst sicher ausschließen zu können, wird auch in der Dimension *innermathQF* eine

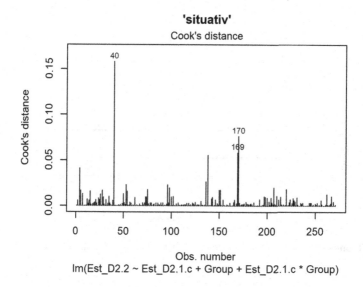

**Abbildung 6.13**  *Cooks distance*-Plot für die Dimension *situativ*

Regressionsanalyse mit dem Vorwissen als abhängiger Variable und der Gruppenzugehörigkeit als Prädiktor durchgeführt. Die Ergebnisse lassen auf keine Multikollinearität schließen.

Die Visualisierung der Zusammenhänge von den Prädiktoren mit dem Kriterium ist in Abbildung 6.15 dargestellt. Die Boxplots liegen deutlich niedriger als in den beiden anderen Dimensionen. Zwischen den beiden Interventionsgruppen KCR und EF lässt sich in der Darstellung, mit Ausnahme eines Ausreißers in der Gruppe KCR, kein Unterschied erkennen. In dem Streudiagramm der Personenfähigkeit zum zweiten Messzeitpunkt in Abhängigkeit der Fähigkeit zum ersten Messzeitpunkt ist in der Dimension *innermathQF* kein eindeutiges Muster erkennbar, da es mehrere Datenpunkte gibt, die zum ersten Messzeitpunkt eine sehr niedrige Fähigkeit in dieser Dimension aufweisen, zum zweiten Messzeitpunkt aber eine sehr hohe Fähigkeit zeigen.

Die Regressionsanalyse zeigt auf den ersten Blick ein vergleichbares Ergebnis wie die Regressionen in den beiden anderen Dimensionen (vgl. Tabelle 6.17). Lediglich der Prädiktor Vorwissen zeigt einen signifikanten Effekt. Die Effektstärke $\beta$ ist in dieser Analyse jedoch nicht so hoch wie zuvor, sondern beeinflusst das Kriterium mit einem Wert unter 0.4 nur geringfügig. Die Varianzaufklärung

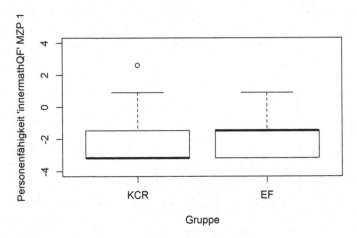

**Abbildung 6.14**  Boxplot für die Prädiktoren in der Dimension *innermathQF*

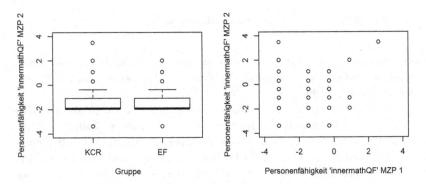

**Abbildung 6.15**  Diagramme zur Veranschaulichung der Zusammenhänge von den Prädiktoren und dem Kriterium in der Dimension *innermathQF*

liegt in der Dimension *innermathQF* mit einem Wert von 5 % deutlich niedriger als in den vorherigen Analysen. Da der adjustierte Determinationskoeffizient über 0.02 liegt, kann trotzdem von einem kleinen Effekt ausgegangen werden.

Abschließend wird auch in der dritten Dimension die Homoskedastizität überprüft. Insbesondere eine Person zeigt mit $CooksD = 0.31$ einen vergleichsweise sehr hohen Wert, wenn auch immer noch deutlich unter Eins (vgl.

**Tabelle 6.17** Regressionsanalyse in der Dimension *innermathQF*

**Dimension 3: *InnermathQF***

| Kriterium | Prädiktor | $\beta$ | $b$ | $SE$ | $p$ |
|---|---|---|---|---|---|
| Fähigkeit MZP 2 | (Konstante) | 0.003 | −1.503 | 0.115 | .000 |
| | Vorwissen | 0.227 | 0.324 | 0.098 | .001 |
| | Gruppe | −0.065 | −0.174 | 0.161 | .179 |
| | Interaktion | −0.053 | −0.122 | 0.137 | .377 |

$R^2 = 0.057$, *adj.* $R^2 = 0.046$

Abbildung 6.16). Diese Person sowie die anderen Ausreißer mit Werten über $Cooks\ D \leq \frac{4}{n-k-1} = \frac{4}{268} = 0.01493$ wurden testweise ausgeschlossen und die Regressionsanalyse wiederholt. Wie in den vorherigen Dimensionen zeigt sich kein nennenswerter Effekt auf die Ergebnisse der Regressionsanalyse (vgl. elektronisches Zusatzmaterial A.6).

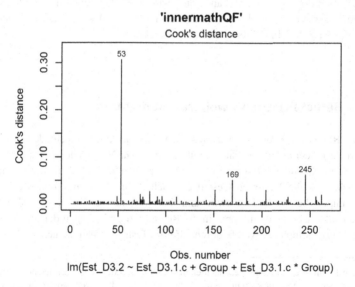

**Abbildung 6.16** *Cooks distance*-Plot für die Dimension *innermathQF*

**Fazit der Gruppenvergleiche**

Die Schülerinnen und Schüler in der Gruppe EF zeigten lediglich in der ersten Dimension eine marginal signifikante bessere Leistung als die Lernenden in der Gruppe KCR. Die Effektstärke lag dabei jedoch nahe Null, womit sich die Art des Feedbacks in der Interventionsstudie insgesamt als kein die Leistung beeinflussender Prädiktor erweist. Das Vorwissen übte hingegen einen starken Effekt auf die Leistung im Posttest aus, sofern die mathematischen Inhalte vor der Intervention bekannt waren und dort lediglich wiederholt wurden. In der dritten Dimension *innermathQF*, deren Items ausschließlich das neue Thema quadratische Funktionen abdeckten, erwies sich das Vorwissen als Einflussfaktor mit kleiner Effektstärke. *Cooks D* zeigte in keiner Dimension Auffälligkeiten über einem Wert von Eins und der testweise Ausschluss von Personen aus den Auswertungen zeigte keinen nennenswerten Unterschied in den Ergebnissen. In den ersten beiden Dimensionen erklärt das Vorwissen mit 67 % bzw. 33 % bereits einen großen Teil der Varianz. In der dritten Dimension sind es nahezu 5 %. Es stellt sich die Frage, welche anderen Faktoren die Leistung mit beeinflusst haben, deren Berücksichtigung in den Regressionsanalysen wiederum einen Einfluss auf den Prädiktor Feedback haben könnte.

### 6.2.3 Berücksichtigung weiterer Prädiktoren

Da im Rahmen der quasi-experimentellen Untersuchung verschiedene, möglicherweise moderierende Variablen mit erhoben wurden, können diese ebenfalls als Prädiktoren in die Regressionsanalysen aufgenommen werden. Es handelt sich dabei um die Variablen Geschlecht, Schulform, Konzentration, Motivation und computerbezogene Selbstwirksamkeitserwartung (C-SWE). Die Variablen werden sukzessiv als Prädiktoren in die Regressionsgleichungen der drei Dimensionen aufgenommen.[7] Vorab durchgeführte Tests ergaben keinen Anlass zur

---

[7] Da die Prädiktoren in einem geschachtelten Einschlussmodell, das heißt nacheinander, in die Regression aufgenommen wurden und somit die Anzahl der jeweils kontrollierten Variablen pro gemessenen Effekt variiert, wurden verschiedene Modelle getestet. Dieses Vorgehen diente in erster Linie dazu, Reihenfolgeeffekte ausschließen zu können. Bei den getesteten Variationen zeigten sich keine nennbaren Unterschiede hinsichtlich der Ergebnisse der Analysen. Aus diesem Grund wird hier exemplarisch ein geschachteltes Einschlussmodell detailliert berichtet.

Annahme von Multikollinearitätsproblemen: Alle Korrelationen befinden sich in einem Bereich deutlich unter $r = 0.8$ (vgl.Tabelle 6.18) und Hilfsregressionen mit je einer metrischen Prädiktorvariable als Kriterium ergeben keine höheren adjustierten Determinationskoeffizienten als die eigentlichen Regressionsanalysen. Der Interaktionsterm von Vorwissen und Geschlecht wurde in den im Folgenden dargestellten Analysen nicht weiter berücksichtigt, da er sich in den in Abschnitt 6.2.2 dargestellten Ergebnissen in keiner Dimension als signifikanter Faktor herausgestellt hat und keine zentrale Rolle bei der Beantwortung der Forschungsfragen einnimmt.

**Geschlecht**

Als erstes werden um den Prädiktor Geschlecht ergänzte Regressionsanalysen mit der Personenfähigkeit zum zweiten Messzeitpunkt als Kriterium durchgeführt. Da nicht alle Schülerinnen und Schüler ihr Geschlecht angegeben haben, sinkt die Stichprobengröße in diesen Regressionsanalysen auf $n = 261$ Schülerinnen und Schüler. Die Regressionsanalysen zeigen in keiner der drei Dimensionen *innermathLF*, *situativ* und *innermathQF* beachtlichen Einfluss auf den Erklärungswert des Modells (vgl. Tabelle 6.19). In der ersten Dimension sinkt er um 1 %, in den beiden anderen Dimensionen bleibt er relativ konstant.

Der Prädiktor Geschlecht zeigt zudem ausschließlich in der ersten Dimension *innermathLF* ein signifikantes Ergebnis ($b = -0.370, SE = 0.174, p < .05$). Die Effektstärke ist mit $\beta = -0.077$ so gering, dass von keinem nennenswerten Einfluss der Variable auf das Kriterium ausgegangen werden kann. In allen drei Dimensionen bleibt bis hierhin das Vorwissen die einzige, identifizierte Prädiktorvariable mit Einfluss auf die Personenfähigkeit zum zweiten Messzeitpunkt.

**Schulform**

Wird die Schulform als Prädiktor in die Regressionsanalyse aufgenommen, so ist in allen drei Dimensionen zu sehen, dass die Schülerinnen und Schüler von den Gymnasien signifikant bessere Ergebnisse erzielten als die Schülerinnen und Schüler der Gesamtschule.[8] In der Dimension innermathLF ist dieser Unterschied höchst signifikant ($b = -0.943, SE = 0.261, p < .001$) mit

---

[8] Diese Ergebnisse deuten keinesfalls darauf hin, dass Lernende von Gesamtschulen immer schwächere Leistungen zeigen würden als Lernende von Gymnasien. Bezogen auf die Schulform handelte es sich um eine unausgeglichene Stichprobe mit 45 Schülerinnen und Schülern einer Gesamtschule und 226 Schülerinnen und Schülern von drei Gymnasien.

**Tabelle 6.18**  Korrelationen zwischen den Prädiktorvariablen

|  | Vorwissen | | | Geschlecht | Schulart | Motivation | Konzentration |
|---|---|---|---|---|---|---|---|
|  | Dim.01 | Dim.02 | Dim.03 | | | | |
| Geschlecht | −0.03 | −0.08 | 0.05 | | | | |
| Schulart | −0.49*** | −0.30*** | −0.18** | | | | |
| Motivation | 0.11 | 0.09 | 0.04 | −0.12 | −0.20** | | |
| Konzentration | 0.20** | 0.14* | 0.13* | −0.11 | −0.32*** | 0.53*** | |
| C-SWE | 0.00 | −0.07 | −0.01 | 0.15* | −0.06 | 0.12 | 0.18 |

$*p < .05, **p < .01, ***p < .001$

**Tabelle 6.19** Veränderung der Varianzaufklärung durch den Prädiktor Geschlecht

|  | Vorwissen + Gruppe | | + Geschlecht | |
|---|---|---|---|---|
|  | $R^2$ | $adj.R^2$ | $R^2$ | $adj.R^2$ |
| *innermathLF* | 0.673 | 0.669 | 0.663 | 0.659 |
| *situativ* | 0.341 | 0.334 | 0.342 | 0.335 |
| *innermathQF* | 0.057 | 0.046 | 0.056 | 0.045 |

einer kleinen Effektstärke von $\beta = -0.147$. Die Varianzaufklärung steigt in dieser Dimension leicht an auf 67,4 % (vgl. Tabelle 6.20). In den anderen beiden Dimensionen zeigt sich ein ähnliches Bild. Die Schulform ist auch dort je ein signifikanter Prädiktor mit kleiner Effektstärke (Dimension situativ: $b = -0.412, SE = 0.151, p < .01, \beta = -0.143$; Dimension innermathQF: $b = -0.852, SE = 0.221, p < .001, \beta = -0.232$). Interessanterweise ist der Effekt in der Dimension innermathQF vergleichsweise am größten, das heißt in der Dimension, in der ausschließlich für die Lernenden neue mathematische Inhalte abgeprüft wurden. Die aufgeklärte Varianz verdoppelt sich durch den Prädiktor Schulform in dieser Dimension auf nun 9,4 %. In der Dimension situativ steigt die Aufklärungsrate leicht auf 35,1 % (vgl. Tabelle 6.20).

**Tabelle 6.20** Veränderung der Varianzaufklärung durch den Prädiktor Schulform

|  | Vorwissen + Gruppe | | + Geschlecht | | + Schulform | |
|---|---|---|---|---|---|---|
|  | $R^2$ | $adj.R^2$ | $R^2$ | $adj.R^2$ | $R^2$ | $adj.R^2$ |
| *innermathLF* | 0.673 | 0.669 | 0.663 | 0.659 | 0.679 | 0.674 |
| *situativ* | 0.341 | 0.334 | 0.342 | 0.335 | 0.361 | 0.351 |
| *innermathQF* | 0.057 | 0.046 | 0.056 | 0.045 | 0.108 | 0.094 |

**Konzentration**

Einige Schülerinnen und Schüler haben die Items zur Konzentration nicht ausgefüllt, sodass für die Regressionsanalysen mit Konzentration als Prädiktorvariable weitere dreizehn Probanden ausscheiden. Die aktuelle Stichprobe beläuft sich somit auf $n = 248$ Schülerinnen und Schüler. In den Dimensionen *situativ* und *innermathQF* zeigt der Prädiktor Konzentration ein signifikantes Ergebnis mit kleiner Effektstärke (Dimension *situativ*: $b = 0.183, SE = 0.089, p < .05, \beta = 0.111$; Dimension *innermathQF*: $b = 0.304, SE = 0.135, p < .05, \beta = 0.145$). Wird der Fokus auf die Determinationskoeffizienten gelegt, so lässt sich jeweils nur ein verschwindend geringer Teil der Varianz auf die von den Lernenden angegebene Konzentrationsfähigkeit zurückführen (vgl. Tabelle 6.21). In der Dimension *innermathLF* führt die Berücksichtigung des Prädiktors zu einer leichten Absenkung des Erklärungswertes des Regressionsmodells. Die Variable zeigt hier keinen signifikanten Einfluss auf die Mathematikfähigkeit zum zweiten Messzeitpunkt ($b = 0.017$, $SE = 0.141$, $p = .903$, $\beta = 0.005$).

**Motivation**
Als vorletzte Variable wird die Motivation der Schülerinnen und Schüler in den Regressionsmodellen berücksichtigt. Weitere fünf Probanden fallen dabei aus den Analysen heraus, sodass sich die Stichprobe auf $n = 243$ Schülerinnen und Schüler beläuft. In den ersten beiden Dimensionen zeigt die Motivation keinen Einfluss auf die Fähigkeiten der Lernenden zum zweiten Messzeitpunkt (*innermathLF*: $b = 0.012$, $SE = 0.175$, $p = .947$, $\beta = 0.003$; *situativ*: $b = 0.112$, $SE = 0.109$, $p = .305$, $\beta = 0.063$) und der Erklärungswert der Modellgleichung bleibt nahezu identisch (vgl. Tabelle 6.22). In der dritten Dimension wird der Prädiktor Motivation auf Grundlage eines 5 %-igem Signifikanzniveaus nicht signifikant (*innermathQF*: $b = 0.325$, $SE = 0.166$, $p = .052$, $\beta = 0.142$). Die aufgeklärte Varianz steigt hier leicht an und überschreitet somit die 10 %-Marke (vgl. Tabelle 6.22).

**C-SWE**
Wird die C-SWE mit in die Regressionsmodelle aufgenommen, so können die Daten von $n = 224$ Schülerinnen und Schüler berücksichtigt werden. Die Einschätzung der eigenen Fähigkeiten zum Lernen am Computer zeigt nach der Intervention keinen Einfluss auf die Leistung der Schülerinnen und Schüler. In allen drei Dimensionen wird dieser Prädiktor nicht signifikant (*innermathLF*: $b = -0.151$, $SE = 0.160$, $p = .349$, $\beta = -0.038$; *situativ*: $b = -0.054$, $SE = 0.100$, $p = .590$, $\beta = -0.030$; *innermathQF*: $b = -0.291$, $SE = 0.156$, $p = .064$, $\beta = 0.123$). Der Erklärungswert der Modelle bleibt im Vergleich zu den vorherigen Regressionsmodellen gleich bzw. sinkt im Falle der Dimension *innermathQF* wieder leicht ab auf 9,8 % (vgl. Tabelle 6.23).

---

**Zwischenfazit der Regressionsanalysen mit zusätzlichen Prädiktoren**
Die Prädiktoren Geschlecht und C-SWE zeigen in keiner Dimension einen signifikanten Einfluss auf das Kriterium und ihre Berücksichtigung in den Regressionsmodellen hat entweder keinen Einfluss auf die aufgeklärte Varianz oder wird durch den adjustierten Regressionskoeffizienten leicht

**Tabelle 6.21** Veränderung der Varianzaufklärung durch den Prädiktor Konzentration

| | Vorwissen+Gruppe | | +Geschlecht | | +Schulform | | +Konzentration | |
|---|---|---|---|---|---|---|---|---|
| | $R^2$ | $adj.R^2$ | $R^2$ | $adj.R^2$ | $R^2$ | $adj.R^2$ | $R^2$ | $adj.R^2$ |
| *innermathLF* | 0.673 | 0.669 | 0.663 | 0.659 | 0.679 | 0.674 | 0.664 | 0.658 |
| *situativ* | 0.341 | 0.334 | 0.342 | 0.335 | 0.361 | 0.351 | 0.369 | 0.356 |
| *innermathQF* | 0.057 | 0.046 | 0.056 | 0.045 | 0.108 | 0.094 | 0.114 | 0.096 |

**Tabelle 6.22** Veränderung der Varianzaufklärung durch den Prädiktor Motivation

| | Vorwissen + Gruppe | | + Geschlecht | | + Schulform | | + Konzentration | |
|---|---|---|---|---|---|---|---|---|
| | $R^2$ | $adj.R^2$ | $R^2$ | $adj.R^2$ | $R^2$ | $adj.R^2$ | $R^2$ | $adj.R^2$ |
| *innermathLF* | 0.673 | 0.669 | 0.663 | 0.659 | 0.679 | 0.674 | 0.664 | 0.658 |
| *situativ* | 0.341 | 0.334 | 0.342 | 0.335 | 0.361 | 0.351 | 0.369 | 0.356 |
| *innermathQF* | 0.057 | 0.046 | 0.056 | 0.045 | 0.108 | 0.094 | 0.114 | 0.096 |
| | + Motivation | | | | | | | |
| *innermathLF* | 0.664 | 0.655 | | | | | | |
| *situativ* | 0.377 | 0.358 | | | | | | |
| *innermathQF* | 0.130 | 0.108 | | | | | | |

**Tabelle 6.23** Veränderung der Varianzaufklärung durch den Prädiktor C-SWE

| | Vorwissen + Gruppe | | + Geschlecht | | + Schulform | | + Konzentration | |
|---|---|---|---|---|---|---|---|---|
| | $R^2$ | $adj.R^2$ | $R^2$ | $adj.R^2$ | $R^2$ | $adj.R^2$ | $R^2$ | $adj.R^2$ |
| *innermathLF* | 0.673 | 0.669 | 0.663 | 0.659 | 0.679 | 0.674 | 0.664 | 0.658 |
| *Situativ* | 0.341 | 0.334 | 0.342 | 0.335 | 0.361 | 0.351 | 0.369 | 0.356 |
| *innermathQF* | 0.057 | 0.046 | 0.056 | 0.045 | 0.108 | 0.094 | 0.114 | 0.096 |
| | + Motivation | | + C-SWE | | | | | |
| *innermathLF* | 0.664 | 0.655 | 0.666 | 0.655 | | | | |
| *Situativ* | 0.377 | 0.358 | 0.380 | 0.360 | | | | |
| *innermathQF* | 0.130 | 0.108 | 0.126 | 0.098 | | | | |

bestraft. Beide Variablen sollten daher aus den finalen Analysen ausgeschlossen werden. Der Prädiktor Schulform zeigt hingegen in allen drei Dimensionen einen kleinen Effekt auf die abhängige Variable und führt je zu einem leichten Anstieg des Erklärungswerts der Regressionsmodelle. In der zweiten Dimensionen *situativ* sollte zusätzlich die Konzentration als Prädiktorvariable mit kleiner Effektstärke berücksichtigt bleiben und in der dritten Dimension *innermathQF* führt die ergänzende Berücksichtigung der Variable Motivation zu den höchsten Erklärungswerten der Regressionsanalysen.

**Ergebnisse der finalen Regressionsanalysen**

In der ersten Dimension *innermathLF* kann durch die Erweiterung des Regressionsmodells um den Prädiktor Schulart 1,5 % zusätzliche Varianz aufgeklärt werden. Die Varianzaufklärung liegt somit bei 68,4 %, was auf einen großen Erklärungswert des Regressionsmodells schließen lässt. Es konnten alle $n = 271$ Datensätze berücksichtigt werden. Das Vorwissen bleibt mit einer Effektstärke von $\beta > 0.7$ der Haupteinflussfaktor. Die Gruppenzugehörigkeit und somit EF im Vergleich zu KCR Feedback zeigt weiterhin keinen signifikanten Einfluss. Die Schulform erklärt unter Konstanthaltung der anderen Prädiktoren einen kleinen Teil der Varianz zwischen den Schülerinnen und Schülern. Demnach zeigten die Lernenden der Gymnasien tendenziell eine höhere Mathematikfähigkeit zum zweiten Messzeitpunkt als die Schülerinnen und Schüler der Gesamtschule (vgl. Tabelle 6.24).

**Tabelle 6.24**  Ergebnisse der finalen Regressionsanalyse in der ersten Dimension *innermathLF*

**Dimension 1: *InnermathLF***

| Kriterium | Prädiktor | $\beta$ | $b$ | SE | $p$ |
|---|---|---|---|---|---|
| Fähigkeit MZP 2 | (Konstante) | 0.000 | 0.537 | 0.125 | .000 |
| | Vorwissen | 0.739 | 0.701 | 0.037 | .000 |
| | Gruppe | 0.053 | 0.256 | 0.164 | .120 |
| | Schulart | −0.157 | −1.009 | 0.253 | .000 |

$R^2 = 0.687$, *adj.* $R^2 = 0.684$

In Tabelle 6.25 sind die Ergebnisse der finalen Regressionsanalyse in der zweiten Dimension *situativ* mit den Prädiktoren Vorwissen, Gruppe, Schulart und Konzentration dargestellt. Durch die Variable Konzentration entfallen fünfzehn Datensätze, sodass die Stichprobe hier aus $n = 256$ Schülerinnen und Schülern besteht. Die beiden hinzugenommenen Einflussfaktoren erklären zusätzliche 2,3 % der Varianz in den Messwerten. Wie schon in der ersten Dimension, ist das Vorwissen der Hauptprädiktor für die Fähigkeit der Schülerinnen und Schüler zum zweiten Messzeitpunkt mit einer hier mittleren Effektstärke ($0.4 < \beta < 0.6$). Die Schulform hat in der zweiten Dimension ebenfalls einen kleinen Effekt zugunsten der Gymnasien. Die Konzentration, welche die Schülerinnen und Schüler via Selbstauskunft mitteilten, zeigt ebenfalls einen kleinen Effekt auf das Kriterium.

**Tabelle 6.25** Ergebnisse der finalen Regressionsanalyse in der zweiten Dimension *situativ*

**Dimension 2: *Situativ***

| Kriterium | Prädiktor | $\beta$ | B | SE | p |
|---|---|---|---|---|---|
| Fähigkeit MZP 2 | (Konstante) | 0.000 | −0.034 | 0.269 | .899 |
| | Vorwissen | 0.533 | 0.514 | 0.050 | .000 |
| | Gruppe | −0.040 | −0.085 | 0.106 | .425 |
| | Schulart | −0.111 | −0.333 | 0.165 | .044 |
| | Konzentration | 0.108 | 0.175 | 0.085 | .042 |

$R^2 = 0.367$, *adj.* $R^2 = 0.357$

Abschließend werden analoge Betrachtungen für die dritte Dimension der Personenfähigkeit *innermathQF* berichtet, in diesem Fall mit den Prädiktoren Vorwissen, Gruppe, Schulart und Motivation. Der Erklärungswert des Modells steigt im Vergleich zu der ersten Regressionsanalyse um 6,4 % an. Es können nun 11 % der Varianz in den Messwerten erklärt werden (vgl. Tabelle 6.26). Die Prädiktoren Motivation, Schulart und Vorwissen zeigen ähnliche Effektstärken. Alle drei haben demnach einen kleinen, signifikant von Null verschiedenen Einfluss auf das Kriterium ($|\beta| < 0.4$). Die Richtung dieser Effekte entspricht denen in den vorherigen Dimensionen. Vorwissen und Motivation haben einen positiven Einfluss, ebenso die Schulform Gymnasium (vgl. Tabelle 6.11). Das angebotene Feedback zeigt keinerlei Effekte.

**Tabelle 6.26** Ergebnisse der finalen Regressionsanalyse in der dritten Dimension *innermathQF*

**Dimension 3: *InnermathQF***

| Kriterium | Prädiktor | $\beta$ | b | SE | P |
|---|---|---|---|---|---|
| Fähigkeit MZP 2 | (Konstante) | 0.000 | −1.744 | 0.374 | .000 |
| | Vorwissen | 0.178 | 0.207 | 0.069 | .003 |
| | Gruppe | −0.071 | −0.194 | 0.160 | .226 |
| | Schulart | −0.198 | −0.739 | 0.226 | .001 |
| | Motivation | 0.156 | 0.351 | 0.135 | .010 |

$R^2 = 0.123$, *adj.* $R^2 = 0.110$

**Fazit der Regressionsanalysen**

Die Regressionsmodelle mit dem je höchsten Erklärungswert variieren in den drei Dimensionen. In der ersten Dimension lässt sich ein Großteil der Varianz durch die Prädiktoren Vorwissen und Schulart erklären. In der zweiten Dimension ein beträchtlicher Anteil durch die Prädiktoren Vorwissen, Schulart und Konzentration und in der dritten Dimension lässt sich ein kleiner Anteil der Varianz durch die Prädiktoren Vorwissen, Schulart und Motivation erklären. In letzterer haben alle drei Prädiktoren einen etwa gleich großen Einfluss, während in den ersten beiden Dimensionen das Vorwissen klar als Haupteinflussfaktor identifiziert werden konnte. Die im Rahmen der übergeordneten Forschungsfrage interessierende Gruppenzugehörigkeit zeigte keinen Einfluss auf die Personenfähigkeit zum zweiten Messzeitpunkt.

# Diskussion

7

In dieser Arbeit wurde eine quasi-experimentelle Interventionsstudie zu dem Einfluss von Feedback in digitalen Lernumgebungen auf die Mathematikfähigkeiten von Schülerinnen und Schülern im Bereich Funktionen vorgestellt. Gegenstand der Intervention war eine Lernumgebung zur selbstständigen Erkundung quadratischer Funktionen. Die Lernenden wurden in zwei Gruppen eingeteilt, die jeweils ein Treatment durchlaufen haben. In der Experimentalgruppe verfügte die bearbeitete digitale Lernumgebung über elaboriertes Feedback in Form von strategischen Hilfen und Erklärungen zu der korrekten Lösung einer Aufgabe. In der Kontrollgruppe wurde KCR Feedback bereitgestellt, indem die Schülerinnen und Schüler ausschließlich Rückmeldungen über die korrekte Lösung einer Aufgabe erhielten. Für die Untersuchung wurde ein Prä-Posttest-Design gewählt, bei dem an zwei Messzeitpunkten ein Leistungstest zu Funktionen geschrieben wurde. Die erhobenen Daten wurden mittels Methoden der probabilistischen Testtheorie skaliert. Anschließend wurde für Veränderungsmessungen und Gruppenvergleiche auf deskriptive und inferenzstatistische Analysen zurückgegriffen.

Die Interpretation und Diskussion der Ergebnisse ist abhängig von den methodischen Entscheidungen, die ihnen vorangegangen sind. Aus diesem Grund gliedert sich dieses Kapitel wie folgt: In einem ersten Teil werden methodische Stärken sowie Grenzen der Arbeit auf Grundlage von quantitativen Gütekriterien zur methodischen Strenge herausgearbeitet (Abschnitt 7.1). Hierbei werden

**Elektronisches Zusatzmaterial** Die elektronische Version dieses Kapitels enthält Zusatzmaterial, das berechtigten Benutzern zur Verfügung steht https://doi.org/10.1007/978-3-658-35838-9_7.

E. de Vries, *Feedback in digitalen Lernumgebungen*, Studien zur theoretischen und empirischen Forschung in der Mathematikdidaktik, https://doi.org/10.1007/978-3-658-35838-9_7

sowohl das Studiendesign als auch die Erhebungs- und Auswertungsmethoden diskutiert. Daraufhin werden in einem zweiten Schritt die vier in Kapitel 3 aufgestellten Forschungsfragen anhand der empirischen Ergebnisse unter
Berücksichtigung der in Abschnitt 7.1 erschlossenen Aussagekraft beantwortet
(Abschnitt 7.2).

## 7.1 Diskussion der Methode

An der Studie nahmen elf Klassen von drei Gymnasien und einer Gesamtschule
teil. Von den insgesamt 303 Schülerinnen und Schülern konnten 271 vollständige
Datensätze in die Auswertungsanalysen einbezogen werden. Das Thema quadratische Funktionen ist in den Kerncurricula für NRW fest verankert (MSB NRW,
2019; MSJK NRW, 2004; MSW NRW, 2007). In den schulinternen Lehrplänen
für Gymnasien in NRW wird es entweder an das Ende von Klasse 8 (Gesamtschulen: Klasse 9) oder zu Beginn von Klasse 9 (Gesamtschulen: Klasse 10)
eingeordnet. Der Zeitpunkt der Untersuchung musste diese Vorgaben berücksichtigen, wodurch die Studie in acht Klassen vor den Sommerferien stattfand und in
drei Klassen zu Beginn des darauffolgenden Schuljahres.

In Abschnitt 5.1.1 wurden verschiedene statistische oder versuchsplaneri-
sche Kontrollverfahren zur Steigerung der internen Validität berichtet. Ebenso
wurde bei der theoretischen Auseinandersetzung mit dem methodischen Rahmen
dieser Arbeit auf verschiedene weitere Gütekriterien eingegangen (vgl. Kapitel 5). An dieser Stelle sollen die getroffenen Entscheidungen kritisch hinterfragt
und ihr Für und Wider abgewogen werden. Zudem werden, in Anlehnung an
Shadish, Cook und Campbell (2002), Aspekte der Konstruktvalidität, internen
Validität, externen Validität und der statistischen Validität der Untersuchungs-
methode diskutiert. Die Diskussion der Methode wird entsprechend zu dem
Aufbau des methodischen Rahmens in eine kritische Betrachtung des Studiendesigns (Abschnitt 7.1.1), der Erhebungsmethoden (Abschnitt 7.1.2) und der
Auswertungsmethoden (Abschnitt 7.1.3) gegliedert.

### 7.1.1 Studiendesign

Es gibt viele Aspekte, welche die Güte einer Untersuchung beeinflussen. Eine
große Anzahl der von Shadish et al. (2002) benannten Punkte kann dem Studiendesign zugeordnet werden. Die Auseinandersetzung damit ist von immenser
Relevanz für die Interpretation empirischer Daten und für die Bestimmung

klarer methodischer Grenzen. Es beginnt mit einer inadäquaten Konzeptspezifikation, das heißt mit einer mangelnden theoretischen Auseinandersetzung
mit den Konstrukten, die in der Studie erfasst werden sollen (abhängige und
unabhängige Variablen). Das Fehlen operationalisierter Indikatoren der Kon-
strukte ist die Folge. In der vorliegenden Arbeit wurden die interessierenden
Konzepte – Feedback in digitalen Lernumgebungen und davon beeinflussbare
Personenfähigkeiten – ausführlich erörtert (vgl. Kapitel 2). Eine Einschränkung
besteht in diesem Fall darin, dass verschiedene Operationalisierungen denkbar gewesen wären. Die Entscheidungsfindung und Spezifikation der Variablen
wurden jedoch transparent dargelegt (vgl. insbesondere Kapitel 3).

Das gewählte Studiendesign beeinflusst maßgeblich die Gültigkeit der Ergebnisinterpretation (Konstruktvalidität), inwiefern die empirischen Ergebnisse Kausalschlüsse zulassen (interne Validität) und welcher Grad an Verallgemeinerbarkeit (externe Validität) der Studie zugrunde gelegt werden kann (Cook, Pohl &
Steiner, 2011; Döring & Bortz, 2016; Shadish et al., 2002). Zu beachten ist,
dass zwischen interner und externer Validität ein Spannungsverhältnis besteht:
Mit einem hohen Maß interner Validität geht häufig ein Verlust externer Validität einher und andersherum (Döring & Bortz, 2016). Bei quasi-experimentellen
Feldstudien gilt im Allgemeinen eine niedrige interne Validität, der mittels verschiedener Maßnahmen bis zu einem gewissen Maße begegnet werden kann
(Westermann, 2017; vgl. Abschnitt 5.1.1). Aufgrund der authentischen Umgebung
und weitgehend natürlicher Bedingungen, sind Feldstudien leichter auf Alltagsbe-
dingungen generalisierbar als Laborstudien, was mit einer vergleichsweise hohen
externen Validität einhergeht (Helfrich, 2016; vgl. Abschnitt 5.1.1). Aus methodischer Sicht wäre die Durchführung eines echten Feldexperimentes ideal gewesen,
welches im Feld mit randomisierten Gruppen gearbeitet hätte (Döring & Bortz,
2016). Dies ist jedoch im Kontext Schule, mit Klassen als natürliche Gruppen,
nur sehr eingeschränkt in größerem Maßstab umsetzbar. Um das Manko der fehlenden Randomisierung zu minimieren, wurde eine Parallelisierung der Kontroll-
und Experimentalgruppe vorgenommen, indem jede Klasse von der Lehrkraft
zu gleichen Teilen auf beide Gruppen verteilt wurde (Westermann, 2017; vgl.
Abschnitt 5.1.2). Parallelisierungen sind ein übliches Verfahren, um die Vergleich-
barkeit der Probanden in allen Gruppen herzustellen und Selektionseffekte zu
vermeiden (Döring & Bortz, 2016; Shadish et al., 2002). Ein weiterer zentraler
Aspekt ist der Rückgriff auf ein Prä-Posttest-Design. Mithilfe dieser Entscheidung konnte die fehlende Randomisierung der Stichprobe bei den statistischen
Auswertungen kontrolliert werden, indem das Vorwissen der Schülerinnen und
Schüler als eine Kovariate in den Regressionsanalysen eingesetzt wurde (Cook
et al., 2011; vgl. Abschnitt 5.3.7 und 6.2.2).

Die in Abschnitt 5.1.4 ausgeführten Treatmentkontrollen hatten zum Ziel Alternativerklärungen auszuschließen. Sie sollen die unabhängige Variable (hier: die Feedbackart) isolieren, indem alle anderen Einflussfaktoren ausgeschaltet oder kontrolliert werden (Döring & Bortz, 2016). Bezogen auf die Feedbackverarbeitung wurden verschiedene personenbezogene, tendenziell konfundierende Variablen herausgearbeitet: Vorwissen, Geschlecht, Motivation, Konzentration und computerbezogene Selbstwirksamkeitserwartung (vgl. Abschnitt 2.1). Weitere individuelle Personenvariablen, wie das Interesse oder die Tagesverfassung, können ebenfalls den Umgang mit dem Treatment sowie dem darin enthaltenen Feedback beeinflussen (vgl. Abschnitt 2.1.5 und 5.3.2). Es stellt eine Grenze der Arbeit dar, dass diese nicht vollständig operationalisiert und erfasst werden konnten und Kausalschlüsse somit nie uneingeschränkt auf die gewünschte Variable bezogen werden können. Darüber hinaus war die Messung von Motivation, Konzentration und computerbezogener Selbstwirksamkeitserwartung auf die beiden Messzeitpunkte beschränkt. Über die einzelnen Unterrichtsstunden können diesbezüglich keine Aussagen getroffen werden. Informelle Unterrichtsbeobachtungen während der Hospitationen zeigten jedoch durchweg eine hohe Aktivität der Lernenden, die sich zu großen Teilen konzentriert mit der Materie zu beschäftigen schienen. Neben den personenbezogenen Störvariablen muss in einem Feldexperiment die Kontrolle oder Eliminierung von umwelt- bzw. untersuchungsbedingten Variablen kritisch hinterfragt werden. In den Abschnitten 5.1.1 und 5.1.4 wurde detailliert auf getroffene Maßnahmen eingegangen. Diese fokussierten die Minimierung des Einflusses der Lehrkraft mittels versuchsplanerischer Entscheidungen, Schulungen, Hospitationen und Checklisten. Darüber hinaus wurde der Umgang der Schülerinnen und Schüler mit dem Lernpfad via Bildschirmaufnahmen und Heftereinträgen registriert und Selbstauskünfte zur Feedbacknutzung eingeholt. Andere Faktoren, wie die räumlichen Begebenheiten, die Temperatur, das Raumklima, der Zeitpunkt des Unterrichts oder natürliche Klassendynamiken, konnten nicht kontrolliert werden und stellen somit eine weitere Grenze der Untersuchung dar. Gleichzeitig sind dies Faktoren, die auch im alltäglichen Unterricht schwanken, was sich positiv auf die Übertragbarkeit der Ergebnisse auswirken kann. Bei der inhaltlichen Diskussion der Ergebnisse ist zu beachten, dass sowohl in Hinblick auf personenbezogene als auch auf untersuchungsbedingte Störvariablen Alternativerklärungen im hier beschriebenen Sinne nicht vollständig ausgeschlossen werden können.

Ein weiteres Risiko quasi-experimenteller Feldstudien stellen Konfundierungseffekte auf Ebene des Studiendesigns dar. Die geplante Intervention ist möglicherweise mit weiteren untersuchungsfremden Treatments gekoppelt, welche die

Gültigkeit der Ergebnisinterpretation verfälschen (Helfrich, 2016). Darüber hinaus kann es zu einer Konfundierung von Treatment und Treatmentausprägungen kommen, indem nur ein bestimmtes Setting untersucht wurde. Eine Grenze der Arbeit ist, dass für die Schülerinnen und Schüler das intendierte Setting mit längerfristiger eigenverantwortlicher Arbeit am Computer ungewohnt war. Darüber hinaus wurden in der Zeit Plenumsphasen unterbunden und die Lehrkräfte gaben keine inhaltlichen Rückmeldungen. Es kann nicht ausgeschlossen werden, dass diese Tatsachen einen Einfluss auf die Leistungsentwicklung der Lernenden hatten. Ist dies der Fall, sollte dieser Effekt allerdings in beiden Gruppen gleichermaßen aufgetreten sein, sodass die Veränderungsmessungen, nicht aber die Gruppenvergleiche davon betroffen sein sollten.

Neben Überlegungen zu konfundierenden Treatments können externe zeitliche Einflüsse oder natürliche interne Reifungsprozesse Kausalschlüsse beeinträchtigen. Dieser Problematik kann durch ein Prä-Posttest-Kontrollgruppen-Design entgegengewirkt werden (Döring & Bortz, 2016). Eine Limitation der Untersuchung ist das Fehlen einer „echten" Kontrollgruppe, das heißt einer Gruppe von Schülerinnen und Schülern, die keinerlei Treatment erfahren haben. Klassen für eine Kontrollgruppe ohne Treatment zu gewinnen, stellt eine Herausforderung dar. Es handelt sich um eine anfallende Stichprobe, die der Zustimmung der Fachlehrkräfte und Schulleitungen bedurfte, um im regulären Mathematikunterricht stattfinden zu können (vgl. Abschnitt 5.1.2). Ohne ersichtlichen Mehrwert oder innovative Ideen für die Unterrichtspraxis lässt sich deren Befürwortung nur schwer erringen. Hinzu kommt die Notwendigkeit einer größeren Stichprobe für statistische Analysen mit aussagekräftigen Ergebnissen, desto mehr Variationen miteinander verglichen werden sollen. Eine zusätzliche Kontrollgruppe ohne Intervention hätte das Vorhaben schnell an seine forschungsökonomischen Grenzen gebracht. Bei einer solchen Kontrollgruppe, hätten darüber hinaus Gewohnheitseffekte und der Einfluss der Lehrkräfte an Bedeutung gewonnen und Ungewissheiten in die Auswertungen gebracht. Als Grenze der Arbeit muss nun allerdings hervorgehoben werden, dass keine Aussage darüber getroffen werden kann, ob die Intervention mittels digitaler Lernumgebung zur Erarbeitung des Themas quadratische Funktionen effektiver war als hätten die Schülerinnen und Schüler Regelunterricht zu dieser Thematik erhalten. Ein Vergleich von selbstständigen, computerbasierten Erkundungen versus selbstständiger Erkundungen in einem analogen Schulbuch oder Ähnlichem bleibt ein interessanter Forschungsaspekt für zukünftige Untersuchungen.[1]

---

[1] Aktuell wird an der Westfälischen Wilhelms-Universität Münster in der Arbeitsgruppe von Prof. Greefrath eine ebensolche Untersuchung für die Sekundarstufe II durchgeführt (Brnic,

Zwei Aspekte, die sowohl mit dem Studiendesign als auch mit der Erhebung der abhängigen Variablen zusammenhängen, sind der so genannte Mono-Treatment- bzw. Mono-Methoden-Bias (Döring & Bortz, 2016). Ersterer tritt ein, wenn die unabhängige Variable nur durch eine Treatmentvariante operationalisiert wurde, also nur eine Experimentalgruppe berücksichtigt wurde. Letzterer bezieht sich darauf, dass idealerweise mehr als eine Datenerhebungsmethode für ein interessierendes Konstrukt eingesetzt werden sollte. Denkbar wären auf Treatmentebene Lernpfadabwandlungen mit anderen Formen (elaborierten) Feedbacks, ohne Feedback oder eine adaptierte analoge Variante des Lernpfads gewesen. Auf methodischer Ebene hätten systematische Beobachtungen oder Interviewstudien eingesetzt werden können. Wie zuvor bezüglich einer echten Kontrollgruppe erwähnt wurde, traf die Untersuchung hier an ihre forschungsökonomischen Grenzen. Die Aussagekraft der Ergebnisse bleibt daher eingeschränkt auf die bestimmten Feedbackvarianten und quantitativen Kennzahlen.

Die statistische Auswertung wird durch das Design beeinträchtigt, wenn die Treatmentimplementierung einen Mangel an Reliabilität aufweist, also unvollständig oder inkorrekt durchgeführt wurde. Eine Unterschätzung statistisch nachweisbarer Effekte ist die Folge. Störeinflüsse im experimentellen Setting können ebensolche negativen Auswirkungen haben. Beispiele hierfür sind verschiedene Räumlichkeiten, in denen die Untersuchung stattfindet oder verschiedene Verhaltensweisen der Versuchsleitenden. Das Treatment hat in allen teilnehmenden Klassen vollständig stattgefunden (vgl. Abschnitt 5.1.3). Durch die individuellen Lerntempos der Schülerinnen und Schüler, endet das Treatment natürlicherweise mit differenten Lernständen. In Abschnitt 5.1.4 wurde darauf eingegangen, dass der Großteil der Lernenden genau die erforderlichen Kapitel des Lernpfads bearbeitete und einzelne Schülerinnen und Schüler zu den weiterführenden Inhalten kamen. Wie in Abschnitt 5.1 darüber hinaus beschrieben wurde und im elektronischen Zusatzmaterial A.2 nachzulesen ist, wurden die Versuchsleitenden für die durchgeführte Studie ausführlich instruiert. Unterschiedliche Räumlichkeiten konnten jedoch nicht vermieden werden und auch weitere Störeinflüsse können aufgrund des quasi-experimentellen Designs nicht gänzlich ausgeschlossen werden.

Bei jeder Untersuchung, die mit Wissen der Probanden stattfindet, sollte des Weiteren mit einer Reaktivität auf die experimentelle Situation gerechnet werden (Helfrich, 2016). Dies gilt verstärkt für Laborstudien, tritt aber auch bei Feldexperimenten auf. Die Reaktionen können positiver Natur sein, wie das Hervorrufen

---

2019, 2020). Das digitale Schulbuch *Net-Mathebuch* wird einer analogen Schulbuchvariante gegenübergestellt.

erhöhter Aufmerksamkeit. Ebenso sind negative Einflüsse möglich, wenn zum Beispiel Bewertungsangst eintritt (Shadish et al., 2002). Es kann helfen Daten strikt anonym zu erheben und den Probanden zu verdeutlichen, dass im Nachhinein keinerlei persönliche Zuordnung möglich ist. Eine weitere Ausprägungsform von Reaktivität auf die experimentelle Situation ist der Versuch hypothesenkonformen Handelns. Ist beispielsweise aus dem Design oder der Erhebungsmethode die Intention der Untersuchung ableitbar, so kann dies dazu führen, dass Studienteilnehmerinnen und -teilnehmer versuchen so zu handeln, wie es ihrer Meinung nach von ihnen erwartet wird. Um dem zu entgehen, kann eine Modifikation der Untersuchungssituation helfen, indem gleichzeitig mehrere Aspekte erhoben werden und/oder das eigentliche Ziel verschleiert wird (Döring & Bortz, 2016). Hier werden allerdings schnell ethische Grenzen erreicht. Aus forschungspraktischen Gründen war es nicht möglich weitere Erhebungen durchzuführen. Den Schülerinnen und Schülern war klar, dass via des sich wiederholenden Leistungstests ihre Fähigkeiten im Fach Mathematik erhoben wurden. Eine diesbezügliche Reaktivität kann folglich nicht ausgeschlossen werden.

Es gibt noch drei weitere die methodische Validität gefährdende Aspekte, die sich aus Reaktionen beteiligter Personen(-gruppen) ergeben. Sofern den Versuchsleitenden bekannt ist, ob sie eine Experimental- oder eine Kontrollgruppe betreuen, können ihre Erwartungseffekte unbewusst auf die Probanden übergehen. Dabei kann es zu einem kompensatorischen Ausgleich kommen, wenn die Kontrollgruppe besonders freundlich oder zuvorkommend behandelt wird. In der beschriebenen Studie wurde darauf verzichtet in Gesprächen und Instruktionen eine Feedbackvariante der anderen vorzuziehen. Es wurden vielmehr denkbare Vor- und Nachteile beider Varianten erörtert, sodass aus Sicht der Lehrkräfte und Versuchsleitenden keine Treatmentgruppe benachteiligt erscheinen sollte. Da in jeder Klasse beide Treatmentvarianten zur selben Zeit und in demselben Raum durchgeführt wurden, sollte dieser Effekt nicht aufgetreten sein. Individuelle Tendenzen für eine Gruppe und deren Widerspiegelung in einzelnen Kommentaren, können gleichwohl nicht vollständig ausgeschlossen werden. Aus der Tatsache, dass Kontroll- und Experimentalgruppe engen Kontakt zueinander hatten, können weiterhin mehrere Unwägbarkeiten entstehen (Döring & Bortz, 2016). Ist den Probanden der Kontrollgruppe ihre Gruppenzugehörigkeit bewusst, so kann dies einen kompensatorischen Wettstreit auslösen und ihren Ehrgeiz antreiben. Im Gegenteil kann es auch zu einer empörten Demoralisierung kommen, die zu Neid oder Ablehnung führt. Ebenso denkbar ist eine Treatmentdiffusion, bei der die Kontrollgruppe versucht die Experimentalgruppe zu imitieren. Den Schülerinnen und Schülern in der geschilderten Untersuchung war zu jeder Zeit

bewusst, dass sie in zwei Gruppen (grün und blau) eingeteilt waren, die miteinander verglichen werden sollten. Es wurde bewusst darauf verzichtet einer
Gruppe ein Treatment und der anderen keinerlei Treatment zur Verfügung zu
stellen, sondern zwei Feedbackvarianten einander gegenübergestellt, die auch in
anderen Forschungsprojekten verglichen wurden (vgl. Abschnitt 2.1.5 und 2.3).
Ein Wettstreit kann dennoch nicht ausgeschlossen werden. Allerdings wurde den
Lernenden nicht mitgeteilt, dass es einen Unterschied in der bearbeiteten Lernumgebung gab, geschweige denn, worin dieser Unterschied im Detail bestand. Da
beide Gruppen gemeinsam im gewohnten Klassenverband „unterrichtet" wurden,
ist die Wahrscheinlichkeit, dass sich eine Gruppe bevorzugt oder benachteiligt
fühlte als verschwindend gering einzustufen. Nichtsdestotrotz stellt die Kenntnis beider Gruppen voneinander eine nicht zu vernachlässigende Bedrohung
der Konstruktvalidität der unabhängigen Variable dar. Der dritte Aspekt betrifft
so genannte Novitäts- und Störungseffekte (Shadish et al., 2002). Bringt eine
Untersuchungssituation interessante, neuartige Veränderungen mit sich, so kann
allein diese Tatsache kurzzeitig positive Effekte hervorrufen. Werden Interventionen als Störungen gewohnter Abläufe empfunden, ruft dies hingegen negative
Reaktionen hervor. Um derlei kurzfristige Effekte zu kontrollieren, bieten sich
*follow-up* Messungen an. Hierzu wäre ein dritter Messzeitpunkt in einigem
Abstand zu dem Posttest erforderlich gewesen. Aus inhaltlichen und organisatorischen Gründen war dies bei der vorliegenden Studie nicht möglich. Quadratische
Funktionen wurden im weiteren Unterricht tiefergehend behandelt, sodass even-
tuelle Effekte eher auf den nachfolgenden Unterricht (bei den verschiedenen
Lehrkräften) hätten bezogen werden müssen, statt auf das Feedback, welches
in dem Lernpfad implementiert wurde. Darüber hinaus fand die Studie in einigen Klassen kurze Zeit vor den Sommerferien statt, in anderen hingegen nach
den Sommerferien. Novitäts- oder Störungseffekte müssen somit insbesondere
bei der Interpretation der Veränderungsmessungen bedacht werden. Kurzzeitige
Fähigkeitsentwicklungen sollten ausschließlich mit Vorsicht interpretiert werden.
Diese nehmen allerdings im Vergleich zu den Gruppenunterschieden eine untergeordnete Rolle des Forschungsinteresses ein. Novitäts- oder Störungseffekte
können andererseits auch durch die Form des Feedbacks beeinflusst werden, was
gleichwohl bei Gruppenvergleichen bedacht werden muss.

   Zu Beginn dieses Kapitels wurde geschrieben, dass die externe Validität
von Feldstudien verglichen mit der von Laborstudien hoch sei. Dies darf nicht
verwechselt werden mit einer universellen Generalisierbarkeit der Versuchsergeb-
nisse. Vielmehr gibt es auch in dem Bereich der externen Validität mehrere Wech-
selwirkungseffekte, die zu Einschränkungen führen können. Zunächst wurde die
Untersuchung mit bestimmten Personen durchgeführt. In diesem Fall waren es im

Durchschnitt 14-jährige Schülerinnen und Schüler von Gymnasien oder Gesamtschulen in NRW, denen das Thema quadratische Funktionen zuvor unbekannt war. Bei jüngeren oder älteren Schülerinnen und Schülern, in anderen Bundesländern oder Schulformen könnten die Effekte gänzlich anders aussehen. Etwaige Effekte sind folglich nicht auf andere Personengruppen übertragbar. Hinzu kommt, dass bestimmte Feedbackvarianten im Treatment eingesetzt und miteinander verglichen wurden. Es ist nicht möglich die Aussagen auf jegliche Art von Feedback zu übertragen. Wird die Komplexität von elaboriertem Feedback bedacht, ist es nicht einmal möglich, eine Aussage über allgemeine Auswirkungen von elaboriertem Feedback zu treffen, sondern die spezifische Ausprägungsform muss jederzeit mit bedacht und Kausalschlüsse darauf beschränkt werden. Als letzte Einschränkungen der externen Validität im Bereich des Studiendesigns ergeben sich das Setting der Studie sowie kontextabhängige Mediatoreffekte. Eine Studie, die ausschließlich in ländlichen Gegenden durchgeführt wird, kann zu unterschiedlichen Ergebnissen führen als dieselbe Untersuchung in ausschließlich städtischem Raum. Ebenso spielen der kulturelle Hintergrund, der historische Zeitpunkt und derartige Kontexte eine Mediatorrolle. Exemplarisch dargestellt weist diese Einschränkung darauf hin, dass eine Untersuchung in Deutschland (NRW) nicht ohne weiteres auf andere (Bundes-)Länder übertragen werden darf. Die Untersuchung wurde im Münsterland durchgeführt. Einige Schulen befanden sich in kirchlicher oder privater Trägerschaft, andere in städtischer Hand. Die Schulen lagen teils in ländlichen Gegenden, teils in einer kleineren Großstadt, womit insgesamt eine gewisse Variabilität im Setting vorhanden war. Abweichende Studienergebnisse in anderen Regionen NRWs können trotzdem nicht ausgeschlossen werden, da sich das bevölkerungsreichste Bundesland durch eine hohe Diversität auszeichnet (Bildungsportal des Landes NRW, 2020). Es zeigt sich anschaulich, dass weitreichende Verallgemeinerungen von Studienergebnissen aus methodischer Sicht erst durch systematische Replikationen und Metastudien ermöglicht werden (Döring & Bortz, 2016).

## 7.1.2 Erhebungsmethode

Die Güte des Leistungstests wurde in Abschnitt 5.2.2 ausführlich dargelegt. Dabei wurden die Testgütekriterien Objektivität, Reliabilität, Validität, Skalierung, Normierung, Testökonomie, Nützlichkeit, Zumutbarkeit, Unverfälschbarkeit und Fairness berücksichtigt. Ergänzend wurden in Abschnitt 7.1.1 an verschiedenen Stellen Hinweise zur Bedrohung der Validität der Erhebungsmethode eingebaut, die eng mit dem Studiendesign verankert sind. Eine betraf eine

inadäquate Konzeptspezifikation auf Basis mangelnder theoretischer Auseinan-
dersetzungen mit den interessierenden Konstrukten. Diese Problematik konnte
weitestgehend ausgeräumt werden. Des Weiteren betraf der vorgestellte Mono-
Methoden-Bias die Einschränkung der Interpretierbarkeit auf Grundlage einer
einzelnen Datenerhebungsmethode, was eine forschungsökonomisch begründete
Limitation der vorliegenden Studie darstellt.

   Nach Shadish et al. (2002) müssen in Bezug auf die Erhebungsmethode
noch sieben weitere Bedrohungen der Konstruktvalidität, internen, externen
sowie statistischen Validität Beachtung finden. Neben dem schon erwähn-
ten Mono-Methoden-Bias existiert ein eng damit zusammenhängender Mono-
Operationalisierungs-Bias, der darauf hinweist, dass jede Operationalisierung
gewisse Verzerrungen mit sich bringt. Einem Mono-Methoden-Bias sollte durch
die Kombination möglichst verschiedene Erhebungsmethoden begegnet werden.
Zur Überwindung des Mono-Operationalisierungs-Bias sollen darüber hinaus
innerhalb einer Erhebungsmethode verschiedene Skalen zu demselben Konstrukt verwendet werden (Döring & Bortz, 2016). Die Operationalisierung der
Mathematikleistung bezogen auf das Unterrichtsthema Funktionen geschah in
dieser Arbeit mittels einer Fokussierung auf die Darstellungswechsel zwischen
der algebraischen, der graphischen und der situativen Darstellungsform sowie
damit zusammenhängender kognitiver Hürden, die in der Theorie beschrieben
werden (vgl. Abschnitt 5.2.1). Darstellungswechsel und individuelle (Grund-)
Vorstellungen nehmen einen hohen Stellenwert im Themenfeld Funktionen ein,
sodass es sich um eine naheliegende Operationalisierung der Personenfähigkeiten
handelt, die zudem einen Konsens in der wissenschaftlichen Community aufweisen kann (vgl. Abschnitt 2.2.4). Im Rahmen der Skalierung ergab sich zudem
eine Dimensionalisierung bezogen auf die verschiedenen Teilgebiete von Funktionen – funktionales Denken, lineare Funktionen und quadratische Funktionen
(vgl. Abschnitt 6.1.1). Der eingesetzte CODI-Test von Nitsch (2015) wurde von
ihr auf Grundlage bereits existierender Testinstrumente entworfen, die eine vergleichbare Operationalisierung aufwiesen. Gleichwohl wären auf Grundlage des
theoretischen Hintergrundes dieser Arbeit andere Skalen denkbar gewesen (vgl.
Abschnitt 2.2.4): Neben einer Erweiterung um die tabellarische Darstellungsform, hätten Skalen entwickelt werden können, die stärker auf die normativen
Grundvorstellungen zu Variablen oder Funktionen fokussieren oder zwischen
konzeptuellem und prozeduralem Wissen differenzieren. Die Entwicklung neuer
Skalen hätte, unter anderem durch weitere Pilotierungen, einen erheblichen
Mehraufwand bedeutet, um ausreichend reliable und valide Skalen zu erhalten.
Zudem wäre eine längere Testzeit forschungspraktisch nicht sinnvoll im Design
umsetzbar gewesen. Die Studienergebnisse müssen daher eingeschränkt auf eine

Operationalisierung interpretiert werden. In diesem Zusammenhang wird die Problematik einer Wechselwirkung des Kausaleffektes mit der abhängigen Variable beschrieben (Döring & Bortz, 2016), das heißt, ein Effekt, der sich bei einer Operationalisierung zeigt, tritt bei einer weiteren möglicherweise anders zutage.

Bei Tests, die in einem Prä-Posttest-Design eingesetzt werden, verbirgt sich darüber hinaus immer das Risiko von Testübungseffekten oder Testmüdigkeit. Beide Effekte treten insbesondere dann auf, wenn derselbe Test oder eine sehr ähnliche Variante wiederholt eingesetzt werden. Ein geringer Zeitraum zwischen den Messzeitpunkten kann Testübungseffekte verstärken. Darüber hinaus kann Testmüdigkeit auftreten, wenn zeitintensive Tests eingesetzt werden oder wenn es viele Testzeitpunkte gibt. Der inhaltliche Schwerpunkt des eingesetzten Tests wechselte vom ersten zum zweiten Messzeitpunkt (vgl. Abschnitt 5.2.1). In der Studie wurden gleichwohl identische Items als Anker eingesetzt, um eine Raschskalierung zu ermöglichen, sodass Übungseffekte nicht ausgeschlossen werden können. Zwischen beiden Testungen lagen sechs bzw. sieben Unterrichtsstunden, in denen ein neues Thema erkundet wurde (vgl. Abschnitt 5.1.3). Es ist fraglich, ob die Schülerinnen und Schüler sich nach dieser Zeit noch an Details der Testaufgaben erinnern. Die Art der Aufgaben war zum zweiten Messzeitpunkt indes nicht länger unbekannt, was die Bearbeitung möglicherweise erleichterte. Wünschenswert wäre eine *follow-up* Testung zu einem späteren Zeitpunkt gewesen, um zu sehen, wie nachhaltig die Inhalte gelernt wurden. Dies war jedoch aus Gründen, die in Abschnitt 7.1.1 dargelegt wurden, nicht umsetzbar.

Bezogen auf das Studiendesign wurde auf die Reaktivität einer experimentellen Studie eingegangen. Dieser Aspekt führt auch zu methodischen Grenzen hinsichtlich der Datenerhebung. Zum einen sollte sichergestellt werden, dass alle Daten strikt anonym erhoben werden, damit die Probanden ohne Bedenken wahrheitsgemäße Angaben tätigen. Zum anderen besteht die Gefahr taktisch falscher Angaben, also einer reaktiven Veränderung der Selbstauskünfte, sofern bekannt ist, dass bestimmte Angaben zu Vor- oder Nachteilen führen können. In der Untersuchung wurde jedem Schüler und jeder Schülerin ein achtstelliger Code zugewiesen, der sich aus dem Vornamen der Mutter, dem eigenen (Vor-) Namen sowie dem Geburtstag der Lernenden zusammensetzte. So konnten die Schülerinnen und Schüler ihren eigenen Code jederzeit herleiten, er blieb aber für außenstehende Personen, wie den Testleitern, nicht zu bestimmten Personen zuortbar. Der Code wurde für die Tests sowie für den Hefter und die Bildschirmaufnahmen verwandt. Folglich konnten die einzelnen Untersuchungsbausteine einander angemessen zugeordnet werden. Die persönlichen Angaben und Auskünfte der Schülerinnen und Schüler beeinflussten in keiner Weise das weitere

Vorgehen der Untersuchung, womit eine reaktive Veränderung der Selbstauskünfte aus den genannten Gründen ausgeschlossen werden kann. Es bleibt jedoch offen, ob die Schülerinnen und Schüler alle Angaben wahrheitsgemäß tätigten, oder trotz der getroffenen Maßnahmen zur Anonymisierung oder aus anderen individuellen Gründen Falschangaben machten. Diese könnten auch in Zusammenhang mit der eben beschriebenen Testmüdigkeit auftreten, die nie gänzlich ausgeschlossen werden kann.

Die nächsten zwei Aspekte nach Shadish et al. (2002) betreffen zwar das Erhebungsinstrument, leiten aber gleichzeitig zu den Faktoren über, die bei der Auswertung beachtet werden müssen und Thema des folgenden Kapitels sind. Es geht um Bedrohungen durch eine mangelnde Reliabilität des Messinstrumentes und/oder durch eine zu geringe Teststärke. Weist ein Testinstrument eine geringe Reliabilität auf, so kann es ausschließlich messfehlerbehaftete, das heißt verzerrte, Werte liefern, die den untersuchten Effekt nur ungenau abbilden. Als Maßnahme sollten ausschließlich etablierte Messinstrumente mit hoher Reliabilität verwendet werden. Alternativ sollte bei neuen Tests die Messgenauigkeit statistisch überprüft werden. In Abschnitt 5.2.2 wurde dieser Aspekt bereits erörtert und überprüft, ob die in der probabilistischen Testtheorie üblicherweise bestimmten EAP/PV-Reliabilitäten ausreichend hoch sind. Werte über 0.7 wären wünschenswert (Moosbrugger und Kelava, 2012), aber für die intendierten Gruppenvergleiche können auch unter 0.6 liegende Werte akzeptiert werden (Lienert & Raatz, 1998). Mit Werten zwischen 0.65 und 0.85 (vgl. Abschnitt 6.1.2) ist die Reliabilität der Skalen zwar nicht ideal, aber dennoch tauglich für die auf den bestimmten Parametern basierenden statistischen Untersuchungen. Studien in vergleichbaren funktionalen Kontexten erzielten EAP/PV-Reliabilitäten im Bereich $0.70 \pm 0.10$ (Klinger, 2018; Lichti, 2019; Nitsch, 2015; Rolfes, 2018). Die vorliegende Untersuchung ordnet sich hier entsprechend ein. Als Grenze der Studie bleibt eine gewisse Unsicherheit der Kausalschlüsse erhalten. Eine zu geringe Teststärke ergibt sich unter anderem durch einen zu geringen Stichprobenumfang, in Abhängigkeit von dem interessierenden Merkmal. Sie führt im schlimmsten Fall zu falsch-negativen Interpretationen von nicht statistisch signifikanten Effekten und gerade sozialwissenschaftlichen Studien mangelt es häufig daran (Döring & Bortz, 2016). Post-hoc Analysen sollten zur Überprüfung der Teststärke zwingend berichtet werden. Entsprechend wurden in Abschnitt 6.2.1 für jede Dimension Post-hoc-Poweranalysen durchgeführt, die sehr zufriedenstellende Werte nahe dem Optimum 1 lieferten.

### 7.1.3 Auswertungsmethoden

Im Verlauf des methodischen Rahmens dieser Arbeit wurde bereits ausführlich auf verschiedene Aspekte eingegangen, welche die Güte der Auswertung kennzeichnen und im Laufe der Skalierung, der Veränderungsmessungen und für Analysen hinsichtlich Gruppenunterschieden durchgeführt wurden (vgl. Abschnitt 5.3, 6.1.2 und 6.2). An dieser Stelle werden ergänzend acht grundlegende Bedrohungen der Auswertungsgüte nach Shadish et al. (2002) diskutiert. Die ersten beiden Punkte können erneut die Gültigkeit von abgeleiteten Kausalerklärungen beeinträchtigen. Ausgelöst werden kann dies durch experimentelle Mortalität, das heißt durch den Ausfall von Probanden während der laufenden Studie, indem diese nicht von der Auswertung ausgeschlossen werden (können). Es kann vielfache persönliche Gründe für experimentelle Mortalität geben. Bei Untersuchungen, die im laufenden Schulbetrieb durchgeführt werden, ist der wohl häufigste Grund ein Fehlen durch Krankheit. Eine weitere Facette experimenteller Mortalität stellt die Verweigerung von Aussagen bzw. Testbearbeitungen dar. Sie zeigt sich beispielsweise, wenn ein Test leer abgegeben wird oder die Bearbeitung abrupt ab einer bestimmten Aufgabe abbricht und hängt eng mit dem Aspekt der Testmüdigkeit zusammen. Ausfälle durch fehlende Daten zu mindestens einem Messzeitpunkt konnten durch die Verwendung von individuellen Codes leicht nachvollzogen werden. Die Daten betroffener Personen wurden daraufhin vollständig aus der Auswertung ausgeschlossen. Der Fall eines leeren Testheftes oder nachweislich unseriöser Bearbeitung trat in der Untersuchung nicht auf. Es gab allerdings Fälle, in denen die Fragebögen nicht oder nur unvollständig ausgefüllt wurden. Dies wurde an den Stellen berücksichtigt, wo daraus abgeleitete Kennwerte für die Analysen benötigt wurden. Der zweite Punkt betrifft statistische Regressionseffekte und bezieht sich darauf, in Studien nicht ausschließlich Extremgruppen zu untersuchen. Bei Probanden mit besonders hohen oder niedrigen Merkmalsausprägungen, ist im Falle von mehreren Messzeitpunkten verstärkt eine Tendenz zur Mitte zu erwarten, wie sie schon in Abschnitt 5.3.7 beschrieben wurde. Da komplette Klassen verschiedener Schulen an der Studie teilnahmen und die Mitwirkung von der Lehrkraft ausging, nicht etwa von besonders motivierten Schülerinnen oder Schülern, kann ein statistischer Regressionseffekt auf Grundlage von Extremgruppenzugehörigkeit der gesamten Stichprobe ausgeschlossen werden. Die Prätestdaten unterstützen diese These. Zudem wurde, wie von Hennig et al. (2010) in diesem Zusammenhang empfohlen, das Vorwissen der Lernenden bei den Analysen kontrolliert (vgl. Abschnitt 5.3.7). Dies wirkt darüber hinaus der Gefahr durch nicht berücksichtigte, zu starke Heterogenität innerhalb einer Untersuchungsgruppe vor (Döring & Bortz, 2016). Bei der

Ergebnisinterpretation können statistische Verzerrungen innerhalb einer Gruppe, die durch potenziell mangelnde Homogenität innerhalb einer Gruppe hervorgerufen wurden, trotz der getroffenen (statistischen) Maßnahmen nicht gänzlich ausgeschlossen werden.

Die Interpretation der empirischen Ergebnisse kann ferner durch eine Interaktion zwischen Treatment und Dimensionalität des Messinstruments stark eingeschränkt werden. Beispielsweise ist es denkbar, dass die Personenfähigkeiten vor einem Treatment am adäquatesten eindimensional, nach dem Treatment hingegen mehrdimensional beschrieben werden würde. In der hier vorgestellten empirischen Untersuchung wurde eine aufwändige mehrschrittige Skalierung vorgenommen, die in einem ersten Schritt mit virtuellen Personen arbeitete, wodurch die Itemparameter für Prä- und Posttest auf einer gemeinsamen Skala geschätzt werden konnten. Mittels der Modellgeltung und -güteprüfungen konnte des Weiteren sichergestellt werden, dass ein angemessenes Modell modelliert wurde, welches die Fähigkeitsstruktur der Daten möglichst gut beschreibt. Wie in Abschnitt 5.3.6 beschrieben wurde, kann nie gänzlich ausgeschlossen werden, dass es ein noch geeigneteres Modell gibt.

Abschließend bedrohen nach Shadish et al. (2002) vier weitere Aspekte die korrekte Durchführung der statistischen Auswertungen. Schon durch die Datenaufbereitung kann es zu Unterschätzungen statistischer Zusammenhänge kommen, wenn das interessierende Konstrukt zu eingeschränkt operationalisiert wird. Der Leistungstest wurde dichotom kodiert, was einerseits die gängigste Methode hierbei darstellt, andererseits aber nur wenige Informationen liefert. *Rating scales* oder offene Kodierungen hätten komplexere Aussagen erlaubt. Die Testitems hätten beispielsweise wie bei Nitsch (2015) neben der quantitativen Auswertung auch qualitative Bezüge zu spezifischen Schwierigkeiten bei Darstellungswechseln erlaubt. Für die statistischen Verfahren zur Beantwortung der Forschungsfragen dieser Arbeit wurden allerdings dichotome Kodierungen benötigt und lieferten entsprechend ausreichend Informationen (vgl. Abschnitt 5.3.1). Abschlussarbeiten von Studierenden, die das Projekt begleiteten, setzten sich teils mit qualitativen Aspekten der Testdaten auseinander und konnten vereinzelt systematische Fehler aufdecken (Klein, 2019; Wessel-Terharn, 2019). Nähere Untersuchungen zur qualitativen Absicherung der Studienergebnisse stehen jedoch aus und können höchst interessante Ansatzpunkte für kommende Untersuchungen darstellen. In der ausschließlich quantitativen Auswertung der Studienergebnisse liegt eine eindeutige Limitation der vorliegenden Arbeit. Hinzu kommt, dass für die Schätzung der Personenfähigkeiten auf die WLE-Methode zurückgegriffen wurde, welche nachweislich messfehlerbehaftete Kennwerte ergibt. Die Begründung hierfür wurde schon in Abschnitt 5.3.5 ausgeführt. Um die Messfehlerbehaftung etwas einzugrenzen, wurde bei der Skalierung mit der PV-Technik gearbeitet, die messfehlerbereinigte Populationsparameter ergeben, aber nicht für die Schätzung von individuellen Fähigkeitsausprägungen herangezogen werden sollten (Adams & Wu, 2002; Lüdtke & Robitzsch, 2017; OECD, 2009). Subsummiert muss bei der Ergebnisinterpretation auf Verzerrungen durch die WLE-Methode geachtet werden, die als beste Punktschätzer für die Veränderungsmessungen und Gruppenunterschiede bestimmt wurden. Die statistische Validität wird außerdem bedroht, wenn Signifikanztests verwendet werden, ohne deren Voraussetzungen zu überprüfen oder wenn es zu so genanntem „Signifikanzfischen" kommt (Döring & Bortz, 2016, S. 105), indem nicht hypothesenbasiert gearbeitet wird, sondern unreflektiert alle möglichen Variablenzusammenhänge getestet werden. Letzteres führt zu einer Alpha-Fehler-Kumulation, das heißt zu falsch-positiven Entscheidungen. Die Voraussetzungen für die durchgeführten t-Tests und für die Regressionsanalysen wurden in Abschnitt 5.3.7 detailliert diskutiert und werden hier nicht erneut aufgegriffen. In Abschnitt 3.2 wurden konkrete Fragestellungen und Hypothesen formuliert, die in dieser Arbeit beantwortet werden sollen. Die zu untersuchenden Entwicklungen und Zusammenhänge ergaben sich direkt daraus und es wurde nicht weiter willkürlich nach Signifikanzen gesucht. Der letzte Aspekt der Methodendiskussion bezieht sich auf die Effektgrößenbestimmungen innerhalb einer statistischen Analyse. Es ist von immenser Bedeutung für die statistische Gültigkeit, akkurate Effektgrößenmaße zu verwenden (Döring & Bortz, 2016). In der vorliegenden Arbeit gibt es diesbezüglich keine Einschränkungen. Für die t-Tests wurde *Cohens d* herangezogen (Cohen, 1988). Bei den Regressionsanalysen wurden die z-standardisierten Regressionskoeffizienten $\beta$ bestimmt, um den Einfluss eines Prädiktors auf das Kriterium zu beschreiben sowie der korrigierte Determinationskoeffizient $adj.R^2$, als Maß für den Erklärungsgehalt eines aufgestellten Regressionsmodells (Cohen, 1988; Eid et al., 2017; Wolf & Best, 2010). Eine inhaltliche Deutung und Auseinandersetzung mit diesen Kennwerten folgt im Rahmen der Ergebnisdiskussion in den Abschnitten 7.2.2 und 7.2.3.

## 7.2 Diskussion der Ergebnisse

Mithilfe der Methodendiskussion kann die Aussagekraft der Ergebnisse abgeschätzt und diskutiert werden. Dieses Diskussionskapitel gliedert sich nach den

vier in Abschnitt 3.2 aufgestellten Forschungsfragen, die in Summe eine Beantwortung der übergeordneten Fragestellung erlauben. Zunächst wird sich mit
den Ergebnissen der Datenskalierung auseinandergesetzt (Abschnitt 7.2.1) und
überprüft wie die Mathematikfähigkeit der Schülerinnen und Schüler, die an
der Untersuchung teilnahmen, adäquat beschrieben werden konnte. Daraufhin
werden die Ergebnisse der Veränderungsmessungen in den Blick genommen
(Abschnitt 7.2.2). Sie gelten als notwendige Voraussetzung für die Identifikation
von Posttest-Gruppenunterschieden, welche im letzten Kapitel der Ergebnisdiskussion in Bezug zu dem theoretischen Rahmen dieser Arbeit betrachtet werden
(Abschnitt 7.2.3).

## 7.2.1 Forschungsfrage 1: Beschreibung der Mathematikfähigkeit

In der ersten Forschungsfrage lag das grundlegende Erkenntnisinteresse darin,
die Mathematikfähigkeit der Probanden mittels eines Leistungstests empirisch
zu operationalisieren. Dazu wurde der CODI-Test von Nitsch (2015) adaptiert,
sodass er an zwei Messzeitpunkten eingesetzt werden konnte und es zudem
erlaubte im Prä- bzw. Posttest unterschiedliche inhaltliche Gewichtungen vorzunehmen (vgl. Abschnitt 5.2.1). Bei der Testskalierung wurde auf ein Modell
der probabilistischen Testtheorie zurückgegriffen, das dichotome Rasch-Modell.
Ein großer Vorteil derartiger Skalierungen besteht darin, dass es bei nachgewiesener Gültigkeit des Rasch-Modells nicht darauf ankommt, welche Aufgaben
eine Schülerin oder ein Schüler beantwortet hat, sondern lediglich darauf, wie
viele Aufgaben es waren. Die Randsummen stellen suffiziente Statistiken dar
(vgl. Abschnitt 5.3.2). Unter Rückbezug auf Abschnitt 5.3 wurden in einem Vier-
schritt zunächst die Itemparameter geschätzt, anschließend verschiedene denkbare
Modelle miteinander verglichen, für das relativ am besten passende Modell die
Modellgüte näher bestimmt und zuletzt Personenfähigkeitsparameter geschätzt.
Eine Übersicht der im Detail angewandten Verfahren findet sich in Tabelle 7.1.
  Begründungen für die ausgewählten Skalierungsmethoden wurden in
Abschnitt 5.3 bereits ausführlich dargelegt. An dieser Stelle steht eine kritische
Auseinandersetzung mit den Skalierungsergebnissen im Fokus. In Anlehnung an
Klinger (2018) wurde eine eindimensionale Modellierung der Personenfähigkei-
ten in Betracht gezogen. Hinzu kam die Möglichkeit einer zweidimensionale
Testskalierung wie bei Nitsch (2015), in welcher die Items hinsichtlich der erfor-
derlichen Darstellungswechsel aufgeteilt wurden. Dabei wurden einer Dimension
alle Items zu graphisch-algebraischen Darstellungswechseln zugeschrieben und

**Tabelle 7.1** Zusammenfassung der Skalierungsmethoden und der bestimmten Kennwerte

| Schätzung der Itemparameter | Modellvergleich | Modellgüte | Schätzung der Personenparameter |
|---|---|---|---|
| MML-Approximation (Gauß-Hermite Algorithmus) | *Final Deviance* AIC, BIC LR-Test Korrelationen zwischen latenten Dimensionen | Klassische Trennschärfe DIF → graphischer Modelltest → *multiple group analysis* | WLE-Approximation (Warm-Methode) Deskriptive Kennwerte der Personenparameter |
| | wMNSQ-Fit | wMNSQ-Fit (final) | |
| | Einfachheit, empirische Gültigkeit, Brauchbarkeit, Geltungsbereich | absolute und relative Lösungshäufigkeiten zu den Itemparametern Reliabilitäten | |

einer zweiten Dimension die Items zu den Wechseln situativ-algebraisch sowie situativ-graphisch. Eine dritte potenzielle Modellvariante stellte eine dreidimensionale Skalierung mit inhaltlicher Schwerpunktsetzung dar, die sich aus theoretischen Überlegungen zu dem (Vor-)Wissen der Schülerinnen und Schüler im Bereich Funktionen ergab (vgl. Abschnitt 3.2). Hier wurden die Items nach ihrem mathematischen Fokus auf funktionales Denken, lineare Funktionen oder quadratische Funktionen aufgeteilt. Diese Modellierung setzte ihren Schwerpunkt darauf, dass die Inhalte in der Schule sukzessive verknüpft werden sollen (Stichwort: Spiralcurriculum; vgl. MSB NRW, 2019; MSJK NRW, 2004; MSW NRW, 2007). Quadratische Funktionen wurden im Rahmen der Intervention als neuer Unterrichtsgegenstand eingeführt. Die Kennwerte des Modellvergleichs führten dazu, alle drei Modelle abzuweisen und stattdessen eine vierte, explorativ hergeleitete Skalierung vorzunehmen (vgl. Abschnitt 6.1.1). Dieses Modell setzte sich aus den Modellen 2 und 3 zusammen und ergab relativ die beste Passung auf die Daten, was nach Sinharay (2016) das Ziel einer jeden Skalierung sein sollte.

Da eine gemeinsame Skalierung von Prä- und Posttest stattgefunden hat, muss hinterfragt werden, inwiefern die Lernpfadinhalte, also das Treatment, mit dieser kognitiven Wissensstruktur in Verbindung gebracht werden können. In Abschnitt 4.3 wurden Aufbau und Inhalt der digitalen Lernumgebung beschrieben. In Zusammenhang mit der Skalierung ist von Interesse, dass mit einem wiederholenden Kapitel zu den bereits bekannten linearen Funktionen begonnen wurde. Hierbei wurden auch Aufgaben zu funktionalem Denken integriert. Die darauffolgenden Kapitel zur Einführung von quadratischen Funktionen starteten, nach informellen Erkundungen in der Lebenswelt der Lernenden, mit innermathematischen Aufgaben. Es fand eine Verallgemeinerung der bereits bekannten Flächeninhaltsberechnung von Quadraten auf beliebige Seitenlängen $x$ statt. Daraufhin wurden die Parameter quadratischer Funktionen schrittweise eingeführt, kombiniert zur Scheitelpunktform bzw. zur Normalform und Anwendungsaufgaben bearbeitet. Es ist folglich auf inhaltlicher Ebene gut nachvollziehbar, dass innermathematische Aufgaben zu quadratischen Funktionen eine eigene Fähigkeitsdimension beschreiben. Das Kapitel zu linearen Funktionen zeigte ebenfalls einen innermathematischen Schwerpunkt, womit auch diese Dimension im Treatment widergespiegelt werden kann. Funktionales Denken sowie Aufgaben in situativen Kontexten nahmen nur eine kleinere Rolle innerhalb des Treatments ein. Eine dritte Dimension mit situativen Aufgaben zu allen drei Bereichen erscheint somit ebenfalls adäquat. Die Lernpfadinhalte setzten weniger auf einen rein prozeduralen Wissensaufbau, sondern zielten auf konzeptuelles Verständnis ab. Neben dem im Test abgefragten Wissen, wurde die tabellarische Darstellungsform mitberücksichtigt. Der Test erfasst somit nicht alle Facetten, die im Lernpfad thematisiert wurden, was eine Einschränkung für die empirische Beschreibung der Mathematikfähigkeit im Kontext des Treatments darstellen kann. In Abschnitt 7.1 wurde auf das Risiko hingewiesen, dass die Fähigkeitsstrukturen von Personen vor einem Treatment anders geartet sein könnten als nach einem Treatment und folglich unterschiedliche Dimensionalisierungen vorgenommen werden sollten. Eine gewisse Verzerrung der Itemschwierigkeiten aufgrund des dazwischenliegenden Treatments kann nicht ausgeschlossen werden, da die Schülerinnen und Schüler im Posttest vermutlich mit einer höheren Wahrscheinlichkeit Items einer bestimmten Schwierigkeit lösen. Hinzu kommt, dass nicht jedes Item zu beiden Messzeitpunkten eingesetzt wurde, einige Itemschwierigkeiten demnach ausschließlich auf Basis des Vorwissens und andere auf Basis des Wissens nach der Intervention geschätzt wurden.[2] Die Vorteile einer Skalierung der Itemschwierigkeitsparameter von Prä- und Posttest auf einer Skala und mit virtuellen Personen überwiegen allerdings: Entscheidend für die Beantwortung der weiteren Forschungsfragen war zum Beispiel, dass direkte Betrachtungen von Veränderungen in den Personenfähigkeitsparametern durch einfache Differenzenbildung ermöglicht wurden (Hartig & Kühnbach, 2006; Rost, 2004; vgl. Abschnitt 5.3.1).

---

[2] In Abschnitt 5.3.1 wurden derartige fehlende Werte durch *missing by design* thematisiert und herausgestellt, dass das eingesetzte Statistikprogramm ConQuest über angemessene Algorithmen verfügt, um dies bei der Skalierung zu berücksichtigen.

Eine eindimensionale Skalierung hätte einige Vorteile für die weiteren Analysen gehabt. Im eindimensionalen Fall gibt es einen Konsens bezüglich der Modellvergleich- sowie Modellgüte-Prüfverfahren und entsprechend aufbereitete Software (Koller et al., 2012; Mair & Hatzinger, 2007; Mair et al., 2019), wodurch die Skalierung mit verhältnismäßig wenig Aufwand zu verwirklichen gewesen wäre. Die folgenden statistischen Analysen zu den Forschungsfragen 2 bis 4 hätten zudem auf Basis einer größeren Itemanzahl stattgefunden. Die finale dreidimensionale Skalierung beinhaltet insbesondere in der dritten Dimension mit innermathematischen Aufgaben zu quadratischen Funktionen nur sieben der 35 Items. Aus inhaltlicher Perspektive ermöglicht die dreidimensionale Skalierung allerdings ein differenzierteres Bild auf die Mathematikfähigkeit der Schülerinnen und Schüler im Bereich Funktionen als eine ein- oder zweidimensionale Skalierung. Es kann unterschieden werden, welche Leistungen Schülerinnen und Schüler bei innermathematischen Aufgaben zu linearen oder zu quadratischen Funktionen erbringen und welche bei Aufgaben mit situativem Kontext. Für diese inhaltliche Differenzierung mit statistisch überzeugenderen Modellvergleichswerten wurde schließlich die komplexere und aufwändigere mehrdimensionale Skalierung durchgeführt.

Modellvergleiche ermöglichen keine Aussagen über die absolute Passung eines Modells. Es besteht im Rahmen der probabilistischen Testtheorie immer die Möglichkeit, dass es eine nicht in Betracht gezogene Skalierung gibt, die die Daten angemessener beschreiben würde (vgl. Abschnitt 5.3). Dies könnten höher dimensionale Modelle sein oder grundlegend komplexere Skalierungen als das 1PL-Modell, in denen weitere Parameter berücksichtigt werden würden. In Anbetracht des Stichprobenumfangs dieser Studie, des Einfachheitskriteriums von Rost (2004) und der final zufriedenstellenden relativen Passung wurde von weiteren Vergleichen abgesehen. In einem zweiten Schritt wurden sodann ergänzende Kennwerte für das vierte Modell berechnet, die spezifische Aussagen über die Güte des angenommenen Modells zuließen. Dabei wurden drei Items von den weiteren Analysen ausgeschlossen: Zwei zeigten eine mangelnde Trennschärfe ($r < 0.2$) und bei einem zeigte sich eine systematische Benachteiligung weiblicher Probanden (DIF > 1). Das letztgenannte Item war sowohl in der Studie von Nitsch (2015) als auch in der quantitativen Pilotierung dieser Studie unauffällig. Über die Tendenz zu DIF in der Hauptstudie kann nur spekuliert werden. Hier sind gezielte weitere Untersuchungen notwendig, die über die vorliegende Arbeit hinausgehen. Kontextuell ging es bei dem Item um das Auswerfen einer Angel. Bei zukünftigen Einsätzen des Tests sollte dieser potenzielle Effekt beachtet werden bzw. getestet werden, ob es sich bei dem DIF um eine Ausnahmeerscheinung gehandelt hat.

Bei den final geschätzten 35 Itemparametern lag der wMNSQ-Fit zwischen 0.8 und 1.3 und somit in dem von Bond und Fox (2012) angegebenem gewünschten Bereich für weniger weitreichende Studien. Die EAP/PV-Reliabilitäten für die drei Dimensionen wurden bereits in der Methodendiskussion in Abschnitt 7.1.3 aufgegriffen. Sie sind nach Lienert und Raatz (1998) durchweg ausreichend für die angestrebten Gruppenvergleiche. In der ersten Dimension *innermathLF* mit elf Items wurde eine Messgenauigkeit von 0.85 erreicht, in der zweiten Dimension *situativ* mit 15 Items eine von 0.74 und in der dritten Dimension *innermathQF* mit sechs Items betrug die EAP/PV-Reliabilität 0.65. Die Itemparameter wurden außerdem mit einer überaus zufriedenstellenden Sicherheit von 0.99 (*Item Separation Reliability*) geschätzt. Ihr Wertebereich umfasst insgesamt einen typischen Skalenbereich von −2.7 bis 2.1 *logit*, wobei Parameterwerte aus verschiedenen Dimensionen nicht direkt miteinander verglichen werden können (Wu et al., 2007).

Um die Mathematikfähigkeit der Schülerinnen und Schüler im Bereich Funktionen in dieser Arbeit empirisch zu beschreiben und somit die erste Forschungsfrage abschließend zu beantworten, wurden die Personenfähigkeitsparameter getrennt nach ebenden drei Dimensionen *innermathLF, situativ* und *innermathQF* geschätzt, welche sich aus der durchgeführten Raschskalierung ergaben. Auf der *logit*-Skala wurden Werte im Bereich von −4.14 bis 4.39 *logit* erreicht (vgl. Abschnitt 6.1.3). Detailliertere Aussagen und Entwicklungen zu den Personenfähigkeiten werden in den nachfolgenden Abschnitten 7.2.2 und 7.2.3 getroffen und diskutiert.

**Wie lässt sich die Mathematikfähigkeit der Schülerinnen und Schüler im Bereich Funktionen empirisch beschreiben?**
Eine Raschskalierung zeigte sich als gültige Methode zur Beschreibung der Personenfähigkeiten. Ausführliche Modellvergleiche und -analysen ergaben final eine dreidimensionale Fähigkeitsstruktur. Eine Dimension setzt einen innermathematischen Fokus im Bereich linearer Funktionen. Eine weitere Dimension beschreibt die Fähigkeit, Aufgaben in situativen Kontexten zu den Bereichen funktionales Denken, lineare Funktionen und quadratische Funktionen zu lösen. Eine dritte Dimension betrifft schließlich die Fähigkeit, Aufgaben mit innermathematischem Fokus im Bereich quadratische Funktionen zu lösen.

## 7.2.2 Forschungsfrage 2: Veränderungsmessung

Das Erkenntnisinteresse der zweiten Forschungsfrage lag darin, ob eine Entwicklung der Personenfähigkeiten im Bereich Funktionen von dem ersten zum zweiten Messzeitpunkt beobachtet werden konnte. Eine Entwicklung ist notwendige (jedoch nicht hinreichende) Bedingung für Post-Gruppeneffekte, sofern es zu Beginn gelungen ist, zwei Gruppen mit etwa der gleichen Leistungsstärke zu bilden. Es muss beachtet werden, dass potenzielle Entwicklungen nur für jede Dimension einzeln betrachtet werden können. Vergleichende Aussagen zu den deskriptiven Kennwerten können aufgrund der drei unterschiedlichen Skalen nicht getroffen werden (Wu et al., 2007). Es ist jedoch möglich, die berechneten Effektstärkemaße einander gegenüberzustellen sowie Parallelen zu Effekten anderer Studien zu ziehen (Döring & Bortz, 2016).

In allen drei Dimensionen und jeweils in beiden Treatmentgruppen konnte eine signifikant positive Entwicklung der Personenfähigkeiten festgestellt werden (vgl. Abschnitt 6.2.1). *Cohens d* zeigte durchweg kleine positive Effekte mit Werten zwischen 0.27 und 0.43 auf. Im Vorfeld wurden solche positiven Entwicklungen vermutet (vgl. Kapitel 3). In der ersten Dimension *innermathLF* zeigte die Gruppe mit elaboriertem Feedback einen stärkeren Anstieg der Personenfähigkeiten als die Gruppe mit KCR Feedback ($\Delta KCR = 0.42 < \Delta EF = 0.66$). In der zweiten Dimension *situativ* stiegen die Personenfähigkeiten beider Gruppen nahezu identisch an ($\Delta KCR = 0.34 \approx \Delta EF = 0.32$ und in der dritten Dimension *innermathQF* zeigte die Gruppe mit KCR Feedback einen stärkeren Leistungszuwachs ($\Delta KCR = 0.70 > \Delta EF = 0.41$). Ob diese Beobachtungen tatsächlich mit dem implementierten Feedback zusammenhängen, kann an dieser Stelle jedoch noch nicht festgestellt werden, sondern ist Gegenstand der Analysen zu den Forschungsfragen 3 und 4.

Im theoretischen Rahmen dieser Arbeit wurden in Hinblick auf Leistungsentwicklungen von einem Prä- zu einem Posttest neben Feedback verschiedene potenzielle Einflussfaktoren berichtet (vgl. Abschnitt 2.2.5), die hier mit zur Erklärung der Leistungsentwicklungen in beiden Gruppen herangezogen werden könnten:

Bei kooperativen (teils selbstgesteuerten) Lernformen, wurden beispielsweise große positive Entwicklungseneffekte verzeichnet (Hattie, 2009, 2015; Hillmayr et al., 2017, 2018). Ebenso betonten Hillmayr et al. (2017, 2018) einen starken positiven Einfluss durch die Moderation der Lehrerin oder des Lehrers. Es ist denkbar, dass die ausschließlich begleitende Funktion der Lehrkräfte während der in dieser Arbeit geschilderten Intervention (vgl. Abschnitt 5.1.1), im Umkehrschluss Unsicherheiten bei den Schülerinnen und Schülern hervorrief.

Insbesondere ein zurückhaltendes Verhalten bei inhaltliche Fragen könnte einen negativen Einfluss auf die Leistungsentwicklung gehabt haben.

In Abschnitt 4.2 wurden Lernpfade auf den ZUM-Plattformen in Anlehnung an Abschnitt 2.2.1 und 2.2.5 als tutorielle Systeme eingestuft (vgl. Hillmayr et al., 2017; 2018). In der bisherigen Forschung mit Prä-Posttest-Design, konnten für diese Art digitaler Lernumgebungen mittlere bis starke Effektstärken nachgewiesen werden (Hattie, 2009, 2015; Hillmayr et al., 2017, 2018). Die Metaanalyse von Bayraktar (2001) ergab indes eine kleine Effektstärke, in der Größenordnung, die auch in der vorliegenden Studie gemessen wurde. Zwingenberger (2009) konnte für tutorielle Systeme wiederum keinen Effekt nachweisen. Eine mögliche Begründung für derartig inkonsistente Ergebnisse könnte in den zugrundeliegenden Definitionen tutorieller Systeme und anderweitiger digitaler Lernumgebungen liegen. Wie in der Begriffsbestimmung von Barzel et al. (2005) deutlich wurde, handelt es sich bei digitalen Lernumgebungen um ein vielschichtiges und offenes Konzept, welches auf der einen Seite viel Spielraum bietet, auf der anderen Seite aber schwierig eindeutig zu fassen und zu vergleichen ist (vgl. Abschnitt 2.2.11).

In vorangehenden Analysen wurde des Weiteren die Treatmentdauer als signifikanter Einflussfaktor identifiziert. In dieser Studie war die Intervention zur interaktiven, computerbasierten Erkundung der neuen Thematik für das Aneignen neuen Wissens relativ kurz gewählt. Kürzere Interventionen mit digitalen Treatments wurden häufig als profitabler angesehen als langfristige Einsätze (Li & Ma, 2010; Hillmayr et al., 2017, 2018; Zwingenberger, 2009). Ein möglicher Grund hierfür wurde allerdings in dem Neuheits- oder Novitätseffekt gesehen, der in Abschnitt 7.1.1 diskutiert wurde. Nach Shadish et al. (2002) müssen daher gerade Veränderungsmessungen über einen verhältnismäßig kurzen Zeitraum mit Vorsicht betrachtet werden. Bringt eine Untersuchungssituation interessante, neuartige Veränderungen mit sich, so kann allein diese Tatsache kurzzeitig positive Effekte hervorrufen.

Zwei Grenzen der Arbeit sollen abschließend erneut hervorgehoben werden: (1) Es ist nicht möglich, Aussagen über langfristige Leistungsentwicklungen (auf Grundlage der Intervention) zu treffen. Die nachgewiesenen Effekte geben aber zumindest einen Hinweis darauf, dass im Laufe der zwei Wochen zwischen Prä- und Posttest eine Entwicklung stattgefunden hat. (2) Es ist ebenso wenig möglich, Aussagen darüber zu treffen, ob die computerbasierten Erkundungen während der Intervention effektiver waren als eine traditionelle Einführung in das Thema quadratische Funktionen. In der Methodendiskussion (Abschnitt 7.1.1) wurde erläutert, warum von einem Design abgesehen wurde, welches Hinweise zur Beantwortung dieser Frage gegeben hätte. In Abschnitt 2.2.5 wurde zudem herausgestellt, dass es bis dato wenige Vergleichsstudien zu Designaspekten innerhalb einer digitalen Lernumgebung gibt. Ziel der Untersuchung war es, diese Lücke in den Blick zu nehmen und unterrichtspraktische Ansätze und Empfehlungen zu erarbeiten.

**Verändert sich die Mathematikfähigkeit der Schülerinnen und Schüler, eingeteilt in zwei Gruppen, durch eine Lernpfadintervention zu quadratischen Funktionen?**

Es konnte eine Entwicklung vom ersten zum zweiten Messzeitpunkt beobachtet werden. In allen drei Dimensionen lagen die Personenfähigkeiten vor der Intervention in einem niedrigeren *logit*-Bereich als nach der Beschäftigung mit dem Lernpfad. Dies galt sowohl für die Gruppe mit elaboriertem Feedback als auch für die Gruppe mit KCR Feedback. Die Veränderungen sind hoch signifikant und liegen im niedrigen Effektstärkenbereich. Anhand der Veränderungsmessungen können keine eindeutigen Hinweise auf eine durchweg positivere Entwicklung in einer der beiden Interventionsgruppen abgeleitet werden.

### 7.2.3 Forschungsfragen 3 und 4: Gruppenvergleiche

Mittels der letzten beiden Forschungsfragen wurde zum Kern der übergeordneten Fragestellung vorgedrungen. Nachdem eine Entwicklung der Personenfähigkeiten vom ersten zum zweiten Messzeitpunkt beobachtet werden konnte, wurde in weiteren Analysen der zweite Messzeitpunkt fokussiert und Gruppenunterschiede in den Personenfähigkeiten regressionsanalytisch untersucht. Neben den Feedbackvarianten KCR und elaboriertes Feedback (Forschungsfrage 3) wurden weitere potenzielle Einflussfaktoren zur Varianzaufklärung herangezogen, die personenbezogene Störvariablen darstellen können (Forschungsfrage 4; vgl. Abschnitt 5.1.1). Jegliche Analysen geschahen unter Kontrolle des ersten Messzeitpunktes, indem das Vorwissen, operationalisiert durch die Fähigkeitsausprägungen zum ersten Messzeitpunkt, als Kovariate in die Regressionsgleichungen aufgenommen wurde. Die Ergebnisse werden hier zunächst zusammengefasst und interpretiert, bevor für alle drei Dimensionen gesammelt verschiedene Erklärungsansätze erörtert werden.

Die Ergebnisse zu den Analysen zeigten in der ersten Dimension *innermathLF* für das Feedback bei marginaler Signifikanz ($p = 0.06$) eine verschwindend

geringe Effektstärke mit einer leichten positiven Tendenz in Richtung elaboriertem Feedback auf ($\beta$ = 0.05). Mit Blick auf die nahe bei null liegende
Effektstärke $\beta$ kann an dieser Stelle allerdings nicht davon ausgegangen werden, dass die Bereitstellung von elaboriertem Feedback bedeutend besser sei als
die von KCR Feedback. Für den Prädiktor Vorwissen wurde ein starker, höchst
signifikanter Effekt auf die Posttestleistung nachgewiesen ($\beta$ = 0.74). Die Leistung im Posttest kann somit zu großen Teilen durch die Prätestleistung erklärt
werden. Eine erfolgreiche Bearbeitung der innermathematischen Aufgaben zu
linearen Funktionen zum ersten Messzeitpunkt führte mit höherer Wahrscheinlichkeit zu einer besseren Posttestleistung in diesem Bereich als wenn das Wissen
der Schülerinnen und Schüler über lineare Funktionen zu Beginn gering war. Der
Interaktionsterm aus Vorwissen und Feedbackvariante zeigte keinen Effekt auf
die Posttestleistung. Dies lässt sich insofern interpretieren, dass leistungsschwächere Schülerinnen und Schüler durch keine der Feedbackvarianten benachteiligt
wurden und stärkere Lernende gleichzeitig nicht bevorzugt wurden. Schon in den
Abschnitten 5.1.2 bzw. 5.1.4 wurde jedoch betont, dass diese Aussage keinesfalls
auf die gesamten Schulformen verallgemeinerbar ist, sondern lediglich beschreibt,
wie die hinsichtlich der Schulform ungleich verteilten Lernenden in dem Leistungstest abgeschnitten haben. Dies zeigt klar eine Einschränkung und Grenze
der Arbeit auf. Die Varianzaufklärung in der Dimension *innermathLF* erzielte
einen für sozialwissenschaftliche Studien beachtlichen Wert von nahezu 70 %.

Die Ergebnisse der Analysen in der Dimension *situativ* weichen von denen in
der ersten Dimension etwas ab. Neben den eben genannten Prädiktoren zeichnete
sich hier die Konzentration als signifikante Variable ab, deren Effektstärke mit $\beta$
= 0.11 jedoch als ebenso klein einzustufen ist, wie der Einfluss der Schulform
($\beta$ = −0.11). Letzterer zeigte auch in der zweiten Dimension einen signifikant größeren Leistungszuwachs der Gymnasialschülerinnen und -schüler. Der
Regressionskoeffizient von Feedback zeigt in dieser Dimension eine leichte Tendenz in Richtung KCR Feedback. Die Gruppenunterschiede konnten allerdings
nicht gegen den Zufall abgesichert werden. Wie in der ersten Dimension zeichnete sich durch den Interaktionsterm keine Benachteiligung oder Bevorzugung
bestimmter Leistungsgruppen ab. Das Vorwissen war erneut der Hauptprädiktor
für die Posttestleistung, dieses Mal mit einer mittleren Effektstärke ($\beta$ = 0.53).
Mit final etwa 36 % aufgeklärter Varianz, ist der Erklärungswert dieses Regressionsmodell in einem ebenfalls sehr zufriedenstellenden Bereich, der als hoch
eingestuft werden kann (Cohen, 1988).

Bezogen auf den Einfluss von Feedback, wiederholten sich die beschriebenen
Ergebnisse in der dritten Dimension *innermathQF* – sowohl bei Konstanthaltung

aller anderen Prädiktoren als auch im Rahmen des Interaktionsterms mit den ausgängigen Fähigkeitsausprägungen der Lernenden. Es wurden keine signifikanten Gruppenunterschiede gemessen und das Feedback erwies sich als vernachlässigbare Variable. Abermals zeigte das Vorwissen den stärksten Erklärungswert, wobei die Effektstärke sich dieses Mal in einem niedrigen Bereich befand ($\beta$ = 0.18), vergleichbar zu der Größenordnung des Schularteffektes ($\beta = -0.20$). Ergänzend wurden die Posttestleistungen in der Dimension *innermathQF* signifikant von der Motivation der Schülerinnen und Schüler beeinflusst, wobei sich auch hier nur eine geringe Effektstärke nachweisen ließ ($\beta = 0.16$). Die Hinzunahmen der weiteren Variablen als Prädiktoren in den Regressionsanalysen zeigte in dieser Dimension besonders starken Einfluss, da durch das Vorwissen lediglich knapp 5 % der Varianz in den Messwerten erklärt werden konnte. Die Schulart sowie die Motivation der Schülerinnen und Schüler steigerten den Erklärungswert des Modells auf 11 %, was nach Li und Ma (2010) als akzeptabler Aufklärungsgehalt in sozialwissenschaftlichen Studien gesehen werden kann und nach J. Cohen (1988) einem kleinen bis mittleren Effekt entspricht.

Die hohen, sich zu großen Teilen durch das Vorwissen der Schülerinnen und Schüler ergebenden Erklärungswerte in den Dimensionen *innermathLF* und *situativ* lassen sich durch die inhaltliche Schwerpunktsetzung der Intervention nachvollziehen. Wie in Abschnitt 4.3 verdeutlicht wurde, beinhaltete der Lernpfad zwar ein wiederholendes Kapitel zu linearen Funktionen und funktionalem Denken, das Gros des Treatments fokussierte allerdings die Erkundung der neuen Thematik quadratische Funktionen. Durch den rein repetitiven Charakter der Inhalte zu linearen Funktionen und funktionalem Denken, ist der starke Einfluss des Vorwissens hier nicht überraschend. Ebenso erwartbar waren die deutlich niedrigeren Zahlen in der Dimension *innermathQF* mit ausschließlich neuen Inhalten.

In der bisherigen Forschung wurden für Feedback in digitalen Lern- bzw. Testumgebungen tendenziell mittlere bis große Effekte nachgewiesen, insbesondere in Zusammenhang mit elaborierten Formen, die Erklärungen und Hilfen bereitstellten. KCR Feedback konnte teils ebenfalls positive Effekte auf die Leistung von Lernenden verzeichnen, jedoch schwerpunktmäßig im Rahmen weniger komplexer Inhalte (vgl. Abschnitt 2.3). Für die marginalen bzw. fehlenden Effekte in der hier geschilderten quasi-experimentellen Untersuchung sind verschiedene Erklärungsansätze vorstellbar.

Zunächst lässt sich für alle drei Dimensionen subsummierend sagen, dass elaboriertes Feedback in dem Lernpfad weder deutlich besser noch deutlich schlechter zu sein scheint als KCR Feedback. Lediglich in der Fähigkeitsdimension zu innermathematischen Aufgaben im Bereich linearer Funktionen zeigt sich eine schwache positive Tendenz hin zu elaboriertem Feedback. Möglicherweise sind darüber hinaus qualitative Unterschiede vorhanden, die mittels des Testinstrumentes nicht erfasst werden konnten. Das rein quantitative Forschungsdesign stößt an dieser Stelle an seine Grenzen. Die Ergebnisse mit qualitativen Untersuchungen zu ergänzen, würde einen neuen Blickwinkel eröffnen und stellt somit einen interessanten Ansatzpunkt für zukünftige Forschung dar. Mittels Bildschirmaufnahmen und eingeholter Selbstauskünfte konnte in der dargestellten Studie überprüft werden, dass die Schülerinnen und Schüler das bereitgestellte Feedback nutzten und in beiden Gruppen tendenziell als sachdienlich und positiv einschätzten (vgl. Abschnitt 5.1.4), Aussagen über die Intensität und Qualität der Nutzung sind jedoch nicht möglich. Mittels qualitativer Erhebungen könnte darüber hinaus die komplexe interne Verarbeitung von Feedback in den Blick genommen werden (vgl. Abschnitt 2.1.3). Zudem könnte festgestellt werden, inwiefern den Lernenden die inhaltlichen Ziele eines auf selbstständiges Arbeiten ausgelegten Unterrichtsvorhabens bewusst sind und wie angemessen sie ihren Lernstand reflektieren können. Diese Aspekte werden als Voraussetzungen für die sinnhafte Nutzung von Feedback zur Minimierung bestehender Diskrepanzen angesehen (Ramaprasad, 1983; vgl. Abschnitt 2.1.2). In Anbetracht der marginal positiven Effekte hin zu elaboriertem Feedback bei den wiederholenden Inhalten zu linearen Funktionen, kann es darüber hinaus einen interessanten und aufschlussreichen Ansatz für zukünftige Forschung darstellen, Feedbackeffekte in wiederholenden Unterrichtseinheiten solchen in neu zu erarbeitenden Bereichen gegenüberzustellen. Dies kann sowohl auf quantitativ vergleichender Ebene geschehen, als auch Ansätze für qualitative Betrachtungen bieten. Beispielsweise könnten die individuellen Bedürfnisse von Lernenden nach Rückmeldungen in wiederholenden oder neuen Kontexten ein interessantes Forschungsgebiet darstellen.

Wünschenswert wäre zudem elaborierte Feedbackvarianten quantitativ vergleichend berücksichtigen zu können, welche individuelle Rückmeldungen basierend auf Schülerinnen-und-Schüler-Eingaben ermöglichen. Ein solch direkter Bezug zu den Lernenden, könnte (größere) Effekte im Vergleich zu allgemein gehaltenem Feedback aufzeigen. In offenen digitalen Lernumgebungen wie den ZUM Plattformen ist ein derartiges Feedback bis dato technisch nicht möglich, es ist aber denkbar, dass es in diesem Bereich Weiterentwicklungen geben wird, die beobachtet werden sollten. Basierend auf qualitativen Studien bestünde gegebenenfalls heute schon die Möglichkeit, die Formulierungen des bereits bestehenden elaborierten Feedbacks weiter auszudifferenzieren und den Bedürfnissen der Schülerinnen und Schüler kontinuierlich anzunähern. Es könnten zudem empirisch abgeleitete metakognitive Prompts zur Verfügung gestellt werden, die den

Schülerinnen und Schülern den Umgang mit dem Feedback näherbringen könnten (z. B. in Anlehnung an Hattie & Timperley, 2007 bzw. Hattie & Gan, 2011; vgl. Abschnitt 2.1.4). Dies würde die These von Boud und Molloy (2013) unterstützen, dass die reine Zurverfügungstellung von Feedback nicht zwingend ausreicht, um einen nachhaltigen Umgang mit Rückmeldungen und das (Weiter-)Lernen zu fördern (vgl. Sadler, 1989). In der vorliegenden Untersuchung fehlte die Zeit, um eine langfristige Gewöhnung an selbstreguliertes Lernen zu verwirklichen und in diesem Zusammenhang den Umgang mit Feedback in digitalen Lernumgebungen zu fördern. Zudem gelten gerade in eigenverantwortlichen Lernsettings Peers und Lehrkräfte als wichtige Bezugspersonen (Fernholz & Prediger, 2007; Hattie & Clarke, 2019). Durch die Arbeit in Teams konnten die Lernenden während des Treatments zwar jederzeit mit einer weiteren Person kommunizieren, die Lehrkraft als wichtiger Berater hielt sich jedoch im Hintergrund (vgl. Abschnitt 5.1.2 bzw. 7.2.2).

Ein weiterer Erklärungsansatz hinsichtlich der nicht identifizierbaren Feedbackeffekte hängt mit einem negativen Einfluss von *pre-search availability* von Feedback zusammen, wie sie in Abschnitt 2.1.5 und 2.3 beschrieben wurde. Es ist denkbar, dass die Schülerinnen und Schüler das Feedback im Lernpfad in Anspruch genommen haben, bevor sie sich richtig mit einer Aufgabe auseinandersetzten. Speziell in der Gruppe mit elaboriertem Feedback könnten Ergebnisse so unreflektiert übernommen worden sein. In der Gruppe mit KCR Feedback, welches weniger Informationen lieferte, mussten Lernende, auch wenn sie frühzeitig auf das Feedback zurückgriffen, mehr Eigeninitiative zeigen und sich stärker mit den Inhalten auseinandersetzen, um zu einer Lösung zu kommen. Dies könnte positive Auswirkungen von Hilfen und Erklärungen reduziert und gleichzeitig Effekte von KCR Feedback gestärkt haben. In Studien zu Feedback in digitalen Lernumgebungen wurde der *pre-search availability* der Vorteil von *learner control* gegenübergestellt, wonach es positive Auswirkung haben kann, wenn Schülerinnen und Schüler selbst entscheiden können, wann und inwiefern sie auf Feedback zurückgreifen (vgl. Abschnitt 2.3). Diese beiden Aspekte sollten in zukünftigen Untersuchungen ebenfalls näher in den Blick genommen werden – gerade aus dem Grund, dass digitalen Lernsettings momentan (im Jahr 2020 in Zusammenhang mit der COVID-19-Pandemie) rasant eine immer größere Rolle zugeschrieben wird und derartige Aspekte noch nicht weit erforscht sind.

Neben direkt auf das Feedback bezogenen Erklärungen können und sollten hier Theorien und schulische Rahmenbedingungen zur Digitalisierung mit bedacht werden. Dies ist nur schwer trennscharf von den Veränderungsmessungen zu verwirklichen, die in Forschungsfrage 2 thematisiert wurden, sodass es zu argumentativen Überschneidungen von Entwicklungsbefunden und Gruppenunterschieden kommen kann.

Aufgrund der nur kurzen Einführung in das selbstständige Lernen mit Lernpfaden, ist es wahrscheinlich, dass die Lernenden keine vollständige instrumentelle Genese durchlaufen haben, also noch unvertraut mit dem Lernsetting waren. Die Verknüpfung aktiv Mathematik zu betreiben, neue Inhalte zu erforschen und dies mittels digitaler Werkzeuge zu verwirklichen ist ein Lernprozess, der die Effektivität der Intervention schmälern kann, solange es sich um ungewohnte Tätigkeiten handelt (vgl. Abschnitt 2.2.2). Die Befragungen während des Projektes ergaben, dass die Lernenden sowohl aus dem Alltag sowie aus dem Unterricht Vorkenntnisse im Umgang mit Computern, Laptops oder Tablets besaßen. Diese stammten jedoch größtenteils nicht aus dem Mathematikunterricht, was im Wesentlichen die Ergebnisse der ICILS widerspiegelt (vgl. Abschnitt 2.2.5 und 5.1.4). Erst mit dem neuen Kerncurriculum für die Sekundarstufe I an Gymnasien und Gesamtschulen von 2019 wurden digitale Kompetenzen in größerem Maßstab im Mathematikunterricht verankert (vgl. Abschnitt 2.2.4). Bei der Konzeption des Lernpfads wurden zwar zentrale Modelle und Theorien des multimedialen Lernens bedacht und versucht den *cognitive load* möglichst gering zu halten, es handelte sich bei der Intervention dennoch um eine neue und komplexe Lernsituation mit einer für die Lernenden anspruchsvollen Thematik. Für nachfolgende Untersuchungen sollte nach Möglichkeit versucht werden, eine längerfristige instrumentelle Genese zu ermöglichen. Nimmt die Digitalisierung von Schule und Unterricht in dem Maße zu, wie es nach aktuellen Beobachtungen denkbar ist, könnten derartige Einschränkungen aber fortan in Gänze eine geringere Rolle spielen.

**Unterscheiden sich die beiden Gruppen nach der Intervention signifikant voneinander?**
In der ersten Dimension *innermathLF* gibt es eine marginal signifikante Tendenz hin zu einem positiven Einfluss elaborierten Feedbacks auf die Leistung der Schülerinnen und Schüler. Diese Tendenz zeigt jedoch eine verschwindend geringe Effektstärke auf. In den beiden weiteren Fähigkeitsdimensionen *situativ* sowie *innermathQF* konnten keinerlei Gruppenunterschiede auf die bereitgestellte Feedbackvariante zurückgeführt werden. Ferner wurden weder leistungsschwächere noch leistungsstärkere Schülerinnen und Schüler durch KCR oder elaboriertes Feedback benachteiligt oder bevorteilt.

**Können die weiteren potenziellen Einflussfaktoren Geschlecht, Schulart, Konzentration, Motivation und computerbezogene Selbstwirksamkeitserwartung einen zusätzlichen Anteil der Varianz der Messwerte nach der Intervention erklären?**

Von den sich aus der Literatur ergebenden potenziellen Störvariablen konnte die Schulart in allen drei Fähigkeitsdimension einen weiteren Teil der Varianz in den Messwerten erklären. In der Dimension *situativ* leistete zudem die Konzentration, in der Dimension *innermathQF* die Motivation, einen signifikanten Beitrag zur Varianzaufklärung. Das Geschlecht sowie die C-SWE konnten den Erklärungswert der drei Regressionsmodelle hingegen in keiner Dimension steigern.

# Fazit und Ausblick

8

**Hat ein Lernpfad zu quadratischen Funktionen mit integriertem elaboriertem Feedback einen positiveren Einfluss auf die Mathematikleistung von Schülerinnen und Schülern als der gleiche Lernpfad mit KCR Feedback?**
Diese übergeordnete Fragestellung sollte in der vorliegenden Arbeit anhand mehrerer Teilschritte beantwortet werden. Erste Überlegungen zu Feedback in digitalen Lernumgebungen ergaben sich bei der Begutachtung verschiedener Lernumgebungen und bei der Planung eines eigenen Lernpfads. Theoretisch fundiert wurden diese Gedankengänge durch detaillierte Betrachtungen zu dem Konzept Feedback im Kontext von Lehr- und Lernprozessen und damit zusammenhängenden Praxisempfehlungen (Abschnitt 2.1). Darüber hinaus geschah eine Auseinandersetzung mit digitalen Lernumgebungen für den Mathematikunterricht (Abschnitt 2.2). Hier wurde ebenso wie bei dem ersten Theoriebaustein zunächst erschlossen, wodurch solche Lernsettings charakterisiert werden können. Es wurden theoretische Modelle, bildungspolitische Gegebenheiten und empirische Resultate in den Blick genommen und schließlich bereits vorhandene Erkenntnisse zu Feedback in digitalen Lernumgebungen zusammengetragen (Abschnitt 2.3).

Das Bild, welches sich auf der Grundlage des theoretischen Rahmens abzeichnete, wies eine starke Heterogenität auf. Dies betrifft auf der einen Seite die begrifflichen Bestimmungen, auf der anderen Seite die empirische Befundlage. Eine Erklärung dafür liegt in der Komplexität der behandelten Gebiete. Es zeigte

**Elektronisches Zusatzmaterial** Die elektronische Version dieses Kapitels enthält Zusatzmaterial, das berechtigten Benutzern zur Verfügung steht https://doi.org/10.1007/978-3-658-35838-9_8.

sich allerdings eine Tendenz, dass elaboriertes Feedback und speziell Erklärungen sowie Hilfestellungen lohnende Ausprägungsformen für Feedback in digitalen, unterrichtlichen Kontexten darstellen können. Gerade bei anspruchsvolleren oder unbekannten Themen scheint KCR Feedback nicht ausreichend viele Informationen zu liefern, um lernwirksam zu sein. Auffällig ist, dass es sich bei den Studien vornehmlich um Feedback in digitalen Testumgebungen handelte. Im Kontext selbstständigen und eigenverantwortlichen Lernens wird jedoch ebenso die Bedeutsamkeit von Rückmeldungen betont. Hinzu kommt, dass zumeist digitale mit analogen Settings verglichen wurden oder digitales Feedback einem Nichtvorhandensein von Feedback gegenübergestellt wurde.

Es wurde versucht, für diese Arbeit eine klare, transparente Eingrenzung der Begrifflichkeiten vorzunehmen, sodass gewonnene Erkenntnisse in den bestehenden Forschungsstand eingeordnet werden können und dabei eine möglichst eindeutige Lokalisation gestatten. Elaboriertes Feedback wurde auf eine Variante mit Erklärungen zu der korrekten Lösung sowie strategischen Hilfestellungen konzentriert. Ihm wurde KCR Feedback entgegengestellt, bei dem jederzeit das Endergebnis einer Aufgabe nachgeschaut werden konnte, statt vergleichend auf Feedbackarten mit noch weniger Informationen zurückzugreifen. Diese Entscheidung konnte insbesondere auf die geplante längerfristige, eigenverantwortliche und zugleich unvertraute Erarbeitungsweise eines solch komplexen und wichtigen Themas wie quadratische Funktionen zurückgeführt werden, wenngleich weniger Informationen möglicherweise stärkere Differenzen in der Leistungsentwicklung ausgewiesen hätten.

Die Beantwortung der zentralen Forschungsfrage geschah auf der Grundlage eines quasi-experimentellen Interventionsdesigns mit Prä- und Posttest. Es nahmen elf Klassen dreier Gymnasien und einer Gesamtschule an der Hauptuntersuchung teil, aus denen 271 vollständige Datensätze von Schülerinnen und Schülern gesammelt werden konnten. Die erhobenen Daten konnten raschskaliert werden und wurden anschließend mittels t-Tests und Regressionsanalysen auf Veränderungen und Gruppenunterschiede hin analysiert (Kapitel 5 und 6). Dabei ergab sich eine Einteilung der Personenfähigkeiten in drei Dimensionen, sodass Erkenntnisse aus den Bereichen innermathematische Aufgaben zu linearen Funktionen (*innermathLF*), von denen zu Aufgaben mit situativem Kontext im Bereich Funktionen (*situativ*) und von innermathematischen Aufgaben zu quadratischen Funktionen (*innermathQF*) abgegrenzt wurden (Abschnitt 6.1). In allen drei Dimensionen und bei je beiden Feedbackvarianten, wurde eine positive Entwicklung der Leistungsfähigkeit nachgewiesen. Elaboriertes Feedback erwies sich jedoch in keiner Dimension als effektiv leistungsfördernder als KCR Feedback. Bezogen auf die Kenntnisse in der Dimension *innermathLF* wurde zwar eine marginale Signifikanz in Richtung elaboriertem Feedback nachgewiesen, die zugehörige Effektstärke lag jedoch nahe Null (Abschnitt 6.2). Die Ergebnisse der Studie weichen somit von den Erwartungen ab und sind weniger eindeutig als angenommen wurde. Die Komplexität der Untersuchungsgegenstände, das Design der Studie sowie die inhomogene bestehende Forschungslage lassen verschiedene gleichsam plausible Erklärungsansätze zu und liefern so mannigfaltige Anlässe für zukünftige Forschung. Ebenso ist es möglich, erste praktische Implikationen für den Unterricht abzuleiten.

In dieser Arbeit konnte nicht gezeigt werden, dass elaboriertes Feedback entschieden KCR Feedback vorzuziehen sei. Der Umkehrschluss, dass KCR Feedback im Allgemeinen genauso hilfreich ist wie elaboriertes Feedback und letzteres daher unnötiger Designaufwand sei, wäre allerdings ebenfalls verfrüht. Vielmehr bedarf es weiterer Forschung, die teils qualitative, teils quantitative Aspekte von Feedback in digitalen Lernumgebungen beleuchtet. Es könnte etwa von Bedeutung sein, ob Schülerinnen und Schülern zu jeder Zeit klar ist, welche Ziele sie mithilfe einer digitalen Lernumgebung verfolgen (sollten). Ferner sollten die Wahrnehmung von Feedback und der Umgang Lernender mit Feedback im Detail in den Blick genommen werden. Hier könnten die Stichworte (negative?) *pre-search availability* versus (positive?) *learner control* eine wichtige Rolle spielen. Damit sind die Fragen verbunden, ob die ständige Verfügbarkeit von Feedback zu einer unreflektierten Übernahme der Rückmeldungen führt (*pre-search availability*) oder ob sie einen positiven Einfluss auf die Lernenden hat (*learner control*) und so indirekt zu einer besseren Leistung führen kann. Ebenso könnten mittels qualitativer Methoden Punkte herausgearbeitet werden, welche die Aufmerksamkeit der Lernenden auf einen sinnvollen und nachhaltigen Umgang mit digitalen Rückmeldungen zu lenken vermögen. Wünschenswert sind Studien, die Aussagen über die Intensität und Qualität der Feedbacknutzung zulassen. Ein weiterer Fokus auf die Formulierung und Gestaltung von digitalem Feedback erscheint zudem erstrebenswert. Auditive oder simulative Varianten wären denkbar, die in dieselbe Kategorie elaborierten Feedbacks zählen würden wie die eingesetzten schriftliche Erklärungen, aber differente Effekte nach sich ziehen könnten.

Durch die zahlreichen Alternativen der Gestaltung von Feedback in digitalen Lernumgebungen ergeben sich mindestens ebenso viele Forschungsvorhaben. Als Reaktion auf die Ergebnisse der vorliegenden Untersuchung wäre insbesondere der Vergleich von elaboriertem und KCR Feedback mit einer digitalen Lernumgebung ohne Feedback interessant. Hierbei sollte allerdings bedacht werden, ob es ethisch zulässig ist, Schülerinnen und Schüler vor die anspruchsvolle Aufgabe einer selbstständigen und eigenverantwortlichen Erarbeitung neuer Inhalte zu stellen und ihnen dabei Rückmeldungen zu versagen oder, ob derartige Szenarien eher in Themenfeldern erprobt werden sollten, die gänzlich wiederholenden Charakter haben.

Auf solche Inhalte zu fokussieren, könnte ohnehin einen aufschlussreichen Ansatz darstellen, da die einzigen marginalen Gruppenunter-schiede der dargelegten Untersuchung in einem solchen Bereich ansiedelten. Eine ergänzende Alternative wäre der Fokus auf unterschiedliche Varianten elaborierten Feedbacks. Gerade adaptive Varianten könnten einen bedeutenden Mehrwert darstellen, sind bis dato jedoch schwer in offenen Lernumgebungen umzusetzen. Ein Blick auf die letzten Jahre seit Erstellung des Lernpfads zu quadratischen Funktionen zeigt allein schon für die ZUM auf, um was für einen ständig verändernden, wachsenden Markt es sich handelt. Hervorzuheben ist der Wechsel zu der Plattform ZUM-Unterrichten, welches in der Aufmachung, den Bearbeitungsmodalitäten und auf technischer Seite einige Neuigkeiten mit sich brachte. Ende 2019 wurde mit ZUM-Apps außerdem die Möglichkeit geschaffen, interaktive Anwendungen zu erstellen und im ZUM-Unterrichten zu integrieren, die vor einigen Jahren noch nicht denkbar gewesen sind. Dieser stetige Wandel in Kombination mit bereits bekannten adaptiven Elementen in Testumgebungen lässt hoffen, dass die Zukunft neue, individualisiertere Feedbackoptionen bringen kann.

Für die Unterrichtspraxis können an dieser Stelle ebenfalls verschiedene Hinweise und Empfehlungen abgeleitet werden. Zunächst kann die computerunterstützte Erarbeitung neuer Inhalte prinzipiell gelingen. Die Testergebnisse zeigten, dass keine Leistungsgruppe bei der Erarbeitung mit einer der Lernpfadversionen quantitativ benachteiligt oder bevorteilt wurde. Das heißt es konnte kein Zusammenhang zwischen dem Leistungsstand der Schülerinnen und Schüler und der Bereitstellung von elaboriertem oder KCR Feedback festgestellt werden. Weder leistungsstarke noch leistungsschwache Schülerinnen oder Schüler profitierten in besonderem Maße von ergänzenden Hilfen und Erklärungen zu der korrekten Lösung oder wurden von der ausschließlichen Benennung richtiger Ergebnisse beeinträchtigt. Auf qualitativer Ebene schaffen die selbstregulierten Arbeitsphasen Zeiträume, in denen von Seiten der Lehrkraft auf die Bedürfnisse und Fragen einzelner Schülerinnen oder Schüler eingegangen werden kann. Durch die Aufforderung zu Hefteinträgen innerhalb der Lernumgebung sowie durch Planungs- und Reflexionselemente, können die bearbeiteten Aufgaben und Abschnitte leicht nachvollzogen werden und der Lehrkraft einen Überblick über die Arbeitsstände der Lernenden verschaffen.

Aus Ergebnissen von Voruntersuchungen im Projekt QF digital (z. B. Jedtke, 2018d; Jedtke & Greefrath, 2019) sowie Beobachtungen während des Treatments lässt sich ableiten, dass sich abseits von Einschränkungen, die für die Forschung notwendig waren, eigenverantwortliche Arbeitsphasen mit Plenumsphasen abwechseln sollten und die Lehrkraft jederzeit in beratender Funktion bereitstehen sollte. Es erscheint sinnvoll, das längerfristige selbstständige Arbeiten sukzessive mit den

Schülerinnen und Schülern einzuführen und ihnen Planungs- und Reflexionshilfen zur Verfügung zu stellen wie sie in dem beigefügten Hefter enthalten waren (vgl. elektronisches Zusatzmaterial). Für Eintragungen zu Lernvorhaben und eine individuelle Rückschau auf die eigenverantwortlichen Phasen sollten in jeder Stunde ein paar Minuten eingeräumt werden, die zumindest zu Beginn explizit angekündigt werden.

Zuletzt noch ein Hinweis für die praktische Verwendung von (Feedback in) Lernpfaden im (Mathematik-)Unterricht: Lernpfade können ohne großen Aufwand adaptiert werden, sodass es jeder Lehrkraft möglich ist, vorhandene Inhalte auf die eigenen Bedürfnisse sowie auf die der Lerngruppe anzupassen. Dafür ist keine aufwendige technische Einarbeitung notwendig, sondern gerade im ZUM-Unterrichten sind die Bearbeitungsmodalitäten auf eine intuitive Handhabung ausgelegt. Durch die freie Lizenzierung können Inhalte übernommen, gekürzt, abgewandelt oder hinzugefügt werden. Ein vollständiger Versionsverlauf sorgt gleichzeitig für die Sicherheit, unliebsame oder ungewollte Änderungen jederzeit nachvollziehen und rückgängig machen zu können.

Die Implikationen für Forschung und Praxis zeigen anschaulich wie offen und breit das Feld zu Feedback in digitalen Lernumgebungen weiterhin ist. Die Arbeit leistet einen wichtigen Beitrag zu mathematikdidaktischen Forschungen über Feedback, indem sie darauf hinweist, dass die reine Bereitstellung von Hilfen und Erklärungen bei der digital unterstützten Erkundung eines neuen mathematischen Themenfeldes nicht ausreicht, um signifikante Unterschiede zu weniger komplexen Feedbackvarianten zu zeigen. Es bedarf insbesondere ergänzender qualitativer fachdidaktischer Forschung, um die Arbeit mit Feedback und die Verarbeitung der Rückmeldungen in selbstgesteuerten Lernprozessen besser zu verstehen. Daraufhin könnten weitere fundierte Optimierungsprozesse bei der Gestaltung von Feedback durchlaufen werden mit dem Ziel einer wiederum quantitativen Überprüfung von dessen Wirkung. Nehmen die technischen Möglichkeiten sowie die Digitalisierungsprozesse im Bildungswesen in den kommenden Jahren weiter so zu wie in den letzten Jahren und Jahrzehnten, so eröffnen sich darüber hinaus beständig neue Aspekte für zukünftige Forschungsvorhaben. Adaptive Rückmeldefunktionen könnten hier von besonderer Bedeutung sein.

# Literaturverzeichnis

Achilles, H. (2011). Selbst organisierte Prüfungsvorbereitung mithilfe von Selbsteinschätzungsbögen unterstützen. *Praxis der Mathematik in der Schule, 53*(41), 17–22.

Adams, J. A. (1968). Response feedback and learning. *Psychological Bulletin, 70*(6, Pt.1), 486–504.

Adams, R. J. (2005). Reliability as a measurement design effect. *Studies in Educational Evaluation, 31*, 162–172. https://doi.org/https://doi.org/10.1016/j.stueduc.2005.05,008

Adams, R. J. & Osses, A. (2016). *ConQuest Command Reference 4.* Zugriff am 22.09.2019. Verfügbar unter https://www.acer.org/files/Command-Reference.pdf

Adams, R. J., Wilson, M. & Wang, W.-C. (1997). The Multidimensional Random Coefficients Multinomial Logit Model. *Applied Psychological Measurement, 21*(1), 1–23.

Adams, R. J. & Wu, M. (2002). *PISA 2000 Technical Report.* Paris: OECD.

Adams, R. J., Wu, M. & Wilson, M. (2015). ACER ConQuest: Generalised Item Response Modelling Software (Version 4) [Computer software]. Camberwell, Vic.: Australian Council for Educational Research. Verfügbar unter https://www.acer.org/au/conquest

Afshartous, D. & Preston, R. A. (2011). Key Results of Interaction Models with Centering. *Journal of Statistics Education, 19*(3). https://doi.org/10.1080/10691898.2011.11889620

Albers, K. (2019). *Vergleich der Leistungen von Jungen und Mädchen in Zusammenhang mit den Selbstwirksamkeitserwartungen bei der selbstständigen Bearbeitung von Lernpfaden am Computer.* (unveröffentlichte Masterarbeit, Westfälische Wilhelms-Universität Münster).

Anderson, D. R., Burnham, K. P. & White, G. C. (1998). Comparison of Akaike information criterion and consistent Akaike information criterion for model selection and statistical inference from capture-recapture studies. *Journal of Applied Statistics, 25*(2), 263–282. https://doi.org/https://doi.org/10.1080/02664769823250

Anderson, J. R. (2007). *Kognitive Psychologie.* Berlin: Springer Spektrum.

Anderson, L. W. & Krathwohl, D. R. (Hrsg.). (2000). *A taxonomy for learning, teaching, and assessing. A revision of Bloom's taxonomy of educational objectives.* New York: Longman.

Anseit, N. (2012). WikiWiki in die Schule. Unterrichtsbeispiele und Praxiserfahrungen zum Einsatz von Wikis in der Schule. In M. Beißwenger, N. Anseit & A. Storrer (Hrsg.), *Wikis in Schule und Hochschule* (S. 13–45). Boizenburg: vwh.

Arnold, P., Kilian, L., Thillosen, A. M. & Zimmer, G. M. (2018). *Handbuch E-Learning. Lehren und Lernen mit digitalen Medien* (5. Aufl.). Bielefeld: UTB.

Artigue, M. (2000). Instrumentation issues and the integration of computer technologies into secondary mathematics teaching. In M. Neubrand (Hrsg.), *Beiträge zum Mathematikunterricht 2000* (S. 11–18). Hildesheim: franzbecker.

Artigue, M. (2002). Learning Mathematics in a CAS Environment: The Genesis of a Reflection about Instrumentation and the Dialectics between Technical and Conceptual Work. *International Journal of Computers for Mathematical Learning, 7*(3), 245–274. https://doi.org/ https://doi.org/10.1023/A:1022103903080

Attali, Y. (2015). Effects of multiple-try feedback and question type during mathematics problem solving on performance in similar problems. *Computers & Education, 86*, 260–267. https:// doi.org/https://doi.org/10.1016/j.compedu.2015.08.011

Attali, Y. & van der Kleij, F. (2017). Effects of feedback elaboration and feedback timing during computer-based practice in mathematics problem solving. *Computers & Education, 110*, 154–169. https://doi.org/https://doi.org/10.1016/j.compedu.2017.03.012

Ayres, P. & Sweller, J. (2005). The Split-Attention Principle in Multimedia Learning. In R. Mayer (Hrsg.), *The Cambridge Handbook of Multimedia Learning* (S. 135–146). New York, NY: Cambridge University Press.

Azevedo, R. & Bernard, R. M. (1995). A Meta-Analysis of the Effects of Feedback in Computer-Based Instruction. *Journal of Educational Computing Research, 13*(2), 111–127.

Balacheff, N. & Kaput, J. J. (1996). Computer-Based Learning Environments in Mathematics. In A. J. Bishop, K. Clements, C. Keitel, J. Kilpatrick & C. Laborde (Hrsg.), *International Handbook of Mathematics Education* (S. 469–501). Dordrecht: Springer.

Bandura, A. (1991). Social Cognitive Theory of Self-Regulation. *Organizational Behavior and Human Decision Processes, 50*, 248–287.

Bangert-Drowns, R. L., Kulik, C.-L. C., Kulik, J. A. & Morgan, M. (1991). The Instructional Effect of Feedback in Test-Like Events. *Review of Educational Research, 61*(2), 213–238.

Barzel, B. (2006). *Mathematikunterricht zwischen Konstruktion und Instruktion. Evaluation einer Lernwerkstatt im 11. Jahrgang mit integriertem Einsatz von Computeralgebra*. Duisburg, Essen: Universität Duisburg-Essen (E-Dissertation). Zugriff am 17.03.2020. Verfügbar unter https://duepublico2.uni-due.de/receive/duepublico_mods_00013537

Barzel, B. (2016). Arbeiten mit CAS aus fachdidaktischer Perspektive. In G. Heintz, G. Pinkernell & F. Schacht (Hrsg.), *Digitale Werkzeuge für den Mathematikunterricht. Festschrift für Hans-Jürgen Elschenbroich* (S. 154–165). Neuss: Verlag Klaus Seeberger.

Barzel, B., Drijvers, P., Maschietto, M. & Trouche, L. (2006). Tools and technologies in mathematical didactics. In M. Bosch (Hrsg.), *Proceedings of the Fourth Congress of the European Society for Research in Mathematics Education (CERME)* (S. 927–938). Barcelona, Spain: Universitat Ramon Llull.

Barzel, B. & Greefrath, G. (2015). Digitale Mathematikwerkzeuge sinnvoll integrieren. In W. Blum, S. Vogel, C. Drüke-Noe & A. Roppelt (Hrsg.), *Bildungsstandards aktuell: Mathematik in der Sekundarstufe II* (S. 145–157). Braunschweig: Diesterweg; Schroedel; Westermann.

Barzel, B. & Hußmann, S. (2006). Denken in Funktionen zwischen Graph, Term und Tabelle – Rechnereinsatz auf neuen Wegen. In A. Büchter, H. Humenberger, S. Hußmann & S. Prediger (Hrsg.), *Realitätsnaher Mathematikunterricht – vom Fach aus und für die Praxis. Festschrift für Hans-Wolfgang Henn zum 60. Geburtstag* (S. 158–169). Hildesheim: franzbecker.

Barzel, B., Hußmann, S. & Leuders, T. (2005). Teil I: Grundfragen. In B. Barzel, S. Hußmann & T. Leuders (Hrsg.), *Computer, Internet & Co. im Mathematik-Unterricht* (S. 9–40). Berlin: Cornelsen-Scriptor.

Barzel, B., Hußmann, S., Leuders, T. & Prediger, S. (Hrsg.). (2016). *Mathewerkstatt 9*. Berlin: Cornelsen.

Barzel, B., Prediger, S., Leuders, T. & Hußmann, S. (2011). Kontexte und Kernprozesse – Ein theoriegeleitetes und praxiserprobtes Schulbuchkonzept. In R. Haug & L. Holzäpfel (Hrsg.), *Beiträge zum Mathematikunterricht 2011* (S. 71–74). Münster: WTM.

Baum, S., Beck, J. & Weigand, H.-G. (2018). Experimentieren, Mathematisieren und Simulieren im Mathematiklabor. In G. Greefrath & H.-S. Siller (Hrsg.), *Digitale Werkzeuge, Simulationen und mathematisches Modellieren* (S. 91–118). Wiesbaden: Springer Fachmedien Wiesbaden.

Bayraktar, S. (2001). A Meta-analysis of the Effectiveness of Computer-Assisted Instruction in Science Education. *Journal of Research on Technology in Education, 34*(2), 173–188. https://doi.org/https://doi.org/10.1080/15391523.2001.10782344

Beckschulte, C. (2019). *Mathematisches Modellieren mit Lösungsplan. Eine empirische Untersuchung zur Entwicklung von Modellierungskompetenzen*. Wiesbaden: Springer Spektrum.

Bell, A. & Janvier, C. (1981). The Interpretation of Graphs Representing Situations. *For the Learning of Mathematics, 2*(1), 34–42.

Besser, M., Klimczak, M., Blum, W., Leiss, D., Klieme, E. & Rakoczy, K. (2011). Lernprozessbegleitendes Feedback als Diagnose- und Förderinstrument: Eine Unterrichtsstudie zur Gestaltung von Rückmeldesituationen im kompetenzorientierten Mathematikunterricht. In R. Haug & L. Holzäpfel (Hrsg.), *Beiträge zum Mathematikunterricht 2011* (S. 103–106). Münster: WTM.

Besser, M., Leiss, D., Harks, B., Rakoczy, K., Klieme, E. & Blum, W. (2010). Kompetenzorientiertes Feedback im Mathematikunterricht: Entwicklung und empirischer Erprobung prozessbezogener, aufgabenbasierter Rückmeldesituationen. *Empirische Pädagogik, 24*(4), 404–432.

Bibliographisches Institut GmbH. (2019). *DUDEN Wörterbuch. Feedback*. Zugriff am 26.01.2020. Verfügbar unter https://www.duden.de/rechtschreibung/Feedback

Bildungsportal des Landes NRW. (2020, 10. Mai). *Kinder und Jugendliche in ihrer Vielfalt fördern*. Zugriff am 17.05.2020. Verfügbar unter https://www.lehrerfortbildung.schulministerium.nrw.de/Fortbildung/Vielfalt-f%C3%B6rdern-NRW/

Bimba, A. T., Idris, N., Al-Hunaiyyan, A., Mahmud, R. B. & Shuib, N. L. B. M. (2017). Adaptive feedback in computer-based learning environments: a review. *Adaptive Behavior, 25*(5), 217–234. https://doi.org/https://doi.org/10.1177/1059712317727590

Birnbaum, A. (1968). Some latent trait models and their use in inferring an examinee's ability. In F. M. Lord & M. R. Novick (Hrsg.), *Statistical theories of mental test scores* (S. 392–479). Reading, Mass.: Addison-Wesley.

Black, P. & Wiliam, D. (1998). Assessment and Classroom Learning. *Assessment in Education: Principles, Policy & Practice, 5*(1), 7–74. https://doi.org/https://doi.org/10.1080/0969595980050102

Bock, R. D. & Aitkin, M. (1981). Marginal maximum likelihood estimation of item parameters: Application of an EM algorithm. *Psychometrika, 46*(4), 443–459.

Bond, T. G. & Fox, C. M. (2012). *Applying the Rasch model. Fundamental measurement in the human sciences* (2. Aufl.). New York: Routledge. Retrieved from http://site.ebrary.com/lib/alltitles/docDetail.action?docID=10670521

Bortz, J. & Schuster, C. (2016). *Statistik für Human- und Sozialwissenschaftler* (7., vollst. überarb. und erw. Aufl.). Berlin, Heidelberg: Springer.

Bos, W., Eickelmann, B., Gerick, J., Goldhammer, F., Schaumburg, H., Schwippert, K., Senkbeil, M., Schulz-Zander, R., Wendt, H. (Hrsg.). (2014). *ICILS 2013. Computer- und informationsbezogene Kompetenzen von Schülerinnen und Schülern in der 8. Jahrgangsstufe im internationalen Vergleich.* Münster: Waxmann.

Boud, D. & Molloy, E. (2013). Rethinking models of feedback for learning: the challenge of design. *Assessment & Evaluation in Higher Education, 38*(6), 698–712. https://doi.org/ https://doi.org/10.1080/02602938.2012.691462

Brnic, M. (2019). The Use of a Digital Textbook with Integrated Digital Tools. In S. Rezat, L. Fan, M. Hattermann, J. Schumacher & H. Wuschke (Hrsg.), *Proceedings of the Third International Conference on Mathematics Textbook Research and Development: 16–19 September 2019 Paderborn, Germany* (S. 369–370). Paderborn: Universitätsbibliothek Paderborn.

Brnic, M. (2020). Digital oder analog? Eine Interventionsstudie zur Schulbuchnutzung. In Siller H.-S., Weigel W. & Wörler J. F. (Hrsg.), *Beiträge zum Mathematikunterricht 2020* (S. 177–180). Münster: WTM. https://doi.org/10.17877/DE290R-21258

Brockmann, K. (2018). *Computerbezogene Selbstwirksamkeiterwartung von Schülerinnen und Schülern im Fach Mathematik. Eine empirische Untersuchung am Beispiel eines digitalen Lernpfades.* (unveröffentlichte Masterarbeit, Westfälische Wilhelms-Universität Münster).

Büchter, A. & Henn, H.-W. (2010). *Elementare Analysis. Von der Anschauung zur Theorie.* Heidelberg: Springer Spektrum.

Bühner, M. (2011). *Einführung in die Test- und Fragebogenkonstruktion* (3., akt. und erw. Aufl.). München: Pearson Studium.

Bundesministeriums für Bildung und Forschung. (2016). *Bildungsoffensive für die digitale Wissensgesellschaft. Strategie des Bundesministeriums für Bildung und Forschung vom 7. Oktober 2016.* Zugriff am 17.02.2020. Verfügbar unter https://www.bildung-forschung.dig ital/files/Bildungsoffensive_fuer_die_digitale_Wissensgesellschaft.pdf

Bundesrepublik Deutschland und die Länder. (2019). *DigitalPakt Schule 2019 bis 2024. Verwaltungsvereinbarung.* Zugriff am 17.02.2020. Verfügbar unter https://www.digitalpaktschule. de/files/VV_DigitalPaktSchule_Web.pdf

Butcher, N., Kanwar, A. & Uvalić-Trumbić, S. (2015). *A basic guide to open educational resources (OER).* Vancouver, Paris: Commonwealth of Learning; UNESCO.

Butler, A. C., Godbole, N. & Marsh, E. J. (2013). Explanation feedback is better than correct answer feedback for promoting transfer of learning. *Journal of Educational Psychology, 105*(2), 290–298. https://doi.org/https://doi.org/10.1037/a0031026

Butler, D. L. & Winne, P. H. (1995). Feedback and Self-Regulated Learning: A Theoretical Synthesis. *Review of Educational Research, 65*(3), 245–281.

Champely, S., Ekstrom, C., Dalgaard, P., Gill, J., Weibelzahl, S., Anandkumar, A., Ford, C., Volcic, R., De Rosario, H. (2018a). *Basic Functions for Power Analysis. Package "pwr".* Zugriff am 09.01.2020. Verfügbar unter https://cran.r-project.org/web/packages/pwr/pwr. pdf

Champely, S., Ekstrom, C., Dalgaard, P., Gill, J., Weibelzahl, S., Anandkumar, A., Ford, C., Volcic, R., De Rosario, H. (2018b). pwr: Basic Functions for Power Analysis (Version 1.2–2 (vom 03.03.2018)) [Computer software]. Verfügbar unter https://cran.r-project.org/packag e=pwr

Chandler, P. & Sweller, J. (1991). Cognitive Load Theory and the Format of Instruction. *Cognition and Instruction, 8*(4), 293–332.

Claeskens, G. & Hjort, N. L. (2008). *Model Selection and Model Averaging.* Cambridge: Cambridge University Press. https://doi.org/https://doi.org/10.1017/CBO9780511790485

Clariana, R. B. & Koul, R. (2006). The effects of different forms of feedback on fuzzy and verbatim memory of science principles. *The British Journal of Educational Psychology, 76*(2), 259–270. https://doi.org/https://doi.org/10.1348/000709905X39134

Clark-Wilson, A. & Oldknow, A. (2009). Teachers using ICT to help with 'hard to teach' topics. *Mathematics in School, 38*(4), 3–6. Zugriff am 21.03.2020. Verfügbar unter www.edumat ics.mathematik.uni-wuerzburg.de/mod4/media/reading/Clark-Wilson_Oldknow2009.pdf

Cohen, A. S. & Cho, S.-J. (2016). Information Criteria. In W. J. van der Linden (Ed.), *Handbook of Item Response Theory. Volume Two: Statistical Tools* (pp. 363–378). Boca Raton: CRC Press.

Cohen, J. (1988). *Statistical Power Analysis for the Behavioral Sciences* (2. Aufl., Nachdruck 2009). Hoboken: Taylor and Francis. Verfügbar unter http://gbv.eblib.com/patron/FullRe cord.aspx?p=1192162

Cook, T. D., Pohl, S. & Steiner, P. M. (2011). Die relative Bedeutung der Kovariatenwahl, Reliabilität und Art der Datenanalyse zur Schätzung kausaler Effekte aus Beobachtungsdaten. *Zeitschrift für Evaluation, 10*(2), 203–224.

Dautel, K. & Kirst, K. (2016). ZUM. Ein Portal mit Unterrichtsmaterialien, in dem man selbst mitgestalten kann. *Computer + Internet,* (101), 28–30.

Davier, M. v. (2016). Rasch Model. In W. J. van der Linden (Ed.), *Handbook of item response theory. Volume One: Models* (vol. 1, pp. 31–48). Boca Raton: CRC Press.

Davis, G. E. & McGowen, M. A. (2004). Individual Gain and Engagement with Teaching Goals. In D. E. McDougall & J. A. Ross (Hrsg.), *Proceedings of the twenty-sixth annual meeting of the North American Chapter of the International Group for the Psychology of Mathematics Education (IGPME). Volume 1* (S. 333–342). Toronto, Ontario: Ontario Institute for Studies in Education of the University of Toronto.

Davis, G. E. & McGowen, M. A. (2007). Formative feedback and the mindful teaching of mathematics. *Australian Senior Mathematics Journal, 21*(1), 19–29.

Degel, S. (2017). *Selbstreguliertes Lernen im Mathematikunterricht. Eine Interventionsstudie zum Einfluss des Gebrauchs eines Lerntagebuches während der Arbeit an einem Online Lernpfad auf die Leistung und die Fähigkeit der adäquaten Selbsteinschätzung von Schülerinnen und Schülern.* (unveröffentlichte Masterarbeit, Westfälische Wilhelms-Universität Münster).

Dempsey, J. V., Driscoll, M. P. & Swindell, L. K. (1993). Text-Based Feedback. In J. V. Dempsey & G. C. Sales (Eds.), *Interactive instruction and feedback* (pp. 21–54). Englewood Cliffs, NJ: Educational Technology Publ.

Deutsche Telekom Stiftung (Hrsg.). (2017). *Schule digital – Der Länderindikator 2017. Digitale Medien in den MINT-Fächern.* Zugriff am 29.03.2020. Verfügbar unter https://www.telekom-stiftung.de/sites/default/files/files/media/publications/Schule_Digital_2017__Web.pdf

Dimitrov, D. M. & Rumrill, P. D., JR. (2003). Pretest-posttest designs and measurement of change. *Work, 20*(2), 159–165.

Doorman, M., Drijvers, P., Gravemeijer, K., Boon, P. & Reed, H. (2012). Tool Use and the Development of the Function Concept: From Repeated Calculations to Functional Thinking. *International Journal of Science and Mathematics Education*, (10), 1243–1267.

Döring, N. & Bortz, J. (2016). *Forschungsmethoden und Evaluation in den Sozial- und Humanwissenschaften* (5., vollst. überarb., akt. und erw. Aufl.). Berlin, Heidelberg: Springer.

Drijvers, P. (2001). The Concept of Parameter in a Computer Algebra Environment. In M. van den Heuvel-Panhuizen (Hrsg.), *Proceedings oft the 25th Conference of the IGPME. Volume 2* (S. 385–392). Utrecht, Niederlande: PME.

Drijvers, P., Ball, L., Barzel, B., Heid, M. K., Cao, Y. & Maschietto, M. (2016). *Uses of Technology in Lower Secondary Mathematics Education*. Cham: Springer Open. https://doi.org/10.1007/978-3-319-33666-4

Drüke-Noe, C. (2012). Können Lernstandserhebungen einen Beitrag zur Unterrichtsentwicklung leisten? In W. Blum, R. Borromeo Ferri & K. Maaß (Hrsg.), *Mathematikunterricht im Kontext von Realität, Kultur und Lehrerprofessionalität. Festschrift für Gabriele Kaiser* (S. 284–293). Wiesbaden: Vieweg+Teubner.

Duval, R. (2006). A Cognitive Analysis of Problems of Comprehension in a Learning of Mathematics. *Educational Studies in Mathematics*, *61*(1-2), 103–131. https://doi.org/https://doi.org/10.1007/s10649-006-0400-z

Eickelmann, B., Bos, W., Gerick, J., Goldhammer, F., Schaumburg, H., Schwippert, K., Senkbeil, M., Vahrenhold, J. (Hrsg.). (2019). *ICILS 2018 #Deutschland. Computer- und informationsbezogene Kompetenzen von Schülerinnen und Schülern im zweiten internationalen Vergleich und Kompetenzen im Bereich Computational Thinking*. Münster: Waxmann.

Eickelmann, B., Massek, C. & Labusch, A. (2019). *ICILS 2018 #NRW. Erste Ergebnisse der Studie ICILS 2018 für Nordrhein-Westfalen im internationalen Vergleich*. Münster: Waxmann.

Eid, M., Gollwitzer, M. & Schmitt, M. (2017). *Statistik und Forschungsmethoden* (5., korr. Aufl.). Weinheim, Basel: Beltz.

Eirich, M. & Schellmann, A. (2013). Wikis im Mathematikunterricht. In M. Ruppert & J. Wörler (Hrsg.), *Technologien im Mathematikunterricht. Eine Sammlung von Trends und Ideen* (S. 89–98). Wiesbaden: Springer Spektrum.

Ellis, A. B. & Grinstead, P. (2008). Hidden lessons: How a focus on slope-like properties of quadratic functions encouraged unexpected generalizations. *The Journal of Mathematical Behavior*, *27*(4), 277–296. https://doi.org/https://doi.org/10.1016/j.jmathb.2008.11.002

Elschenbroich, H.-J. (2003). Ein dynamischer Zugang zu Funktionen und Gleichungen. *MNU*, *56*(8), 454–460.

Elschenbroich, H.-J. (2004). Dynamische Visualisierungen durch neue Medien. In Gesellschaft für Didaktik der Mathematik (Hrsg.), *Beiträge zum Mathematikunterricht 2004* (S. 7–14). Hildesheim: franzbecker.

Elschenbroich, H.-J. (2005). Funktionen dynamisch erkunden. In B. Barzel, S. Hußmann & T. Leuders (Hrsg.), *Computer, Internet & Co. im Mathematik-Unterricht* (S. 138–148). Berlin: Cornelsen-Scriptor.

Elschenbroich, H.-J. & Seebach, G. (2011–2014). *Dynamisch Geometrie entdecken. Elektronische Arbeitsblätter mit Euklid DynaGeo*. CoTec.

Embacher, F. (2004). Das Konzept der Lernpfade in der Mathematik-Ausbildung. *Mitteilungen des Instituts für Wissenschaft und Kunst*, *59*(3-4), 29–31.

Engelhard, G. (2013). *Invariant measurement. Using Rasch models in the social, behavioral, and health sciences.* New York: Routledge.

Eraslan, A. (2007). The notion of compartmentalization: the case of Richard. *International Journal of Mathematical Education in Science and Technology, 38*(8), 1065–1073. https://doi.org/https://doi.org/10.1080/00207390601129170

Eraslan, A. (2008). The notion of reducing abstraction in quadratic functions. *International Journal of Mathematical Education in Science and Technology, 39*(8), 1051–1060. https://doi.org/https://doi.org/10.1080/00207390802136594

Fernholz, J. & Prediger, S. (2007).".…weil meist nur ich weiß, was ich kann!" Selbstdiagnose als Beitrag zum eigenverantwortlichen Lernen. *Praxis der Mathematik in der Schule, 49*(15), 14-18.

Fischer, G. H. & Molenaar, I. W. (Hrsg.). (1995). *Rasch Models. Foundations, recent develeopments, and applications ; with 19 illustrations.* New York: Springer.

Fraillon, J., Ainley, J., Schulz, W., Friedman, T. & Gebhardt, E. (2014). *Preparing for Life in a Digital Age. The IEA International Computer and Information Literacy Study International Report.* Cham: Springer Open. https://doi.org/10.1007/978-3-319-14222-7

Frenken, L. (2018). *Selbstgesteuertes Lernen mit einem digitalen Lernpfad zu quadratischen Funktionen. Auswirkungen des routinemäßigen Einsatzes selbstgesteuerten Lernens auf die Leistung von Schülerinnen und Schülern.* (unveröffentlichte Masterarbeit, Westfälische Wilhelms-Universität Münster).

Fromm, S. (2010). *Datenanalyse mit SPSS für Fortgeschrittene 2: Multivariate Verfahren für Querschnittsdaten.* Wiesbaden: VS Verlag für Sozialwissenschaften. https://doi.org/https://doi.org/10.1007/978-3-531-92026-9

Gerding, A. (2019). *Analyse der Hilfe- und Feedbacknutzung von Schülerinnen und Schülern bei der Bearbeitung eines Wiki-basierten Lernpfads zu quadratischen Funktionen.* (unveröffentlichte Masterarbeit, Westfälische Wilhelms-Universität Münster).

Gesellschaft für Didaktik der Mathematik. (2017). Die Bildungsoffensive für die digitale Wissensgesellschaft: Eine Chance für den fachdidaktisch reflektierten Einsatz digitaler Werkzeuge im Mathematikunterricht. Positionspapier. *Mitteilungen der Gesellschaft für Didaktik der Mathematik, 43*(103), 39–41. Verfügbar unter https://ojs.didaktik-der-mathematik.de/index.php/mgdm/article/download/59/205

Gesellschaft für Fachdidaktik. (2018). *Fachliche Bildung in der digitalen Welt. Positionspapier der Gesellschaft für Fachdidaktik.* Zugriff am 17.02.2020. Verfügbar unter https://www.fachdidaktik.org/wordpress/wp-content/uploads/2018/07/GFD-Positionspapier-Fachliche-Bildung-in-der-digitalen-Welt-2018-FINAL-HP-Version.pdf

Glas, C. A. W. (2016a). Frequentist Model-Fit Tests. In W. J. van der Linden (Ed.), *Handbook of Item Response Theory. Volume Two: Statistical Tools* (pp. 343–362). Boca Raton: CRC Press.

Glas, C. A. W. (2016b). Maximum-Likelihood Estimation. In W. J. van der Linden (Ed.), *Handbook of Item Response Theory. Volume Two: Statistical Tools* (pp. 197–216). Boca Raton: CRC Press.

Glover, C. & Brown, E. (2006). Written Feedback for Students: too much, too detailed or too incomprehensible to be effective? *Bioscience Education, 7*(1), 1–16. https://doi.org/https://doi.org/10.3108/beej.2006.07000004

Göbel, L. & Barzel, B. (2016). Vergleich verschiedener dynamischer Visualisierungen zur Konzeptualisierung von Parametern bei quadratischen Funktionen. In Institut für Mathematik und Informatik der PH Heidelberg (Hrsg.), *Beiträge zum Mathematikunterricht 2016* (S. 313–316). Münster: WTM.

Göbel, L., Barzel, B. & Ball, L. (2017). "Power of Speed" or "Discovery of Slowness": Technology-assisted Guided Discovery to Investigate the Role of Parameters in Quadratic Functions. In G. Aldon & J. Trgalová (Hrsg.), *Proceedings of the 13th International Conference on Technology in Mathematics Teaching* (S. 113–123). Lyon: ENS de Lyon / Université Claude Bernard Lyon 1.

Greefrath, G. (2018). *Anwendungen und Modellieren im Mathematikunterricht*. Berlin, Heidelberg: Springer. https://doi.org/https://doi.org/10.1007/978-3-662-57680-9

Greefrath, G., Oldenburg, R., Siller, H.-S., Ulm, V. & Weigand, H.-G. (2016). *Didaktik der Analysis*. Berlin, Heidelberg: Springer Spektrum. https://doi.org/10.1007/978-3-662-488 77-5

Greefrath, G. & Rieß, M. (2016). Digitale Mathematikwerkzeuge in der Sekundarstufe I – langfristig einsetzen. In G. Heintz, G. Pinkernell & F. Schacht (Hrsg.), *Digitale Werkzeuge für den Mathematikunterricht. Festschrift für Hans-Jürgen Elschenbroich* (S. 215–226). Neuss: Verlag Klaus Seeberger.

Greefrath, G. & Siller, H.-S. (2018). Digitale Werkzeuge, Simulationen und mathematisches Modellieren. In G. Greefrath & H.-S. Siller (Hrsg.), *Digitale Werkzeuge, Simulationen und mathematisches Modellieren* (S. 3–22). Wiesbaden: Springer Fachmedien Wiesbaden.

Greefrath, G. & Weigand, H.-G. (2012). Simulieren: Mit Modellen experimentieren. *Mathematik lehren*, (174), 2–6.

Green, N. & Green, K. (2009). *Kooperatives Lernen im Klassenraum und im Kollegium* (4. Aufl.). Seelze: Klett Kallmeyer.

Gudjons, H. (2011). *Pädagogisches Grundwissen. Überblick – Kompendium – Studienbuch* (10., aktualisierte Aufl.). Stuttgart, Bad Heilbrunn: UTB; Klinkhardt.

Guin, D. & Trouche, L. (1999). The complex process of converting tools into mathematical instruments: The case of calculators. *International Journal of Computers for Mathematical Learning*, *3*, 195–227.

Hamilton, E. R., Rosenberg, J. M. & Akcaoglu, M. (2016). The Substitution Augmentation Modification Redefinition (SAMR) Model: a Critical Review and Suggestions for its Use. *TechTrends*, *60*(5), 433–441. https://doi.org/https://doi.org/10.1007/s11528-016-0091-y

Hankeln, C. (2018). Wie viel Simulieren steckt im Modellieren? Empirische Analyse von Simulations- und Modellierungsprozessen am Computer. In G. Greefrath & H.-S. Siller (Hrsg.), *Digitale Werkzeuge, Simulationen und mathematisches Modellieren* (S. 67–89). Wiesbaden: Springer Fachmedien Wiesbaden.

Hankeln, C. (2019). *Mathematisches Modellieren mit dynamischer Geometrie-Software. Ergebnisse einer Interventionsstudie*. Wiesbaden: Springer Spektrum. https://doi.org/10.1007/ 978-3-658-23339-6

Hartig, J. & Höhler, J. (2008). Representation of Competencies in Multidimensional IRT Models with Within-Item and Between-Item Multidimensionality. *Zeitschrift für Psychologie*, *216*(2), 89–101. https://doi.org/https://doi.org/10.1027/0044-3409.216.2.89

Hartig, J. & Höhler, J. (2010). Modellierung von Kompetenzen mit mehrdimensionalen IRT-Modellen. Projekt MIRT. In E. Klieme, D. Leutner & M. Kenk (Hrsg.), *Kompetenz-modellierung. Zwischenbilanz des DFG-Schwerpunktprogramms und Perspektiven des Forschungsansatzes* (S. 189–198). Weinheim und Basel: Beltz.

Hartig, J. & Kühnbach, O. (2006). Schätzung von Veränderung mit "plausible values" in mehrdimensionalen Rasch-Modellen. In A. Ittel & H. Merkens (Hrsg.), *Veränderungsmessung und Längsschnittstudien in der empirischen Erziehungswissenschaft* (S. 27–44). Wiesbaden: VS Verlag für Sozialwissenschaften.

Hattie, J. (2009). *Visible learning. A synthesis of over 800 meta-analyses relating to achievement.* New York, NY: Routledge.

Hattie, J. (2015). *Lernen sichtbar machen* (3., erweiterte Auflage). Baltmannsweiler: Schneider Verlag Hohengehren.

Hattie, J. & Clarke, S. (2019). *Visible learning: Feedback.* New York, NY: Routledge.

Hattie, J. & Gan, M. (2011). Instruction Based on Feedback. In R. E. Mayer & P. A. Alexander (Hrsg.), *Handbook of research on learning and instruction* (1., S. 249–271).

Hattie, J. & Timperley, H. (2007). The Power of Feedback. *Review of Educational Research, 77*(1), 81–112. https://doi.org/https://doi.org/10.3102/003465430298487

Hattie, J. & Yates, G. C. R. (2014). *Visible learning and the science of how we learn.* New York, NY: Routledge.

Havnes, A., Smith, K., Dysthe, O. & Ludvigsen, K. (2012). Formative assessment and feedback: Making learning visible. *Studies in Educational Evaluation, 38*(1), 21–27. https://doi.org/10.1016/j.stueduc.2012.04.001

Hefendehl-Hebeker, L. (2004). Perspektiven für einen künftigen Mathematikunterricht. In H. 1. Bayrhuber (Hrsg.), *Konsequenzen aus PISA. Perspektiven der Fachdidaktiken.* Innsbruck: StudienVerl.

Heintz, G. (2000). Interactive Work Sheets for Teaching Geometry. In S. Götz & G. Törner (Hrsg.), *Research on Mathematical Beliefs. Proceedings of the MAVI-9 European Workshop* (S. 30–35). Duisburg: Gerhard-Mercator-Universität Duisburg.

Heintz, G., Elschenbroich, H.-J., Laakmann, H., Langlotz, H., Rüsing, M., Schacht, F., Schmidt, R., Tietz, C. (2017). *Werkzeugkompetenzen – Kompetent mit digitalen Werkzeugen Mathematik betreiben.* Menden (Sauerland): medienstatt.

Heintz, G., Pinkernell, G. & Schacht, F. (2016). Mathematikunterricht und digitale Werkzeuge. In G. Heintz, G. Pinkernell & F. Schacht (Hrsg.), *Digitale Werkzeuge für den Mathematikunterricht. Festschrift für Hans-Jürgen Elschenbroich* (S. 11–23). Neuss: Verlag Klaus Seeberger.

Helfrich, H. (2016). *Wissenschaftstheorie für Betriebswirtschaftler.* Wiesbaden: Springer Gabler. https://doi.org/https://doi.org/10.1007/978-3-658-07036-6

Hennig, C., Müllensiefen, D. & Bargmann, J. (2010). Within-Subject Comparison of Changes in a Pretest-Posttest Design. *Applied Psychological Measurement, 34*(5), 291–309. https://doi.org/https://doi.org/10.1177/0146621608329889

Herget, W. (2013). Funktionen – immer gut für eine Überraschung. In H. Allmendinger, K. Lengnink, A. Vohns & G. Wickel (Hrsg.), *Mathematik verständlich unterrichten. Perspektiven für Unterricht und Lehrerbildung* (S. 47–61). Wiesbaden: Springer Spektrum.

Herget, W., Malitte, E. & Richter, K. (2000). Funktionen haben viele Gesichter – auch im Unterricht. In L. Flade (Hrsg.), *Mathematik lehren und lernen nach TIMSS. Anregungen für die Sekundarstufen* (S. 115–124). Berlin: Volk und Wissen.

Hillmayr, D., Reinhold, F., Ziernwald, L. & Reiss, K. (2017). *Digitale Medien im mathematisch-naturwissenschaftlichen Unterricht der Sekundarstufe. Einsatzmöglichkeiten, Umsetzung und Wirksamkeit*. Münster: Waxmann.

Hillmayr, D., Ziernwald, L., Reinhold, F. & Reiss, K. (2018). *Einsatz digitaler Medien im mathematisch-naturwissenschaftlichen Unterricht der Sekundarstufe: Eine Metastudie zur Lernwirksamkeit*, Basel. https://doi.org/10.13140/RG.2.2.13319.70561

Hischer, H. (2016). *Mathematik – Medien – Bildung. Medialitätsbewusstsein als Bildungsziel: Theorie und Beispiele*. Wiesbaden: Springer Spektrum. https://doi.org/10.1007/978-3-658-14167-7

Hoch, S., Reinhold, F., Werner, B., Reiss, K. & Richter-Gebert, J. (2018). *Bruchrechnen. Bruchzahlen & Bruchteile greifen & begreifen. [Apple iBooks Version]* (4. Aufl.). München: Technische Universität München.

Hoyles, C., Noss, R. & Kent, P. (2004). On the Integration of Digital Technologies into Mathematics Classrooms. *International Journal of Computers for Mathematical Learning, 9,* 309–326.

Hügel, C., Pellander, C. & Rezat, S. (2017). Vorsicht Feedback! Beim Arbeiten mit digitalen Schulbüchern bleiben Lernende unersetzlich. *Mathematik differenziert, (1),* 14–21.

Hughes, J. (2018a). *Helper Functions for Regression Analysis. Version 0.3.4.* Zugriff am 03.01.2020. Verfügbar unter https://cran.r-project.org/web/packages/reghelper/reghelper.pdf

Hughes, J. (2018b). reghelper (Version 0.3.4 (vom 29.07.2018)) [Computer software]. Verfügbar unter https://cran.r-project.org/package=reghelper

Hußmann, S. & Richter, K. (2005). Aufräumen im Parabelzoo – Parabeln systematisieren. In B. Barzel, S. Hußmann & T. Leuders (Hrsg.), *Computer, Internet & Co. im Mathematik-Unterricht* (S. 224–234). Berlin: Cornelsen-Scriptor.

Jaehnig, W. & Miller, M. L. (2007). Feedback Types in Programmed Instruction: A Systematic Review. *The Psychological Record, 57,* 219–232.

Janvier, C. (1981). Use of Situations in Mathematics Education. *Educational Studies in Mathematics, 12,* 113–122.

Jedtke, E. (2017). Feedback in a Computer-Based Learning Environment about Quadratic Functions. Research Design and Pilot Study. In G. Aldon & J. Trgalová (Hrsg.), *Proceedings of the 13th International Conference on Technology in Mathematics Teaching* (S. 134–143). Lyon: ENS de Lyon / Université Claude Bernard Lyon 1.

Jedtke, E. (2018a). Digitales Lernen mit Wiki-basierten Lernpfaden: Konzeption eines Lernpfads zu Quadratischen Funktionen. In G. Pinkernell & F. Schacht (Hrsg.), *Digitales Lernen im Mathematikunterricht. Arbeitskreis Mathematikunterricht und digitale Werkzeuge in der Gesellschaft für Didaktik der Mathematik : Herbsttagung vom 22. bis 24. September 2017 an der Pädagogischen Hochschule Heidelberg* (S. 49–60). Hildesheim: franzbecker.

Jedtke, E. (2018b). *Lernpfad Quadratische Funktionen erforschen.* Zugriff am 25.03.2020. Verfügbar unter https://wiki.zum.de/wiki/Quadratische_Funktionen_erforschen/Die_Parameter_der_Scheitelpunktform

Jedtke, E. (2018c). *Lernpfad Quadratische Funktionen erkunden.* Zugriff am 25.03.2020. Verfügbar unter https://wiki.zum.de/wiki/Quadratische_Funktionen_erkunden/Die_Parameter_der_Scheitelpunktform

Jedtke, E. (2018d). Der wiki-basierte Lernpfad "Quadratische Funktionen erkunden " aus Sicht von Lehrenden und Lernenden. Eine qualitative Studie. In Fachgruppe Didaktik der

Mathematik der Universität Paderborn (Hrsg.), *Beiträge zum Mathematikunterricht 2018* (S. 879–882). Münster: WTM. Verfügbar unter http://dx.doi.org/https://doi.org/10.17877/DE290R-19430

Jedtke, E. (2019). Web-Based Learning: Effects of Feedback on the Computer Self-Efficacy of High School Students. In M. Graven, H. Venkat, A. Essien & P. Vale (Hrsg.), *Proceedings of the 43rd Conference of the International Group for the Psychology of Mathematics Education. Volume 4* (S. 4–50). Pretoria, South Africa: PME.

Jedtke, E. (2020). Digitale Lernpfade im Mathematikunterricht: Auswirkungen auf die computerbezogene Selbstwirksamkeitserwartung von Schülerinnen und Schülern. In A. Frank, S. Krauss & K. Binder (Hrsg.), *Beiträge zum Mathematikunterricht 2019* (S. 397–400). Münster: WTM. Verfügbar unter http://dx.doi.org/https://doi.org/10.17877/DE290R-20886

Jedtke, E. & Greefrath, G. (2019). A Computer-Based Learning Environment about Quadratic Functions with Different Kinds of Feedback: Pilot Study. In G. Aldon & J. Trgalová (Hrsg.), *Technology in Mathematics Teaching. Selected Papers of the 13th ICTMT Conference* (S. 297–322). Cham: Springer.

Jensen, T., Landwehr, J. & Herrmann, A. (2009). Robuste Regression. Ein Marktforschungsansatz zur Analyse von Datensätzen mit Ausreißern. *Marketing: Zeitschrift für Forschung und Praxis, 31*(2), 101–115. Zugriff am 09.12.2019. Verfügbar unter www.jstor.org/stable/41922297

Johlke, F. (2018). Fehlvorstellungen durch E-Feedback überwinden: Vorstellung eines Dissertationsprojekts. In G. Pinkernell & F. Schacht (Hrsg.), *Digitales Lernen im Mathematikunterricht. Arbeitskreis Mathematikunterricht und digitale Werkzeuge in der Gesellschaft für Didaktik der Mathematik : Herbsttagung vom 22. bis 24. September 2017 an der Pädagogischen Hochschule Heidelberg* (S. 61–70). Hildesheim: franzbecker.

Johlke, F. (2019). E-Feedback to Overcome Misconceptions. In M. Graven, H. Venkat, A. Essien & P. Vale (Hrsg.), *Proceedings of the 43rd Conference of the International Group for the Psychology of Mathematics Education. Volume 4* (S. 4–52). Pretoria, South Africa: PME.

Jude, N. (2006, 23. Februar). *IRT-Skalierung mit ConQuest. Workshop für das Nachwuchsnetzwerk Deutschdidaktik,* Deutsches Institut für Internationale Pädagogische Forschung. Zugriff am 23.09.2019. Verfügbar unter https://docplayer.org/14223090-Irt-skalierung-mit-conquest-workshop-fuer-das-nachwuchsnetzwerk-deutschdidaktik-dipl-psych-nina-jude-hamburg-23.html

Kallert, D. (2018). *Eine empirische Untersuchung von Lernertypen metakognitiver Strategien bei der Bearbeitung eines wiki-basierten Lernpfads zu quadratischen Funktionen.* (unveröffentlichte Masterarbeit, Westfälische Wilhelms-Universität Münster).

Kelava, A. & Moosbrugger, H. (2012). Deskriptivstatistische Evaluation von Items (Itemanalyse) und Testwertverteilungen. In H. Moosbrugger & A. Kelava (Hrsg.), *Testtheorie und Fragebogenkonstruktion* (2., akt. und überarb. Aufl., S. 75–102). Berlin, Heidelberg: Springer.

Keuss, N. (2018). *Feedback in digitalen Lernpfaden. Eine Untersuchung zum Nutzungsverhalten von Lernenden im Kontext des Lernpfads „Quadratische Funktionen erkunden".* (unveröffentlichte Masterarbeit, Westfälische Wilhelms-Universität Münster).

Kirst, K. (o. D.). *Lernpfad. ZUM Wiki-Eintrag in der Version vom 18.11.2019.* Zugriff am 02.04.2020. Verfügbar unter https://wiki.zum.de/wiki/Lernpfad

Kirst, K. (2008). Das ZUM-Wiki – eine offene Plattform für Lehrinhalte und Lernprozesse. In J. Moskaliuk (Hrsg.), *Konstruktion und Kommunikation von Wissen mit Wikis. Theorie und Praxis* (S. 139–150). Boizenburg: vwh Hülsbusch.

Kirst, K. (2014). Offene Bildungsinhalte auf ZUM.de. *Computer + Unterricht*, (93), 41–43.

Kirst, K. (2015). Mathematik ZUM Mitmachen. *L.A. Multimedia*, (1), 31–33.

Klein, M. (2019). *Die Entwicklung systematischer Fehler im Bereich Funktionen.* (unveröffentlichte Masterarbeit, Westfälische Wilhelms-Universität Münster).

Klinger, M. (2018). Funktionales Denken beim Übergang von der Funktionenlehre zur Analysis. Entwicklung eines Testinstruments und empirische Befunde aus der gymnasialen Oberstufe. Wiesbaden: Springer Spektrum. https://doi.org/10.1007/978-3-658-20360-3

Klinger, M. & Thurm, D. (2016). Zwei Graphen aber eine Funktion? – Konzeptuelles Verständnis von Koordinatensystemen mit digitalen Werkzeugen entwickeln. *transfer Forschung ↔ Schule*, 2(2), 225–232. Zugriff am 17.03.2020. Verfügbar unter http://duepublico.uni-duisburg-essen.de/servlets/DocumentServlet?id=44812

Kluger, A. N. & DeNisi, A. (1996). The Effects of Feedback Interventions on Performance: A Historical Review, a Meta-Analysis, and a Preliminary Feedback Intervention Theory. *Psychological Bulletin, 119*(2), 254–284.

Koller, I., Alexandrowicz, R. & Hatzinger, R. (2012). *Das Rasch-Modell in der Praxis. Eine Einführung mit eRm* (1. Aufl.). Wien: Facultas.wuv.

Kopp, B. & Mandl, H. (2014). Aspekte der Feedbacknachricht. In H. Ditton & A. Müller (eds.), *Feedback und Rückmeldungen. Theoretische Grundlagen, empirische Befunde, praktische Anwendungsfelder* (S. 151–162). Münster: Waxmann.

Krause, U.-M. (2007). *Feedback und kooperatives Lernen* (Pädagogische Psychologie und Entwicklungspsychologie, Bd. 60). Zugl.: München, Univ., Diss., 2005. Münster: Waxmann.

Krauthausen, G. (2012). *Digitale Medien im Mathematikunterricht der Grundschule.* Heidelberg: Springer Spektrum. https://doi.org/https://doi.org/10.1007/978-3-8274-2277-4

Krawitz, J. (2020). *Vorwissen als nötige Voraussetzung und potentieller Störfaktor beim mathematischen Modellieren.* Wiesbaden: Springer Spektrum. https://doi.org/https://doi.org/10.1007/978-3-658-29715-2

Krivsky, S. (2003). *Multimediale Lernumgebungen in der Mathematik. Konzeption, Entwicklung und Erprobung des Projekts MathePrisma.* Hildesheim: franzbecker.

Kuckartz, U., Rädiker, S., Ebert, T. & Schehl, J. (2013). *Statistik. Eine verständliche Einführung* (2. Aufl.). Wiesbaden: VS Verlag für Sozialwissenschaften. https://doi.org/10.1007/978-3-531-19890-3

Kulhavy, R. W. & Stock, W. A. (1989). Feedback in Written Instruction: The Place of Response Certitude. *Educational Psychology Review, 1*(4), 279–308.

Kultusministerkonferenz (Hrsg.). (2003). *Bildungsstandards im Fach Mathematik für den Mittleren Schulabschluss. Beschluss vom 4.12.2003.* München: Wolters Kluwer.

Kultusministerkonferenz. (2012). *Medienbildung in der Schule. Beschluss der Kultusministerkonferenz vom 8. März 2012.* Zugriff am 17.02.2020. Verfügbar unter https://www.kmk.org/fileadmin/Dateien/veroeffentlichungen_beschluesse/2012/2012_03_08_Medienbildung.pdf

Kultusministerkonferenz. (2017). *Bildung in der digitalen Welt. Beschluss der Kultusministerkonferenz vom 08.12.2016 in der Fassung vom 07.12.2017.* Zugriff am 17.02.2020. Verfügbar unter https://www.kmk.org/fileadmin/Dateien/pdf/PresseUndAktuelles/2018/ Digitalstrategie_2017_mit_Weiterbildung.pdf

Laakmann, H. (2013). *Darstellungen und Darstellungswechsel als Mittel zur Begriffsbildung*. Wiesbaden: Springer Spektrum. https://doi.org/https://doi.org/10.1007/978-3-658-01592-3

Laborde, C. & Sträßer, R. (2010). Place and use of new technology in the teaching of mathematics: ICMI activities in the past 25 years. *ZDM*, *42*(1), 121–133. https://doi.org/https://doi.org/10.1007/s11858-009-0219-z

Landesregierung NRW. (2016). *NRW 4.0: Lernen im Digitalen Wandel. Unser Leitbild 2020 für Bildung in Zeiten der Digitalisierung.* Zugriff am 17.02.2020. Verfügbar unter https://www.land.nrw/sites/default/files/asset/document/leitbild_lernen_im_digitalen_wandel.pdf

Landis, J. R. & Koch, G. G. (1977). The Measurement of Observer Agreement for Categorical Data. *Biometrics*, *33*(1), 159. https://doi.org/https://doi.org/10.2307/2529310

Landmann, M., Perels, F., Otto, B., Schnick-Vollmer, K. & Schmitz, B. (2015). Selbstregulation und selbstreguliertes Lernen. In E. Wild & J. Möller (Hrsg.), *Pädagogische Psychologie* (S. 45–65). Berlin, Heidelberg: Springer Berlin Heidelberg.

Leinhardt, G., Zaslavsky, O. & Stein, M. K. (1990). Functions, Graphs, and Graphing: Tasks, Learning, and Teaching. *Review of Educational Research*, *60*(1), 1–64.

Leuders, T. & Prediger, S. (2005). Funktioniert's? Denken in Funktionen. *Praxis der Mathematik*, *47*(2), 1–7

Li, Q. & Ma, X. (2010). A Meta-analysis of the Effects of Computer Technology on School Students' Mathematics Learning. *Educational Psychology Review*, *22*(3), 215–243. https://doi.org/https://doi.org/10.1007/s10648-010-9125-8

Lichti, M. (2019). *Funktionales Denken fördern*. Wiesbaden: Springer Spektrum. https://doi.org/https://doi.org/10.1007/978-3-658-23621-2

Lienert, G. A. & Raatz, U. (1998). *Testaufbau und Testanalyse* (Grundlagen Psychologie, 6. Aufl.). Weinheim: Beltz. Verfügbar unter http://www.content-select.com/index.php?id=bib_view&ean=9783621278454

Lorenz, R., Bos, W., Endberg, M., Eickelmann, B., Grafe, S. & Vahrenhold, J. (Hrsg.). (2017). *Schule digital – der Länderindikator 2017. Schulische Medienbildung in der Sekundarstufe I mit besonderem Fokus auf MINT-Fächer im Bundesländervergleich und Trends von 2015 bis 2017*. Münster: Waxmann.

Lüdtke, O. & Robitzsch, A. (2017). Eine Einführung in die Plausible-Values-Technik für die psychologische Forschung. *Diagnostica*, *63*(3), 193–205. https://doi.org/https://doi.org/10.1026/0012-1924/a000175

Mair, P. & Hatzinger, R. (2007). Extended Rasch Modeling. The eRm Package for the application of IRT models in R. *Journal of Statistical Software*, *20*(9), 1–20.

Mair, P., Hatzinger, R., Maier, M. J., Rusch, T. & Debelak, R. (2019). *eRm: Extended Rasch Modeling. Package Version 1.0–0.* Zugriff am 19.08.2019. Verfügbar unter https://cran.r-project.org/web/packages/eRm/eRm.pdf

Malle, G. (1993). *Didaktische Probleme der elementaren Algebra*. Braunschweig: Vieweg.

Malle, G. (2000). Zwei Aspekte von Funktionen: Zuordnung und Kovariation. *Mathematik lehren*, (103), 8–11.

Martin, M. O., Mullis, I. V. S. & Hooper, M. (Hrsg.). (2016). *Methods and Procedures in TIMSS 2015*. Chestnut Hill, MA: TIMSS & PIRLS International Study Center, Boston College. Zugriff am 29.05.2019. Verfügbar unter http://timssandpirls.bc.edu/publications/timss/2015-methods.html

Maschietto, M. & Trouche, L. (2010). Mathematics learning and tools from theoretical, historical and practical points of view: the productive notion of mathematics laboratories. *ZDM*, *42*(1), 33–47. https://doi.org/https://doi.org/10.1007/s11858-009-0215-3

Mason, B. J. & Bruning, R. H. (2001). *Providing Feedback in Computer-based Instruction: What the Research Tells Us*. *CLASS Research Report No. 9*. University of Nebraska-Lincoln: Center for Instructional Innovation.

Mayer, R. (Hrsg.). (2005). *The Cambridge Handbook of Multimedia Learning*. New York, NY: Cambridge University Press. https://doi.org/10.1017/CBO9780511816819

Mayer, R. E. (2009). *Multimedia learning* (Second edition). Cambridge: Cambridge University Press. https://doi.org/https://doi.org/10.1017/CBO9780511811678

Mayer, R. E. (2014). Cognitive Theory of Multimedia Learning. In R. E. Mayer (Ed.), *The Cambridge handbook of multimedia learning* (2nd ed., pp. 43–71). New York: Cambridge University Press.

Mayer, R. E. & Johnson, C. I. (2008). Revising the redundancy principle in multimedia learning. *Journal of Educational Psychology*, *100*(2), 380–386. https://doi.org/https://doi.org/10.1037/0022-0663.100.2.380

Mayer, R. E. & Moreno, R. (2002). Aids to computer-based multimedia learning. *Learning and Instruction*, *12*, 107–119.

McDonald, J. H. (2014). *Handbook of Biological Statistics* (3. Aufl.). Baltimore, Maryland: Sparky House Publishing. Verfügbar unter www.biostathandbook.com

Medienberatung NRW. (2019). *Medienkompetenzrahmen NRW* (2. überarb. Aufl.). Verfügbar unter https://medienkompetenzrahmen.nrw/fileadmin/pdf/LVR_ZMB_MKR_Brosch uere.pdf

Meier, A. (2009). *realmath.de. Konzeption und Evaluation einer interaktiven dynamischen Lehr-Lernumgebung für den Mathematikunterricht in der Sekundarstufe I*. Hildesheim: franzbecker.

Ministerium für Schule und Bildung des Landes Nordrhein-Westfalen (Hrsg.). (2019). *Kernlehrplan für die Sekundarstufe I Gymnasium in Nordrhein-Westfalen. Mathematik*. Zugriff am 09.03.2020. Verfügbar unter https://www.schulentwicklung.nrw.de/lehrplaene/lehrplan/ 195/ g9_m_klp_3401_2019_06_23.pdf

Ministerium für Schule und Weiterbildung des Landes Nordrhein-Westfalen (Hrsg.). (2007). *Kernlehrplan für das Gymnasium – Sekundarstufe I (G8) in Nordrhein-Westfalen. Mathematik*. Frechen: Ritterbach.

Ministerium für Schule, Jugend und Kinder des Landes NRW (Hrsg.). (2004). *Kernlehrplan für die Gesamtschule – Sekundarstufe I in Nordrhein-Westfalen. Mathematik*. Frechen: Ritterbach.

Moosbrugger, H. (2012a). Item-Response-Theorie (IRT). In H. Moosbrugger & A. Kelava (Hrsg.), *Testtheorie und Fragebogenkonstruktion* (2., akt. und überarb. Aufl., S. 227–274). Berlin, Heidelberg: Springer.

Moosbrugger, H. (2012b). Klassische Testtheorie (KTT). In H. Moosbrugger & A. Kelava (Hrsg.), *Testtheorie und Fragebogenkonstruktion* (2., akt. und überarb. Aufl., S. 103–117). Berlin, Heidelberg: Springer.

Moosbrugger, H. & Kelava, A. (2012). Qualitätsanforderungen an einen psychologischen Test (Testgütekriterien). In H. Moosbrugger & A. Kelava (Hrsg.), *Testtheorie und Fragebogenkonstruktion* (2., akt. und überarb. Aufl., S. 7–26). Berlin, Heidelberg: Springer.

Moreno, R. & Mayer, R. E. (1999). Cognitive Principles of Multimedia Learning: The Role of Modality and Contiguity. *Journal of Educational Psychology, 91*(2), 358–368.

Moreno, R. & Mayer, R. E. (2007). Interactive Multimodal Learning Environments. *Educational Psychology Review, 19*(3), 309–326. https://doi.org/https://doi.org/10.1007/s10648-007-9047-2

Mory, E. H. (2004). Feedback Research Revisited. In D. H. Jonassen (Ed.), *Handbook of research on educational communications and technology* (2nd ed., pp. 745–783). Mahwah, NJ: Erlbaum.

Müller, A. & Ditton, H. (2014). Feedback: Begriff, Formen und Funktionen. In H. Ditton & A. Müller (eds.), *Feedback und Rückmeldungen. Theoretische Grundlagen, empirische Befunde, praktische Anwendungsfelder* (S. 11–28). Münster: Waxmann.

Muthén, B. & Lehman, J. (1985). Multiple Group IRT Modeling. Applications to item bias analysis. *Journal of Educational Statistics, 10*(2), 133–142.

Narciss, S. (2006). *Informatives tutorielles Feedback. Entwicklungs- und Evaluationsprinzipien auf der Basis instruktionspsychologischer Erkenntnisse*. Münster: Waxmann.

Narciss, S. (2008). Feedback Strategies for Interactive Learning Tasks. In J. M. Spector (Hrsg.), *Handbook of research on educational communications and technology* (3. Aufl., S. 125–143). New York, NY: Routledge.

Narciss, S. (2018). Feedbackstrategien für interaktive Lernaufgaben. In S. Kracht, A. Niedostadek & P. Sensburg (Hrsg.), *Praxishandbuch Professionelle Mediation* (Springer Reference Psychologie, Bd. 70, S. 1–24). Berlin, Heidelberg: Springer Berlin Heidelberg. https://doi.org/10.1007/978-3-662-54373-3_35-1

Narciss, S., Körndle, H., Reimann, G. & Müller, C. (2004). Feedback-seeking and feedback efficiency in web-based learning – How do they relate to task and learner characteristics? In P. Gerjets, P. A. Kirschner, J. Elen & R. Joiner (Hrsg.), *Instructional design for effective and enjoyable computer- supported learning. Proceedings of the first joint meeting of the EARLI SIGs Instructional Design and Learning and Instruction with Computers* (S. 377–388). Tübingen: Knowledge Media Research Center. Verfügbar unter https://www.iwm-tue bingen.de/workshops/SIM2004/pdf_files/Narciss_et_al.pdf

Narciss, S., Sosnovsky, S., Schnaubert, L., Andrès, E., Eichelmann, A., Goguadze, G., Melis, E. (2014). Exploring feedback and student characteristics relevant for personalizing feedback strategies. *Computers & Education, 71*, 56–76. https://doi.org/https://doi.org/10.1016/j.com pedu.2013.09.011

Navarro, D. (2015a). *Companion to "Learning Statistics with R". Version 0.5*. Zugriff am 09.01.2020. Verfügbar unter http://health.adelaide.edu.au/psychology/ccs/teaching/lsr/

Navarro, D. (2015b). lsr (Version 0.5 (vom 02.03.2015)) [Computer software]. Verfügbar unter https://cran.r-project.org/package=lsr

Nesselroade, J. R., Stigler, S. M. & Baltes, P. B. (1980). Regression Toward the Mean and the Study of Change. *Psychological Bulletin, 88*(3), 622–637.

Nicol, D. J. (2009). Assessment for learner self-regulation: enhancing achievement in the first year using learning technologies. *Assessment & Evaluation in Higher Education, 34*(3), 335–352. https://doi.org/https://doi.org/10.1080/02602930802255139

Nicol, D. J. & Macfarlane-Dick, D. (2006). Formative assessment and self-regulated learning: a model and seven principles of good feedback practice. *Studies in Higher Education, 31*(2), 199–218. https://doi.org/https://doi.org/10.1080/03075070600572090

Niegemann, H. M., Domagk, S., Hessel, S., Hein, A., Hupfer, M. & Zobel, A. (2008). *Kompendium multimediales Lernen.* Berlin, Heidelberg: Springer.

Nitsch, R. (2015). Diagnose von Lernschwierigkeiten im Bereich funktionaler Zusammenhänge. Eine Studie zu typischen Fehlermustern bei Darstellungswechseln. Wiesbaden: Springer Spektrum. https://doi.org/10.1007/978-3-658-10157-2

OECD. (2009). *PISA Data Analysis Manual. SPSS* (2. Aufl.). Paris: OECD Publishing. https://doi.org/10.1787/9789264056275-en

OECD. (2012). *PISA 2009 Technical Report. PISA.* OECD Publishing. https://doi.org/https://doi.org/10.1787/9789264167872-en

Olive, J. & Makar, K. (2010). Mathematical Knowledge and Practices Resulting from Access to Digital Technologies. In C. Hoyles & J.-B. Lagrange (Hrsg.), *Mathematics Education and Technology-Rethinking the Terrain. The 17th ICMI Study* (S. 133–178). Boston, MA: Springer.

Ostermann, A., Leuders, T. & Nückles, M. (2015). Wissen, was Schülerinnen und Schülern schwer fällt. Welche Faktoren beeinflussen die Schwierigkeitseinschätzung von Mathematikaufgaben? *Journal für Mathematikdidaktik, 36*(1), 45–76. https://doi.org/10.1007/s13138-015-0073-1

Paas, F. & Sweller, J. (2014). Implications of Cognitive Load Theory for Multimedia Learning. In R. E. Mayer (Ed.), *The Cambridge handbook of multimedia learning* (2nd ed., pp. 27–42). New York: Cambridge University Press.

Pallack, A. (2018). *Digitale Medien im Mathematikunterricht der Sekundarstufen I + II.* Berlin, Heidelberg: Springer. https://doi.org/https://doi.org/10.1007/978-3-662-47301-6

Perels, F. (2007). Hausaufgaben-Training für Schüler der Sekundarstufe I: Förderung selbstregulierten Lernens in Kombination mit mathematischem Problemlösen bei der Bearbeitung von Textaufgaben. In M. Landmann & B. Schmitz (Hrsg.), *Selbstregulation erfolgreich fördern. Praxisnahe Trainingsprogramme für effektives Lernen* (Pädagogische Psychologie, 1. Aufl., S. 33–52). Stuttgart: Kohlhammer.

Peters, O., Körndle, H. & Narciss, S. (2018). Effects of a formative assessment script on how vocational students generate formative feedback to a peer's or their own performance. *European Journal of Psychology of Education, 33*(1), 117–143. https://doi.org/https://doi.org/10.1007/s10212-017-0344-y

Peterson, R. A. & Brown, S. P. (2005). On the use of beta coefficients in meta-analysis. *The Journal of Applied Psychology, 90*(1), 175–181. https://doi.org/https://doi.org/10.1037/0021-9010.90.1.175

Petko, D. (2010). Neue Medien – Neue Lehrmittel? Potenziale und Herausforderungen bei der Entwicklung digitaler Lehr- und Lernmedien. *Beiträge zur Lehrerbildung, 28*(1), 42–52.

Petko, D. (2017). Die Schule der Zukunft und der Sprung ins digitale Zeitalter. Wie sieht eine zukunftsfähige Lernkultur aus, in der die Nutzung digitaler Technologien eine Selbstverständlichkeit ist? *Pädagogik,* (12), 44–47.

Pierce, R. & Stacey, K. (2010). Mapping Pedagogical Opportunities Provided by Mathematics Analysis Software. *International Journal of Computers for Mathematical Learning, 15*(1), 1–20. https://doi.org/https://doi.org/10.1007/s10758-010-9158-6

Pinkernell, G. & Vogel, M. (2016). Zum Einsatz softwarebasierter multipler Repräsentationen von Funktionen im Mathematikunterricht. In G. Heintz, G. Pinkernell & F. Schacht (Hrsg.), *Digitale Werkzeuge für den Mathematikunterricht. Festschrift für Hans-Jürgen Elschenbroich* (S. 231–242). Neuss: Verlag Klaus Seeberger.

Pohl, M. & Schacht, F. (2017). Digital Mathematics Textbooks : Analyzing structure of student uses. In G. Aldon & J. Trgalová (Hrsg.), *Proceedings of the 13th International Conference on Technology in Mathematics Teaching* (S. 453–456). Lyon: ENS de Lyon/Université Claude Bernard Lyon 1.

Pohl, S. & Carstensen, C. H. (2012). *NEPS Technical Report. Scaling the Data of the Competence Test*. NEPS Working Paper No. 14. Bamberg: Otto-Friedrich Universität, Nationales Bildungspanel.

Poulos, A. & Mahony, M. J. (2008). Effectiveness of feedback: the students' perspective. *Assessment & Evaluation in Higher Education, 33*(2), 143–154. https://doi.org/https://doi.org/10.1080/02602930601127869

Prediger, S. (2007). Die Mischung macht's... Unterrichtsstrukturen für individualisiertes Lernen am Beispiel "Plus und Minus". *Praxis der Mathematik in der Schule, 49*(17), 20–24.

Puentedura, R. (2006). *Transformation, Technology, and Education*. Zugriff am 27.02.2020. Verfügbar unter http://hippasus.com/resources/tte/

Puentedura, R. (2012a). *Focus: Redefinition*. Zugriff am 28.02.2020. Verfügbar unter www.hippasus.com/rrpweblog/archives/2012/06/18/FocusRedefinition.pdf

Puentedura, R. (2012b). *The SAMR Model: Six Exemplars*. Zugriff am 27.02.2020. Verfügbar unter www.hippasus.com/rrpweblog/archives/2012/08/14/SAMR_SixExemplars.pdf

Puentedura, R. (2014). *Building Transformation: An Introduction to the SAMR Model*. Zugriff am 27.02.2020. Verfügbar unter www.hippasus.com/rrpweblog/archives/2014/08/22/BuildingTransformation_AnIntroductionToSAMR.pdf

Puentedura, R. (2020). *SAMR – A Research Perspective*. Zugriff am 27.02.2020. Verfügbar unter hippasus.com/rrpweblog/archives/2020/01/SAMR_AResearchPerspective.pdf

Puentedura, R. & Bebell, D. (2020, Januar). *Research in Practice: SAMR, Observation Analysis, and Action*, Miami, FL. Zugriff am 27.02.2020. Verfügbar unter http://hippasus.com/blog/archives/501

R Core Team. (2019). R. A language and environment for statistical computing (Version 3.6.1 (vom 05.07.2019)) [Computer software]. Wien: R Foundation for Statistical Computing. Verfügbar unter https://cran.r-project.org/

Rabardel, P. (2002). *People and technology: A cognitive approach to contemporary instruments*. Paris: Université Paris 8. Zugriff am 26.02.2020. Verfügbar unter https://hal.archives-ouvertes.fr/hal-01020705

Rakoczy, K., Harks, B., Klieme, E., Blum, W. & Hochweber, J. (2013). Written feedback in mathematics: Mediated by students' perception, moderated by goal orientation. *Learning and Instruction, 27*, 63–73. https://doi.org/https://doi.org/10.1016/j.learninstruc.2013.03.002

Ramaprasad, A. (1983). On the definition of feedback. *Behavioral Science, 28*, 4–13.

Rammstedt, B. (2010). Reliabilität, Validität, Objektivität. In C. Wolf & H. Best (Hrsg.), *Handbuch der sozialwissenschaftlichen Datenanalyse* (S. 239–258). Wiesbaden: VS Verlag für Sozialwissenschaften.

Rasch, B., Friese, M., Hofmann, W. & Naumann, E. (2014). *Quantitative Methoden 1. Einführung in die Statistik für Psychologen und Sozialwissenschaftler* (4., überarb. Aufl.). Berlin, Heidelberg: Springer. https://doi.org/10.1007/978-3-662-43524-3

Rasch, G. (1960, 1980). *Probabilistic models for some intelligence and attainment tests* (expanded edition (1980) with foreword and afterword by B. D. Wright). Chicago: University of Chicago Press.

Rauch, D. & Hartig, J. (2012). Interpretation von Testwerten in der IRT. In H. Moosbrugger & A. Kelava (Hrsg.), *Testtheorie und Fragebogenkonstruktion* (2., akt. und überarb. Aufl., S. 253–264). Berlin, Heidelberg: Springer.

Reckase, M. D. (2016). Logistic Multidimensional Models. In W. J. van der Linden (Ed.), *Handbook of item response theory. Volume One: Models* (vol. 1, pp. 189–209). Boca Raton: CRC Press.

Reinhold, F. (2019). *Wirksamkeit von Tablet-PCs bei der Entwicklung des Bruchzahlbegriffs aus mathematikdidaktischer und psychologischer Perspektive.* Wiesbaden: Springer Spektrum. https://doi.org/https://doi.org/10.1007/978-3-658-23924-4

Reinmann, G. & Mandl, H. (2006). Unterrichten und Lernumgebungen gestalten. In A. Krapp & B. Weidenmann (Hrsg.), *Pädagogische Psychologie. Ein Lehrbuch* (Lehrbuch, S. 613–658). Weinheim: Beltz PVU.

Reisig, J. (2018). *Chancen und Herausforderungen von Lernpfaden im Mathematikunterricht. Eine qualitative Untersuchung eines Lernpfads zu quadratischen Funktionen.* (unveröffentlichte Masterarbeit, Westfälische Wilhelms-Universität Münster).

Reiss, K., Sälzer, C., Schiepe-Tiska, A., Klieme, E. & Köller, O. (Hrsg.). (2016). *PISA 2015. Eine Studie zwischen Kontinuität und Innovation.* Münster: Waxmann.

Rezat, S. (2009). *Das Mathematikbuch als Instrument des Schülers. Eine Studie zur Schulbuchnutzung in den Sekundarstufen.* Wiesbaden: Vieweg+Teubner. Verfügbar unter http://gbv.eblib.com/patron/FullRecord.aspx?p=750932

Rezat, S. (2017). Students' utilizations of feedback provided by an interactive mathematics e-textbook for primary level. In T. Dooley & G. Gueudet (Hrsg.), *Proceedings of the Tenth Congress of the European Society for Research in Mathematics Education* (S. 3724–3731). Dublin: DCU Institute of Education & ERME.

Rezat, S. (2019). Analysing the Effectiveness of a Combination of Different Types of Feedback in a Digital Textbook for Primary Level. In S. Rezat, L. Fan, M. Hattermann, J. Schumacher & H. Wuschke (Hrsg.), *Proceedings of the Third International Conference on Mathematics Textbook Research and Development* (S. 51–56). Paderborn: Universität Paderborn.

Rezat, S. & Sträßer, R. (2012). From the didactical triangle to the socio-didactical tetrahedron: artifacts as fundamental constituents of the didactical situation. *ZDM, 44*(5), 641–651. https://doi.org/https://doi.org/10.1007/s11858-012-0448-4

Richter, T. (2007). Wie analysiert man Interaktionen von metrischen und kategorialen Prädiktoren? Nicht mit Median-Splits! *Zeitschrift für Medienpsychologie, 19*(3), 116–125. https://doi.org/https://doi.org/10.1026/1617-6383.19.3.116

Rieß, M. (2018). *Zum Einfluss Digitaler Werkzeuge Auf Die Konstruktion Mathematischen Wissens.* Wiesbaden: Springer Spektrum.

Rissiek, Y. (2018). *Lernpfad „Quadratische Funktionen erkunden". Eine lehrkraftbasierte Evaluation eines neu entwickelten Lernpfads anhand von Differenzierungsmaßnahmen und Förderungsmöglichkeiten des selbstgesteuerten Lernens im Mathematikunterricht.* (unveröffentlichte Masterarbeit, Westfälische Wilhelms-Universität Münster).

Robitzsch, A., Kiefer, T. & Wu, M. (2019). *TAM: Test analysis modules. Package Version 3.2–24.* Zugriff am 16.08.2019. Verfügbar unter https://cran.r-project.org/web/packages/TAM/TAM.pdf

Rolfes, T. (2018). *Funktionales Denken.* Wiesbaden: Springer Spektrum. https://doi.org/https://doi.org/10.1007/978-3-658-22536-0

Rost, D. H. (2013). *Interpretation und Bewertung pädagogisch-psychologischer Studien* (3., vollst. überarb. und erw. Aufl.). Bad Heilbrunn: Klinkhardt.

Rost, J. (2004). *Lehrbuch Testtheorie – Testkonstruktion* (2., vollst. überarb. und erw. Aufl.). Bern: Huber.

Roth, J. (2015). Lernfade – Definition, Gestaltungskriterien und Unterrichtseinsatz. In J. Roth, E. Süss-Stepancik & H. Wiesner (Hrsg.), *Medienvielfalt im Mathematikunterricht. Lernpfade als Weg zum Ziel* (S. 3–25). Wiesbaden: Springer Spektrum.

Roth, J. (2019). Digitale Werkzeuge im Mathematikunterricht – Konzepte, empirische Ergebnisse und Desiderate. In A. Büchter, M. Glade, R. Herold-Blasius, M. Klinger, F. Schacht & P. Scherer (Hrsg.), *Vielfältige Zugänge zum Mathematikunterricht. Konzepte und Beispiele aus Forschung und Praxis* (S. 233–248). Wiesbaden: Springer Fachmedien Wiesbaden.

Roth, J., Süss-Stepancik, E. & Wiesner, H. (Hrsg.). (2015). *Medienvielfalt im Mathematikunterricht. Lernpfade als Weg zum Ziel*. Wiesbaden: Springer Spektrum. https://doi.org/10.1007/978-3-658-06449-5

Rowe, A. D. & Wood, L. N. (2008). Student Perceptions and Preferences for Feedback. *Asian Social Science, 4*(3), 78–88.

RStudio Inc. (2019). RStudio (Version 1.2.1335 (vom 8.4.2019)) [Computer software]. Verfügbar unter https://www.rstudio.com/

Ruchniewicz, H. & Barzel, B. (2019). Technology Supporting Student Self-Assessment in the Field of Functions – A Design-Based Research Study. In G. Aldon & J. Trgalová (Hrsg.), *Technology in Mathematics Teaching. Selected Papers of the 13th ICTMT Conference* (S. 49–74). Cham: Springer.

Ruchniewicz, H. & Göbel, L. (2019). Wie digitale Medien funktionales Denken unterstützten können – Zwei Beispiele. In A. Büchter, M. Glade, R. Herold-Blasius, M. Klinger, F. Schacht & P. Scherer (Hrsg.), *Vielfältige Zugänge zum Mathematikunterricht. Konzepte und Beispiele aus Forschung und Praxis* (S. 249–263). Wiesbaden: Springer Fachmedien Wiesbaden.

Rummel, N. & Braun, I. (2009). Kooperatives Lernen mit digitalen Medienverbünden. In R. Plötzner, T. Leuders & A. Wichert (Hrsg.), *Lernchance Computer. Strategien für das Lernen mit digitalen Medienverbünden* (S. 223–240). Münster: Waxmann.

Ruppert, M. & Wörler, J. (Hrsg.). (2013). *Technologien im Mathematikunterricht. Eine Sammlung von Trends und Ideen*. Wiesbaden: Springer Spektrum. https://doi.org/10.1007/978-3-658-03008-7

Ruthven, K. (2012). The didactical tetrahedron as a heuristic for analysing the incorporation of digital technologies into classroom practice in support of investigative approaches to teaching mathematics. *ZDM, 44*(5), 627–640. https://doi.org/https://doi.org/10.1007/s11858-011-0376-8

Sadler, D. R. (1989). Formative assessment and the design of instructional systems. *Instructional science, 18*(2), 119–144.

Sadler, D. R. (1998). Formative Assessment: revisiting the territory. *Assessment in Education: Principles, Policy & Practice, 5*(1), 77–84. https://doi.org/https://doi.org/10.1080/0969595980050104

Salle, A. (2015). *Selbstgesteuertes Lernen mit neuen Medien*. Wiesbaden: Springer. https://doi.org/https://doi.org/10.1007/978-3-658-07660-3

Sälzer, C. (2016). *Studienbuch Schulleistungsstudien. Das Rasch-Modell in der Praxis* (Mathematik im Fokus). Berlin, Heidelberg: Springer Spektrum. https://doi.org/10.1007/978-3-662-45765-8

Schellmann, A., Eirich, M. & Weigand, H.-G. (2015). Wiki-Lernpfade mit Lernenden für Lernende gestalten. In J. Roth, E. Süss-Stepancik & H. Wiesner (Hrsg.), *Medienvielfalt im Mathematikunterricht. Lernpfade als Weg zum Ziel* (S. 157–170). Wiesbaden: Springer Spektrum.

Schermelleh-Engel, K. & Werner, C. S. (2012). Methoden der Reliabilitätsbestimmung. In H. Moosbrugger & A. Kelava (Hrsg.), *Testtheorie und Fragebogenkonstruktion* (2., akt. und überarb. Aufl., S. 119–141). Berlin, Heidelberg: Springer.

Schuster, M. (2010). Wiki-Lernpfade: Ein interaktives Werkzeug zum selbstständigen Lernen und individuell angepasstem Lehren. In A. Lindmeier & S. Ufer (Hrsg.), *Beiträge zum Mathematikunterricht 2010* (S. 791–794). Münster: WTM.

Shadish, W. R., Cook, T. D. & Campbell, D. T. (2002). *Experimental and quasi-experimental designs for generalized causal inference.* Boston: Houghton Mifflin.

Shute, V.J. (2008). Focus on Formative Feedback. *Review of Educational Research, 78*(1), 153–189.

Sinharay, S. (2016). Bayesian Model Fit and Model Comparison. In W. J. van der Linden (Ed.), *Handbook of Item Response Theory. Volume Two: Statistical Tools* (pp. 379–394). Boca Raton: CRC Press.

Skinner, B. F. (1938). *The behavior of organisms: an experimental analysis.* Englewood Cliffs, N.J.: Prentice Hall.

Snow, R. E. (1991). Aptitude-Treatment Interaction as a Framework for Research on Individual Differences in Psychotherapy. *Journal of Consulting and Clinical Psychology, 59*(2), 205–216.

Stein, M. (2015). Online-Plattformen zum Üben im Fach Mathematik im deutsch- und englischsprachigen Raum – ein systematischer Vergleich. In M. Stein (Hrsg.), *Mathematik online. Studien zu mathematischen Self-Assessment-Tests und Übungsplattformen im Internet* (Mathematiklernen mit digitalen Medien, Bd. 2, S. 107–149). Münster: WTM.

Stein, M. & Wittmers, E. (2015). Mathematik online – Plattformen zum Lernen und Üben von Mathematik. In M. Stein (Hrsg.), *Mathematik online. Studien zu mathematischen Self-Assessment-Tests und Übungsplattformen im Internet* (Mathematiklernen mit digitalen Medien, Bd. 2, S. 97–105). Münster: WTM.

Steinmetz, R. (2000). *Multimedia-Technologie. Grundlagen, Komponenten und Systeme.* Berlin: Springer.

Stepancik, E. (2008). *Die Unterstützung des Verstehensprozesses und neue Aspekte der Allgemeinbildung im Mathematikunterricht durch den Einsatz neuer Medien.* Zugriff am 07.03.2020. Verfügbar unter www.informatix.at/diss/diss_step_jan08.pdf

Stockheim, D. (2015). Wie untersuche ich zwei Merkmale hinsichtlich der Art und Stärke ihres Zusammenhangs? Korrelationsanalysen. In K. Koch & S. Ellinger (Hrsg.), *Empirische Forschungsmethoden in der Heil- und Sonderpädagogik* (Lehrbuch, S. 137–144). Göttingen: Hogrefe.

Strobl, C. (2015). *Das Rasch-Modell. Eine verständliche Einführung für Studium und Praxis* (Sozialwissenschaftliche Forschungsmethoden, Bd. 2, 3., erweiterte Auflage). München und Mering: Rainer Hampp.

Sur, C. (2017). *Selbstgesteuertes Lernen mit Lernpfaden im Mathematikunterricht aus Sicht der Lernenden. Eine qualitative Untersuchung auf Basis von Interviews.* (unveröffentlichte Masterarbeit, Westfälische Wilhelms-Universität Münster).

Swan, M. (1985). *The language of functions and graphs.* Shell Centre and Joint Matriculation Board, Nottingham.

Sweller, J. (2005). Implications of Cognitive Load Theory for Multimedia Learning. In R. Mayer (Hrsg.), *The Cambridge Handbook of Multimedia Learning* (S. 19–30). New York, NY: Cambridge University Press.

Sweller, J., Ayres, P. & Kalyuga, S. (2011). *Cognitive Load Theory.* New York, NY: Springer. https://doi.org/https://doi.org/10.1007/978-1-4419-8126-4

Sweller, J. & Chandler, P. (1991). Evidence for Cognitive Load Theory. *Cognition and Instruction, 8*(4), 351–362.

Tall, D. (1986). Using the computer as an environment for building and testing mathematical concepts. A Tribute to Richard Skemp. In *Papers in Honour of Richard Skemp* (S. 21–36). Warwick: Mathematics Education Research Centre, University of Warwick.

Taras, M. (2003). To Feedback or Not to Feedback in Student Self-assessment. *Assessment & Evaluation in Higher Education, 28*(5), 549–565.

Terhart, E. (Hrsg.). (2014). *Die Hattie-Studie in der Diskussion. Probleme sichtbar machen* (Bildung kontrovers, 1. Aufl.). Seelze: Klett Kallmeyer. Verfügbar unter http://www.vlb.de/GetBlob.aspx?strDisposition=a&strIsbn=9783780048042

Terzer, E., Hartig, J. & Upmeier zu Belzen, A. (2013). Systematische Konstruktion eines Tests zu Modellkompetenz im Biologieunterricht unter Berücksichtigung von Gütekriterien. *Zeitschrift für Didaktik der Naturwissenschaften, 19*, 51–76.

Thiele, K., Ahmed, I., Wagner, G. & Hoppenbrock, A. (2013). Mehr Feedback und Formative Assessments in der Mathematik. In A. Hoppenbrock, S. Schreiber, R. Göller, R. Biehler, B. Büchler, R. Hochmuth, H.-G. Rück (Hrsg.), *Mathematik im Übergang Schule/Hochschule und im ersten Studienjahr. Extended Abstracts zur 2. khdm-Arbeitstagung* (khdm-Report, 13–01, S. 156–157). Kassel: Universität Kassel.

Timmers, C. F., Braber-van den Broek, J. & van den Berg, S. M. (2013). Motivational beliefs, student effort, and feedback behaviour in computer-based formative assessment. *Computers & Education, 60*(1), 25–31. https://doi.org/https://doi.org/10.1016/j.compedu.2012.07.007

Timmers, C. F., Walraven, A. & Veldkamp, B. P. (2015). The effect of regulation feedback in a computer-based formative assessment on information problem solving. *Computers & Education, 87*, 1–9. https://doi.org/https://doi.org/10.1016/j.compedu.2015.03.012

Tresp, T. (2015). Wie stark sagt eine unabhängige Variable eine abhängige Variable vorher? Einfache lineare Regression. In K. Koch & S. Ellinger (Hrsg.), *Empirische Forschungsmethoden in der Heil- und Sonderpädagogik* (Lehrbuch, S. 173–180). Göttingen: Hogrefe.

Trouche, L. (2005). Instrumental genesis, individual and social aspects. In D. Guin, K. Ruthven & L. Trouche (Eds.), *The Didactical Challenge of Symbolic Calculators. Turning a Computational Device into a Mathematical Instrument* (Mathematics Education Library, vol. 36, pp. 197–230). Boston, MA: Springer.

Ulm, V. 1. (2005). *Mathematikunterricht für individuelle Lernwege öffnen. Sekundarstufe.* Seelze-Velber: Kallmeyer. Verfügbar unter http://digitale-objekte.hbz-nrw.de/storage/2008/06/04/file_86/2424942.pdf

Urban, D. & Mayerl, J. (2018). *Angewandte Regressionsanalyse: Theorie, Technik und Praxis* (5., überarb. Aufl.). Wiesbaden: Springer Fachmedien Wiesbaden. https://doi.org/10.1007/978-3-658-01915-0

Van der Kleij, F. M., Feskens, R. C. W. & Eggen, T. J. H. M. (2015). Effects of Feedback in a Computer-Based Learning Environment on Students' Learning Outcomes. *Review of Educational Research, 85*(4), 475–511. https://doi.org/https://doi.org/10.3102/0034654314564881

Van der Linden, W. J. (Hrsg.). (2016a). *Handbook of item response theory. Volume One: Models.* Boca Raton: CRC Press. https://doi.org/10.1201/9781315374512

Van der Linden, W. J. (Hrsg.). (2016b). *Handbook of Item Response Theory. Volume Two: Statistical Tools.* Boca Raton: CRC Press. https://doi.org/10.1201/b19166

Veenman, M. V. J., Kok, R. & Blöte, A. W. (2005). The relation between intellectual and metacog-nitive skills at the onset of metacognitive skill development. *Instructional science, 33*, 193–211.

Völkle, M. C. & Erdfelder, E. (2010). Varianz- und Kovarianzanalyse. In C. Wolf & H. Best (Hrsg.), *Handbuch der sozialwissenschaftlichen Datenanalyse* (S. 455–494). Wiesbaden: VS Verlag für Sozialwissenschaften.

Vollrath, H.-J. (1989). Funktionales Denken. *Journal für Mathematikdidaktik, 10*(1), 3–37

Vollrath, H.-J. (2014). Funktionale Zusammenhänge. In H. Linneweber-Lammerskitten (Hrsg.), *Fachdidaktik Mathematik. Grundbildung und Kompetenzaufbau im Unterricht der Sek. I und II* (S. 112–125). Seelze: Klett Kallmeyer.

Vollrath, H.-J. & Roth, J. (2012). *Grundlagen des Mathematikunterrichts in der Sekundarstufe* (2. Aufl.). Heidelberg: Springer Spektrum. https://doi.org/10.1007/978-3-8274-2855-4

Vom Hofe, R. (1992). Grundvorstellungen mathematischer Inhalte als didaktisches Modell. *Journal für Mathematikdidaktik, 13*(4), 345–364.

Vom Hofe, R. (1996a). Neue Beweglichkeit beim Umgang mit Funktionen. *Mathematik lehren,* (78), 50–54.

Vom Hofe, R. (1996b). Über die Ursprünge des Grundvorstellungskonzepts in der deutschen Mathematikdidaktik. *Journal für Mathematikdidaktik, 17*(3/4), 238–264.

Vom Hofe, R. & Blum, W. (2016)."Grundvorstellungen" as a Category of Subject-Matter Didac-tics. *Journal für Mathematik-Didaktik, 37*, 225–254. https://doi.org/https://doi.org/10.1007/s13138-016-0107-3

Vygotskij, L. S. (1997). *The instrumental method in psychology* (The collected works of L. S. Vygotsky, Bd. 3). New York: Plenum Press.

Walker, C. M. (2011). What's the DIF? Why Differential Item Functioning Analyses Are an Important Part of Instrument Development and Validation. *Journal of Psychoeducational Assessment, 29*(4), 364–376. https://doi.org/https://doi.org/10.1177/0734282911406666

Walker, C. M. & Beretvas, S. N. (2001). An Empirical Investigation Demonstrating the Mul-tidimensional DIF Paradigm: A Cognitive Explanation for DIF. *Journal of Educational Measurement, 38*(2), 147–163. https://doi.org/https://doi.org/10.1111/j.1745-3984.2001.tb01120.x

Walker, C. M. & Beretvas, N. S. (2003). Comparing Multidimensional and Unidimensional Pro-ficiency Classifications. Multidimensional IRT as a Diagnostic Aid. *Journal of Educational Measurement, 40*(3), 255–275.

Walter, O. (2005). *Kompetenzmessung in den PISA-Studien. Simulationen zur Schätzung von Verteilungsparametern und Reliabilitäten.* Lengerich: Pabst Science Publishers. Verfügbar unter http://deposit.dnb.de/cgi-bin/dokserv?id=2687246&prov=M&dok_var=1&dok_ext= htm

Wang, W.-c., Chen, P.-H. & Cheng, Y.-Y. (2004). Improving measurement precision of test batteries using multidimensional item response models. *Psychological Methods, 9*(1), 116–136. https://doi.org/https://doi.org/10.1037/1082-989X.9.1.116

Warm, T. A. (1989). Weighted likelihood estimation of ability in item response theory. *Psychometrika, 54*(3), 427–450.

Weigand, H.-G. (1999). Eine explorative Studie zum computergestützten Arbeiten mit Funktionen. *Journal für Mathematikdidaktik, 20*(1), 28–54.

Weigand, H.-G. (2004).Standards, Medien und Funktionen.*Der Mathematikunterricht, 50*(6), 3–10

Weigand, H.-G. (2013). Technologien im Mathematikunterricht (TiMu) – eine fortwährende Herausforderung. In M. Ruppert & J. Wörler (Hrsg.), *Technologien im Mathematikunterricht. Eine Sammlung von Trends und Ideen* (S. ix–xii). Wiesbaden: Springer Spektrum.

Weigand, H.-G., Körner, H., Weitendorf, J., Jedtke, E., Pielsticker, F., Epkenhans, M., Mai, T. (2018). Arbeitsgruppe "Inhalte und Prozesse". Ergebnisprotokoll. In G. Pinkernell & F. Schacht (Hrsg.), *Digitales Lernen im Mathematikunterricht. Arbeitskreis Mathematikunterricht und digitale Werkzeuge in der Gesellschaft für Didaktik der Mathematik : Herbsttagung vom 22. bis 24. September 2017 an der Pädagogischen Hochschule Heidelberg* (S. 173–178). Hildesheim: franzbecker.

Weigand, H.-G. & Weth, T. (2002). *Computer im Mathematikunterricht. Neue Wege zu alten Zielen.* Heidelberg: Spektrum Akad. Verl.

Weigel, W. (2013). Moodle: E-Learning und Lernpfade. In M. Ruppert & J. Wörler (Hrsg.), *Technologien im Mathematikunterricht. Eine Sammlung von Trends und Ideen* (S. 81–87). Wiesbaden: Springer Spektrum.

Weisberg, S. (2014). *Applied linear regression* (4. Aufl.). Hoboken, NJ: Wiley. Retrieved from https://ebookcentral.proquest.com/lib/ulbmuenster/reader.action?docID=1574352&ppg=6

Wendt, H., Bos, W., Selter, C., Köller, O., Schwippert, K. & Kasper, D. (Hrsg.). (2016). *TIMSS 2015. Mathematische und naturwissenschaftliche Kompetenzen von Grundschulkindern in Deutschland im internationalen Vergleich.* Münster: Waxmann Verlag.

Wessel-Terharn, I. (2019). *Analyse systematischer Fehler beim Darstellungswechsel quadratischer Funktionen.* (unveröffentlichte Masterarbeit, Westfälische Wilhelms-Universität Münster).

Westermann, R. (2017). *Methoden psychologischer Forschung und Evaluation. Grundlagen, Gütekriterien und Anwendungen.* Stuttgart: Kohlhammer.

Wiener, N. (2000). *Cybernetics or control and communication in the animal and the machine* (2. Aufl., 10. Druck). Cambridge, Mass.: MIT Press.

Wiesner, H. & Wiesner-Steiner, A. (2015). Einschätzungen zu Lernpfaden – Eine empirische Exploration. In J. Roth, E. Süss-Stepancik & H. Wiesner (Hrsg.), *Medienvielfalt im Mathematikunterricht. Lernpfade als Weg zum Ziel* (S. 27–45). Wiesbaden: Springer Spektrum.

Winter, H. W. (2016). *Entdeckendes Lernen im Mathematikunterricht* (3. Aufl.). Wiesbaden: Springer Spektrum. https://doi.org/10.1007/978-3-658-10605-8

Wolf, C. & Best, H. (2010). Lineare Regressionsanalyse. In C. Wolf & H. Best (Hrsg.), *Handbuch der sozialwissenschaftlichen Datenanalyse* (S. 607–638). Wiesbaden: VS Verlag für Sozialwissenschaften.

Wollschläger, D. (2013). *R kompakt. Der schnelle Einstieg in die Datenanalyse* (Springer-Lehrbuch). Berlin, Heidelberg, s.l.: Springer Berlin Heidelberg. https://doi.org/10.1007/978-3-642-40311-8

Wright, B. D. & Masters, G. N. (1982). *Rating Scale Analysis. Rasch measurement.* Chicago, Ill.: Mesa Press.

Wu, M. L., Adams, R. J., Wilson, M. R. & Haldane, S. A. (2007). *ACER ConQuest version 2.0. Generalised item response modelling software.* Camberwell, Vic.: ACER Press.

Zaslavsky, O. (1997). Conceptual Obstacles in the Learning of Quadratic Functions. *Focus on Learning Problems in Mathematics, 19*(1), 20–44.

Zazkis, R., Liljedahl, P. & Gadowsky, K. (2003). Conceptions of function translation: obstacles, intuitions, and rerouting. *Journal of Mathematical Behavior,* (22), 437–450.

Zuckarelli, J. (2017). *Statistik mit R. Eine praxisorientierte Einführung in R.* Heidelberg: O'Reilly. Verfügbar unter http://proquestcombo.safaribooksonline.com/9781492064879

ZUM Internet e. V. (o. D.a). *Datenschutzerklärung.* Zugriff am 09.07.2020. Verfügbar unter https://www.zum.de/portal/datenschutz

ZUM Internet e. V. (o. D.b). *Die "Zentrale für Unterrichtsmedien im Internet e. V.".* Zugriff am 09.07.2020. Verfügbar unter https://www.zum.de/portal/über/die-zum

Zwingenberger, A. (2009). *Wirksamkeit multimedialer Lernmaterialien. Kritische Bestandsaufnahme und Metaanalyse empirischer Evaluationsstudien.* Münster: Waxmann. Verfügbar unter http://deposit.d-nb.de/cgi-bin/dokserv?id=3281666&prov=M&dok_var = 1&dok_ext=htm

Printed in the United States
by Baker & Taylor Publisher Services